U1018244

石油加工概论

寿德清　山红红

石油大学出版社

图书在版编目(CIP)数据

石油加工概论/寿德清,山红红主编.—东营:石油大学出版社,1996.1(2004.1重印)
高校教材
ISBN 7-5636-0786-2

Ⅰ.石... Ⅱ.①寿... ②山... Ⅲ.石油炼制概论-高等学校-教材 Ⅳ.TE62

中国版本图书馆CIP数据核字(2004)第001488号

书　　名:石油加工概论
作　　者:寿德清　山红红

出 版 者:石油大学出版社(山东　东营　邮编　257062)
网　　址:http://sunctr.hdpu.edu.cn
印 刷 者:沂南县汇丰印刷有限公司
发 行 者:石油大学出版社(电话　0546—8391797)
开　　本:185×260　印张:18.375　字数:469千字
版　　次:1996年1月第1版第1次印刷　2004年1月第1版第2次印刷
印　　数:1501—3000册
定　　价:22.00元

目　录

绪　论

石油加工工业又称炼油工业，它是以原油（包括人造石油）为基本原料，通过各种加工过程，生产出各种液体燃料（汽油、煤油、柴油、喷气燃料和燃料油等）、溶剂油、润滑油、石蜡、沥青、石油焦等石油产品以及多种石油化工基本原料的工业部门。

炼油工业是国民经济的基础工业之一，它关系到工业、农业、交通运输业、国防工业等国民经济各个部门以及人民生活各方面的发展。

近代炼油工业，开始于19世纪初的欧美各国，我国炼油工业是由1907年建成延长炼油房开始的。在1949前的旧中国只有延长、独山子、玉门等几个小炼油厂和日本侵华期间建成的台湾苗栗、高雄，辽宁的大连、锦西炼油厂以及抚顺、桦甸、锦州、四平的煤或页岩干馏厂等，这些厂的规模不大，技术落后，产量和品种均很少。在1949年时，国内所产石油产品无论从数量和质量上，还是品种上均远远不能满足国内市场的需要，90%左右的石油产品依靠进口。

新中国成立后，石油工业在原来十分薄弱的基础上迅速崛起，取得了举世瞩目的巨大进展。截止到1978年，原油年产量突破1亿吨大关，达到年产1.03亿吨，我国成为当时世界第八产油大国，到1988年原油年产量已上升到1.37亿吨，居世界第五位。

随着石油工业的发展，炼油工业也相应得到飞速发展。建国初，在修复、改造原有炼油厂的同时，新建了一批较大型炼油厂。50年代时，炼油工业的一次加工规模较小，二次加工只有热裂化、釜式焦化、页岩油加氢裂化等工艺。到60年代中期，随着大庆油田开发，我国炼油工业从小到大，产品数量由不足到全面自给，产品种类由1949年的12种发展到494种；炼油技术也有长足进展，二次加工的催化裂化、焦化、热裂化、加氢裂化、铂重整等和润滑油的生产技术和能力均得到迅速发展，炼油技术已达到当时世界较先进的水平。

1978年以后，在党的改革开放政策指引下，炼油工业进入全面发展的新阶段，原油年加工能力稳步增长，1993年达到约1.7亿吨，为世界第四炼油大国，产品出口量达338万吨，原油出口量也增加到1863万吨。在合理利用资源、提高原油加工深度、提高轻油收率和产品质量、降低能耗、发展石油化工综合利用、搞好环境保护等方面均取得很大进展，增强了国际竞争能力，使炼油工业走上了以经济效益为中心的全面发展轨道。

表0-1列出我国炼油工业发展简况，表0-2为我国近年来石油产品构成情况。

表0-1　我国炼油工业发展简况

项　目	1949	1952	1959	1965	1978	1985	1990	1993
原油加工能力（万吨）	17	99	579	1423	9291	10615	14519	16969
实际加工原油量（万吨）	11.6	53.3	395.6	1083	7069.1	8450.2	10723	12796
石油产品品种数（种）	12	38	309	494	656	—	—	—
汽、煤、柴、润产品总量（万吨）	3.5	25.9	229.5	617	3352.2	4024.4	5207.5	6967
石油产品出口量（万吨）	0	0	0	17.1	241.7	660.9	578	338
国内石油产品自给率（%）	<10	29	40.6	100	100	100	100	100

表 0-2　我国石油产品构成(%)

产品名称	1990年	1993年	产品名称	1990年	1993年
汽　油	22.51	27.17	商品燃料油	27.79	21.74
煤　油	4.09(2.79)	3.36(2.55)	石油蜡	0.73	0.65
柴　油	27.00	30.47	石油沥青	2.91	2.99
润滑油	1.80	1.70	石油焦	1.45	1.57
溶剂油	0.54	0.43	石油化工原料	8.39	7.57

① 括号中指喷气燃料。

我国已建成的炼油厂按产品结构可以分为燃料型、燃料-润滑油型、燃料-化工型和燃料—润滑油—化工型四类。燃料型炼油厂主要产品是汽油、煤油、柴油、喷气燃料和燃料油等。按其生产装置组成情况,又可分为复杂型和简单型两种,简单型的燃料炼厂一般只有常减压蒸馏、催化裂化、产品精制和氧化沥青等装置;复杂型炼油厂除上述几个装置外还有催化重整、加氢裂化、延迟焦化、烷基化、减粘裂化、加氢精制、气体分馏、叠合、制氢、脱硫、制硫等,部分炼油厂还有临氢降凝、分子筛脱蜡、冷榨脱蜡、尿素脱蜡等。

燃料-润滑油型炼油厂的装置组成属复杂型的,除上述复杂型燃料炼油厂装置外,还有生产润滑油的溶剂精制、溶剂脱蜡、丙烷脱沥青、润滑油加氢精制或白土补充精制等。产品除燃料、润滑油外,还生产石油蜡和沥青等。

燃料-化工型炼油厂主要为化工装置提供原料,同时生产汽油、柴油和燃料油等油品。

燃料-润滑油-化工型炼油厂是既生产燃料、润滑油,又生产化工产品或石油化工原料的炼油厂,还有与炼油技术密切相关的催化剂、添加剂生产装置。这类厂的类型各异,产品繁多,实际上是以炼油为主的联合企业。

截止到1993年,我国已有中国石化总公司和中国石油天然气总公司所属各种类型炼油厂66座,据不完全统计,连同地方所属小炼厂已达113座。按年加工原油的规模,可以分为大、中、小三类炼油厂,其中年处理量大于250万吨的炼油厂共32座,炼油量占全国总炼油量的87.8%,如大庆、燕山、大连、抚顺石油一厂、二厂、锦州、锦西、上海高桥、金陵、扬子、齐鲁、巴陵、镇海、上海石化公司一厂、安庆、广州、茂名、兰州、荆门、洛阳、吉化等;年处理原油100~250万吨炼油厂共11座,炼油能力占全国总炼油量的8.8%,如天津、鞍山、抚顺石油三厂、辽阳、乌鲁木齐、济南、武汉、独山子、玉门、石家庄、九江、辽河、林源等炼油厂;其它还有小于年炼油100万吨炼油厂23座,占总炼油量的3.4%,如沧州、杭州、延长,南充、辽河、哈尔滨、前郭等炼油厂。

我国主要炼油装置的年加工能力列于表0-3中,其中常减压蒸馏一次加工能力为16969万吨,即可将原油分离成汽、煤、柴油等轻质油和重柴油、润滑油馏分及各种裂化原料和渣油。其它各二次加工装置是将所得重馏分油和渣油经过各种裂化以生产轻质油,还包括提高汽油质量和生产芳香烃的催化重整、轻质油品精制和生产润滑油的各个加工装置。

近年来,为满足市场对轻质油品日益增长的需要以及适应我国原油产量增长减缓、原油性质变重的形势,在提高炼油厂加工能力和产品质量的同时,重点发展重油加工,以提高轻油收率,扩大出口能力;积极开发、应用新技术新工艺;有选择地引进国外先进技术,取得了明显成效。除了大力发展重油催化裂化、延迟焦化外，渣油溶剂脱沥青、减粘裂化、提高减压蒸馏拔出率等工艺也有较大发展，同时适当发展了烷基化、加氢裂化、轻质油品和石蜡加氢精制等工艺。

表 0-3　我国主要炼油装置的加工能力

装置名称	1983 年		1988 年		1993 年	
	加工能力①	%②	加工能力①	%②	加工能力①	%②
常减压蒸馏	9705		11572		16969	
催化裂化	2188.0	22.54	3236.0	27.96	4953.2	29.16
热裂化	549.0	5.66	395.7	3.42	358.7	2.11
催化重整	220.1	2.26	225.6	1.95	579.6	3.42
延迟焦化	525.0	5.40	711	6.14	1088	6.41
加氢裂化	138.0	1.42	387.0	3.34	829	4.89
加氢精制	485.1	5.00	618.5	5.34	1369	8.07
溶剂脱蜡	403.6	4.21	84.0③	0.73	691.8	4.08
溶剂精制	523.0	5.38	276.6④	2.39	647.5	3.81
丙烷脱沥青	214.0	2.20	263.3⑤	2.28	648.8	3.82

① 为万吨/年；② 为占一次加工能力的%；③ 为石蜡成型装置；④ 为氧化沥青装置；⑤ 为润滑油装置。

润滑油生产中，也开发了很多新工艺和新技术，如溶剂脱蜡采用甲基乙基酮-甲苯新溶剂、多段滤液全循环和三效蒸发回收溶剂等技术，大幅度降低了溶剂比，提高了脱蜡收率，装置能耗下降了 11%～30%；采用 N-甲基吡咯烷酮新溶剂取代酚进行溶剂精制，提高了精制深度，并使能耗下降 30%以上。

配合炼油技术的技术改造和新工艺的发展，已开发出多种活性高、选择性好的催化裂化、催化重整、加氢精制、加氢裂化催化剂。例如：ZCM-7 和 SRNY 渣油裂化催化剂、CRC-1、KBZ 催化裂化催化剂、铂铼钛、低铂铼和铂锡重整催化剂和与引进装置配套的 3812、3822、3824、3843 加氢裂化催化剂，其性能均已达到国外同类催化剂的水平。

添加剂方面，我国从无到有，直到规模生产。70 年代时，添加剂生产已基本能适应当时国内油品的需要。到 80 年代末，为适应我国开发中高档润滑油新产品和提高原有产品质量的需要，新开发并投产了硫化异丁烯极压剂、硫磷氮极压抗磨剂、金属减活剂、乙丙共聚物粘度指数改进剂、抗氧抗腐蚀剂系列品种、硫化酯类与含磷的油性剂、非硅型抗泡剂及抗乳化剂等；并引进了磺酸盐与无灰分散剂的生产技术，使国内已形成以清净剂、分散剂、抗氧剂、粘度指数改进剂、降凝剂和其它抗压抗腐剂、防锈剂等品种构成的润滑油添加剂系列，润滑油添加剂品种已近 60 种，基本可满足润滑油生产的需要。

此外，炼油工业在节能、环境保护和企业管理等各方面都取得了显著成绩，在此不作赘述。

综上所述，新中国成立以来，我国炼油工业无论从加工能力、产品品种的数量和质量上还是加工技术等各方面都取得了巨大的成绩。今后重点是发展原油深度加工、提高原油综合利用水平、增加产品品种和改善产品质量、降低能耗和提高经济效益，更好地为促进我国经济发展服务。

前所提及的各种石油加工过程，正是本课程学习的主要内容。为此，必须先学习石油和石油产品的化学组成和性质、各种石油产品的使用性能和现行的产品质量标准、原油的加工方案等基础知识，这对学习石油加工过程有着重要作用。

第一篇　石油及其产品的化学组成、性质和使用要求

本篇共分四章，均属石油加工的基础知识。学习本篇目的是认识石油及其产品的化学组成和油品的理化性质，掌握汽油、喷气燃料、柴油、润滑油及其它产品的使用性能和质量标准。

第一章　石油化学组成

第一节　石油的一般性状和元素组成

一、石油的一般性状

石油是从地下开采出来的液体燃料，未经加工的石油称为原油。石油是一种流动或半流动状态的粘稠液体，颜色大都呈暗色，从褐色至深黑色，亦有呈赤褐色、浅黄色。石油相对密度一般小于1，绝大多数介于0.8～0.98，个别的有高达1.016或低于0.707。我国主要石油相对密度均在0.85以上，属于较重原油。不同石油的性状差别很大，如流动性，青海原油50℃运动粘度为1.46mm²/s，而乌尔禾稠油的50℃运动粘度则高达20392mm²/s；又如凝点，南阳原油为51℃，而克拉玛依低凝原油为－50℃。

许多石油因含硫化物而具有不同程度的臭味。不同性状的石油，其加工方案、产品性质也不尽相同。

二、石油的元素组成

石油主要由碳、氢两种元素组成，石油中碳、氢两元素含量为95.6%～99.4%(m)，其中碳含量约为83%～87%、氢含量约为11%～14%。此外，还含有硫、氮、氧及微量元素，其总含量不过1%～5%。但这仅就一般而言，有的石油如墨西哥石油含硫高达3.6%～5.3%；大多数石油含氮量甚少，约千分之几到万分之几，也有个别石油如美国加利福尼亚石油含氮量可达1.4%～2.2%。氧元素含量一般约为0.1%～1%。表1-1中列出某些石油的元素组成情况。

除上述5种主要元素外，石油中还发现某些含量以ppm(百万分之一)计的微量元素，其中金属元素主要有铁、镍、铜、钒，还有铅、钙、镁、钠、锌等；非金属元素有氯、硅、磷、砷等。

这些非碳、氢元素总含量虽只有1%～5%，但它们均以碳氢化合物的衍生物形态存在于石油中，因此含这些元素的化合物所占比例就大得多。这些元素对石油加工过程和产品性质影响很大，常常为了除去某种微量元素而需经特殊的加工处理过程。表1-2列出石油中的几种主要微量元素含量。

表 1-1 某些石油的元素组成

石油产地	元素组成 %(m)					
	C	H	S	N	O	C/H
大庆混合原油	85.74	13.31	0.11	0.15	0.69	6.44
孤岛原油	84.24	11.74	2.03	0.47	1.52	7.18
克拉玛依原油	86.1	13.3	0.04	0.25	0.28	6.47
加拿大普灵斯顿	83.60	13.40	0.60	0.18	—	6.24
日本容川	84.86	13.83	0.32	0.55	0.20	6.14
伊　朗	85.40	12.80	1.06	—	0.74	6.67
墨西哥	84.2	11.4	3.6	—	0.8	7.32
美国宾州	84.9	13.7	0.5	—	0.9	6.20
俄杜依玛兹	83.9	12.3	2.67	0.33	0.74	6.82

表 1-2 石油中的微量元素含量 (ppm)

石油产地	铁	镍	铜	钒	砷
大　庆	4.8	3.9	9.7	<0.1	—
胜　利	11.5	0.37	0.05	0.29	—
任　丘	1.8	15.0	—	0.73	0.22
阿　曼	2.5	2.4	0.88	4.7	—
马来西亚	1.4	0.4	0.02	<0.01	—

第二节 石油的馏分组成

在研究石油的化学组成前，必须先搞清有关石油馏分的一些基本概念。

石油是一种组分多到难以计数的复杂混合物，其中每个组分都有其各自不同沸点。炼油厂中的第一步加工就是初馏，即按石油中各组分沸点的差别，用蒸馏的方法，使石油得到初步的分离。初馏时，通常把石油按沸点不同“切割”成几个“馏分”，如分成<200℃馏分、200～350℃馏分等。“馏分”的含意为馏出的部分，它仍是一种复杂混合物，但所含组分数比原油少很多。

从原油直接蒸馏得到的馏分称为直馏馏分，由它生产的产品即为直馏产品。它基本保持原来石油的化学组成状况，如不含不饱和烃等。经过催化裂化、焦炭化等二次加工得到的馏分或产品，称为二次加工产品，其化学组成有很大变化。

各种馏分常冠以汽油、煤油、柴油或润滑油等石油产品的名称，但必须明确：① 石油馏分并不是石油产品，石油产品必须达到相应产品的质量要求标准，而石油馏分通常需进一步加工后，方能成为合格的石油产品。② 同一石油馏分，根据需要可加工成不同石油产品。例如200～260℃的馏分，可以分别是喷气燃料(150～280℃)、煤油(200～300℃)和轻柴油(200～320℃)的原料；又如减压馏分既可加工成润滑油，也可作催化裂化原料油。

为便于讨论问题，一般称低于200℃的馏分为汽油馏分或低沸馏分、180～350℃的馏分为煤、柴油馏分或中间馏分、350～500℃的馏分为减压馏分或重馏分，而>500℃的馏分为减压渣油或残渣油。

不同原油的各馏分含量差别很大，见表 1-3。

表 1-3 不同原油的馏分组成

石油产地	石油密度 20℃,g/cm³	<200℃	200～350℃	350～500℃	>500℃
大 庆	0.8554	11.49	19.72	25.96	42.4
胜 利	0.8829	10.8	23.7	23.5	41.8
华北任-1	0.8837	6.4	19.6	34.9	38.7
克拉玛依低凝油	0.8800	12.92	22.60	30.40	33.60
青海冷湖 5 号	0.8042	45.13	33.46	6.03①	15.38②
乌尔禾稠油	0.9609	0	10.9	27.8	61.0
阿联酋	0.8186	32.04	30.34	16.59	21.03

① 为 350～382℃馏分

② 为>382℃

第三节 石油的烃类组成

一、石油中的烃类

组成石油的主要成分是烃类。在石油和直馏产品中含有烷烃、环烷烃和芳香烃，一般不含烯烃，只有在二次加工产品和煤或页岩焦油中才含有烯烃。

(一) 烷烃

直链或带支链而无环结构的正构和异构烷烃是石油的主要组分之一。不同类型石油的烷烃含量不同，有高达 50～70%或低至<15%的。在常温常压下，正构烷烃中 C_1～C_4 是气体、C_5～C_{15}是液体、>C_{16}是固体。

C_1～C_4 是天然气的主要成分，含有大量甲烷和少量乙烷、丙烷的天然气称为干气；除含较多 C_1、C_2 外，还含有少量 C_5、C_6、C_8 等液态烃蒸气的天然气称为湿气。C_5～C_{16}的烷烃，主要存在汽油和煤油中，低分子烷烃的沸点低，易挥发，对油品性质影响很大。C_{16}以上的烷烃多以溶解状态存在于石油中，当温度降低时，即以固态结晶析出，称为蜡。通常在柴油和润滑油馏分中才含有蜡，蜡的含量多少对油品低温性能影响很大。蜡又分为石蜡和地蜡，石蜡主要由正构烷烃组成，是板状或带状结晶，而地蜡的主要成分是环烷烃，呈针状结晶。

烷烃在一般条件下，化学性质较为安定，但在光照、加热或催化剂等作用下，也会发生氧化、卤化、硝化或裂化等反应。

(二) 环烷烃

环烷烃是饱和的环状碳氢化合物，也是石油的一种主要组分。石油中主要含五员环和六员环的环烷烃及其同系物，其中六员环多于五员环，在较重馏分中还含有双环和多环环烷烃。

环烷烃有较高的抗爆性能、凝点低。环少而支链长的环烷烃有较好的粘-温性能和润滑性能，是汽油、喷气燃料和润滑油的良好组分。

环烷烃性质与烷烃相似，但密度、熔点和沸点较相同碳原子数的烷烃高，其化学性质稍活泼，在一定条件下可进行氧化、卤化、硝化、裂化和脱氢等反应。

(三) 芳香烃

芳香烃是含有苯环的烃类，也是石油的主要组分之一。石油中除含有单环芳香烃外，还含有双环、多环和稠环芳香烃。有些多环芳香烃具有荧光，这是有些石油具有荧光的原因。

芳香烃具有良好的抗爆性，是汽油的优良组分，但影响煤油和喷气燃料的燃烧性能，因此需限制它们的芳香烃含量。润滑油馏分中的多环短侧链芳香烃的粘-温性能很差，并易氧化生成胶质，因此必须通过精制除去。

芳香烃的密度和折射率比相同碳数的烷烃、环烷烃都高。

芳香烃与浓硫酸反应生成苯磺酸，可用于从石油中分离芳香烃和油品精制。在不同催化剂作用下，芳香烃和烯烃可进行烃化反应，这是制取高辛烷值汽油的重要方法；也可以进行加氢反应和氧化反应，氧化产物醛和酸类进一步反应会生成胶状物质。

（四）烯烃

石油和直馏产品一般不含烯烃。烯烃主要存在于石油的二次加工产品中。

烯烃按双键数目和结构不同，分为单烯、双烯和环烯烃。常温常压下，单烯烃中的 C_2～C_4 是气体，C_5～C_{18} 是液体，C_{18} 以上是固体。烯烃的物理性质与相应烷烃相似，密度和折射率则稍大一些。

烯烃分子中因有双键，所以化学性质很活泼，它可与多种物质反应。在空气中易氧化成酸性物质和胶质，特别是二烯和环烯烃更易氧化，因此油品安定性与其烯烃含量有关。在一定条件下，烯烃可进行加氢反应，转化成烷烃；小分子烯烃可叠合成为大分子烯烃；烯烃与芳香烃或与烷烃的烃化反应是生产高辛烷值汽油组分的重要方法。

二、石油馏分的烃类组成

汽油馏分的沸点范围一般小于 200℃，平均分子量约为 100～120。直馏汽油中烷烃含量最高，环烷烃次之，芳香烃最低，约为 10%，一般不含烯烃。在二次加工汽油中则含有相当数量的烯烃，甚至二烯烃。

煤油馏分沸点范围约为 200～300℃，平均分子量为 180～200。柴油馏分沸点范围为 200～350℃，平均分子量约为 180～260。煤、柴油馏分中的烷烃含量相对较多，环烷烃和芳香烃含量比汽油中多，同时存在单环、双环和三环的环烷烃和芳香烃，三环以上芳香烃也有出现，但在不同油中含量差别很大。此外，煤、柴油馏分中还可能存在分子中具有环烷-芳香结构的混合烃。

润滑油馏分的沸点范围一般为 350～520℃。润滑油馏分中的烃类结构比较复杂，包括正构烷烃、异构烷烃、单环、双环、三环及三环以上的环烷烃和芳香烃，多环结构中出现稠环结构、环烷-芳香结构以及稠环上带环烷环和烷基侧链等结构的化合物。

在柴油和润滑油馏分中的正构烷烃、带少量长侧链的单环环烷烃和芳香烃，分支短而少的异构烷烃，这些常温下为固态的烃类，通常溶解在油中。当温度降低到一定程度后，因溶解度下降，就会有白色片状或带状结晶从油中析出，这种结晶称为石蜡。石蜡分子量约为 300～450，分子中碳原子数为 20～35，熔点约 30～70℃，固态石蜡相对密度为 0.86～0.94，熔融态时为 0.78～0.79。

重质润滑油和残渣油中存在着低温下呈细微针状的黄色或褐色结晶，此结晶称为地蜡。地蜡分子量约为 500～700，分子中碳原子数约为 36～55，熔点比石蜡高，为 60～90℃。地蜡的组成较为复杂，主要是带正构烷基或异构烷基的双环或三环环烷烃。

第四节　石油中的非烃化合物

石油中含有相当数量的非烃化合物，尤其在重馏分和残渣油中含量更高。组成石油的元素除碳和氢外，硫、氮、氧等杂元素总含量虽仅占 1%～5%，但因均以化合物形态存在，所以石油中非烃化合物含量就相当可观了。

非烃化合物对油品使用性质和石油加工过程影响很大，需要除去。但如适当处理，综合利用，可以变害为利，生产一些重要的化工产品。

石油中的非烃化合物主要包括含硫、含氮、含氧化合物和胶状沥青状物质。

一、含硫化合物

石油中含硫量小于 0.5%的称为低硫石油、大于 2.0%的称为高硫石油，介于 0.5%～2.0%之间的为含硫石油。我国主要石油如大庆原油属低硫石油，胜利原油属含硫石油。含硫和高硫石油约占世界石油总产量的 75%，其中半数产自中东地区。石油中硫化物的分布是随着沸点升高，含硫量逐渐增大，原油中约 90%的硫，集中在占原油 40%～60%的渣油中。

（一）硫在石油中的存在形态

硫在石油中大都以有机硫化物形式存在，类型不同，性质差别很大。部分含硫化合物对热不稳定，在原油蒸馏过程中易分解成分子量较小的硫化物。硫化物可分为两类：

1. 活性含硫化合物

主要有元素硫、硫化氢和硫醇，都能和金属直接作用而腐蚀金属设备。石油馏分中的元素硫和硫化氢大多是其它含硫化合物的分解产物。硫醇主要存在于低沸馏分中，它与烯烃反应可缩合成胶质，影响汽油和煤油安定性。硫醇不溶于水，低分子的甲硫醇和乙硫醇等具有极强烈的特殊臭味，空气中硫醇浓度只要达到 $2.2\times10^{-12}g/m^3$，就可以被嗅出。这类硫化物必须从油品中除去。

2. 非活性硫化物

主要为硫醚（R-S-R′）和二硫化合物（R-S-S-R′）。硫醚的含量很大，随馏分沸点升高而增多；二硫化合物含量较少，大都集中在重馏分中。它们本身并无腐蚀性，但受热后分解生成具有腐蚀性的硫化氢、硫醇，所以这些硫化物也应除去。

噻吩（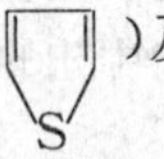）及其同系物是石油中主要的一类硫化物，是一种芳香性杂环化合物。噻吩对热稳定性很高，易溶于硫酸，故可用酸洗除去。一般认为噻吩是热分解的产物。

（二）含硫化合物的影响

1. 影响石油产品质量　含硫化合物影响油品的燃烧性能，如使汽油的抗爆性变坏，感铅性下降，气缸中积炭增加，磨损加剧；并严重影响油品安定性，发生恶臭，显著加速油品变质。

2. 腐蚀设备　在 260～480℃范围内，硫化物对一般钢材腐蚀严重，而此温度恰好是一般炼油装置的操作温度范围，因此炼油设备的温度高于 250℃的有关部位需使用合金钢等耐腐蚀材料。在操作中采取原油深度脱盐脱水、低温塔顶及冷凝，冷却系统采用化学防腐，如采用注碱、注氨、注缓蚀剂和水等措施来减轻腐蚀，这都会增加投资和操作费用。

3. 污染环境　含硫石油加工时生成硫化氢和低分子硫醇等具有恶臭的有毒气体，含硫油品燃烧后生成 SO_2 和 SO_3，后者遇水生成亚硫酸和硫酸，强烈腐蚀设备和严重污染环境。

因此，含硫石油的加工问题，是炼油生产中一个重要课题。针对不同产品，需建立各种脱硫装置，以降低油品的含硫量，还必须妥善解决酸性污水、废酸、废碱等的处理问题。

二、含氮化合物

石油中的氮含量一般小于1%，我国石油一般含氮量为0.1%～0.5%。石油中含胶状物质愈多，含氮量愈高；含氮量也随馏分沸点升高而增加，主要集中在渣油中。

石油中的含氮化合物为碱性氮和中性氮两类。所谓碱性氮是指与高氯酸的醋酸溶液反应的氮化物，如吡啶、喹啉等；不反应的即为中性氮化物，如吡咯、吲哚、咔唑等。

碱性氮化物易于分离。石油中的含氮化合物多为碱性氮化物。

油品中的含氮化合物不稳定，易氧化生成胶质，使油品颜色变深，发出臭味。氮化物还能使某些催化剂中毒。所以，必须通过精制以除去油品中的氮化物。

吡啶、喹啉等氮化物是生产药物、缓蚀剂等的重要原料，可以从油品精制的酸渣中得到。

三、含氧化合物

石油中的含氧量一般很低，约为千分之几，个别可达2%～3%，石油中含氧量随馏分沸点升高而增大，大部分集中在胶状沥青状物质中。

石油中的氧均以有机化合物形式而存在，可分为酸性和中性氧化物两类，酸性氧化物主要有环烷酸、脂肪酸、酚类和羟基酸等，统称为石油酸；中性氧化物有醛、酮、酯、醚等，含量极微。石油中含氧化合物以酸性氧化物为主，其中环烷酸和酚类最重要。

环烷酸主要存在于中间馏分中，其含量按煤油、轻、重柴油馏分顺序逐渐增加，而后在润滑油馏分中则又下降。环烷酸含量约为石油酸总量的95%。环烷酸是油状液体，相对密度为0.96～1.0，有特殊臭味，具有腐蚀性，易溶于油而难溶于水，也能溶于硫酸，与碱作用生成水溶性盐，因此可利用碱精制从油中除去环烷酸。环烷酸是制备杀虫剂、杀菌剂、稠化剂、洗涤剂和颜料催干剂等的原料。

酚类包括苯酚、甲酚、二甲酚、乙酚、萘酚等。具有强烈的气味，呈酸性，具有腐蚀性，可与碱反应。炼油厂的污水中常含有酚，会严重污染环境。酚可作消毒剂，也是合成纤维、医药、染料、炸药等的原料。

石油中的中性氧化物含量极少，它们氧化后能生成胶质，影响油品使用性能。

油品中的含氧化合物必须通过精制除去。

四、胶状沥青状物质

胶状沥青物质在石油中含量相当可观，我国主要原油中胶质和沥青质含量约为百分之十几到四十几。石油中的胶状沥青状物质绝大部分存在于石油的减压渣油中。

胶状沥青状物质是石油中结构最复杂、分子量最大的一类物质。它集中了石油中绝大部分的硫、氮、氧和微量金属元素。因此其组成除烃类外，含有大量的各种非烃化合物。

胶状沥青状物质的成分因原油不同或因加工方法不同而异，它们是各种不同结构的高分子化合物的复杂混合物。根据对各种溶剂的不同溶解度，可将胶状沥青状物质分为四类：油焦质、碳青质、沥青质和可溶质。可溶质是油(饱和烃和芳香烃)及胶质的混合物。石油中的油焦质和碳青质含量很少，其胶状沥青状物质的主要成分是胶质和沥青质。

胶质是由芳香环、环烷环和杂环等稠环用不太长的烷基桥联结成的复杂化合物。分子大小不同，平均分子量约为1000～2000；一般为褐色至暗褐色粘稠液体，相对密度略大于1，具有极强的着色能力，如无色汽油中仅加入0.0005%胶质，即呈草黄色，油品的颜色主要来自胶质。常温下胶质易氧化缩合成沥青质，即使没有空气，在200～300℃下，胶质也能转变成沥青质。

含有胶质的油品，在使用中易生成炭渣，造成机件磨损和堵塞，必须除去油品中的胶质。但胶质是沥青的重要组分，它可以提高沥青的延伸度，改善沥青的使用性能。

沥青质是无定形、脆性黑色固体，是石油中分子量最高的物质，其平均分子量（VPO 法）为2000～6000，含有大量沥青质、胶质和油的沥青，是房屋、道路、水利设施等的重要粘结、密封、防水材料，也可作电缆等用的绝缘材料。

第五节　各类化合物的分布

大量研究表明，石油中的各种烃类和非烃类化合物的分布规律大致如下：

一、烃类的分布规律

石油中各族烃类分布的总规律是：随石油馏分沸点升高，所含各族烃类的分子量随之增大，碳原子数增多，环状烃的环数增加，分子结构趋于复杂化。

正构烷烃存在于各个石油馏分中，它们在汽油、煤柴油和润滑油馏分中的碳原子数依次大致分别为 C_5～C_{11}、C_{12}～C_{25}和 C_{20}～C_{35}。异构烷烃同样分布在石油的全部馏分中，只是其沸点比相同碳数的正构烷烃低一些。一般石油，随沸点升高，正构和异构烷烃的含量逐渐减少。

环烷烃也分布在整个石油中，汽油中主要是单环环烷烃，并有少量双环环烷烃；煤油和柴油馏分中存在单环、双环和少量三环烷烃；在润滑油馏分中包含着单环、双环、三环及三环以上的环烷烃。上述各种环烷烃均可能存在数量不同、长短不一的烷基侧链。

至于芳香烃，单环芳香烃存在于汽油、煤柴油和润滑油馏分中，但随沸点升高，其侧链数目和侧链长度均有所增加；双环和三环芳香烃出现在煤油、柴油和润滑油馏分中；三环及三环以上芳香烃和稠环芳香烃主要存在于重馏分油和渣油中。各种芳香环上均可能存在各种不同的烷基链。芳香烃分布的总趋势是随着馏分沸点的升高，含量逐渐增加。

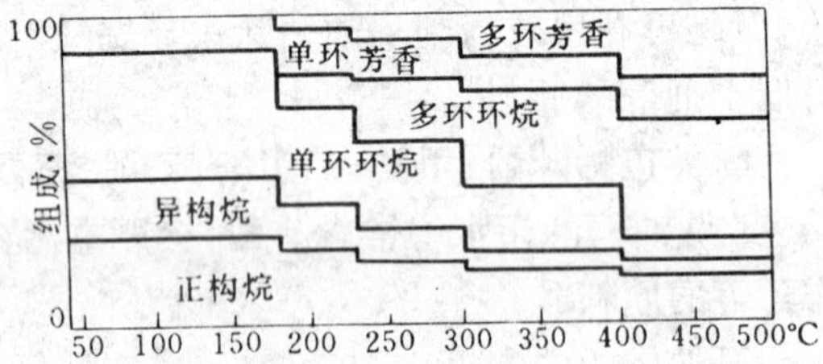

图 1-1　某石油各馏分中各族烃类的分布

以上为一般性规律，总之，随石油馏分沸点升高，馏分中烷烃含量逐渐减少，芳香烃的含量逐渐增加，环烷烃含量则随原油类别不同，或增加、或减少、或大致不变。图 1-1 是某原油各馏分中不同烃类的相对含量，大致反映了上述规律。

二、石油中非烃化合物的分布

随着石油馏分沸点的增高，含硫化合物和胶质含量均逐渐增加。大部分含硫、含氮、含氧化合物和胶质以及全部沥青质都集中在石油的渣油中。石油中的环烷酸分布很特殊，它在轻馏分和重馏分中含量都很少，主要集中在煤油和柴油馏分中，通常在 300～350℃馏分中含量最多。

除上述各化合物外，石油中还有混入的砂石、结晶盐和水分等杂质，在加工前必须除去。

第二章　石油及其产品的理化性质

石油及其产品的理化性质是评定石油和油品质量、衡量储运水平、控制加工装置操作的重要指标和参数，也是设计炼油设备、工艺装置、储运设施和自动控制系统的重要依据。

石油和油品的理化性质与其化学组成和分子结构特点密切相关。石油和油品是复杂混合物，它们的某一性质，实质上是组成该石油和油品的各种烃类和非烃类化合物该性质的综合表现。石油和油品的分子组成难以准确地确定，很多性质没有加和性，为了便于比较和对照，石油和油品的某些理化性质采用条件性试验测定。所谓条件性试验，即在严格规定的仪器、方法和条件下进行的试验，如果改变其中某些条件，将会得到不同测定结果。

石油产品试验方法有不同级别，其中有国际标准（简称 ISO）、国家标准（简称 GB）、中国石油和石油化工行业标准（简称 SH）、国家军用标准（简称 GJB）、企业标准（简称 QB）以及正在逐渐取消的专业标准（简称 ZBE）等。各级标准在不同范围内具有法规性。有些试验方法的国家标准与国际标准不同。目前为适应四化建设和对外开放的需要，我国正逐步全面采用国际上通用的标准作为国家标准。

石油及其产品的主要理化性质有蒸发性质、密度、流动性质、燃烧性能、热性质、表面性质、溶解度、光和导电性及其它性质。本章涉及的性质，有些理化性质之间可通过计算式或图表进行求定和换算，常用图表可参看石油大学炼制系编的《石油炼制及石油化工计算方法图表集》[2]（以下称简称《图表集》），本章文中不再列出有关图表。

第一节　蒸发性质

石油及其产品的蒸发性能是反映其气化、蒸发难易的重要性质，可用蒸气压、馏程和平均沸点来描述。

一、蒸气压

在一定温度下，物质的气相和液相处于平衡状态时的气相压力称为饱和蒸气压，简称蒸气压。蒸气压愈高的物质愈易蒸发、气化。

纯烃与其它纯物质一样，其蒸气压与其分子气化潜热和温度有关。物质的分子气化潜热愈小、温度愈高、其蒸气压愈高。

油品是一种复杂混合物，其蒸气压不仅与温度、气化潜热有关，还与其气化率有关。因此，油品（如汽油、喷气燃料等）质量标准中规定的蒸气压是在 38℃、气相与液相的体积比为 4：1 的特定条件下测定的，称为雷德蒸气压（GB8017），用 kPa 为单位表示。这是一种条件性试验，与称为真实蒸气压的饱和蒸气压数据（为油品的泡点蒸气压）不同，两种蒸气压可通过图表进行换算。

二、馏程

纯物质在一定外压下，其沸点为一定值。沸点时物质的蒸气压等于外压。

石油及其产品是复杂混合物，其蒸气压与温度、压力和气化率有关。在一定压力下，油品的沸点随气化率的增大而不断升高。所以油品的沸点不是一个单一温度值，而是一个温度范围，这个温度范围称为馏程或沸程。

同一石油和油品的馏程因测定仪器和测试方法不同，其数据也有差别。在油品质量标准中，采用条件性的馏程测定法(GB6536)。将 100ml 试油置于规定仪器中，按规定条件加热蒸馏，流出第一滴冷凝液时的气相温度称为初馏点；烃类分子按其沸点由低到高顺序逐渐蒸出，气相温度逐渐升高，馏出物的体积依次达到 10%、20%……90%时的相应气相温度，分别称为试油的 10%馏出温度、20%馏出温度……，蒸馏最终所达到的最高气相温度称为干点(汽油)或终馏点(煤、柴油)。初馏点到干点(或终馏点)这一温度范围称为馏程或沸程。在某一温度范围内蒸馏出来的馏出物即为"馏分"。如汽油的馏程约为 40～200℃，煤油约为 200～300℃，轻柴油约为 200～350℃。

馏程测定是粗略简便的蒸馏方法，具有严格的条件性，因此馏程数据并不能代表该油的真实沸点范围，但可以大致判断油品中轻重组分的相对含量，或用于不同油品间的比较。表 1-4 中列出两种原油相同的油品的馏程数据。

表 1-4　两种原油相同油品的馏程数据

馏　程	汽　油		喷气燃料	
	大庆原油	冷湖原油	大庆原油	冷湖原油
初　馏　点，℃	65	63	141	145
10%馏出温度，℃	101	95	160	153
50%馏出温度，℃	143	125	183	170
90%馏出温度，℃	185	167	212	215
98%馏出温度，℃	—	—	224	239
干　　点，℃	205	190	—	—

馏程是汽油、喷气燃料、煤油、柴油和溶剂油表示蒸发性能的重要质量要求，对于汽油具有特别重要的意义。

三、平均沸点

馏程在油品评价和质量标准上用处很大，但无法直接用于工程计算，为此提出平均沸点的概念，用于设计计算及其它物性常数的求定。平均沸点有五种表示方法，其计算方法和用途各不相同。

1. 体积平均沸点

体积平均沸点 t_v 是馏程的 10%、30%、50%、70%和 90%五个馏出温度的算术平均值，即：

$$t_v = \frac{t_{10} + t_{30} + t_{50} + t_{70} + t_{90}}{5} ℃ \tag{1-1}$$

式中　t_{10}、t_{30}……t_{90}分别为馏程的 10%、30%……90%馏出温度。体积平均沸点主要用于求定其它难以直接测得的平均沸点。

2. 立方平均沸点、中平均沸点、重量平均沸点和分子平均沸点

这四种平均沸点均无法直接测得，通常由 t_v 查《图表集》的平均沸点校正图求定。为便于电算，周佩正将该图拟合，提出如下计算各平均沸点的关联式：

重量平均沸点　　$t_w = t_v + \Delta 1$　　(1-2)

实分子平均沸点　　$t_m = t_v - \Delta 2$　　(1-3)

立方平均沸点　　$t_{cn} = t_v - \Delta 3$　　(1-4)

中平均沸点 $$t_{me}=t_v-\Delta 4 \tag{1-5}$$

$$\ln\Delta 1=-3.64991-0.027060t_v^{0.6667}+5.16388S^{0.25} \tag{1-6}$$

$$\ln\Delta 2=-1.15158-0.011810t_v^{0.6667}+3.70684S^{0.33333} \tag{1-7}$$

$$\ln\Delta 3=-0.82368-0.089970t_v^{0.45}+2.45679S^{0.45} \tag{1-8}$$

$$\ln\Delta 4=-1.53181-0.012800t_v^{0.6667}+3.64678S^{0.3333} \tag{1-9}$$

式中 t_v、t_w、t_m、t_{cu}、t_{me}——均为℃；

S——馏程曲线斜率，℃/%。

以上各式计算值与查图值间偏差为0.15%。

对于沸程<30℃的窄馏分，可认为各种平均沸点近似相等，用中沸点表示不会有大误差。这些平均沸点主要被用来求定临界性质等其它物性。

第二节 密度、特性因数和分子量

一、密度

密度是油品的重要物性指标，在工艺设计、流体力学、传热、传质过程计算中是必不可少的，又作为PVT数据中一个部分，在化工热力学中占有重要地位。

（一）密度和相对密度

物质的密度是单位体积内物质在真空中的质量，一般以 ρ 表示之，其单位为 kg/m^3 或 g/cm^3。

我国规定20℃时密度为原油和液体石油产品的标准密度，以 ρ_{20} 表示。在其它温度 t 下测得的密度用 ρ_t 表示。

物质的相对密度是该物质密度与规定温度下标准物密度之比，一般以 d 表示，为无因次值。因4℃时纯水密度为 $1.0000g/cm^3$，所以常以4℃水作为液体相对密度的标准物，如我国和俄罗斯以 d_4^t 表示 t℃时油品密度与4℃水密度之比，其数值等于 t℃时油品密度。欧美各国常用的相对密度为 $d_{15.6}^{15.6}$（即60℉的油和水的密度之比）。

液体油品的比重指数（$API°$）又称为 API 度。是欧美各国表示油品相对密度的常用指标，它与相对密度 $d_{15.6}^{15.6}$ 的关系为：

$$API°=141.5/d_{15.6}^{15.6}-131.5 \tag{1-10}$$

随着相对密度增大，比重指数值下降。

气体相对密度是以标准态（0℃、101.3×10^3Pa）时空气作为标准物质。

物质的比容是密度的倒数，其单位为 cm^3/g、m^3/kg 或 m^3/mol。

表1-5列出几种油品的相对密度和比重指数。

表1-5 原油和油品的沸程和相对密度

油品名称	沸　　程，℃	相对密度，$d_{15.6}^{15.6}$	比重指数，API°
原　油		0.65～1.06	86～2
汽　油	<200	0.70～0.77	70～52
煤　油	200～300	0.75～0.83	57～39
柴　油	200～350	0.82～0.87	41～31
润滑油	>320	>0.85	<35

（二）影响油品密度的因素

油品密度与其馏分组成、化学组成及体系温度、压力有关。

1. 密度与组成的关系

从表 1-5 数据可见，随着油品沸点升高，密度增大。相同碳数的不同烃类，其密度有明显差别，如正庚烷的相对密度为 0.6837，相同碳数的甲基环己烷为 0.7694，甲苯为 0.8670。即各种烃的密度大小顺序为正构烷烃＜环烷烃＜芳香烃。分子中环数越多，其密度越大。不同原油生产的相同馏程的馏分，因化学组成的差异，密度也会有较大差别，含芳香烃多的馏分，其密度大于含烷烃多的馏分。

2. 温度

温度升高，油品膨胀，密度随之下降，温度对密度的影响很大。为准确计量油罐中油的数量，必须进行不同温度下密度的精确换算，精确换算可通过 GB1885 石油计量换算表进行，工程计算则可用《图表集》中有关图表进行换算。

GB1885 中表 1 共 124 页，用于由非 20℃的视密度换算为 20℃标准密度，适用于 20℃密度为 0.6000～1.0090g/cm³，温度为－25.0～130℃的油品。

3. 压力

液体在一般压力下，可视为是不可压缩的，因此压力对油品密度的影响可以忽略。在极高压力下应考虑其影响，可由《图表集》求定。但应重视的是，加热油品时，如保持体积不变，压力将会急剧升高，如把装满油品的容器或管道全部密闭，油品一旦受热，就会产生极大压力而导致容器爆裂，造成事故。

（三）密度的确定

最直接和准确的方法是用实验测定，液体石油及其产品可用 GB/T13894 密度计法和 GB/T13377 比重瓶法测定，沥青等固态产品有其相应测定方法。

不同油品密度可通过《图表集》中有关图表进行大致计算。也可用由寿德清等开发的下列经验关联式计算国产原油直馏和二次加工油的 20℃密度。

$$\rho_{20} = -0.07147 - 4.2541/n^2 + 3.4944/n^{0.5} \tag{1-11}$$

或

$$\begin{aligned}\rho_{20} = {} & 1.5372 + 0.10914\ln t_{50} + 0.24308 \times 10^{-2}\ln t_i - 0.14777\ln t_d \\ & - 2.9447/\ln t_d + 6.4795/\ln t_d/t_d + 2.6666/\ln t_{50}/t_{50} \\ & - 0.18408 \times 10^{-5}(t_i \times t_e)^{0.5}\end{aligned} \tag{1-12}$$

$$t_d = t_e - t_i$$

$$t_{50} = (t_e + t_i)/2$$

式中 n ——油品 20℃钠光的折射率，即 n_D^{20}；

t_i、t_e ——分别为油品馏程的初馏点和终馏点，℃。

当几种属性相近的油品混合时，具有体积加和性；如果密度相差悬殊或属性差别很大的两种油品混合时，混合物的体积可能无加和性，需用过剩分子体积概念进行计算。

二、特性因数

在研究各族烃类性质时，人们发现以绝对温度°R 表示的烃类沸点与相对密度 $d_{15.6}^{15.6}$ 成直线关系，不同族烃类的直线斜率不同，定义此斜率为特性因数 K。如沸点 T 的单位为 K，则特性因数可表示为：

$$K = 1.216\,\frac{T^{1/3}}{d_{15.6}^{15.6}} \tag{1-13}$$

表 1-6 中列出几种纯烃的特性因数 K，其中以烷烃最大，芳香烃最小，环烷烃介于二者之间。

表 1-6 几种纯烃的特性因数

名　　称	沸　　点，℃	密　度，20℃，g/cm^3	特性因数 K
正庚烷	98.43	0.683	12.77
甲基环己烷	100.93	0.769	11.35
苯	80.09	0.878	9.7
甲　苯	110.63	0.867	10.03

石油和油品也可以用特性因数来表示其化学组成特性，一般石油及其产品的 K 在 9.7～13.0 之间。含烷烃或烷基侧链较多的石蜡基油，其 K 为 12.1～13.0，含环烷烃和芳香烃较多油的 K 值为 10～11。我国原油大多具有较高的特性因数，例如大庆原油 K 为 12.5，胜利原油为 12.1。

特性因数 K 对了解石油的分类、化学组成、确定加工方案及油品其它特性都是十分有用的。但对于含大量不饱和烃或芳香烃的馏分，特性因数不能很好表征其化学组成特性，使用中会导致较大误差。

三、平均分子量

分子量是物质的重要性质之一，由于油品是复杂混合物，所以其分子量称为平均分子量，简称分子量。

石油馏分的分子量随沸点升高而增大，汽油的分子量大致为 100～120，煤油为 180～200，轻柴油为 210～240、轻质润滑油为 300～380，重质润滑油为 370～470。

油品分子量是设计中常用数据，可由实测、图表或经验方程得到。寿德清和向正为提出计算国产石油直馏和二次加工油平均分子量的经验方程，其准确性优于常用的查图法和其它经验方程。该式如下：

$$M = 0.166787 \times 10^{-3} - 0.747857T_b + 0.149503 \times 10^{-2}T_b^2 \tag{1-14}$$

或

$$M = 0.184534 \times 10^{-2} + 2.29451T_b - 0.233246T_b \cdot K + 0.132853 \times 10^{-4}(T_b \cdot K)^2 - 0.622170\rho \cdot T_b \tag{1-15}$$

式中 M——石油馏分的分子量；

T_b——石油馏分的体积平均沸点，K；

K——石油馏分的特性因数；

ρ——石油馏分的 20℃密度。

第三节　油品的流动性

石油和油品在处于牛顿流体状态时，其流动性可用粘度来描述；当处于低温状态时，则用多种条件性指标来评定其低温流动性。

一、粘度

流体在流动时，因流体各层的流动速度不同，在相邻两层流体间的接触面上，出现与接触面相切的一对阻碍相对滑动的力，这对等值而方向相反的阻力，称为内摩擦力。反映这种内摩擦力大小的特征值称为粘度。

粘度是评价石油及油品流动性的指标，是喷气燃料、柴油、重油和润滑油的重要质量指标，对润滑油的分级、质量鉴别具有决定意义。油品粘度对流动输送时的流量和压降影响很大，又是工艺计算和设计中必不可缺的物理常数。

（一）油品粘度表示方法

各国表示油品粘度的方法有所不同，我国主要采用运动粘度和恩氏粘度，英美等国大都使用赛氏和雷氏粘度，德国和其它西欧各国多用恩氏粘度和运动粘度。国际标准化组织（*ISO*）规定统一采用运动粘度，各国正在逐步执行。目前各种粘度表示方法共存。

1．运动粘度

油品的运动粘度是其相同温度下动力粘度与密度之比值。动力粘度是面积各为 $1cm^2$ 的两个液体层，相距 1cm，相对运动速度为 1cm/s 时所产生的阻力。动力粘度的单位，SI 制为 Pa·s，cgs制单位为 P（泊）和 cP（厘泊），两者关系为：

$$1Pa \cdot s = 10P = 10^3 cP \tag{1-16}$$

运动粘度的单位，SI 制为 m^2/s 或 mm^2/s，cgs 制为 cSt（厘斯或已取消的厘沲、厘沱），其相互关系为：

$$1m^2/s = 10^6 mm^2/s = 10^6 cSt \tag{1-17}$$

由于运动粘度测定简单，准确性较好，一般偏差小于 $0.1mm^2/s$，因此得到广泛应用。其测定方法为 GB/T265 和 GB/T1137。

2．恩氏、赛氏和雷氏粘度

这三种粘度都是在严格的规定仪器和方法下测定的，均称为条件粘度。

（1）恩氏粘度（Engler Viscosity）是在规定温度下，由仪器中流出 200ml 试油的时间（s）与 20℃时流出 200ml 蒸馏水所需时间（s）之比，其单位为恩氏度（°E）或称条件度（GB/T266）。

（2）赛氏粘度（Saybolt Viscosity）是在规定条件下，60ml 试油通过赛氏粘度计所需的时间，以赛氏秒表示。它分为通用型（SUS）和重油型（SFV）两种，未加说明的均为通用型。

（3）雷氏粘度（Rewood Viscosity）是在规定条件下由雷氏粘度计中流出 50ml 试样所需的时间，单位为雷氏秒，分为商业用的Ⅰ型和海军用的Ⅱ型。未加注明的雷氏秒为Ⅰ型。

相同温度下的各种粘度之间的换算可通过《图表集》中有关图表进行。

（二）油品粘度与化学组成的关系

油品粘度与其分子结构和大小密切相关。

油品的粘度随馏程的增高而迅速增大。馏程相同的油品，因化学组成不同，其特性因数 *K* 有差别，其粘度也有明显不同。一般含环状烃多的油、其 *K* 小而粘度大。表 1-7 中列出几种原油相同沸程馏分的 50℃和 100℃运动粘度，可以明显看出上述规律。

表 1-7　不同原油相同馏分的运动粘度，mm^2/s

馏　　程，℃	大　庆		胜　利		新　疆		乌尔禾	
	50℃	100℃	50℃	100℃	50℃	100℃	50℃	100℃
350～400	6.91	2.66	8.63	2.29	13.42	3.66	59.30	7.30
400～450	15.82	4.65	25.42	6.00	45.27	7.66	213.6	16.34
450～500	—	8.09	—	10.63	141.8	15.9	859.4	37.26

（三）温度对粘度的影响

温度是粘度的重要影响因素，从表 1-7 可见，随温度升高，油品粘度迅速降低；同时可以发现不同油品，其粘度随温度变化幅度差别悬殊，如 400～450℃馏分从 100℃降到 50℃，大庆馏分油运动粘度增加 3.4 倍，而乌尔禾馏分油却增大了 13 倍。油品随温度变化的性质称为粘温性能，粘温性能是润滑油的重要使用要求。粘温性质主要受其化学组成的影响，链状烃类的粘温性能大大优于环状烃，环烷烃比芳香烃好，环数越多，粘温性能越差。

油品的粘度指数 VI 是 ISO 标准和我国石油产品的 GB 标准中表示粘温性能的指标。VI 越高的油品，粘温性能越好，即可以在较宽的温度范围中工作。粘度指数一般在 0～100 之内，可以通过 50℃和 100℃运动粘度查图得到 VI 值。

原苏联和我国曾用 50℃和 100℃下运动粘度的比值——粘度比，来表示油品粘温性质的优劣。也可用其它温度下粘度之比。我国现已用粘度指数取代了粘度比。

（四）压力的影响

通常在压力小于 4.0×10^6Pa 时，压力对油品粘度的影响可以忽略。高压下，粘度随压力增高而急剧增大，在 100×10^6Pa 时的粘度比常压时增加 8～40 倍，此时必须考虑压力对粘度的影响。

（五）油品粘度的确定

油品的粘度主要靠实验测定。如无实测数据时，可用《图表集》中有关图表确定，这类计算偏差较大。寿德清和向正为提出四个预测国产石油直馏和二次加工油运动粘度的经验方程：

$$\nu_{50} = 0.91528 \times 10^3 T_b^{-2.8219} \nu_{100}^{1.9147} \tag{1-18}$$

$$\nu_{50} = 2.3912 \rho^{1.5351} \nu_{100}^{1.4621} \tag{1-19}$$

$$\nu_{100} = 0.25693 \times 10^{-4} T_v^{1.6342} \nu_{50}^{0.50531} \tag{1-20}$$

$$\nu_{100} = 0.58682 \rho^{-0.79640} \nu_{50}^{0.66913} \tag{1-21}$$

式中 ν_{50}、ν_{100}——分别为 50℃和 100℃运动粘度，mm^2/s；

ρ——20℃密度，g/cm^3；

T_b——平均沸点，K。

（六）油品的混合粘度

在油品调合等过程中，常需确定两种或几种油品混合后的粘度。油品混合物的粘度没有加和性，相混合的两种油品，其组成性质差别越大或粘度相差越远，混合物粘度距可加性越远。最常用的油品混合粘度计算方法是用《图表集》中的“油品混合粘度图”。

二、低温流动性

低温流动性是显著影响石油产品在冬季、室外、高空等低温条件下使用、输送和储存等方面的使用性能。由于不同石油产品采用不同的评定方法，所以有浊点、结晶点、冰点、凝点、倾点、冷滤点、软化点、熔点和滴点等多种流动性指标。

石油及液体石油产品在低温下失去流动性有两种情况。一种是含蜡很少或不含蜡的石油和油品，在温度降低时，粘度迅速增大，当粘度增大到一定程度后，原油和油品因变成无定型的玻璃状物质而失去流动性，此时所谓的凝固称为粘温凝固。“凝固”一词并不确切，因为在油品刚失去流动性的温度下，它是一种可塑性物质，而不是固体。

另一种情况是含蜡原油或油品，在降温时油中的蜡由于溶解度下降则逐渐析出，形成固态结晶，随着温度不断降低，蜡结晶逐渐长大，相互连接成网状结构的结晶骨架，把还处于液态的组分包在其中，使整个油品失去流动性，形成所谓的构造凝固。“构造凝固”一词也不确切，此时蜡的结晶骨架中还包含着大量液态组分，其硬度离“固”也相差甚远。

下面除分述各种液态油品低温流动性指标外，还把蜡和沥青等固态产品的相关指标一并介绍。这些指标都是条件性的，与低温使用条件没有直接严格定量关系，但仍是石油和石油产品低温性能的公认指标。

（一）浊点、结晶点和冰点

浊点是煤油的重要标准。所谓浊点是油品在规定条件下降温，因出现结晶而使原本清沏的液态油品出现雾状或混浊时的最高温度，其测定方法为GB/T6986。

结晶点是在规定条件下冷却油品时，油中出现肉眼可能分辨的结晶时的最高温度。在结晶点时，油品仍为可流动的液态，测定方法为SH/T0179。

冰点用GB/T2430方法测定，它是在规定条件下冷却油品到出现结晶后，再使其升温，使原来已形成的结晶消失时的最低温度。

同一油品的冰点比结晶点约高1～3℃。结晶点和冰点都是航空汽油和喷气燃料的重要使和性能，欧美多用冰点作质量标准，原苏联用结晶点，我国航空汽油和1号、2号以及4号喷气燃料以结晶点为标准，3号和5号喷气燃料已改用冰点作为质量标准。

燃料中出现结晶，会堵塞供油系统的滤网，影响发动机正常供油，对高空飞行来说是极其危险的。

油品的这些性质主要受其化学组成的影响，正构烷烃和芳香烃的这些指标比异物烷烃、环烷烃和烯烃高；同一族烃，随分子量增大，一般这些指标增高。油品中如含微量水分，会严重影响这些指标。

（二）凝点、倾点和冷滤点

纯物质在一定压力下，具有一个与熔点相同的固定冰点，如在常压时，水的熔点和冰点均为0℃。石油及其产品是一些复杂混合物，它们没有固定的“冰点”，也没有固定的“熔点”。所谓油品的“凝点”，是在严格规定的仪器、操作条件下测得油品刚失去流动性时的温度值。而所谓失去流动性，也完全是条件性的，即在某温度时，把装有试油的规定试管倾斜45°，经一分钟后，肉眼观察不出试管内油面有所移动，此时就认为油品已“凝固”失去流动性，产生这种现象的最高温度，称为该油品的凝点（GB/T510）。英、美各国把装有试油的规定瓶子转成水平位置，经过5s后，油品不再移动的温度称为凝点。两种方法所测得的油品凝点大致相同。

倾点是指油品能从规定仪器中流出的最低温度，也称为流动极限（GB/T3535）。

凝点、倾点是柴油、润滑油、燃料油等的重要使用性能。

凝点和倾点都不能直接表征油品在低温下堵塞发动机滤网的可能性，因此提出直接表示柴油在低温下堵塞滤网可能性的冷滤点指标。冷滤点测定方法为SH/T0248，是在规定的压力和冷却速度下，测定20ml试油开始不能通过363目/in² 过滤网时的最高温度，这个温度称为冷滤点。

国内正逐步采用以倾点代替凝点、用冷滤点取代柴油凝点，目前三者并存。

（三）熔点、滴点和软化点

由于石油产品是复杂混合物，不同产品液相和固相之间的转变温度不是一个固定值，而且转变情况也有所 同，因此出现很多表征液固转变温度的指标。

熔点是石蜡、地蜡等高熔点石油产品的重要耐热质量要求，作为石蜡和地蜡的产品牌号。熔点是在规定条件下测定已熔化试样的冷却曲线，以冷却曲线中温降最小的一段曲线的起始温度作为试样的熔点（GB/T2539）。

滴点是表示润滑脂和凡士林等软膏状产品的重要性质，用GB/T4929方法确定。在严格的试验条件下加热试样，试样由仪器小孔中滴出第一滴时的温度称为滴点。

软化点是沥青和石油渣油的性质指标，一般用 GB/T4507 环球法测定。把规定尺寸和质量的钢制小球放在一个预先装好沥青试样的铜环上，然后一起放入水浴中，加热水浴直至小球靠自身重量穿过软化了的沥青落下，此时温度即为软化点。

第四节　燃烧性能

石油及其产品是众所周知的易燃品，又是重要燃料，因此研究其燃烧性能，对于燃料使用性能和安全均十分重要。油品的燃烧性能主要用闪点、燃点和自燃点等来描述。

燃烧是物质的剧烈氧化过程，通常只有当油品形成爆炸性混合气体，同时存在外界火源的情况下，才会产生燃烧甚至爆炸现象。但高温油品如与空气接触，即使没有外界火源也可能因剧烈氧化则产生自燃。

油品气化后与空气形成混合气体，当油气浓度达到一定范围时，遇到外界火源，即剧烈氧化而产生闪火或爆炸，此油气浓度范围称为爆炸范围。当油气浓度低于此范围时，油气量不足；高于此范围，则空气量不足，均不会产生闪火和爆炸。爆炸范围的上限和下限，分别称为爆炸上限和爆炸下限。

加热油品使其气化，油气与空气形成混合气。随油品温度升高，混合气中油气浓度增大，混合气浓度达到爆炸下限和上限时的温度，分别称为爆炸下限温度和爆炸上限温度，通称闪点。

石油馏分的沸程越低，其闪点也愈低。例如，汽油的闪点为－50℃到＋30℃，煤油闪点为28～60℃，润滑油的闪点为130～325℃。

油品的闪点愈低表明其着火危险性愈大，因此石油产品以其闪点作为失火危险等级的分级标准。表1-8中列出石油产品的危险品等级。

表1-8　石油产品的危险品等级

油品名称	闪　点，℃	失火危险等级	备　注
溶剂油类、汽油类、苯类	＜28	1级	易燃石油产品
煤油类	28～45	2级	
柴油类、重油类	45～125	3级	可燃石油产品
润滑油类、润滑脂类	＞120	4级	

通常轻质油品采用闭口杯法(GB/T261)测定闪点，重质油品和润滑油多用开口杯法(GB/T267)测其闪点，两种方法均为条件性试验。同一油品的开口杯闪点高于闭口杯闭点，闪点愈高，两者的差值愈大。特别是重质油品中混入少量轻油时，不仅闪点大大下降，且开口杯闪点与闭口杯闪点的差值也随之显著增大。它们的差别见表1-9。

表1-9　不同油品开口杯与闭口杯闪点的差别

油品名称	$d_{15.6}^{15.6}$	开口杯闪点，℃	闭口杯闪点，℃	差　值，℃
10号机械油	0.900	170	148	22
某机械油	0.895	230	200	30
某机械油＋0.5％汽油	0.894	200	80	120
汽缸油	0.913	331	271	60

混合油品的闪点不具备可加性，其闪点总是低于按可加性计算的混合油闪点。从表1-9中可发现混入0.5％汽油的机械油，其闭口杯闪点由200℃降到80℃，下降达120℃之多，开口杯

闪点下降少些，为 30℃。

油品的燃点是在规定条件下，将油品加热到其上方油气能被火焰点燃，并连续燃烧 5 秒钟以上的最低温度。燃点一般比开口杯闪点高约 20～60℃。

自燃点顾名思义是自行燃烧的温度。它是油品蒸气与空气的混合物，在没有外部火源情况下，因激烈氧化而自行燃烧时的最低温度。内燃机用燃料（如汽油、柴油）的抗爆性与燃料的自燃点关系很大。一般自燃点比闪点高数百度。

闪点、燃点和自燃点都与油品的化学组成和馏分组成有关。随油品的沸程升高，其闪点和燃点增高，而自燃点降低。含烷烃多的油品，其自燃点低，闪点高。同一族烃中，分子量小的烃，其自燃点高而闪点、燃点低。

因此，从安全防火的角度来说，轻质油品应特别注意严禁烟火，以防因外界火源而引燃爆炸；重质油品则应防止高温油品泄漏，遇空气引起自燃，酿成火灾。

第五节　油品的热性质

在石油加工、储运、机械等工艺计算中，常需要油品的各种热性质，其中最常用的有比热（比热容）、气化潜热、热焓和燃烧热等。

这些热性质的测定难度较大，一般采用图表或方程求定，详见“图表集”。

一、比热

比热又名比热容。在没有相变化和化学反应的条件下，单位质量物质温度升高 1K 所需要的热量称为比热，其单位为 J/(kg·K)。

油品的比热随其密度增加而减小，随温度升高而增加。油气比热随压力升高而增加，液态油品比热受压力影响极小，随压力增加而略有下降，一般可以忽略不计，液态油品及其蒸气的比热一般小于 1。

比热可分为定容比热、定压比热和饱和态比热等数种。石油加工中多用后两种比热。比热又可分为真实比热和平均比热。由于比热有多种表示方法，求取过程又较复杂，而焓的数据更为可靠，因此通常尽可能利用焓来进行热量计算。

二、气化潜热

气化潜热又称为蒸发焓或蒸发焓变，是单位质量物质在恒温恒压下，由饱和液态转化为饱和气态时所需的热量，单位为 J/kg。所谓潜热，是在温度和压力不变情况下，油品气化或冷凝所吸收或放出的热量。

没有特殊注明的气化潜热，通常是指常压沸点下的气化潜热。当温度、压力升高时，气化潜热逐渐减小，在较高温度范围内，气化潜热急剧减小，当达到临界点时，气化潜热为零。

表 1-10 中列出不同油品的常压气化潜热。

表 1-10　不同油品常压气化潜热，J/kg

油品名称	气化潜热
汽油	$29 \sim 31 \times 10^4$
煤油	$25 \sim 27 \times 10^4$
柴油	$23 \sim 25 \times 10^4$
润滑油	$19 \sim 23 \times 10^4$

注：水的气化潜热为 225×10^4J/kg，大大高于油品气化潜热。

三、焓

在石油加工等工艺计算中，更多地利用焓来方便地进行热计算。

非反应系统的焓是单位质量物质从基准状态（相状态、温度和压力）变化到另一状态时增加或减少的热量，以 J/kg 为单位。

由于焓是相对数值，焓的基准态可以任意选择。通常基准态的压力选用常压，温度以纯烃液体－129℃（200℉）为零点，可以避免出现负的焓值，也有选－17.8℃（0℉）或 0℃等为零点的。在只有物理过程的计算中，各物质的焓值可不采用一致的基准。但从焓图查得的焓不能用于计算化学反应中的热效应。

油品的焓是其组成、温度和压力的函数。同一温度下，烷烃的焓比芳香烃高，汽油的焓高于润滑油的。当 $Pr<1.0$ 时，压力对液态油品焓的影响可以不考虑，但对油蒸气焓的影响很大，必须进行压力修正。

油品的焓可以从相应图表或方程进行计算。

四、燃烧热

单位质量燃料完全燃烧所发出的热量称为燃烧热，又称为热值，其单位为 J/kg 或MJ/kg。

热值有以下三种表示方法：

1. 标准热值　定义为在 25℃和 101.3kPa 标准状态时燃料完全燃烧所放出的热量。此时燃料燃烧的起始温度和燃烧产物的最终温度均为 25℃，燃烧产物中的水蒸气全部冷凝成水。

2. 高热值　与标准热值的差别仅在于起始和终了温度均为 15℃而不是 25℃，这个差别很小，通常可忽略不计。

3. 低热值　又称净热值，是燃料起始温度和燃烧产物的最终温度均为 15℃，但燃烧产物中的水蒸气为气态，此时完全燃烧所放出的热量。

实际燃烧时，燃烧产物中水蒸气并未冷凝，所以通常计算中均采用净热值。

石油馏分的热值随其密度增大而下降，一般净热值约为 40～44MJ/kg。净热值是航空燃料的重要质量指标。热值可以实验测定，也可以通过燃料的化学组成和物性进行计算或查图得到。

第六节　表面性质

表面张力和界面张力是油品的表面性质。在石油加工、储运、管理中经常遇到油水破乳分离、吸收效率、萃取界面状态等与油品表面性质有关的问题。

处于气-液相界面上的液体分子层，同时受到下部液体内部分子的引力和上部空间气相分子（包括空气和已蒸发的少量液体分子）的引力，这两种力不是平衡的。通常下层液体分子的引力远远大于上方气相分子引力，其合力使液体表面倾向于吸向液体内部，此力垂直于液体表面，使液体表面收缩。反之，欲使液体表面增大，必须对其作功，此功称为表面自由能。反抗液体表面积增大的单位长度上的力称为表面张力，其单位为 N/m。

不同物质形成的液-液、液-固、气-固相界面间的分子层，也存在类似气-液界面分子受力不均的情况，所产生的力统称为界面张力。气-液界面上的表面张力，实际就是气-液界面张力。

液体的表面张力决定于液体和气相的性质，并与所处温度、压力有关。

不同烃类的表面张力与烃类性质有关，同一温度下，相同碳数烃类的表面张力以芳香烃最大，环烷烃次之，烷烃最小。同族烃类，随分子中碳数增加，表面张力逐渐增大。

表面张力随温度升高而逐渐减小，当到达临界点时，气、液相无从区分，表面张力为零。

液体表面张力与所接触的气相性质有关，不同气体分子对表面层分子的引力不同，其表面张力也不同。通常所指的表面张力均为该液体与其本身饱和蒸气或空气相接触时的数据。

压力的影响与液体上方气体的溶解度有关。随压力增大，气体溶解度增加，表面张力随之下降。液体的沸点和临界温度愈高，表面张力受压力影响而下降的趋势越明显。

油品常温下表面张力和油水界面张力可由GB/T2541圆环法测定。油品表面张力可用《图表集》中有关方法计算，也可以按寿德清-万重英-杨朝合开发的国产石油直馏油和二次加工油表面张力关联式进行计算，所开发的关联式根据所需计算参数不同分为两类，可以分别计算大庆、胜利、辽河直馏和胜利催化裂化、焦化馏分油在不同温度下的表面张力，其准确性优于《图表集》推荐方法。所开发的表面张力关联式为：

$$\sigma = 0.169758 \times 10^3 - 0.217234 \times 10^3 \cdot n + 0.178890 \times 10^3 \cdot \rho - 0.812153 \times 10^{-1} t/\rho + 3.00575 \cdot K + 0.175905 \times 10^{-1} \cdot K \quad (1\text{-}22)$$

或

$$\sigma = 484.152\left(\frac{T_c - T}{T_c}\right)^{1.12743} / K \quad (1\text{-}23)$$

式中 σ——表面张力，$\times 10^{-3}$N/m；

n——20℃钠光折射率；

ρ——20℃密度，g/cm^3；

K——特性因数；

T、t——体系温度，各为K和℃；

T_c——临界温度，K。

第七节　溶解度

在石油和天然气工业中，经常会遇到水和油品、油品与溶剂的相平衡问题，其中包括气-液和液-液平衡，大量的是溶解度问题。

一、水在油中的溶解度

水在油品中溶解度很小，但对油品使用性能产生恶劣的影响。其主要原因是因为水在油品中的溶解度随温度升高而增大。当温度降低时，水的溶解度变小，此时在温度较高时已溶解饱和了的水就会从水中析出，成为游离水，沉降在容器底部。油品在储存中，由于日夜温度的变化，导致油罐底部游离水日益增加。油品中的微量水会使油品的低温性能变差，特别是对航空汽油或喷气燃料造成的危害最为严重；并使油品储存安定性变坏，导致设备腐蚀和磨蚀等。

油品中存在游离水时，近似处于气-液-液平衡状态，油水两相呈液-液平衡，并与气相呈气-液平衡。压力对气-液平衡影响明显，但对液-液平衡影响很小，因此，可以认为油品中水的溶解度只随温度变化。

水在油品中的溶解度受其化学组成制约。一般来说，水在芳香烃和烯烃中的溶解度比在烷烃和环烷烃中的大。当碳原子数相同时，水在环烷烃中的溶解度又稍低于在烷烃中的。如在纯烃中加入少量其它组分后，会显著影响其溶解度。例如在烷烃中混入少量芳香烃和烯烃后，混合物对水溶解度的增加远远超过按分子平均的溶解度。因此富含环烷烃的喷气燃料，当脱除大部分芳香烃以后，它对水的溶解度大大降低，明显改善了喷气燃料的低温性能。

水在烃类中的溶解度，可根据烃的碳氢质量比从有关图表中得到。

二、天然气的水合物

在一定温度和压力下，被水分所饱和的天然气中的低分子烃类气体能与水在液相下生成类似雪或松散冰状的固体结晶物质，称为水合物。水合物是不稳定的物质，其晶格与冰的晶格不同，它在高于0℃时稳定，并具有一定尺寸的笼形内腔。

不同烃的水合物可用通式 $M \cdot nH_2O$ 表示，甲烷水合物为 $CH_4 \cdot 7H_2O$、乙烷水合物为 $C_2H_6 \cdot 8H_2O$、丙烷水合物为 $C_3H_8 \cdot 18H_2O$，丁烷和丁烷以上不易形成水合物。

在石油开采、天然气和石油化工原料输送等过程中，常由于阀门或其它阻力造成减压膨胀，致使温度下降，生成水合物，发生堵塞管道和设备的事故。为防止生成水合物和排除已出现的堵塞现象，可提高温度、减低压力或在管道中加入醇类防冰剂，使水合物分解成原来的烃和水。也可以采用干燥法或冷冻法降低天然气中水含量，以避免水合物的形成。

三、苯胺点

苯胺点是油品的一个特性数据，它反映了油品的化学组成特点。根据苯胺点可以计算油品的柴油指数、特性因数、分子量和喷气燃料的净热值，与折射率一起可以确定汽油的族组成。

烃类在溶剂中的溶解度与两者的分子结构关系密切，并受溶剂比、体系温度等影响。烃类与溶剂分子结构愈相似，其溶解度愈高；升高体系温度，也能增加溶解度。同一温度下的溶解度还受溶剂比的影响。当某一油品与溶剂以一定比例混合时，在较低温度下，因溶解度低而呈液-液两相，随着温度升高，溶解度增大，到某一温度时，两者完全互溶，相界面消失，继续升温，则为均匀的一相。相界面刚刚消失时的温度即为该混合物的临界溶解温度。不同烃类、溶剂及溶剂比，其临界溶解温度不同。

苯胺点是油品与溶剂苯胺以1∶1体积比混合时的临界溶解温度。不同烃类的苯胺点差别很大，分子量相近时，芳香烃的苯胺点远远低于烷烃和环烷烃，而且多环芳烃比单环芳烃更低。同族烃类随分子量增加，苯胺点升高，但增高幅度不大。因此油品和烃类的苯胺点能较好地反映它们的化学组成特点。

根据油品的苯胺点可以通过诺模图求得油品的特性因数、分子量等物性；也可以按下式计算柴油的柴油指数，进而估算柴油的十六烷值。

$$\text{柴油指数} = 2.367(A + 17.8)\left(\frac{1.076}{\rho + 0.004} - 1\right) \tag{1-24}$$

式中 A——油品苯胺点，℃；

ρ——油品20℃的密度，g/cm^3。

国际标准ISO3648-1976和国家标准GB2429-88均规定用航空燃料的苯胺点和API度按下述经验公式计算航空汽油和各种规格喷气燃料的净热值，经验公式为：

$$Q_p = a + b(A \times G) \tag{1-25}$$

式中 Q_p——无硫油品的净热值，MJ/kg；

A——苯胺点，℉；

G——API度；

a、b——常数。不同标准的航空燃料其常数见GB2429-88。

苯胺点还用于测定油品中芳香烃的含量，在测定试油样和脱除芳香烃以后的试油样苯胺点后，可按下式计算油品中芳香烃含量：

$$\text{芳香烃}\ \%(m) = k(t_2 - t_1) \tag{1-26}$$

式中 k——相应于苯胺点每降低1℃所含的芳香烃%(m)。其值因油品沸程和芳香烃总含量不同而异；

t_2——待测试样苯胺点，℃；

t_1——待测试样脱除芳香烃后的苯胺点，℃。

苯胺点可用图表计算，寿德清-向正为提出用下式计算国产石油直馏油的苯胺点，准确性很好。

$$t_A = 8.56036 \times 10^{-6} T_b^{2.40852} \rho^{-3.69011} \tag{1-27}$$

式中 t_A——油品的苯胺点，℃；

T_b——油品的中沸点，K；

ρ——油品 20℃密度，g/cm^3。

第八节　光学性质和导电性

一、油品的光学性质

油品的光学性质对于快速鉴定油品化学组成和控制产品质量具有重要意义。它主要包括折射率、分子折射率和交折点等，最常用的是折射率。

折射率的严格定义是光在真空中的速度与光在物质中速度之比，以 n 表示之。常用的折射率数据是光在空气中速度与被空气饱和的物质中速度之比。

折射率与光的波长、物质的化学组成、密度和体系温度、压力有关。同一物质的折射率随光的波长增大而减小，随温度降低而增大。为了取得可比的数据，通常以 20℃时波长为 589.6nm 的钠黄光来测定折射率，以 n_D^{20} 表示之。不同温度下折射率 $n_D^{t_0}$ 和 n_D^t 间可用下式换算。

$$n_D^{t_0} = n_D^t + \alpha(t - t_0) \tag{1-28}$$

式中 $n_D^{t_0}$ 和 n_D^t 分别为温度 t_0 和 t(℃)时的折射率，α 为校正系数 0.0004/℃。

压力对折射率的影响是明显的，一定温度下，折射率随压力增加呈抛物线状增大。

折射率是物质的重要特性常数，不同族烃类间有明显差别。以芳香烃最大，环烷烃次之，烷烃折射率最小，例如正己烷的 n_D^{20} 为 1.3749，环己烷为 1.4262，苯为 1.5011。同一族烃的折射率随分子量增大而稍有增加。烃类混合物的折射率可近似按体积加和性计算。因此折射率是确定油品化学组成的一个重要参数，如用于测定汽油、柴油和润滑油的族组成等。

国产石油直馏和二次加工馏分油的折射率，可用寿德清-向正为提出的经验式计算：

$$n_D^{20} = 0.520545 + 0.854754\rho + 0.193995/\rho \tag{1-29}$$

或

$$\Delta n_D^{20} = 0.547715 \times \Delta\rho \tag{1-30}$$

式中 ρ——馏分油 20℃密度，g/cm^3；

Δn_D^{20}——两种馏分油的折射率之差值；

$\Delta\rho$——相应两馏分油的 20℃密度差值。

二、导电性

纯净油品的导电性很差，可视为是很好的绝缘体。例如变压器油是变压器和油开关中很好的绝缘介质、石蜡是电器工业中极好的绝缘材料。油品如含有一定量的非烃化合物以及酸、碱、盐、水分等，油品就会具有导电性。

油品在输送、灌装等过程中，油品分子之间和油品同其它物质之间相互摩擦时，产生静电荷，其电压随摩擦的加剧而增大。如果油品中含有导电物质，就能将静电荷及时导出或中和；如果油品精制良好，十分纯净，则导电性很差，此时静电就会聚积，使电压升高，到一定程度时，两个带电体就会产生放电现象，出现电火花，引起油蒸气着火、爆炸，对储运、加工生产造成极大危害。

为防止静电着火事故，采用在易出问题的航空汽油和喷气燃料中加入抗静电添加剂、设置接地装置、改进操作方法和相应设备等措施，取得很好的效果。

第九节　油品的其它性质

石油和油品还有很多特性指标，常用的有颜色、水分、硫含量、酸度、酸值、胶质和沥青质含量、蜡含量、残炭、灰分、水溶性酸或碱、腐蚀性等等，它们对油品使用性能影响很大，现简述于后。对于不同油品的某些专用性质指标，在此不作讨论。

一、颜色

组成石油的大部分烃类是无色的，石油和油品的颜色来自它们所含的胶质、沥青质和某些多环、稠环芳香烃以及含硫化合物等。这些物质的多寡决定了石油和油品的颜色深浅。油品经深度精制后，可得到完全无色的产品，因此油品颜色可以表明脱除胶质等的程度，是精制深度的一个指标。

油品颜色是一个重要质量指标。可用 GB/T 6540 颜色测定法和 GB/T3555 赛波特比色计法测定。

二、机械杂质和水分

机械杂质和水分是石油和大多数油品的重要质量指标。某些油品（如喷气燃料）中即使含有微量的机械杂质和水分，也会因冰晶造成堵塞过滤器、加剧机械磨损等问题。水分还会加速油品变质，引起设备腐蚀，降低油品质量。原油含水对于石油加工和储运都有很大影响。

机械杂质测定方法为 GB/T511，水分测定法有 GB/T260 和 GB/T11133 卡尔费休法。

三、硫含量

含硫量是原油和油品必需的重要指标，油品中的硫化物，使得油品具有腐蚀性、储存的不安定性，使用时会造成环境污染，因此是必须加以严格控制的指标。不同油品含硫量的测定方法不同。汽、煤、柴油用 GB/T380 燃灯法测定，喷气燃料等用 GB/T1792 测定硫醇性硫含量，深色石油产品如燃料油、原油、润滑油等用 GB/T 387 管式炉法，还有 SH/T0172 高温法等。定性试验有 SH/T 0174 博士试验，定性测定轻质石油产品中硫醇性硫的存在与否。

定量测定硫含量的常用方法，其原理是用一定方式把油品中全部硫化物转化为 SO_2，然后用一定溶液吸收，并转化为 H_2SO_4，用标准碱溶液滴定以计算元素硫含量。

四、酸度和酸值

酸度和酸值都是定量表示油品中酸性物质（主要是有机酸）含量的指标。用中和 100ml 或 1g 油样中酸性物质所需要的 KOH 毫克数来表示酸度，单位为 mgKOH/100ml；酸值为 mgKOH/g。

油品中的酸性物质主要是环烷酸等少量有机酸和酚类，也可能有精制过程中残留的微量无机酸。酸性物质影响油品安定性，腐蚀设备，必须除去。汽、煤、柴油等轻质油品测定酸度，原油和润滑油等测定酸值。油品在储存中，因氧化变质其酸度和酸值会有所增大，因此它们也是衡量油品是否变质的重要指标之一。测定方法分别为 GB/T258 和 GB/T264。

五、胶质、沥青质和含蜡量

这三种物质对石油输送、加工方案的确定影响很大，特别是制定高含蜡易凝石油加热输送方案时，胶质与含蜡量间之比会显著影响热处理的效果。三者含量均以 m%表示，是评价原油的重要指标。

测定方法大都根据沥青质和胶质在不同溶剂中的溶解度不同、不同吸附剂对它们吸附能力不同和其它物理性质的差异来区分的。所用溶剂和吸附剂不同，同一原油所得结果差别很大。所以只有在同样条件下测定的结果，才能进行比较。

我国现用氧化铝吸附法测定胶质-沥青质和含蜡量。详细方法可见《石油炼制工程(一)实验讲义》。

六、残炭和灰分

油品的残炭是在规定仪器中，油品按规定条件蒸发、分解、灼烧后形成的黑色焦状残留物占试样的 m%称为残炭，其大小间接表明油品在使用中出现结焦和积炭的倾向；也反映了油品，特别是润滑油的精制深度，精制深的油品，含重组分、非烃类化合物及胶质少，残炭值就低。柴油规定要求 10%蒸余物残炭，它是把试油蒸馏到残余 10%(v)，再测定此 10%残留物的残炭，此值能反映柴油在柴油机燃烧室中结焦的倾向。

残炭测定方法是条件性极强的试验方法，根据测定条件不同，有两种试验方法，即康氏法残炭 GB/T268 和兰氏法残炭 SH/T0160，两者数据有所不同。

灰分是油品煅烧后的固体残余物，其组成、含量随石油种类、性质和加工方法不同而异。油品中的灰分主要是由少量无机盐、金属化合物及机械杂质所构成。油品中的灰分会导致油品在使用中引起机械磨损、积炭、结垢和腐蚀，因而是汽轮机油和锅炉燃料等石油产品的重要质量指标。其测定方法为 GB/T508。

七、水溶性酸或碱

油品中的水溶性酸或碱，主要是石油加工过程中精制不良或酸碱洗涤时分离不好所残留下来的无机酸和碱。它们会腐蚀设备，降低油品质量，因此油品中绝不允许存在水溶性酸或碱。

水溶性酸和碱的测定方法为 GB/T259，用蒸馏水洗涤试油，然后用甲基橙和酚酞指示剂定性确定蒸馏水的酸性和碱性。

八、腐蚀试验

腐蚀试验用以定性检验各种油品在规定条件下对规定金属试片的腐蚀情况。它可以判断油品中是否存在元素硫、硫化氢、硫醇等酸性物质，同时也试验油品是否容易生成腐蚀性物质。

不同油品的腐蚀试验方法不同。油品的铜片腐蚀试验是目测在一定温度(50℃或 100℃)下规定铜片在试油中浸泡不同时间(2h 或 3h 等)后的颜色变化，以判断铜片的腐蚀级别。不同燃料的测定温度、时间、铜片规格等均有所不同，详见 GB/T5096。喷气燃料是用 SH/T0023 银片腐蚀法，即 100℃下银片在油中浸泡 4h。润滑油的腐蚀度 GB/T 391，模拟润滑油在发动机曲轴箱中情况，在 140℃下，将黏附着热润滑油的铅片与空气定期反复接触 50h，然后测定因腐蚀引起的铅片重量变化，以 g/m^2 为单位表示腐蚀程度。润滑脂采用 GB/T7326 铜片腐蚀法。

九、博士试验

博士试验是定性检验汽油、煤油、喷气燃料、石脑油和苯类等轻质油品中是否含硫醇的方法。测定原理是根据铅酸钠与硫醇反应生成有机硫化合物，再与元素硫反应生成黑色硫化铅，根据硫磺粉(元素硫)变色情况，定性判断油品含硫醇情况。详见 SH/T 0174。

第三章　石油产品的分类和使用要求

第一节　石油产品的分类

石油产品的种类繁多，用途各异，为了与国际标准相一致，我国参照ISO《国际标准化组织》发表的国际标准ISO/DIS 8681，制定了GB498《石油产品及润滑剂的总分类》，将石油产品分为六类，比ISO/DIS 8681多了一类C(焦)。总分类列于下表中。

表1-11　石油产品及润滑剂总分类　GB498

类　　别	各类别的含义	类　　别	各类别的含义
F	燃　料	S	溶剂和化工原料
L	润滑剂及有关产品	W	蜡
B	沥　青	C	焦

石油燃料占石油产品总量的90%以上，其中以汽、柴油等发动机燃料为主。GB12692.1《石油产品　燃料(F类)分类・总则》将燃料分为以下四组，详见表1-12。

表1-12　燃料的分组

识别字母	燃　料　类　型
G	气体燃料：主要由甲烷或乙烷或由它们组成的混合气体燃料
L	液化气燃料：主要由C_3、C_4烷烃或烯烃组成
D	馏分燃料：汽油、煤油、柴油，重馏分油可含少量残油
R	残渣燃料：主要由蒸馏残油组成的石油燃料

新制定的产品标准，把每种产品分为优级品、一级品和合格品三个质量等级，每个等级根据使用条件下同，还可以分为不同牌号。

润滑剂的主要作用是减轻机械摩擦，减少磨损和降低动力消耗。每年产量虽仅为石油产品总量的2%～5%，但品种和牌号却是最多的一大类产品。根据GB498—87和等效采用ISO6743/0-1981，我国制定了GB7631.1—87《润滑剂及有关产品(L类)的分类　总分类》，按应用场合将润滑剂分为19个组，各用固定字母作为组别，见表1-13，其中除B、Q、U、X四组外，均为润滑油及有关产品。X为润滑脂，也是一类重要的润滑剂，起着润滑油难起的作用。

表 1-13　润滑剂和有关产品(L 类)的分类(根据应用场合划分)

组　别	应　　用　　场　　合	组　别	应　　用　　场　　合
A	全损耗系统	B	脱模
C	齿轮	D	压缩机(包括冷冻机和真空泵)
E	内燃机	F	主轴、轴承和离合器
G	导轨	H	液压系统
M	金属加工	N	电气绝缘
P	风动工具	Q	热传导
R	暂时保护防腐蚀	T	汽轮机
U	热处理	X	用润滑脂的场合
Y	其它应用场合	Z	蒸气气缸
S	特殊润滑剂应用场合		

第二节　石油燃料的使用要求

石油燃料中,用量最大、最重要的是 D 组中的发动机燃料,它包括:

(1) 点燃式发动机燃料——汽油,主要用于各种汽车、摩托车和活塞式飞机发动机等;

(2) 喷气发动机燃料——喷气燃料,用于各种民用和军用喷气发动机;

(3) 压燃式发动机燃料——柴油,用于各种大马力载重汽车、坦克、拖拉机、内燃机车和船舰等。

其它还有煤油和 R 组残渣燃料。

不同使用场合对所用燃料提出相应质量要求。产品质量标准的制定是综合考虑产品使用要求、所加工原油的特点、加工技术水平及经济效益等因素,经一定标准化程序,对每一种产品制定出相应的质量标准(俗称规格),作为生产、使用、运销等各部门必须遵循的具有法规性的统一指标。质量标准分为国家标准 GB、石油和石化行业标准 SH、国家军用标准 GJB 和企业标准 QB 等数种。

一、汽油

汽油是点燃式发动机燃料,此类发动机又称为气化器式发动机,简称汽油机。适用于小型移动式机械等。汽油按用途分为车用汽油和航空汽油两类,各种汽油均以辛烷值为牌号,由不同牌号汽油构成系列产品。车用汽油有研究法辛烷值(*RON*)为 90 和 93 的普通汽油,适用于压缩比为 8.2 和 8.5 的汽油机,97 号优质汽油(GB484)用于压缩比为 9.0 的各型汽油机;还有 90 号,93 号和 95 号无铅汽油(SH0041);现还有马达法辛烷值(*MON*)为 66、70 的汽油(SH0112),即将被淘汰。航空汽油用辛烷值/品度值为牌号,如 95/130 号和 100/130 号是用于有增压器的大型活塞式航空发动机,辛烷值为 75 号的航空汽油用于无增压器的小型发动机。

我国生产汽油的工艺以催化裂化为主，辅以催化重整、烷基化和醚化等工艺。航空汽油则是由催化裂化汽油、烷基化油、工业异丙苯和异戊烷等组分调合而成。

汽油的使用要求来源于汽油机的工作要求，因此必须先讨论汽油机的工作状况。

（一）汽油机的工作原理

图 1-2 为汽油机的原理构造图，其工作过程可分为以下四个步骤：

1. 进气　进气阀打开，排气阀关闭，活塞下行。此时气缸内压力逐渐下降到 0.7～0.9 $\times10^5$Pa，于是空气经喉管进入混合室，同时油箱中汽油经浮子室由导管、喷嘴在喉管处与高速空气混合，汽油被喷散成雾状，同时气化形成可燃性混合气，经进气阀进入气缸。

2. 压缩　进气终了时，处于下死点的活塞靠飞轮惯性作用转而上行。此时进气阀关闭，气缸中可燃性混合气被压缩，温度、压力随之增高，当活塞上行接近上死点、压缩过程终了时，气体温度、压力分别可达 330～430℃和 7～15$\times10^5$Pa。

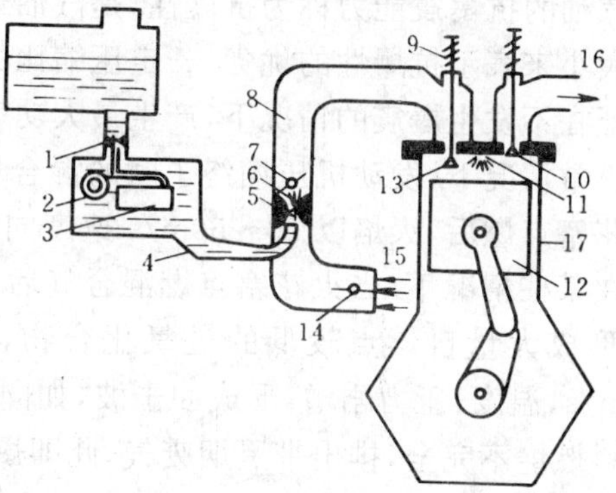

图 1-2　汽油机结构原理示意图

1—针阀；2—浮子室；3—浮子；4—导管；5—喷嘴；6—喉管；7、14—节气阀；8—混合室；9—弹簧；10—排气阀；11—火花塞；12—活塞；13—进气阀；15—空气；16—废气；17—气缸

3. 点火燃烧和膨胀作功　活塞上行到接近上死点时，火花塞闪火，点燃混合气，并以 20～50m/s 的速度进行燃烧，产生 2000～2500℃和 30～50$\times10^5$Pa 的高温高压燃气，推动活塞下行。活塞经连杆使曲轴旋转对外作功，将燃料燃烧放出的热能转变为机械能。

4. 排气　活塞下行到下死点时，排气阀打开，活塞靠惯性转而上行，排出废气。

当活塞再次到达上死点时，排气结束，这样完成一个工作循环，继而重复上述工作循环。如此周而复始，循环不息，活塞不断上、下作直线往复运动，经连杆使曲轴不断旋转，对外作功。一般汽油机有六个气缸，按一定顺序排列，使不连续的点火燃烧和膨胀作功过程变成连续的经连杆带动曲轴旋转的过程。

压缩比是汽油机的最重要技术指标，它是混合气被压缩前后的体积比，即活塞在下死点时气缸体积 V_1 与活塞在上死点时气缸体积 V_2 之比 V_1/V_2。压缩比越大的汽油机，其功率、热效率越高，油耗量和单位马力金属重量均有所下降，也就是越经济，表 1-14 中数据清楚表明此规律。

表 1-14　汽油机的压缩比对功率和耗油量的影响

压缩比	对功率的影响，%	对耗油量的影响，%
6.0	100	100
7.0	108	93
8.0	114	88
9.0	118	85

提高汽油机压缩比的同时，必须提高所用汽油的辛烷值，否则发动机会产生爆震现象而无法正常工作。

（二）车用汽油的使用要求

随着汽油机结构的改进，压缩比、转速和单位容积功率不断提高，以及为防止燃烧废气对环境的污染，对汽油的质量提出了更高要求。影响汽油使用的主要性能有抗爆性、气化性能、安定性、腐蚀性、清洁性等。

1. 抗爆性

汽油的抗爆震能力称为抗爆性，是汽油最重要的质量指标之一。用辛烷值、抗爆指数、品度等的大小来表示抗爆性的优劣。一定压缩比的发动机必须使用与其相匹配的辛烷值的汽油，方能保证在不发生爆震的情况下，产生最大功率，我国车用汽油以辛烷值作为其牌号。

正常情况下，发动机压缩终了时的混合气温度达 300～430℃，此时气体中的烃类被氧化，经火花塞点燃后，火焰以 20～50m/s 速度向四周扩散，温度、压力均衡上升，活塞工作正常。

在某些情况下，当火花塞点燃混合气后，在火焰尚未传播到的混合气中，因受高温高压影响已形成大量自燃点较低的过氧化合物，在多个部位猛烈自燃，使火焰速度高达 1500～2500m/s，温度、压力剧增，形成冲击波，如同重锤敲击活塞和气缸各部件，发出金属撞击声，此时燃料燃烧不完全，排出带黑烟废气，此即爆震现象。

爆震会损坏气缸部件，缩短发动机寿命，增加油耗量。引起爆震原因除机械结构、驾驶操作和气候条件等外，主要与汽油化学组成有关。

汽油由烃类组成，各族烃类辛烷值大小顺序为芳香烃＞异构烷烃＞烯烃＞环烷烃＞烷烃，同族烃随碳数增加，辛烷值下降。因此含芳香烃、异构烷烃多的轻质汽油辛烷值高。

根据测试方法不同，表示汽油抗爆性的辛烷值分为马达法辛烷值 *MON* 和研究法辛烷值 *RON* 两种。同一汽油的 *MON* 比 *RON* 约低 7～12 个单位，此差值称为汽油敏感性，它反映了随发动机工况激烈程度增加，其抗爆性下降的情况。*MON* 与 *RON* 的算术平均值称为抗爆指数，也是表示汽油抗爆性的指标之一。

提高汽油抗爆性的方法有两类，一是通过催化裂化、催化重整、异构化、烷基化等加工过程，使汽油改质，增加其中的芳烃、异构烷烃含量，或加入高辛烷值组分。另一类是加入少量能提高汽油辛烷值的添加剂——抗爆剂，最常用的是四乙基铅，四乙基铅有剧毒，能通过呼吸道、食道、皮肤等毒害人体，为防止中毒，加铅汽油中通常加入红色、黄色或蓝色染色剂，以便识别。由于四乙基铅抗爆剂具有工艺简单、成本低廉，效果突出等优点，所以一直是效率最高的辛烷值改进剂。

随着环境保护的需要，为控制汽车废气排放，国外已限制向汽油内加四乙基铅，逐步实现低铅化和无铅化。美国、加拿大、澳大利亚等国汽油无铅化进程较快，西欧向低铅化发展。据报导，1990 年西方国家汽油的 55% 为无铅汽油。

90 年代以来，环境保护对汽油的质量标准提出了更加严格的要求。它要求降低汽油中的芳香烃含量和烯烃含量、减少苯含量、限制氧含量、减少燃烧产物中的可挥发有机化合物、降低夏季汽油的挥发度等等。这就必须采用适当的调合组分、调合剂和添加剂来得到因上述要求而失去的辛烷值。这将促进非铅抗爆剂以及炼油加工工艺、加工深度的进一步研究与发展。

汽油中掺入甲基叔丁基醚或低分子醇类也可以提高辛烷值，并能降低废气中的 CO 含量，减少污染。

2. 气化性

汽油必须在极短时间内完全蒸发，迅速扩散，与空气混合形成均匀的可燃性混合气后才能进行燃烧。因此汽油的气化性能直接影响混合气的均匀性，从而影响其燃烧完全程度和耗油量。气化性差的汽油，其混合气中悬浮部分未气化的油滴，使燃烧不完全，发动机工作不稳定，增加油耗，部分油滴进入润滑油中，稀释了润滑油，引起磨损。但是，汽油的气化性能也不能过高，否则，汽油在进入气化器之前，在输油管中就会气化、形成气阻，影响正常供油，严重时甚至会造成发动机熄火事故。

评定汽油气化性能的指标有馏程和蒸气压两项。

(1) 馏程　按 GB/T 6536 方法测定汽油馏程，馏程的各馏出温度是控制汽油在发动机不同工作状态下正常运转的必要条件。汽油的初馏点和 10%馏出温度，控制气阻的形成和保证发动机的低温起动性能，如 10%馏出温度过高，在严冬时，冷车起动发动机就会产生困难。50%馏出温度表明汽油的平均蒸发性能，影响发动机的加速性能，此温度过高，当发动机由低速变为高速时，进油量增多，汽油来不及气化，造成夹带油滴，燃烧不完全，甚至熄火。常见汽车爬坡速度太慢或中途停车，如无机械故障，这就可能是汽油加速性能差的缘故。90%馏出温度和干点是表示汽油的气化完全程度，此温度过高，说明油中重组分较多，不能在发动机中完全气化燃烧，除了增加汽油耗量外，未气化的重组分，部分随废气排入大气，部分沿气缸壁窜入润滑油，稀释了润滑油，不仅增加机件磨损，还缩短了润滑油使用期限，大大降低了发动机的经济效果。

(2) 蒸气压　按 GB/T 8017 测定汽油的蒸气压(雷德法)，它反映了汽油的气化性能和在进油系统中形成气阻的可能性。

汽油既要求有一定气化性能以保证发动机的冷起动性，又要求气化性能不能过高，以防产生气阻。因此，除控制汽油的初馏点和 10%馏出温度不能太高外，在冬季和夏季不同气温条件下，对汽油蒸气压提出不同要求，以防产生气阻。

试验结果表明，不致引起气阻的汽油蒸气压和大气温度的关系，如表 1-15 所示

表 1-15　大气温度与汽油不致引起气阻的蒸气压间的关系

大气温度，℃	10	16	22	28	33	38	44	49
不致引起气阻的蒸气压，kPa	97.3	84.0	76.0	69.3	56.0	48.7	41.2	36.7

总之，如果汽油蒸发性差会造成一系列问题，如起动困难，燃烧不完全，稀释润滑油，增加油耗量等，因此世界各国均趋向于使用轻质汽油，为防止气阻，增加了一个气液比为 20 的质量指标。

3. 安定性

安定性是反映汽油在使用和储存过程中变质难易的指标。安定性差的汽油易出现颜色变深、生成粘稠胶状沉淀物。使用这类汽油，将严重影响发动机正常工作，例如不蒸发的胶状物会沉积在油箱、导管、滤清器、进气阀等机件上，造成堵塞，影响供油；高温下胶状物变成积炭，聚积在进气阀、气缸盖和活塞顶等部位，增加了爆震的可能性。

汽油安定性差的根本原因是存在烯烃、二烯烃和苯烯烃等不饱和烃以及苯硫酚、吡咯等带杂原子的化合物。光照、温度、空气和金属等外界因素均会加速汽油氧化变质。因此，在加工过程中进行适当精制，改善汽油组成；并在未与空气接触前加入 2.6-二叔丁基对甲酚(T502)、对羟基苯胺、N、N′-二甲丁基对苯二胺等抗氧添加剂；在储存中注意降温、避免与空气、金属接触，均可避免或延缓汽油变质。

通常用不饱和烃含量、氧化难易程度和胶质含量等来表示汽油安定性好坏，具体指标为：

（1）碘值　不饱和烃中的双键与碘能定量反应，因此用与100g油起反应的碘用量gI表示油中不饱和烃含量，称为碘值，单位为gI/100g。碘值越小，汽油安定性越好，航空汽油要求碘值不大于12gI/100g。碘值测定方法为SH/T 0234。

（2）诱导期　表明汽油储存安定性的指标。诱导期长的汽油，氧化生成胶质的倾向小；但对于以聚合和缩合反应为主生成胶质的汽油，诱导期不能很好反映其储存安定性。测定方法为GB/T 8018，单位为min。

（3）实际胶质　实际胶质表示100g汽油中可溶性胶质含量的mg数，单位为mg/100g。对于氧化生成不溶性胶质和粘附胶质的汽油，实际胶质不能确切反映其胶质含量。用GB/T 8019测定。

4．腐蚀性

为了保证发动机部件、储油容器和管道等金属设备不被腐蚀，要求汽油对金属没有腐蚀性。汽油的腐蚀性说明汽油对金属的腐蚀能力。

组成汽油的烃类没有腐蚀性，但如含有元素硫、硫化物、水溶性酸或碱、有机酸和水分等物质，将会产生不同程度的腐蚀。

评定汽油腐蚀性的指标有硫含量、硫醇性硫含量、铜片腐蚀、水溶性酸或碱、酸度等多项，具体测定方法及含义见第二章第九节。

5．清洁性　实践表明，发动机的故障约有10％～25％是因汽油清洁性不良造成的，因此汽油的清洁性是不可忽视的重要使用性能。汽油的清洁性采用不允许含机械杂质和水分来保证。机械杂质会增加发动机磨损，缩短其寿命，且使其功率下降，油耗量增大。水分会锈蚀金属，加速汽油氧化，因此必须除去。

（三）航空汽油的使用要求

航空汽油由催化裂化汽油、烷基化油、工业异丙苯和异戊烷等组分调合而成。其主要性能与车用汽油相同，但因航空发动机工作条件的特殊性，对下列要求更为严格。

1．抗爆性　只用辛烷值不能表示航空发动机在不同工作条件下对航空汽油抗爆性的要求，因此增加品度这一指标来表示飞机在起飞和爬高时航空汽油的抗爆性。GB1787航空汽油用辛烷值/品度作为牌号，如RH100/130表示该产品辛烷值不小于100，品度不小于130。

2．气化性　高空气压低，汽油产生气阻可能性增大，因此严格控制其蒸气压在27～48kPa范围之内。

3．低温性能　飞机在高空飞行时，机外气温很低，为防止油中析出固体结晶，堵塞滤清器，导致中断供油的恶性事故，航空汽油要求结晶点不高于－60℃。

4．安定性　航空汽油加铅量较多，储存中铅水易分解产生白色沉淀，使抗爆性下降，并易堵塞滤清器，为此需加入抗氧剂以延缓铅水分解。

5．热值　航空发动机的功率大，负荷重，一般空中不再加油，而所带油箱不能过大，以免增加飞机自重。因此必须使用热值大的燃料，以保证其续航能力，航空汽油净热值要求不小于43.1MJ/kg。

表1-16中列出国产航空汽油和车用汽油的质量标准。

表 1-16　国产航空汽油和车用汽油的质量标准

项目		质量指标							
		航空汽油 GB1787			汽油 SH0112-92		车用汽油 GB484-93①		
		RH-75	RH-95/130	RH-100/130	66 号	70 号	90 号	93 号	97 号
抗爆性									
马达法辛烷值(*MON*)	不小于	75	95	98.6	66	70	—	—	—
研究法辛烷值(*RON*)	不小于	—	—	—	—	—	90	93	97
抗爆指数$\frac{MON+RON}{2}$	不小于	—	—	—	—	—	85	89	92
品度	不小于	—	130	130	—	—	—	—	—
铅含量,g/kg	不大于	无	3.3	2.7	1.0		0.35③	0.45③	
净热值,MJ/kg	不小于	—	43.1	43.1	—		—	—	
馏程									
初馏点,℃	不低于	40			—		—		
10%馏出温度,℃	不高于	80			79		70②		
50%馏出温度,℃	不高于	105			145		120		
90%馏出温度,℃	不高于	145			195		190		
97.5%馏出温度,℃	不高于	180			—		—		
干点,℃	不高于	—			205		205		
残留量及损失量,%	不大于	2.5			4.5		—		
残留量,%	不大于	1.5			1.5		2		
蒸气压　kPa					27～48		—		
从 9 月 1 日到 2 月 29 日,不大于		—			80		88		
从 3 月 1 日到 8 月 30 日,不大于		—			67		74		
酸度,mgKOH/100mL	不大于	1.0			3		3		
结晶点,℃	不高于	−60			—		—		
碘值,gI/100g	不大于	12			—		—		
实际胶质,mg/100mL	不大于	3			5		5		
硫含量,%(m/m)	不大于	0.05			0.15		0.15		
腐蚀(铜片,50℃,3h)	级	1			合格		1		
水溶性酸或碱		无			无		无		
机械杂质和水分		无			无		无		
颜色		水白	同染色剂		—		—		
诱导期,　min　不小于		—			360	480	480		
硫醇(需满足下列要求之一)									
博士试验		—			—		通过		
硫醇性硫含量,%	不大于	—			—		0.001		

① 加有烷基铅抗爆剂的车用汽油必须添加醒目的染料,以示含铅。无铅车用汽油 SH0041-93 质量标准,除含铅量不大于 0.013g/l 和无酸度要求外,其它与 GB484-93 车用汽油相同。

② 为 GB/T 6536 测定,馏出温度为蒸发温度,干点为终馏点。

③ 铅含量单位为 g/l。

二、柴油

柴油是柴油机的燃料，它是我国目前消费量最大的发动机燃料。柴油分为馏分型和残渣油型两类，馏分型柴油又分为轻柴油和重柴油两种。轻柴油是全负荷转速大于 16r/s（1000r/min）的高速柴油机的燃料，中速和低速柴油机以重柴油为燃料。残渣油型柴油机燃料主要用于大功率、低速船用柴油机。

轻柴油以其凝点划分牌号，重柴油和残渣型柴油机燃料按其粘度划分牌号，分别构成各自的产品系列。

近数十年来，柴油机得到日益广泛的应用，大量用于载重汽车、机车、公共汽车、拖拉机、曳引机、船舶、舰艇、坦克、农用、建筑、矿山、军用机械作为动力设备。其功率从几十千瓦到 3 万千瓦（几十到 4 万马力），转速从 100r/min 到 3000r/min。柴油机所以能如此广泛地被应用，与汽油机相比，主要有以下几个优点：

（1）具有较高的经济性。柴油机的压缩比可达 16～24，热功效率高，其单位千瓦功率所消耗的燃料比汽油机低 30%～40%，柴油机的马力大，耗油少。

（2）所用燃料——柴油的沸点比汽油高，沸程宽、来源多、成本低。在没有合适的柴油时，容易暂时用其它燃料代替。

（3）柴油机具有良好的加速性能，不需经过预热阶段，就可以转入全负荷运转。

（4）工作可靠耐久，使用保管容易。

（5）柴油的闪点比汽油高，使用、管理、储运中着火危险性小，这对于在船舶、舰艇和坦克等机舱和容积空间窄小，通风差的装备中使用，具有重要的意义。

但是柴油机的结构比汽油机复杂，转速较低，最高虽可达 3000r/min，但比汽油机的转速 4000r/min 为低。柴油机的单位马力金属重量远比汽油机高，高速柴油机比汽油机单位马力金属重量约高一倍多，低速柴油机约高 6～10 倍。这些缺点与前述优点比较，就变得不重要了，因此柴油机已成为目前使用最为广泛的内燃机。

柴油机与汽油机均为内燃机，但其工作过程有根本差别，所以对柴油要求也有很大不同。

（一）柴油机工作原理

柴油机原理结构如图 1-3 所示。其工作过程分为以下四个步骤：

1. 进气　活塞下行，进气阀打开，排气阀关闭，气缸内产生真空，新鲜空气经滤清器进入气缸。

2. 压缩　活塞下行到下死点时，进气阀关闭，活塞转而上行压缩空气，空气温度急剧上升，压缩终了时温度达 500～700℃，压力为 35～50×10^5Pa。空气温度已超出柴油自燃点 200～300℃。

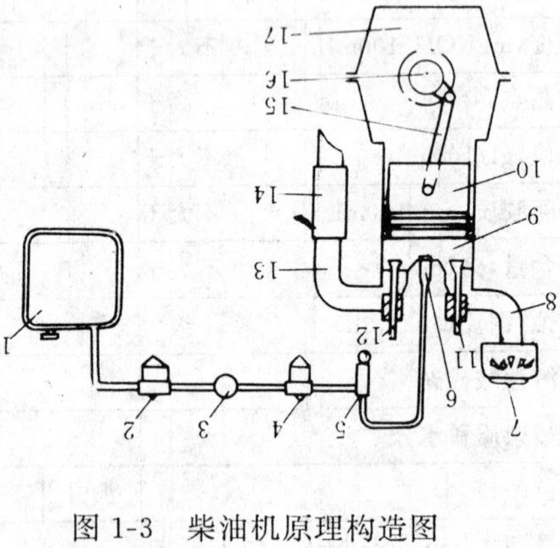

图 1-3　柴油机原理构造图

1—油箱；2—粗过滤器；3—输油泵；4—细过滤器；5—高压油泵；6—喷油嘴；7—空气滤清器；8—进气管；9—气缸；10—活塞；11—进气阀；12—排气阀；13—排气管；14—消声器；15—连杆；16—曲轴；17—曲轴箱

3. 燃烧膨胀作功　当活塞上行到达上死点前 10～30°时，柴油经粗、细过滤器，由高压油泵通过喷油嘴，呈细小油雾状直接喷入气缸内的压缩空气中，柴油迅速气化，与高温空气混合、氧化，此时混合气温度已超过柴油自燃点，柴油迅速自燃，燃烧温度高达 1500～2000℃，压力达 45～120×10^5Pa，高温高压燃气推动活塞下行，经连杆带动曲轴旋转，对外作功。

4. 排气　活塞下行到下死点时，排气阀打开，排出废气。然后周而复始的重复上述四个工作过程。

由上可见，柴油机和汽油机虽均为四冲程内燃机，但有根本差别，即柴油机进气和压缩的均为空气，柴油单独喷入气缸中与高温空气混合后自燃，所以称为压燃式发动机。而汽油机进气和压缩的均为油气混合气，由火花塞点燃后燃烧，是点燃式发动机。因此柴油的使用性能与汽油不同。

（二）馏分型柴油的使用要求

轻柴油的质量标准 GB252-93 列于表 1-17 中。

表 1-17　国产轻柴柴油质量标准 GB252-93

项　　目		优级品（一级品）（合格品）①					
		10 号	0 号	−10 号	−20 号	−35 号	−50 号
运动粘度，20℃，mm²/s		3.0～8.0			2.5～8.0	1.8～7.0	
凝点，℃	不高于	10	0	−10	−20	−35	−50
冷滤点，℃	不高于	12	4	−5	−14	−29	−44
闪点（闭口杯法），℃	不低于	65			60	45	
碘值，gI/100g	不大于	6 （—） （—）					
颜色，色号	不深于	3.5 （3.5） （—）					
催速安定性沉渣，mg/100mL，	不大于	— （2.0） （—）					
实际胶质，mg/100L	不大于	— （—） （70）					
硫含量，%	不大于	0.2 （0.5）（1.0）					
硫醇硫含量，%	不大于	0.01 （0.01） （—）					
水分%	不大于	痕迹					
酸度，mgKOH/100mL	不大于	5 （5） （10）					
10%蒸余物残炭，%	不大于	0.3②					
灰分，%	不大于	0.01 （0.01）（0.02）					
铜片腐蚀（50℃，3h）级，	不大于	、1					
水溶性酸碱		无					
机械杂质		无					
十六烷值，	不小于	45					
馏程							
50%馏出温度，℃	不高于	300					
90%馏出温度，℃	不高于	355					
95%馏出温度，℃	不高于	365					
密度（20℃），kg/m³		实测					

① 为简化，表中（）（）中数据依次为一级品和合格品的要求，无括号的数据是三个等级要求相同。

② 除合格品中的 10 号和 0 号要求为 0.4 外，余均为 0.3。

1. 抗爆性

柴油机和汽油机一样，工作中也可能出现爆震现象，但两者原因不同。

在柴油机的压缩末期，向气缸中喷入柴油，雾状油滴在高温高压空气中迅速气化、氧化形成过氧化合物而开始自燃，然后边喷边燃，直至燃烧结束。从柴油喷入气缸到开始自燃这段时间称为滞燃期，自燃点高的柴油，滞燃期长，也就是在气缸中积累较多柴油后，燃料才开始自燃，此时大量燃料同时开始突然燃烧，引起气缸中温度、压力剧增，带有爆燃特点，冲击缸壁和活塞，结果产生像汽油机那样的爆震现象。

与汽油机的爆震正好相反，使用愈易氧化、自燃点愈低的柴油，其抗爆性愈好。

柴油的抗爆性与其化学组成密切相关。相同碳数的各族烃类，其抗爆性优劣的顺序为：正构烷烃＞正构烯烃＞环烷烃＞芳香烃。随着分子中碳链长度的增加，其抗爆性增大；随着侧链数目的增多，抗爆性减小。

用十六烷值评价柴油的抗爆性。柴油的抗爆性能还可以用柴油指数来表示，柴油指数可以由柴油的密度和苯胺点通过式 1-24 计算得到，柴油指数愈高，其抗爆性越好。

含正构烷烃多的柴油，其抗爆性好，十六烷值高，但它的凝点也高，使柴油的低温流动性变差，因此需全面权衡十六烷值和凝点两个指标。不同转速的柴油机对所用柴油的十六烷值要求不同。高速柴油机要求使用十六烷值为 40～50 的轻柴油，中、低速柴油机可使用十六烷值为 35～40 的重柴油。

使用十六烷值适当的柴油，柴油自燃点低，易自燃，不会产生爆震；十六烷值过低的柴油，使用中因自燃点高而着火慢、使发动机气缸中温度、压力突然剧增，易产生爆震，造成轴承负荷增大、润滑恶化、气缸严重磨损、功率下降，耗油量增加等问题。但柴油的十六烷值并非像汽油那样越高越好，因十六烷值过高的柴油，极易热分解，在使用中，其滞燃期缩短有限，反而因尚未自燃已热裂化而产生大量游离碳，形成黑烟随废气排出，使发动机功率下降，增大了耗油量。

为了保证轻柴油的抗爆性，我国规定轻柴油的十六烷值不得低于 45，由环烷基原油生产的轻柴油，其十六烷值不能低于 40。对于抗爆性太差的柴油，可以通过加入十六烷值改进剂来改善，常用的改进剂有硝酸烷基酯类，如 T2201 硝酸异辛酯、D11-3 2-乙基已基硝酸酯、ZLC50 硝基化合物等。

2. 蒸发性

柴油的蒸发性能用馏程和残炭来评定。

柴油的蒸发性能是十分重要的质量要求，它对发动机的正常运转影响很大。柴油机转速越快，对蒸发性能要求越高。由于蒸发性能影响柴油与空气形成可燃性混合气的时间，从而影响滞燃期。蒸发性好馏分轻的柴油，易于蒸发和迅速燃烧，滞燃期短，但如馏分太轻，其自燃点高、滞燃期长，也会引起爆震现象；馏分过重时，虽然自燃点低、滞燃期短，但柴油在气缸中不易蒸发完全，造成燃烧不完全，增加了柴油的消耗量。

为了保证柴油机正常工作，要求柴油既能很快的充分气化，与空气迅速形成均匀的可燃性混合气，又不会因馏分过轻导致爆震，因此必须控制柴油的馏程，一般轻柴油馏程范围为 200～380℃左右。柴油中＜300℃馏分含量多，使用时耗油量小，因此，GB252 轻柴油质量标准规定轻柴油馏程的 50％馏出温度不能高于 300℃。重柴油的质量要求不高，没有规定馏程指标，只限制了残炭的含量。

残炭是油品在规定条件下加热气化，分解缩合而形成的焦黑色残余物。柴油中含重组分越多，其残炭值越大，燃烧后生成的积炭越多，积炭会影响柴油机喷油嘴的喷散能力，并增大机件磨损。一般认为柴油的残炭是柴油中胶状物质和容易叠合的不饱和烃含量的间接指标。因此，残炭大小，可间接反映油中重组分的多寡。重柴油规定了残炭的要求；轻柴油中重组分少，因此要求 10％蒸余物残炭，即收集馏程试验的 10％残余物作为试样，测其残炭。

3. 流动性

评定柴油流动性的指标有三个：一是粘度，二是凝点或倾点，三是冷滤点。

柴油的粘度大小对供油量、喷油射程、雾化状态、燃烧过程以及抽油泵柱塞的磨损都有直接关系。柴油的粘度太大，使抽油泵的抽油效率降低，减少了对发动机的供油量，同时从喷油嘴喷出的油流不均匀，射程较远，雾化不良，同空气混合也不好，致使燃烧不完全，增加柴油消耗量和机件上的积炭。粘度过小也会造成一系列不利影响。柴油粘度的过大或过小，都不能保证抽油泵柱塞得到可靠的润滑。

柴油粘度的大小与其馏分轻重有关，也是控制柴油轻重的一个指标。高速柴油机用的轻柴油要求 20℃时的运动粘度不能大于 8.0mm²/s，也不能小于 2.5mm²/s。

柴油的馏程比汽油高，又常在室外使用，受大气温度影响很大，为保证柴油机容易起动、正常供油，要求柴油在其使用的环境温度下无结晶析出，容易泵送，不堵塞过滤器，具有良好的低温流动性。轻柴油的低温流动性用凝点和冷滤点两项指标来保证，重柴油用倾点来保证。

柴油的凝点和冷滤点高，在低温下使用，可能出现蜡结晶，堵塞过滤器，降低供油量，降低发动机的功率，严重时会中断供油。并给注油、运输、储存等工作带来困难。我国地域辽阔、气温相差甚大，为适应各地区的气候条件，可选用不同凝点和冷滤点的柴油，一般应在高于冷滤点 5℃的环境温度下使用。

柴油的低温流动性由其化学组成所决定。带长键的烃类熔点高，则低温流动性差，但这类烃的自燃点低，是柴油抗爆性的理想组分。因此，柴油的低温流动性与抗爆性对化学组成的要求是矛盾的。通常以保持柴油良好的抗爆性为主，采用加入低温流动性改进剂等添加剂来改善其低温流动性。低温流动性改进剂不仅降低柴油的凝点(倾点)，而且能改善低温析出的蜡结晶的形状和大小，从而改善了过滤性。常用的低温流动改进剂有 T1804 和 T1804A，均为乙烯-醋酸乙烯共聚物。

我国柴油品种较多，其牌号以凝点划分。轻柴油和重柴油的质量标准分别列于表 1-17 和 1-18 中。

表 1-18　重柴油和船用内燃机燃料油质量标准

项　目		质　量　指　标				
		重柴油 GB445			船用内燃机燃料油①	
		10	20	30	DF-600	DF-1000
运动粘度，mm²/s						
50℃	不大于	13.5	20.5	36.2	80	120
100℃	不大于	—	—	—	13	17
残炭，%	不大于	0.5	0.5	1.5	—	—
灰分，%	不大于	0.04	0.06	0.08	0.1	0.1
硫含量，%	不大于	0.5	0.5	1.5	2.5	2.5
机械杂质，%	不大于	0.1	0.1	0.5	—	—
水分，%	不大于	0.5	1.0	1.5	0.3	0.3
闪点(闭口)，℃	不低于	65	65	65	—	—
(开口)，℃	不低于	—	—	—	80	80
倾点，℃	不高于	13	23	33	商定	商定
水溶性酸或碱		无	无	无	—	—

① 船用内燃机燃料油标准为中国石化总公司供出口用标准 SINOPEC 008—1987。

4. 腐蚀性

柴油机和汽油机一样，同样对所用燃料——柴油的硫含量、硫醇性硫含量、酸度、水分、水溶性酸或碱、腐蚀等指标，作出严格规定，以免对柴油机的部件及储运设施产生腐蚀。

上述物质除产生腐蚀外，还会因腐蚀增加柴油机喷油嘴上的积炭和气缸中的沉积物，影响发动机正常工作和增大了设备磨损。

5. 安全性

柴油的闪点是保证安全使用和储存的性能。美、俄等国根据季节、用途规定不同的闪点，一般为38～55℃。国产轻柴油除35号外，不分季节均规定闪点不低于60℃，安全性虽很好，但限制了馏分放宽增加产量的可能，并不合理。

6. 安定性

影响柴油安定性的因素与汽油类似，主要是二次加工油中存在不安定组分如烯烃、二烯烃、含硫、氮化合物等。现仍用不能完全反映其使用和储存安定性的指标——实际胶质来控制。

（三）残渣型船用内燃机燃料油

残渣型船用内燃机燃料油是大型低速柴油机燃料。大多由残渣油中掺入轻组分调合而成。世界上总趋势是劣质化，其主要使用要求有粘度、闪点、凝点、硫含量、微量金属含量和调合安定性等。

粘度是保证燃料在一定预热温度下喷油、雾化良好，燃烧完全，耗油量低，减少积炭和磨损的最重要指标。一般国际港口按惯例供应雷氏1号粘度（38℃）分别为300、500、700、1000、1500、2000、2500、3000、3500和4000s十个粘度等级的船用内燃机燃料油。使用较多的是1000s（246mm^2/s）和1500s（369mm^2/s）两种，根据柴油机类型选择燃料的粘度。

船用燃料油经预热降粘后才能使用，预热温度应低于闪点约20℃。船用燃料油的闪点一般为70～150℃。

硫含量是防止腐蚀和控制环境污染的指标。根据原油不同，对含硫量控制在不大于1%甚至3%不等。

低温流动性与燃料油组成有关，我国现供应的船用内燃机燃料油的倾点未作明确规定，多与用户商定。

混合安定性是保证燃料油在使用、储运中不产生油泥状沉积物的性能。因残渣油是沥青质与油形成的稳定均相分散体系，所掺入的轻组分，如果化学组成和数量不当，将会影响甚至破坏原来的分散体系，使沥青质从油中离析，絮凝成块状物沉积下来，油中的胶质、蜡、氧化生成物、细菌滋生物以及机械杂质、水分也与之一起形成油泥，沉积在管道、分离净化系统中，造成堵塞，影响供油，危害甚大。因此应掺配与沥青相溶性大的含芳香烃或烯烃多的二次加工馏分油，并可加入防沥青凝聚的添加剂和酚类、醇类防菌防霉添加剂，以防产生油泥。

（四）国产柴油的种类和质量标准

柴油分为轻柴油、重柴油、专用柴油和船用内燃机燃料油等。

轻柴油主要是直馏或和裂化馏分的调合产品，按质量分为优级品、一级品和合格品三个等级，每个等级按凝点分为10、0、－10、－20、－35和－50号等六个牌号，根据地区、季节等选用，其质量标准为GB252-93，列于表1-17中。

重柴油GB445质量标准列于表1-18中，它按凝点分为10、20和30号三种牌号。其凝点较高，需备燃料加热和过滤设施。

专用柴油有军用柴油，凝点要求很低，为－10、－35、－50℃；舰艇专用柴油的特点是闪点比一般柴油高30～40℃，用于高速大马力快艇、潜艇等的主机。

船用内燃机燃料油现只有中国石化总公司供出口用的标准SINOPEC 008-1987，列于表1-18中。

三、喷气燃料

喷气燃料又称航空煤油，是喷气发动机的燃料。

点燃式航空发动机因受高空空气稀薄和螺旋桨效率的限制，只能在 10000 米以下空域飞行，速度难以超过 900km/h。喷气发动机从根本上改变了此状况，它利用从尾喷管喷出高温燃气所产生的反作用力推动飞机前进。其突出优点是可在 2×10^4m 以上高空，以 2 马赫(M)以上高速飞行。飞行速度越快，喷气发动机与点燃式发动机重量之比越小，当时速为 1000km/h 时，此比值为 1/10，时速增大到 2000km/h，此比值降到 1/50；另一优点是随着飞行速度增大，热功效率提高。因此现在喷气发动机已基本取代了点燃式航空发动机。

（一）喷气发动机工作原理

喷气发动机有涡轮喷气、涡轮螺旋桨和冲压式三类，前两类应用最广泛。涡轮喷气发动机适用于飞行速度为 1.5～3M、高度超过 10000m 的飞机，涡轮螺旋桨式发动机适用于 1.5M 以下到亚音速的民用和远程军用飞机。

现以涡轮喷气发动机为例，说明其工作原理。图 1-4 为其工作原理示意图。

图 1-4 表明涡轮喷气发动机主要由空气压缩机、燃烧室、燃气涡轮和尾喷管四部分组成。迎面进入的空气从进气管进入双面供气离心式空气压缩机，空气压力增至 3～5×10^5Pa，温度达 150～200℃，其中 20%～30%的空气以 40～60m/s 的高速进入燃烧室，其余部分空气作为燃烧室四壁的冷却剂，燃烧室内由航空汽油点火启动后，连续喷入喷气燃料，与连续进入的空气混合成可燃气，同时进行连续不断的燃烧，燃烧室中心温度可达 1900～2200℃。为防止燃烧室壁和涡轮叶片过热，过量空气由燃烧室周围气孔进入，使燃烧室末端温度降到 750～800℃，燃气进入燃气涡轮，推动涡轮高速旋转，带动同轴的空气压缩机工作。500～600℃高温燃气最后进入尾喷管，高速喷入大气，产生反作用力，推动飞机前进。

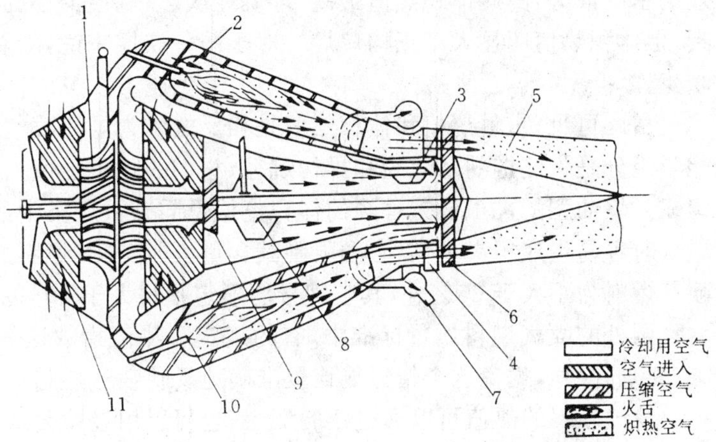

图 1-4 涡轮喷气发动机工作原理示意图

1—双面供气离心式空气压缩机；2—燃烧室；3—后轴承；4—涡轮整流窗；5—尾喷管；6—燃气涡轮；7—冷却空气出口；8—中轴承；9—冷却涡轮及后叶轮的冷却叶轮；10—喷嘴；11—前轴承

由上可知，喷气发动机的进气、压缩、燃烧和排气四个过程是同时并且连续进行的。因此要求喷气燃料能保证发动机在高空的低温、低气压下连续、迅速、平稳和完全燃烧，喷气燃料还兼有冷却喷嘴等部位及润滑高压油泵等作用。

（二）喷气燃料的使用要求

为保证飞机在高空安全飞行，对喷气燃料规定了近 30 项质量要求，详见表 1-19，可归纳为以下几项主要性能：

1. 燃烧性能

要求喷气燃料具有良好的能量性能，能很好雾化、蒸发，燃烧速度快而完全，燃烧产物无腐蚀性和积炭等，具体指标为：

(1) 净热值和密度

喷气飞机速度快，航程远，发动机功率大耗油多，但油箱的容积有限，因此，要求喷气燃料应具有较高的热能。换言之，即对油箱容积一定的飞机，能携带尽可能多的能量。

喷气燃料的能量特性用重量净热值(kJ/kg)来表示，数值越大，表示能量特性越好。

重量热值随燃料元素组成中H含量增高而增大。重量热值越高的燃料，其比消耗越低，因此对于续航时间不长的歼击机，为了尽可能减轻飞机负荷，应使用重量热值高的喷气燃料。

体积热值(kJ/l)随密度增大而增高。由于远程飞机的燃料油箱体积有限，为了保证最大的航程，除了重量热值保持一定水平外，还要求燃料应具有尽可能高的体积热值。也就是具有重量热值高和密度大的特点。国产不同牌号喷气燃料的重量净热值规定不得小于42.6～42.9 MJ/kg，密度不小于0.750～0.784g/cm^3。

喷气燃料的热值和密度均与其化学组成密切相关。以各族烃类来比较，含H量以烷烃最高，芳香烃最低，所以烷烃的重量热值最高，环烷烃次之，芳香烃最小。体积热值正好相反，芳香烃的密度最大，因此体积热值最高，环烷烃次之，烷烃最小。异构烷烃的重量热值与正构烷烃相近，但体积热值明显大于正构烷烃。对于同一族烃来说，随着沸点升高，密度增大，而重量热值减少。

由此可见，重量热值和体积热值是相反的。为了使喷气燃料具有良好的能量性能，理想的化学组分是带侧链的环烷烃和异构烷径，它们的重量热值和体积热值均较高；喷气燃料的馏分组成是煤油型的。虽然芳香烃的体积热值是同碳数烃类中最高的，但它的重量热值太低，并且燃烧时容易生成积炭，所以必须限制其含量。国产喷气燃料的质量标准规定芳香烃含量除5号喷气燃料为不大于25%外，其它牌号均限定不得大于20%。

国外的喷气燃料质量标准中，有的规定了热值指数这一指标，它是*API*°比重指数与苯胺点(℉)的乘积，据说这个指标能比较准确地反映喷气燃料的能量特性。

喷气燃料的热值可以通过实验测得，也可以用经验公式(见GB2429)，通过*API*°比重指数和苯胺点进行计算。

(2) 雾化和蒸发性能

喷气燃料呈雾状喷入燃烧室后蒸发，与空气混合后燃烧。燃料的粘度影响喷油的入射角、雾化情况。粘度大的燃料，喷射角小，射程远，雾滴大，雾化不良，影响燃烧完全程度；粘度过大还会影响油泵供油不足。粘度过小，则可能因喷射角大，射程近而导致燃烧区宽而大，引起燃烧室局部过热。因此同时规定燃料20℃运动粘度不能小于一定值，－40℃运动粘度不能大于一定值。

蒸发性能影响燃烧的稳定性和完全程度，用馏程来保证。煤油型喷气燃料用馏程的10%馏出温度表示蒸发难易程度，用90%馏出温度控制重馏分的含量不能太多。

(3) 积炭性能

喷气燃料燃烧时如生成积炭，沉积在不同部位，严重威协发动机的寿命。喷嘴上的积炭影响燃料喷射、雾化和正常燃烧，促使在燃烧室壁形成积炭，致使局部过热，金属壁变形甚至破裂；点火器上的积炭会引起发动机难以启动的事故；脱 落下来的炭粒随燃气进入燃气涡轮，造成打坏叶片或使叶片过热变形。

积炭的形成与燃料中芳香烃含量特别是双环芳香烃如萘系烃的含量有关，硫化物能促使生成高熔点、大硬度、磨蚀性强的积炭，危害甚烈。因此喷气燃料规定了芳香烃含量、硫含量，同时燃烧性能中规定了烟点或萘系烃含量或辉光值的指标。辉光值是表示光亮火焰亮度的指标，当燃料中芳芳香或萘系烃不完全燃烧时，因含炭粒而出现光亮火焰，使燃烧室温度猛增，影响燃烧室寿命。指标要求辉光值不小于45。辉光值测定方法为GB/T11128。

2. 低温性能

喷气发动机在环境温度达－60℃左右的万米以上高空工作，燃料必须具备在此低温下能顺利泵送经滤清器供油的性能，这是用结晶点或冰点来保证的。

结晶点或冰点的要求，取决于飞机油箱可能达到的最低温度。一般喷气飞机在约－40℃的大气层或约－54℃的同温层飞行，因此要求结晶点不得高于－60℃。大型超音速飞机的燃料，兼作循环冷却液用，油温较高，因此结晶点放宽到－40℃左右。

燃料的结晶点由其化学组成所决定，石蜡基的大庆原油只能生产结晶点为－50℃的2号喷气燃料，而中间基原油可以生产－60℃结晶点的燃料。另一重要因素是燃料中如含有微量水分，在低温下析出冰晶，同样会堵塞滤清器。

燃料中的微量溶解水与大气湿度、温度和燃料化学组成有关。芳香烃对水的溶解度比其它烃约高7～10倍，因此含芳香烃多的燃料，在湿度大、温度高的情况下，溶解水量会大大增加。可以采用预热滤清器或燃料的办法，或添加醚类、醇类等防冰剂来预防冰晶的形成。

3. 安定性

喷气燃料应具有良好的储存安定性和热氧化安定性。喷气燃料大都是直馏产品，其储存安定性一般较好。保证储存安定性的指标与汽油类似，在此不再重复。

热氧化安定性是燃料在较高温度和油中有溶解氧的作用下，抗沉渣生成的能力。飞机高速飞行时，机体与大气摩擦而升温，飞行速度达2.2M时，燃料平均温度可达70～80℃。此时油中的不安定组分与氧作用，生成的氧化物经聚合、缩合成沉渣和油泥，沉积在燃料油系统中，增大了滤清器和喷嘴的压降，甚至造成堵塞。油中不安定组分主要是烯烃、多环芳香烃和非烃化合物等。喷气燃料用模拟实用情况的动态热安定性GB/T 9168指标来保证热氧化安定性。

4. 腐蚀性

喷气燃料的腐蚀性指标除与汽油相同的硫含量、硫醇性硫含量、酸度、水溶性酸或碱、铜片腐蚀等外，还增加了一项银片腐蚀指标。

喷气发动机的高压柱塞油泵是十分精密的，为延长其使用寿命，提高抗磨性，采用镀银耐磨配件。人们发现，某些对铜片腐蚀合格的喷气燃料，对镀银配件仍能造成腐蚀，因此喷气燃料必须同时控制铜片腐蚀和银片腐蚀两项指标。

除上述各项指标外，喷气燃料还应具备一定的导电率，以防在高速装卸油料时，引起静电起火。从安全防火角度要求闪点不能太低等。

（三）品种和质量标准

国产喷气燃料目前有5个品种，质量完全符合国际上的通用标准。

GB438 1号喷气燃料和GB1788 2号喷气燃料是馏程为135～240℃的煤油型燃料。两者差别只有结晶点、碘值和硫醇性硫含量不同，1号喷气燃料这三个指标各为≯－60℃、3.5 gI/100g和≯0.005％，2号则为≯－50℃、4.2gI/100g和≯0.002％。

3号喷气燃料(GB6537)，馏程为140～260℃，属较重的煤油型，冰点≯－47℃，闪点≮38℃，几乎已取代了闪点≮28℃的1号和2号喷气燃料，目前占国内喷气燃料市场的90％。

4号喷气燃料(SH0348)是宽馏分型，馏程为60～280℃，结晶点为≯－40℃，以军用为主。

5号喷气燃料(GJB560)，为高闪点型，其馏程为150～280℃，冰点≯－46℃，闪点＞60℃，适用于舰载飞机用。

各牌号喷气燃料标准列于表 1-19 中。

表 1-19　国产喷气燃料质量标准

<table>
<tr><th colspan="2" rowspan="2">项　　目</th><th colspan="5">质　量　标　准</th></tr>
<tr><th>GB438
RP－1</th><th>GB1788
RP－2</th><th>GB6537
RP－3</th><th>SH0348
RP－4</th><th>GJB560
RP－5①</th></tr>
<tr><td>密度，20℃　g/cm³</td><td>不小于</td><td colspan="2">0.775</td><td>0.775</td><td>0.75</td><td>0.784～0.842</td></tr>
<tr><td>馏程</td><td></td><td colspan="2"></td><td></td><td></td><td></td></tr>
<tr><td>初馏点，℃</td><td>不高于</td><td colspan="2">150</td><td>报告</td><td>≮60</td><td>报告</td></tr>
<tr><td>10%馏出温度，℃</td><td>不高于</td><td colspan="2">165</td><td>204</td><td>实测</td><td>205</td></tr>
<tr><td>20%馏出温度，℃</td><td>不高于</td><td colspan="2">—</td><td>—</td><td>实测</td><td>—</td></tr>
<tr><td>50%馏出温度，℃</td><td>不高于</td><td colspan="2">195</td><td>232</td><td>195</td><td rowspan="2">报告</td></tr>
<tr><td>90%馏出温度，℃</td><td>不高于</td><td colspan="2">230</td><td>实测</td><td>—</td></tr>
<tr><td>98%馏出温度，℃</td><td>不高于</td><td colspan="2">250</td><td>280</td><td>280</td><td>290</td></tr>
<tr><td>残留量及损失量，%</td><td>不大于</td><td colspan="2">2.0</td><td>2.0</td><td>3.0</td><td>3.0</td></tr>
<tr><td>闪点（闭口），℃</td><td>不低于</td><td colspan="2">28</td><td>38</td><td>—</td><td>60</td></tr>
<tr><td>运动粘度，mm²/s</td><td></td><td colspan="2"></td><td></td><td></td><td></td></tr>
<tr><td>20℃</td><td>不小于</td><td colspan="2">1.25</td><td>1.25</td><td>1.0</td><td>−20℃ 8.5</td></tr>
<tr><td>−40℃</td><td>不大于</td><td colspan="2">8.0</td><td>15.0</td><td>6.0</td><td>—</td></tr>
<tr><td>结晶点，℃</td><td>不高于</td><td>−60</td><td>−50</td><td>—</td><td>−40</td><td>—</td></tr>
<tr><td>冰点，℃</td><td>不高于</td><td>—</td><td>—</td><td>−47</td><td>—</td><td>−46</td></tr>
<tr><td>芳香烃含量，%</td><td>不大于</td><td colspan="2">20</td><td>20</td><td>20</td><td>25</td></tr>
<tr><td>碘值，gI/100g</td><td>不大于</td><td>3.5</td><td>4.2</td><td>—</td><td>4.2</td><td>—</td></tr>
<tr><td>酸度，mgKOH/100ml</td><td>不大于</td><td colspan="2">1.0</td><td>1.0</td><td>1.0</td><td>1.0</td></tr>
<tr><td>硫含量，%</td><td>不大于</td><td colspan="2">0.20</td><td>0.20</td><td>0.20</td><td>0.25</td></tr>
<tr><td>硫醇性硫含量，%</td><td>不大于</td><td>0.005</td><td>0.002</td><td>0.001</td><td>0.005</td><td>0.001</td></tr>
<tr><td>铜片腐蚀（100℃，3h）</td><td>不大于</td><td colspan="2">合格</td><td>合格</td><td>1 级</td><td>1 级</td></tr>
<tr><td>银片腐蚀（50℃，4h）</td><td>不大于</td><td colspan="2">1</td><td>1</td><td>1</td><td>1</td></tr>
<tr><td>净热值，MJ/kg</td><td></td><td colspan="2">42.8</td><td>42.8</td><td>42.7</td><td>42.6</td></tr>
<tr><td>燃烧性能（需满足下列要求之一）</td><td></td><td colspan="2"></td><td></td><td></td><td></td></tr>
<tr><td>（1）烟点，mm</td><td>不小于</td><td colspan="2">25</td><td>25</td><td>实测</td><td>19</td></tr>
<tr><td>（2）萘系烃含量（烟点≮20mm 时）v%</td><td>不大于</td><td colspan="2">3</td><td>3</td><td>—</td><td>—</td></tr>
<tr><td>（3）辉光值</td><td>不小于</td><td colspan="2">45</td><td>45</td><td>—</td><td>50</td></tr>
<tr><td>实际胶质，mg/100ml</td><td>不大于</td><td colspan="2">5.0</td><td>5.0</td><td>5.0</td><td>7.0</td></tr>
<tr><td>灰分，%</td><td>不大于</td><td colspan="2">0.005</td><td>—</td><td>—</td><td>—</td></tr>
<tr><td>水溶性酸或碱</td><td></td><td colspan="2"></td><td>无</td><td>无</td><td>无</td></tr>
<tr><td>机械杂质和水分</td><td></td><td colspan="2"></td><td>无</td><td>无</td><td>无</td></tr>
<tr><td>水反应</td><td></td><td colspan="2"></td><td></td><td></td><td></td></tr>
<tr><td>体积变化，ml</td><td>不大于</td><td colspan="2">1</td><td>1</td><td>实测</td><td>1</td></tr>
<tr><td>界面情况级</td><td>不大于</td><td colspan="2">1b</td><td>1b</td><td>实测</td><td>1b</td></tr>
<tr><td>分离程度，级</td><td></td><td colspan="2">实测</td><td>实测</td><td>实测</td><td>—</td></tr>
<tr><td>动态热安定性</td><td></td><td colspan="2"></td><td></td><td></td><td></td></tr>
<tr><td>过滤器压力降，kPa</td><td>不大于</td><td colspan="2">—</td><td>10.1</td><td>—</td><td>—</td></tr>
<tr><td>预热器评级，级</td><td>不大于</td><td colspan="2">—</td><td>3</td><td>—</td><td>—</td></tr>
<tr><td>铜离子含量，μg/kg</td><td>不大于</td><td colspan="2">—</td><td>150</td><td>—</td><td>150</td></tr>
<tr><td>饱和蒸气压，kPa</td><td>不大于</td><td colspan="2">—</td><td>—</td><td>20</td><td>—</td></tr>
<tr><td>烯烃含量，v%</td><td>不大于</td><td colspan="2">—</td><td>5.0</td><td>—</td><td>5.0</td></tr>
<tr><td>固体颗粒污染物含量，mg/l</td><td>不大于</td><td colspan="2">—</td><td>实测</td><td>—</td><td>1.0</td></tr>
<tr><td>导电率　（20℃），　pS/m</td><td></td><td colspan="2"></td><td>—</td><td>50～350</td><td>—</td></tr>
<tr><td>颜色</td><td></td><td colspan="2"></td><td>—</td><td>实测</td><td>—</td></tr>
<tr><td>外观</td><td></td><td colspan="2"></td><td>—</td><td>②</td><td>—</td></tr>
</table>

① RP-1……，RP 为喷气燃料的代号，后面的数字为牌号。RP-1 为 1 号气燃料，余同。代号上方如 GB438…为产品标准号

② 清澈透明无游离水及悬浮物。

四、煤油

煤油是直馏或二次加工馏分油，广泛用作照明、炊事、鱼雷燃料，并可作医药、油漆等工业溶剂。按用途可分为煤油(灯用和炉用)、信号灯油、鱼雷燃料等，其中以煤油用量最多，现以它为例，说明其主要使用性能和要求。

煤油主要用作点灯照明和各种煤油燃烧器的燃料，其使用特点是用灯芯吸油进行燃烧，因此要求灯芯吸油通畅，灯焰稳定，有一定亮度，不冒黑烟，燃烧时不结灯花，耗油少，无臭味，不污染环境，使用和储存安全等。因此煤油必须具备适当的化学组成和馏分组成，并规定了相应的质量标准，见表 1-20(GB253)。

(一) 吸油性

影响煤油吸油性的因素有馏程、浊点、机械杂质、水分和不饱和烃含量等，其中以馏程和浊点影响最大。

实践表明，180～290℃左右的馏分最适宜作煤油。为保证灯焰稳定持久，必须控制馏程的10%馏出温度不过高；为确保灯芯吸油通畅，不留残留油，还应控制干点。

浊点和冰点是保证在较低温度下能顺利吸油的指标。浊点高，易析出细微蜡结晶，堵塞灯芯的毛细孔，无法继续吸油而使灯芯熄灭。国产煤油一级品和合格品规定浊点不得高于－15和－20℃，优级品不高于－30℃。

煤油如含有不饱和烃，易氧化生成胶质，如同时含有硫醇类化合物，更加速了胶质的生成。胶质易堵塞毛细孔，影响吸油，并使灯芯结焦。因此煤油大都是精制后的直馏产品或不含热裂化、焦化组分的二次加工产品。

(二) 点燃性

用作照明的煤油，应满足灯芯易点燃，灯焰稳定，有足够亮度，亮度变化小，不结焦不冒黑烟等要求，即点燃性好。点燃性用燃烧性和烟点来控制。

煤油的燃烧性又称点灯试验。将试油置于标准灯具中点燃 8 小时，检查过程中灯焰亮度的稳定性、结灯花情况、灯罩上附着物等情况，以判断煤油的燃烧性。烟点反映了煤油点燃时冒黑烟和灯罩污染情况，但不反映灯焰亮度，因此只能辅助燃烧性表明灯焰冒烟程度。

影响点灯试验的主要因素是煤油的化学组成。烷烃和环烷烃燃烧完全、不冒黑烟，因此烟点高，但亮度下降快。芳香烃正相反，燃烧不易完全、烟点低，易冒黑烟，但亮度下降慢。因此煤油的理想组分应以烷烃和环烷烃为主，并含有 10%～15%的芳香烃，以保证灯焰的亮度。

(三) 安全性

煤油的使用安全性有两个方面，一为防火防爆，馏分越轻，蒸发损失越大，越易发生火灾，为保证使用和储存中防火安全，要求煤油的闪点不得低于 40℃。

另一方面是煤油燃烧后的废气污染问题，煤油中的硫化物燃烧后产生 SO_2，污染环境，对人体、生物均会造成危害。因此必须限制煤油中的硫含量和硫醇硫含量。国产煤油就是根据硫含量将煤油分为三个等级，优级品是硫含量≯0.04%和硫醇硫≯0.001%的低硫煤油，适用于无烟囱的灯具和炉具；合格品是含硫量≯0.1%的普通煤油，适用于有烟囱或户外使用的灯具和炉具。

(四) 洁净度

煤油洁净度影响其吸油性和点燃性，主要由色度、水溶性酸或碱、水分和机械杂质等来控制。

(五) 腐蚀性

要求煤油对灯、炉具均无腐蚀性，因此除控制硫含量、硫醇硫、水溶性酸或碱外，还规定了铜片腐蚀。

国产煤油质量标准 GB253，列于表 1-20 中。

表 1-20 国产煤油质量标准 GB253

项目		质量指标		
		优级品	一级品	合格品
色度，号	不小于	+25	+19	+13
硫醇硫，%	不大于	0.001	0.003	—
硫含量，%	不大于	0.04	0.06	0.10
馏程				
10%馏出温度，℃	不高于	205	205	225
终馏点，℃	不高于	300	300	310
闪点(闭口)，℃	不低于	40	40	40
冰点，℃	不高于	−30	—	—
浊点，℃	不高于	—	−15	−12
运动粘度，40℃，mm^2/s		1.0～1.9	1.0～2.0	—
燃烧性(点灯试验)：				
16h(试验结束时达到下列要求)				
平均燃烧速度，g/h		18～26	18～26	—
火焰宽度变化，mm	不大于	6	6	—
火焰高度降低，mm	不大于	5	5	—
灯罩附着物浓密程度，	不重于	轻微	轻微	—
灯罩附着物颜色	不深于	白色	白色	—
8h				合格
烟点，mm	不小于	—	—	20
铜片腐蚀(100℃，3h)，级	不大于	1	1	—
(100℃，2h)，级	不大于	—	—	1
机械杂质及水分		无	无	无
水溶性酸或碱		无	无	无
密度(20℃)，kg/m^3	不大于	840	840	840

五、燃料油

燃料油属残渣燃料，又称为重油，主要作为工业炉、锅炉和各种加热炉的燃料。各种炉型均有一套类似的供油燃料系统。油泵从油罐中抽出重油，通过粗、细过滤网除去沉淀物和杂质等，再经预热器，使油温升到 70～120℃，以降低重油粘度，改善其流动性，最后经喷嘴喷入炉膛与空气混合后燃烧，燃烧烟气通过烟囱排入大气。

重油一般是由直馏渣油或裂化残渣油和二次加工轻柴油调制而成，含有大量胶质和沥青质。因是直接喷入炉膛燃烧，对其质量的要求不像内燃机燃料那么严格。目前执行的重油质量标准列于表 1-21 中。重油按 80℃运动粘度分为 20、60、100 和 200 等四个牌号。

表 1-21　重油(燃料油)质量标准 SH0356

项　　目		质　量　指　标			
		20 号	60 号	100 号	200 号
恩氏粘度,°E					
80℃	不大于	5.0	11.0	15.5	—
100℃		—	—	—	5.5～9.5
闪点(开口),℃	不低于	80	100	120	130
凝点,℃	不高于	15	20	25	36
灰分,%	不大于	0.3	0.3	0.3	0.3
水分,%	不大于	1.0	1.5	2.0	2.0
硫含量,%①	不大于	1.0	1.5	2.0	3.0
机械杂质,%	不大于	1.5	2.0	2.5	2.5

① 冶金和机械加工热处理用的重油硫含量须不大于 1.0%,由含硫 0.5%以上原油制得之重油,硫含量允许不高于 3%。

重油的粘度直接影响油泵和喷嘴工作效率、喷出油滴雾化情况、燃烧完全程度以及积炭多寡,并能影响炉子热效率和油耗量。因此粘度是重油最重要的指标,所以用 80℃运动粘度数值作为牌号。

闪点和凝点分别表示重油的防火安全性和低温流动性。

重油中的硫化物除引起设备腐蚀及污染环境等问题外,如作为冶金或热处理炉用燃料,含硫高还会影响金属质量,因此要求其含硫量不高于 1.0%。

水分和机械杂质会影响正常供油,增大磨损,含水过多,甚至会造成炉膛熄火。

灰分来自原油中的盐类。如含有硫酸钠,可能形成玻璃状物沉积在炉管上,影响传热。如含有钒化物,会导致气相腐蚀炉管,还会缩短炉子寿命,一些国家已将灰分限制在 0.1%～0.2%以下,并明确限定了钒等微量金属的含量。

由于我国在多数原油含轻组分少,残渣油较多,致使以残渣组分为主的残渣燃料油(重油)的产量几乎占原油加工量的三分之一。长期以来,深度加工是我国炼油行业的产业政策。炼油厂为了提高轻油收率,使残渣燃料油的粘度越来越大,有的燃料油 100℃运动粘度竟高达 670～1000mm²/s,一般燃料油 100℃粘度大于 50mm²/s 时就很难雾化,必须加热以降低燃料油的粘度,需要耗费大量能源。不仅要有一套保温加热设备,还必须做好安全防火工作,对于没有预热设施的商业系统和家用炉具则完全无法使用。

近年来,燃料油的供需矛盾十分突出,用户不愿意使用高粘度的国产燃料油,从国外大量进口燃料油,严重冲击国内的油品市场。为了满足国内市场对燃料油的要求,从市场经济考虑,必须改变生产方案,我国已开始制定市场对路的新燃料油标准。

新的燃料油标准作为推荐标准,可以促进产品质量的提高,利用催化裂化柴油组分溶解沥青质能力大的特点来调合残渣燃料油,使燃料油的粘度符合规格要求。

新的燃料油标准是行业标准(SH/T),以在国际上有一定影响、并被亚太地区广泛采用的美国材料协会燃料油标准 ASTMD396—92 为蓝本编制的,技术上与 ASTMD396 等效。

此标准按不同操作条件及不同燃料器上使用要求,根据馏分轻重分为 1 号、2 号、4 号轻、4 号、5 号轻、5 号重和 6 号七个牌号。由于不同用途对燃料油性能和质量要求差别很大,因此标准只对燃料油的通用性能作了规定,在这点上,此标准的控制指标比 SH 0356 燃料油标准灵活,基本上能满足广大用户的使用要求。标准还规定了对于使用者的特殊要求,可以和生产厂协商解决某些质量要求。

1 号和 2 号是馏分燃料油,适用于家用和小型工业燃烧器。1 号燃料油基本上是煤油馏分,可用于气化型燃烧器或储存条件要求低倾点的场所;作为燃料油,控制的质量要求比灯用煤油低,没有规定烟点和燃灯 试验两项质量指标。2 号燃料油基本上是柴油馏分,由于不作柴油使用,所以没有规定残炭和十六烷值的要求。

4 号轻和 4 号是重质馏分燃料油,或者是掺有残渣组分的馏分燃料油,为了与 2 号燃料油区分,规定了灰分的指标。适用于要求该粘度范围的工业燃烧器。

5 号轻、5 号重和 6 号是粘度和馏程递增的残渣燃料油,适用于不同工业炉,使用时一般均需预热,因此控制低温性能的意义不大,所以标准上只规定了粘度的限制数值,不再控制倾点。

新的燃料油标准(征求意见稿)列于表 2-22 中,供参考。此标准要求各号燃料油应是均匀的烃类油,没有无机酸和过量的固体物,也不应含有外来的纤维状物质;并要求在正常储存条件下,含残渣组分的各号燃料油应保持匀质,不能因重力作用而分成轻、重两种油。由于此标准属征求意见稿,尚待批,仅供参考,标准应以正式批准的文本为准。

表 2-22 燃料油行业标准①(SH/T)

项　　目		质量指标						
		1 号	2 号	4 号轻	4 号	5 号轻	5 号重	6 号
闪点(闭杯),℃	不低于	38	38	38	55	55	55	60
水和沉淀物,% (v/v)	不大于	0.05	0.05	0.50	0.50	1.00	1.00	2.00
馏程,℃								
10%回收温度,	不高于	215	—	—	—	—	—	—
90%回收温度,	不低于	—	282	—	—	—	—	—
	不高于	288	338	—	—	—	—	—
运动粘度,mm^2/s								
40℃	不低于	1.3	1.9	1.9	5.5	—	—	—
	不高于	2.1	3.4	5.5	24.0	—	—	—
100℃	不低于	—	—	—	—	5.0	9.0	15.0
	不高于	—	—	—	—	8.9	14.9	50.0
10%蒸余物兰氏残炭,% (m/m)	不大于	0.15	0.35	—	—	—	—	—
灰分,%(m/m)	不大于	—	—	0.05	0.10	0.15	0.15	—
硫含量,%(m/m)	不大于	0.50	0.50	—	—	—	—	—
铜片腐蚀(50℃,3h) 级	不大于	3	3	—	—	—	—	—
密度(15℃),kg/m^3	不小于	—	—	876	—	—	—	—
	不大于	850	876	—	—	—	—	—
倾点,℃	不高于	−18	−6	−6	−6	—	—	—

① 此标准为征求意见稿,正待批,供参考,以正式标准为准。

第三节　溶剂油

溶剂油顾名思义是对某些物质起溶解、洗涤、萃取作用的轻质石油产品,由直馏油、铂重整抽余油等精制而成。我国现生产 6 号抽提溶剂油(SH0003)、橡胶工业用溶剂油(SH0004)、油漆工业用溶剂油(SH0005)、溶剂油(GB1922)和航空洗涤汽油(GB1788)等数种。

溶剂油均为蒸发性能极强的易燃易爆轻质油品,在使用和储运中,必须特别注意防火安全,要求使用场所通风良好,保证油气浓度小于 0.3mg/l 空气,含苯蒸气浓度小于 0.05mg/l 空气,严防用已被四乙基铅污染的管线、容器输送、包装溶剂油,以保人身安全。

一、6 号抽提溶剂油

6 号抽提溶剂油主要用作食用植物油脂的抽提溶剂。因此要求溶剂无毒、抽提性能好。6 号溶剂油主要是对油脂溶解性很强的正己烷，其馏程为60～90℃。不含太轻的组分，提高了它的安全性；也无过重组分以便于溶剂回收，使溶剂回收率可达99.7%～99.9%。根据质量不同，分为一级品和合格油两种。具体指标列于表1-23中。

二、橡胶工业用溶剂油

橡胶工业用溶剂油是含芳香烃较少、馏程为80～120℃的直馏或催化重整抽余油。主要用于橡胶工业中溶解胶料、配制胶浆，也可作为特殊快干油漆和颜料的稀释剂、精密仪表仪器的清洗剂等。为保证人体健康，需限制溶剂油中毒性较大的芳香烃含量及硫含量；并规定其碘值，以保证基本不含烯烃，使橡胶制品上无残留物。其质量指标列于表1-23中。

三、油漆工业用溶剂油

油漆工业用溶剂油是油漆稀释剂，可代替松节油，又称为松香水。是直馏馏分或经再加工的产品。油漆中的成膜物是经过加工的油脂和树脂，是十分粘稠的液态甚至固态物质，必须用溶剂油稀释后，才能涂刷在物体表面，形成漆膜薄层，溶剂蒸发后，成膜物氧化干燥，形成光滑的弹性漆膜。

油漆工业用溶剂油对油漆必须有很强的溶解能力。芳香烃的溶解能力强，但对人体毒害大，为保证人身安全，又考虑应具有一定溶解能力，要求芳香烃含量不大于15%。为使溶剂油挥发速度与漆膜形成速度相适应，规定其馏程为140～200℃。为了保证使用和储存安全，要求闭口闪点不低于33℃。其质量标准列于表1-23中。

表1-23　三种溶剂油的质量标准

项　目		质量指标						
		6号抽提溶剂油 SH0003		橡胶工业用溶剂油 SH0004			油漆工业用溶剂油 SH0005	
		一级品	合格品	优级品	一级品	合格品	一级品	合格品
馏程								
初馏点，℃	不低于	60	60	80	80	80	140	140
98%馏出温度，℃	不高于	85	90	—	—	—	200	200
110℃馏出量，%	不小于	—	—	98	93	—	—	—
120℃馏出量，%	不小于	—	—	—	98	98	—	—
残留量，%	不大于	—	—	1.0	1.5	—	—	—
芳烃，%	不大于	1.5	—	1.5	3.0	3.0	15	15
密度，(20℃)，kg/m³		655～681	—	700	730	—	750～816	<790
溴指数	不大于	1000	—	—	—	—	—	—
色度号	不小于	+25	—	—	—	—	+25	—
蒸发残余物，mg/100mL	不大于	3	—	—	—	—	—	—
硫含量，mg/kg	不大于	120	150	—	—	—	—	—
%	不大于	—	—	0.018	0.020	0.050	—	—
铜片腐蚀，级								
100℃，3h	不大于	—	—	—	—	—	1	—
50℃，3h	不大于	1	1	—	—	—	—	1
水溶性酸或碱		无	无	无	无	无	—	—
油渍试验		—	合格	合格	合格	合格	—	—
溴值，gBr/100g	不大于	—	—	0.12	0.14	0.31	5	—
博士试验		—	—	通过	通过	—	通过	—
贝壳松脂丁醇值		—	—	—	—	—	报告	—
闪点(闭口)，℃	不低于	—	—	—	—	—	33	33
外观		—	—	—	—	—	①	①

① 外观：透明、无悬浮物和机械杂质及不溶解水。

第四节　润滑油的使用要求

润滑油是石油产品中品种、牌号最多的一大类产品，其产量虽仅为石油产品的2%～5%，但应用却极为广泛，随着机械工业发展，对其质量和使用性能提出不断更新的要求。润滑油通常是根据其使用要求，选择不同基础油和各种添加剂调合而成。

本节涉及内容很多，不可能一一枚举。在介绍润滑油的基本知识后，只能讨论几种有代表性的润滑油，如内燃机油、齿轮油、液压油、电器用油、全损耗系统用油、压缩机油、冷冻机油、气轮机油和汽缸油等。基础油虽非润滑油成品，但也在市场上销售，所以也在本节中讨论。

一、摩擦与润滑

任何两个直接接触的物体表面在作相对运动时，由于表面的凹凸不平及两个表面分子间因距离十分接近所出现的分子引力，产生阻碍物体运动的现象，称为摩擦（干摩擦）。摩擦造成机件表面磨损、能耗增大，甚至引起表面烧结等问题。

为解决两表面间因干摩擦造成的危害，可采用一种本身摩擦系数很小的物质将两个摩擦表面隔开，以该物质的内摩擦代替物体表面间的直接摩擦——干摩擦，这种方法叫润滑，加入的物质即为润滑剂。

润滑剂分为固体润滑剂（如石墨、二硫化钼等）；半固体润滑剂（如润滑脂）和液体润滑剂（润滑油）等三类。它们的特点是均能在物体表面形成牢固的润滑膜，而本身的内摩擦系数很小，大大降低了摩擦造成的危害。

根据摩擦表面情况的不同，以润滑油为例，润滑可分为以下四种类型：

1. 液体润滑　物体的两个表面完全被一定厚度的润滑油层所隔开，以液体润滑代替干摩擦，既可以避免磨损，又可以减少动力消耗。液体润滑是最理想的润滑状态。

2. 边界润滑　因负荷过大、转速过慢等原因，导致表面间无法保持完整油膜，只能靠润滑油中某些极性分子在金属表面上形成一层或几层分子厚度的吸附膜，此时靠金属表面所吸附的极性物质进行润滑，称为边界润滑。它只能减少磨损，不能代替液体润滑。

3. 极压润滑　当摩擦表面温度、压力极高时，边界润滑的吸附膜脱落，此时靠润滑油极压添加剂中的含硫、磷、氯等有机化合物与金属反应，生成一层化学膜，如硫化铁和磷酸铁等，靠这一层无机化学膜来减少摩擦，防止金属烧结，这种润滑称为极压润滑。

4. 混合润滑　摩擦表面中部分为液体润滑，部分表面发生间断的边界润滑。

润滑油主要起减少摩擦阻力、磨损和防止烧结的作用，同时还对摩擦表面起冷却、清洗和缓和冲击力的作用，并具有抗腐、防锈、密封等功能。

二、工业润滑油的粘度分类

工业润滑油的品种繁多，国产工业润滑油的粘度，参照国际标准 ISO 3448-75《工业液体润滑剂—— ISO 粘度分类》制定了国标 GB 3141-82《工业用润滑油粘度分类》，作为制定和修订石油基工业用润滑油产品的国家标准、行业标准和企业标准时确定各产品粘度牌号分类的依据。

GB 3141-82 工业用润滑油粘度分类方法的原则为：采用 ISO 3448 标准中规定的粘度分类法，以 40℃运动粘度为基础进行统一分类。运动粘度的 SI 制单位为 mm^2/s，cgs 制单位为厘斯（原为厘泡、厘沱），符号为 cSt 其相互关系为：

$$1mm^2/s = 10^{-6}m^2/s = 1cSt$$

把 40℃运动粘度在 2～1500mm²/s 范围内分成连续的 18 个粘度牌号，用每个粘度牌号的中心粘度值 mm²/s(厘斯)数的整数值表示产品的粘度牌号，取最小的中心粘度值为 2.2、最大值为 1500，各个中心粘度值的最大偏差为±10%，后面一个中心粘度值比前面一个约增加 50%。粘度牌号分类见表 1-24。

上述粘度分类标准适用于全损耗系统用油、工业齿轮油和蜗轮蜗杆油、压缩机油、冷冻机油、真空泵油、锭子油、轴承油、联轴节油、导轨油、液压系统用油、蒸气气轮机油和燃气气轮机油、蒸气汽缸油及其它工业润滑油。

这个标准对于内燃机油和车辆齿轮油粘度牌号的分类是不适用的。对于电器绝缘油、金属加工油、热传导和热处理油是否采用此标准规定的粘度牌号分类未作硬性规定。

表 1-24　工业用润滑油粘度牌号分类　(GB3141)

本标准采用的粘度牌号	ISO 采用的粘度牌号	中心值运动粘度 cSt(mm²/s) 40℃	运动粘度范围 cSt(mm²/s) 40℃
N2	ISO VG22	2.2	1.98～2.42
N3	ISO VG3	3.2	2.88～3.52
N5	ISO VG5	4.6	4.14～5.06
N7	ISO VG7	6.8	6.12～7.48
N10	ISO VG10	10	9.00～11.0
N15	ISO VG15	15	13.5～16.5
N22	ISO VG22	22	19.8～24.2
N32	ISO VG32	32	28.8～35.2
N46	ISO VG46	46	41.4～50.6
N68	ISO VG68	68	61.2～74.8
N100	ISO VG100	100	90.0～110
N150	ISO VG150	150	135～165
N220	ISO VG220	220	198～242
N320	ISO VG320	320	288～352
N460	ISO VG460	460	414～506
N680	ISO VG680	680	612～748
N1000	ISO VG1000	1000	900～1100
N1500	ISO VG1500	1500	1350～1650

三、基础油

润滑油的基础油大都以低硫石蜡基原油为原料，也可以由中间基或环烷基原油制取。基础油是石油馏分或减压渣油经过脱沥青、精制、脱蜡和补充精制等加工过程后制成的润滑油料。不同基础油经过调合并加入相应的添加剂，即可调制成不同使用要求的润滑油。炼油厂生产的基础油可以直接出售，也可以调制成不同产品后出售。

进入 90 年代后，以内燃机油为先导，世界润滑油生产飞速发展，更新换代加速，对基础油提出了更严格的要求。中国石化总公司相应修订了 1983 年的基础油标准，制定了新的润滑油基础油系列试行标准，待生产验证后，将于 1995 年制定正式标准。

(一) 基础油的分类

润滑油基础油系列试行质量标准规定基础油按原油性质和粘度指数 *VI* 分类，每类原油按 *VI* 分为两类，根据适用范围，每类基础油又可分为通用和专用(低凝 W、深度精制 S)两种基础油。见表 1-25，表中通用或专用基础油代号用表示粘度指数 *VI* 高低的英文字母组成，即 VHVI、HVI、MVI 和 LVI，分别表示 *VI* 很高、高、中和低，专用润滑油后面加低凝 W 或深度精制 S。

表 1-25 润滑油基础油分类

原油性质			石蜡基	中间基		环烷基
润滑油基础油粘度指数			很高粘度指数 $VI \geqslant 120$	高粘度指数 $VI \geqslant 90$	中粘度指数 $VI \geqslant 40$	低粘度指数 $VI < 40$
润滑油基础油代号	通用基础油		VHVI	HVI	MVI	LVI
	专用基础油	低凝	HVIW	HVIW	MVIW	
		深度精制	VHVIS	HVIS	MVIS	LVIS

（二）基础油的标准

基础油的粘度等级按赛氏通用粘度(SUS)划分。其粘度等级牌号数值是该基础油运动粘度相对应 SUS 秒的近似值。低粘度基础油称为中性油，其牌号为 40℃的 SUS 秒，高粘度基础油称为光亮油，其牌号以 100℃SUS 秒表示。

通用基础油产品代号，对于中性油是在通用基础油代号后面加 40℃之 SUS 秒，如 HVI 150；光亮油则是在通用基础油代号后面加 100℃之 SUS 秒及 BS，如 HVI120 BS。

专用基础油产品代号是在相应通用基础油代号中间加一专用符号 W(低凝)或 S(深度精制)即可，如中粘度指数低凝 150 中性油的代号为 MVIW 150。

目前我国试行标准包括 HVI、MVI、LVI 三个通用基础油标准和 HVIW，HVIS、MVIW、MVIS 四个专用基础油标准，每个标准将该类油按粘度分为若干个牌号。表 1-25 列出 HVI 基础油标准。

表 1-26 高粘度指数 HVI 润滑油基础油标准

项目		HVI								
		75	100	150	200	350	500	650	120BS	150BS
运动粘度，mm^2/s										
40℃		13～15	20～22	28～32	38～42	65～72	95～107	120～135	①	①
100℃		①	①	①	①	①	①	①	25～28	30～33
外观		透明	透明	透明	透明	透明	透明	透明	透明	透明
色度，号	不大于	0.5	1.0	1.5	2.0	3.0	4.0	5.0	5.5	6.0
粘度指数	不小于	100	100	100	98	95	95	95	95	95
闪点(开口)，℃	不低于	175	185	200	210	220	235	255	265	290
倾点，℃	不高于	−9	−9	−9	−9	−5	−5	−5	−5	−5
中和值，mgKOH/g	不大于	0.02	0.02	0.02	0.02	0.03	0.03	0.03	0.03	0.03
残炭，%	不大于	—	—	—	—	0.10	0.15	0.25	0.60	0.70
密度，kg/m^3		①	①	①	①	①	①	①	①	①
苯胺点，℃		①	①	①	①	①	①	①	①	①
硫，%		①	①	①	①	①	①	①	①	①
氮，%		①	①	①	①	①	①	①	①	①
碱性氮，%		①	①	①	①	①	①	①	①	①
蒸发损失，%(满足两要求之一)										
Noack 法，250℃，1h		①	①	①	①	—	—	—	—	—
模拟蒸馏法，371℃馏出		①	①	①	①					
氧化安定性(旋转氧弹法)										
150℃，min	不小于	200	200	200	200	200	150	150	150	150

① 为报告

四、内燃机油

内燃机油属于E组，它用于汽油机、柴油机等内燃机的润滑，是润滑油中用量最多，要求最苛刻的一种润滑油。它们共同的使用特点是：(1) 温度高、温差大，油品循环使用时间长，并有各种金属的催化作用和燃料不完全燃烧产物的影响。因此，容易氧化产生酸性物质、沉积物和油泥等物质。(2) 机械部件运动速度快，活塞的平均线速度高达8～14m/s，有的部位处于混合润滑和边界润滑状态。例如活塞环与气缸套之间和凸轮同随动件的润滑均不是液体润滑，为此要求内燃机油具有一定抗磨能力。(3)发动机摩擦部件的负荷重，如连杆轴承的负荷可高达7.0～24.5MPa，有的部件还可能承受冲击负荷。(4)发动机在寒冷季节，其工作环境温度可能低到−40℃以下，润滑油必须具备良好的低温性能。但在气缸内的高温下，为了保证润滑和密封作用，又必须具备足够的粘度，因此要求内燃机油的粘度在较大的使用温度范围内变化较小，也就是要求它具有良好的粘温性质。不同发动机对于各项性质的要求程度是有差别的。下面分别讨论内燃机油的各项主要使用性能。

(一) 内燃机油的使用要求

1. 粘度和粘温关系

为保证发动机在正常工作条件下的润滑和密封，要求内燃机油在其使用温度下具有合适的粘度。在低气温下工作的发动机，冷起动时，发动机的温度与气温相同，内燃机油的低温粘度如太大，发动就难以起动，同时也难以泵送。发动机正常工作时，气缸等部件温度很高，为保证润滑和密封，要求油品粘度在高温下不会变得太小，即要求内燃机油具有良好粘温性能。这个要求，在质量标准中用100℃运动粘度和粘度指数来表示。

2. 抗氧化性能

内燃机油是长期循环使用的，其工作环境的温度很高，例如汽油机的活塞环区的温度可达200～250℃，曲轴的轴承为65～100℃，曲轴箱为40～90℃；柴油机油的工作条件更为苛刻，活塞环区温度为275～300℃；增压柴油机的平均有效压力为$10\sim15\times10^5$Pa；同时润滑油还受到铁和有色金属以及NO_x等的催化作用。所有这些因素都会促使内燃机油氧化，生成酸性物质、漆膜、积炭等，严重影响发动机正常运行。必须选择适当的基础油，并添加抗氧剂，以提高内燃机油的抗氧化安定性。内燃机油的氧化，很难抑制在反应的初级阶段，只能使其尽可能少地生成酸性物质和深度氧化的产物。

3. 清净分散性

所谓润滑油的清净性，是表示防止润滑油中深度氧化产物沉积在活塞上，特别是沉积在活塞环区的能力。分散性是防止生成油泥沉淀的能力。

内燃机油的氧化是无法完全避免的，同时，不完全燃烧的燃料窜入润滑油的油箱中，形成油泥的母体，它与内燃机油深度氧化产物一起进入活塞环区，在高温下形成漆膜，严重时会把活塞环粘死；如在低温条件下(如汽车时开时停时)，则容易形成低温油泥。因此，内燃机油必须具备良好的清净分散性能，通常都是靠加入清净分散剂来达到的。

4. 中和作用

内燃机油氧化后会产生部分有机酸，燃料燃烧后也会生成一些酸性物质。例如：加铅汽油燃烧后产生HCl、HBr等，硫化物燃烧生成SO_2、SO_3，它们窜入曲轴箱，腐蚀发动机部件，SO_3等还能促进润滑油中沉积物的生成。因此要求润滑油具有一定碱性，以中和上述酸性产物，防止产生腐蚀等问题。不同的发动机，根据燃料含硫量的差别，对内燃机油的中和能力要求也不相同。由于柴油允许的含硫量比汽油高，所以柴油机油的碱性比汽油机油强。润滑油的碱性用总碱值(TBN)表示。

5、抗磨性能

发动机的有些部件,如凸轮和挺杆之间、轴承、气缸壁等部位,很难保证液体润滑,有的是在苛刻的边界润滑条件下工作。为了减少磨损,要求内燃机油具有一定的抗磨能力。通常加入抗磨添加剂和油性剂或极压添加剂来提高内燃机油的油性和极压性能。常用的添加剂是既能抗氧又抗磨的二烷基二硫代磷酸锌。

此外,为了保证低温流动性好和蒸发损失小,还要求具有一定的倾点和闪点。

综上所述,可见对内燃机油的要求是苛刻和多方面的。评定润滑油的特性,仅靠实验室的理化指标是不能完全说明问题的,通常还必须经过发动机台架试验和行车试验。我国发布的内燃机油质量标准中,规定了理化标准和发动机试验标准。

(三)内燃机油的分类

GB 7631.3 规定了润滑剂类(L)中内燃机油(E 组)的分类,根据内燃机油特性、使用场合和使用对象来进行分类。

内燃机油产品采用 GB 7631.1 统一命名,例如:L-EQB-30,其中 L 为润滑剂的类别;EQB 为汽油机油的品种,其中的 E 为内燃机油所属组别,30 为粘度等级的牌号。

汽油机油分为 EQB、EQC、EQD、EQE 和 EQF 等 5 类。柴油机油分为 ECA、ECB、ECC 和 ECD 4 类。

表 1-27 和表 1-28 分别列出汽油机油和柴油机油的详细分类。

表 1-27　汽油机油详细分类

代号	特性和使用场合
EQB	缓和条件下工作的货车、客车和其它汽油机,如解放牌 CA-10
EQC	中等条件下工作的货车、客车和其它汽油机,如东风 Q6100,解放 CA-15
EQD	较苛刻条件下工作的客、货车及某些轿车汽油机,如解放改型 CA6100
EQE	苛刻条件下工作的轿车和某些货车汽油机,如上海桑塔那、天津大发、北京 XJ 丰田
EQF	更苛刻条件下工作的轿车和某些货车汽油机。

表 1-28　柴油机油详细分类

代号	特性和使用场合
ECA	缓和至中等负荷条件下工作的轻负荷柴油机,如东风 EQ-140,南京 NJD-134 等
ECB	缓和至中等负荷工作,使用含硫燃料的轻负荷柴油机,如 12V100-190、4141 柴油机等
ECC	中等负荷低压柴油机和中负荷非增压高速柴油机,如大同 12V150E 涡轮增压柴油机等
ECD	高压高负荷增压柴油机

我国汽油机油和柴油机油与国外常用的 SAEJ 183 使用分类的对应关系列在表 1-29 中。

表 1-29　汽油机油和柴油机油详细分类与 SAEJ 183
使用分类对照关系

汽　油　机　油		柴　油　机　油	
EQ 详细分类	SAEJ 183 分类	EC 详细分类	SAEJ 183 分类
EQB	≈SB	ECA	≈CA
EQC	≈SC	ECB	≈CB
EQD	≈SD	ECC	≈CC
EQE	=SE	ECD	=CD
EQF	=SF		

（三）内燃机油质量标准

我国已制定了 6 种汽油机油质量标准，即 QB(GB 485)、多级 QB(SH 0347)、L-EQC(GB 11121)、L-EQD(SH 0531)、L-EQE(SH 0523)和 L-EQF(SH 0525)等。同时制定了三种柴油机油标准，分别为 CA(GB 5323)、L-ECC(GB 11122)和 L-ECD(GB 11123)等。

每种产品按粘度又分为多种牌号，现在表 1-30 中列出 L-EQC 汽油机的质量标准。

表 1-30　L-EQC 汽油机油质量标准　GB11121

项　目		质　量　指　标							
		5W/20	5W/30	10W/30	15W/40	20W/40	20/20W	30	40
运动粘度(100℃)，mm^2/s		5.6～9.3	9.3～12.5	9.3～12.5	12.5～16.3	12.5～16.3	5.6～9.3	9.3～12.5	12.5～16.3
动力粘度，mPa·s	不大于	3500	3500	3500	3500	4500	4500	—	—
℃		−25	−25	−20	−15	−10	−10	—	—
边界泵送温度，℃	不高于	−30	−30	−25	−20	−15	−15	—	—
粘度指数	不小于	—	—	—	—	—	—	75	80
闪点(开口)，℃	不低于	180	180	200	200	200	200	210	220
倾点，℃	不高于	−40	−40	−32	−23	−18	−18	−15	−10
沉淀物，%	不大于	0.01							
水分，%	不大于	痕迹							
起泡性(泡沫倾向/泡沫稳定性)，ml/ml									
24℃	不大于	25/0							
93℃	不大于	150/0							
后 24℃	不大于	25/0							
酸值(加剂前)，mgKOH/g									
残炭(加剂前)，%									
硫酸盐灰分，%									
硫含量，%									
磷含量，%		报告							
钙含量，%									
钡含量，%									
锌含量，%									
高温氧化和轴瓦腐蚀									
轴瓦失重，mg	不大于	50							
活塞裙部漆膜评分	不小于	9.0							
粘度变化(100℃)		在等级粘度范围内					—		
发动机试验									
低温锈蚀试验		通过							
高温氧化和擦伤									
低温油泥									

五、全损耗系统用油

全损耗系统用油属分类中的A组，主要用于对润滑油无特殊要求的全损耗润滑系统，不适用于循环润滑系统。

全损耗系统用油在1989年以前，我国称为机械油，后按照GB7631.1-87《润滑剂及有关产品(L类)的分类　总分类》的分类原则——根据应用场合划分，将机械油归属于A组全损耗系统。即称为L-AN全损耗系统用油。

L-AN全损耗系统用油是通用润滑油，主要用于金属加工、冶金、纺织、造纸、印刷等部门无特殊要求的锭子、轴承、机床和其它低负荷机械零件的润滑。

全损耗系统用油的使用条件比较缓和，工作温度一般为50～60℃左右，不与水蒸气、热空气或其它腐蚀性气体接触，大都用于室内机械的润滑，工作环境随季节气温变化不大，润滑方式均采用非循环的一过式操作，因此，对这类润滑油的质量要求不像对内燃机油要求那么高。

对全损耗系统用油的主要要求是应具有适宜的粘度和对机械设备没有锈蚀作用。

粘度直接影响机械的磨损和动力消耗。通常根据润滑部位的运动速度、负荷大小、工作温度、磨擦表面的加工精度和润滑方式等情况，选择合适的机械油。转速快、负荷小、温度低的部位，应选用粘度小的全损耗系统用油。

为防止全损耗系统用油对机械部件的锈蚀，对它提出水溶性酸或碱、中和值、水分、腐蚀等要求。

为了保证使用和储存中防火安全，规定了闪点的要求。

为便于在使用温度条件下正常工作，规定了倾点指标。

由于机械设备种类繁多，要求各不相同，因此全损耗系统用油的等级牌号相应也较多。国产L-AN全损耗系统用油(GB443-89)根据工业润滑油粘度分类(GB 3141)规定，按40℃运动粘度划分等级，将其分为5、7、10、15、22、32、46、68、100和150共10个等级，其质量标准列于表1-31中。1985年前，按50℃运动粘度的mm^2/s数分等级，分为5、7、10、20、30、40、50、70、90等9个等级，其中5号和7号称为高速机械油，相当于现行标准的5～10号全损耗系统用油，主要用于纺织机械中的纱锭(俗名锭子油)和高速机床的润滑。

表1-31　L-AN全损耗系统用油质量标准　GB443-89

项　　目		质　量　指　标									
粘度等级		5	7	10	15	22	32	46	68	100	150
运动粘度，40℃，mm^2/s		4.14～5.06	6.12～7.48	9.00～11.00	13.5～16.5	19.8～24.2	28.8～35.2	41.4～50.6	61.2～74.8	90.0～110	135～165
色度，号	不大于	2				2.5	报　告				
闪点(开口)，℃	不低于	80	110	130	150			160		180	
机械杂质，%	不大于	无			0.005		0.007				
倾点，℃	不高于	−5									
水溶性酸或碱		无									
中和值，mgKOH/g		报告									
水分，%	不大于	痕迹									
腐蚀试验(铜片，100℃3h)，级	不大于	1									

六、齿轮油

齿轮传动是最主要的一种机械传动方式，它能保证恒定的瞬时传动比，传递功率高。齿轮传动形式很多，其共同特点是齿轮的当量曲线半径小，油楔条件差，齿面上存在滑动，极易引起擦伤、啮合和磨损。齿轮接触面很小，所以接触压力极高，载重机械减速器齿面应力达 400～1000MPa，双曲线齿轮可达 1000～3000MPa。

作为各种齿轮和蜗轮蜗杆装置润滑剂的齿轮油，在分类中它属于 C 组，它的工作条件与其它润滑剂差别很大。其主要特点有：(1) 齿轮间啮合部位接触面很小，因此这个部位所承受的压力很大，一般汽车和拖拉机齿轮的压力高达 2000～2500MPa；(2) 齿轮在运行中，齿轮表面摩擦速度高，变化大，常达 3.0～5.0m/s，同时存在滚动和滑动两种运动形式，因此齿轮油极易被挤压从齿间流出来。(3) 在齿轮传动装置中，除摩擦热以外，没有其它热源。齿轮油的工作温度主要随摩擦热和气温变化，一般温度不高，大负荷齿轮的齿轮油温度最高也就在 150℃左右。

为保证齿轮正常工作，从上述情况可见，齿轮油的主要使用性能为粘度、耐负荷能力、低温流动性、抗氧化安定性等，其它还要求抗磨损、抗泡沫、抗乳化、抗剪切安定性和防腐防锈性等。

粘度是齿轮油的重要质量要求，粘度应适当，过高的粘度会使低温流动性变差。在齿轮的压力极高部位，已无法维持边界润滑状态，而是呈极压状态，此时仅靠增大粘度是无法保证润滑和防止磨损出现的，因此齿轮油必须具有极强的负载性，通常靠齿轮油中所添加的极压添加剂放出活性元素，与金属表面反应，生成低熔点、高塑性的牢固化学膜来维持齿轮表面间的润滑。

齿轮油使用中受外界气温影响很大，使用中应根据环境的不同气温，选择不同粘度和凝点的齿轮油。

齿轮油使用周期较长，在使用过程中，因摩擦热和夏天气温高，齿轮油也会受热，并与金属接触，存在金属催化作用，因此要求齿轮油具备良好的抗氧化安定性、热安定性，以保证齿轮油能长期工作而不变质。

齿轮油直接与齿轮接触，在齿轮工作时，齿轮油不断被高速齿轮挤压，受到一定剪切力，影响齿轮油性质。因此要求齿轮油应具有抗剪切安定性及防锈性，不腐蚀齿轮。

齿轮油原则上可分为车辆齿轮油、工业闭式齿轮油和工业开式齿轮油三类。车辆齿轮油按产品组成、特性、使用要求分为 CLC、CLD、和 CLE 三档，依次分别适用于普通、中负荷和重负荷车辆齿轮的润滑。工业闭式齿轮油分为 CKB、CKC、CKD、CKE、CKT 和 CKS 六个档次。工业开式齿轮油则分为 CKH、CKJ 和 CKM 三个档次。

我国现已有普通车辆齿轮油(SH 0350)、重负荷车辆齿轮油(GB13895)、工业闭式齿轮油(GB5903)、中负荷工业齿轮油(GB5903)和工业齿轮油等多种标准，详细质量指标可查文献〔5〕。

表 1-32 中列出普通车辆齿轮油的质量标准(SH0350-92)，它适用于汽车手动变速箱和螺旋伞齿轮驱动桥的润滑。按粘度分为 80W/90、85W/90 和 90 三种牌号。

表 1-32 普通车辆齿轮油质量标准 (SH0350-92)

项目		80W/90	85W/90	90
运动粘度,100℃,mm^2/s		15～19	15～19	15～19
表观粘度,(150Pa·s时),	不高于	−26	−12	—
粘度指数		—	—	90
倾点,℃	不高于	−28	−18	−10
闪点(开口),℃	不低于	170	180	190
机械杂质,%	不大于	0.05	0.02	0.02
水分,%	不大于	痕迹		
锈蚀试验(15#钢棒,A法)		无锈		
起泡性,ml/ml	不大于			
后 24±0.5℃		100/10		
93±0.5℃		100/10		
后 24±0.5℃		100/10		
铜片腐蚀(100℃,3h),级	不大于	1		
最大无卡咬负荷(P_B),kg	不小于	80		
糠醛或酚含量(未加剂)		无		
残炭(未加剂)		报告		
酸值(未加剂),mgKOH/g		报告		
氯含量,%		报告		
锌含量,%		报告		
硫酸盐灰分,%		报告		

七、液压油

液压系统广泛用于工业、汽车、坦克、船舰和飞机等设备中,用以控制某些机械的运动方向等。液压系统中使用的传递能量的液体称为液压油,液压油同时还起到润滑运动部件的作用。根据使用条件不同,有的俗称高压油、减震油、刹车油和减摆油等。

液压系统是一个液体循环系统,其工作原理如图 1-5 所示。

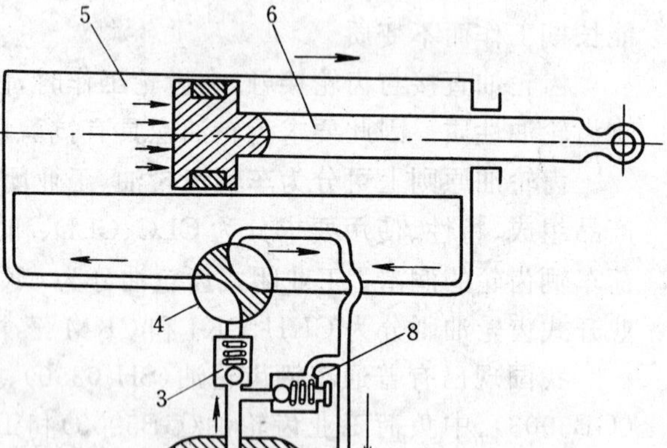

图 1-5 液压系统工作原理图

1—泵;2—油箱;3—单向阀;4—分配开关;5—作动筒;6—活塞杆;7—过滤器;8—安全阀

当泵 1 运转时,将油箱 2 中的液压油抽出,通过单向阀 3 和分配开关 4,进入作动筒 5 的左侧腔体中,此时左侧腔体中压力升高,推动活塞 6 向右移动。同时,作动筒右侧腔体内的液压油被活塞压回油箱中。当分配开关 4 旋转 90 度时,液压油便进入作动筒的右侧腔体中,推动活塞向左移动，将右侧腔体中的液压油压回油箱中。活塞如此左右移动、操纵机械进行工作。液压油同时润滑了液压系统中的运动部件，如泵、活塞等。

因为液压系统能够平稳、均匀、可靠的传递能量、操纵机械，因此广泛应用于汽车的制动（刹车）和自动变速，汽车、飞机和坦克的减震，飞机的收放系统、液压助力系统和减摆器等方面。

为保证液压装置正常运行、使用周期长，要求液压油具有以下多种性能：

1. 粘度和粘度指数　相同压力下，粘度过大的液压油增加摩擦阻力，使压降和功率损失大，冷却效果差；粘度过小，增加磨损、泄漏，甚至造成液压失控。并要求在工作的温度范围内，粘度变化小。因此液压油必须具备合适的粘度和高粘度指数。

2. 热氧化安定性和抗氧化安定性

液压油是长期循环使用的，油温可高达 120℃，油中溶有空气，使液压油早期老化，因此它必须具备良好的热安定性和抗氧化安定性，才能抑制氧化生成酸性物质和油泥等，延长使用周期。

3. 抗乳化性和水解安定性　在液压元件的激烈搅动下，液压油中的表面活性剂易形成乳化液，引起锈蚀、腐蚀沉淀以至含脂类液压油水解变质，从而腐蚀铜和铜合金的机件。因此要求它必须具备抗乳化性和水解安定性。

此外，还要求液压油具有剪切安定性、排气性、抗磨性、过滤性、抗燃和无毒等性质。

我国液压油的分类标准为 GB7631.2，将液压油分为矿油型和合成烃油型、耐燃型、制动液、航空液压油、船舰武器用液压油和液力传动液等类。

HH 型普通液压油是由优质机械油添加抗氧剂制成，适用于循环润滑的机床、导轨、齿轮等系统。

HL 型抗氧防锈液压油，是矿油型的，适用于较长换油期和低压循环液压系统。

HM 型矿油型抗磨液压油，透用于中、高压液压系统；

HG 型为液压导轨油；

HF 型为耐燃型，主要是水包油型或油包水型乳化液；

制动液又名刹车油，有醇型和合成型两种。

我国现生产 L-HL 液压油（GB 11118）、L-HM 液压油（GB 11119）、L-HG 液压油（SH0352）、10 号航空液压油（SH0358）、13 号机械油和 HZY2、HZY3、HZY4 合成制动液（GB12981）等多种液压油，详细质量标准见〔5〕。

八、电器绝缘油

电器绝缘用油在电工设备中作为绝缘介质和导热介质。主要品种有变压器油、电缆油、电容器油和断路器油等。其中变压器油占电器用油的 97%，主要由深度精制的基础油加抗氧剂等制成。

（一）电器用油的使用要求

电器用油的使用条件与其它润滑油完全不同，其质量差别很大。不同的电器用油，因使用条件不同，要求也有差别。对电器用油的主要使用要求是具有良好的电气性能和抗氧化安定性等。

1. 电气性能

电器用油在使用中应具有良好的绝缘性质、能耗少及其它性质。

（1）击穿电压

击穿电压是电器用油的绝缘性指标。击穿电压是物质(即电介质)在一定条件的电场作用下所能承受的最高电压,所以也称为耐电压。超过这个最高电压,物质就被电击穿而毁坏。电器用油的击穿电压是在特定条件下测定的,即将试油装入特定油杯中,杯内有两个一定直径和距离固定的园盘形电极,在一定温度和湿度下接通电源,逐渐升高电压,直至试油被击穿,此时的电压即为击穿电压,以 kV 为单位表示之。由于击穿电压与两个电极板之间的距离有关,所以标明距离的击穿电压才有意义。因此也可以用单位距离间物质所能承受的击穿电压来表示物质的绝缘性,称为绝缘油的介电强度或绝缘强度,单位为 kV/cm,此值越高,绝缘性能越好。其测定方法为 GB/T 507。

电器用油都是石油馏分经深度精制后的产品,其化学组成对绝缘性能影响不大。对绝缘性影响最大的因素是油中所含的微量水分和杂质。微量水分在油中因电场作用而定向排列,以致导电,油中含有 0.01%水分时,就会使油的击穿电压下降 68.7%。油品因吸收空气中水分而导致产生沉积水时,沉积水上方油品如不含水,其击穿电压却不会受影响。油中如含有纤维、铁屑粉末或氧化生成的酸性物质等,均会严重影响绝缘性。水对击穿电压的影响列于表 1-33 中。因此电器用油在生产、储运和使用的各个环节中,均必须特别注意防止水分和杂质混入油中。

表 1-33 电器用油中含水量对击穿电压的影响

含水量,%	0	0.005	0.01	0.02	0.03	0.05	0.1
击穿电压,kV	70	30	22	16	14	12.5	10

(2) 介质损耗因数

在电场作用下,单位时间内电介质所消耗的能量称为电介质损耗,所损耗的能量转化为热能,引起电介质发热。

经深度精制的电器用油,由烃类和微量极性非烃化合物(如有机酸)所组成。在电场中,极性分子被极化,按电场方向排列起来。当电器用油处于交变电场中时,油中分子被极化,随交变电场方向改变而转位、扭曲,这种转位造成电能损耗。因这种损耗是电器用油介质本身引起的,所以称为介质损失。介质损失是由高压电桥,在规定交变电场作用下测定的,用介质损耗因数表示,此值愈小,能耗损失越小。

介质损耗因数随油品精制程度加深而减小,随油温度升高而增大,因此介质损耗因数的质量指标需标明温度,一般为 90℃。介质损耗因数随油品使用时间加长、油中氧化生成的有机酸等极性物质数量增加而迅速增大。

(3) 电容率

电器用油的电容率是电容器油的重要指标之一。

电容器中储存的电量 Q 与两个极片间的电压 V 和电容器的电容 C 成正比。电容器的电容 C 与极片大小、极片间距离和极片间的介质有关。当电容器的电压、极片大小和极片距离一定时,电容器的电容就只受介质的电容率影响。

物质的电容率又称为介电常数或介电系数。油品的电容率是在一定温度下,同一电容器中用试油作绝缘介质时的电容与真空时电容之比值。使用电容率大的油品(介质),可减少电容器的体积和重量,换言之,其它条件一定时,所用介质的电容率越大,则电容器的电容越大。因介质的电容率随温度和频率而变化,实用中要求电容器的电容稳定,因此,电容器规定在 20℃和频率在 50～1000Hz 范围内变化时,电容率能稳定在 2.1～2.3。

(4) 容积电阻率

容积电阻率也是表示介质绝缘性能的一个指标。在恒定的电压和温度下,介质的导电能力称为导电率，导电率的倒数称为容积电阻率。它用在一定温度下，长为 1cm、截面积为 $1cm^2$ 介质的电阻来表示，其单位为 Ω·cm。容积电阻率越大，介质的绝缘性越好。

容积电阻率随介质温度升高而下降，介质中含有水分和杂质，会使它明显减小。电容器油要求 20℃和 100℃时的容积电阻率分别高于 1×10^{14} 和 1×10^{13} Ω·cm，如果电容器油的容积电阻系数低于 1×10^{11} Ω·cm，则该油已变质应报废了。

2. 氧化安定性

氧化安定性是各种电器用油的一项重要指标，电器用油多数是在一定的温度下长期使用，可长达数十年，如变压器油就是长期在 70～90℃左右下工作，并与空气、金属等接触，不可避免地会因缓慢的氧化作用而生成有机酸等物质，在电场和温度影响下，进一步反应生成不溶于油的沉淀和油泥。这些物质对电器用油的危害很大，它们除了本身有导电性外，还会腐蚀金属设备，侵蚀绝缘材料，严重破坏了介质绝缘性能；油泥等沉积在变压器的线圈和铁芯上，妨碍其散热，严重时形成局部高温而烧毁线圈。

因此电器用油必须在生产时经过深度精制，尽量除去不安定组分，并加入 2、6-二叔丁基对甲酚(T-501)等抗氧剂以提高其抗氧化安定性。

抗氧化安定性用氧化安定性指标来控制，氧化安定性测定用人工催速氧化的方法，在 100℃和铜作催化剂情况下，试油在氧气流下连续进行氧化 164 个小时，然后测定氧化后油品的酸值和沉淀量，作为氧化安定性的指标。国产变压器油要求氧化后酸值不大于 0.2mgKOH/g，氧化后沉淀物不大于 0.02%。变压器油在长期运行中，应定期取油样，测定其酸值，以控制掌握变压器油性质因氧化而变化的情况。一旦发现其酸值超出指标(不大于 0.03mgKOH/g)，就必须更换新油，以免影响正常运行。

3. 冷却性

变压器靠变压器油对流散热，因此应在使用条件下，具有适当的粘度，为适应不同气温下工作，也要求具有较好的粘温性质。

4. 析气性　油品在高压电场中，由于瞬间放电引起油品脱氢，放出以游离氢为主的气体，可能造成设备胀裂、破坏绝缘性能。因此要求油品具有迅速吸收游离氢，不使其在油中形成气泡的能力，此性能称为析气性。

此外，还要求具有较高的闪点、很好的低温流动性以及对金属无腐蚀性等。

我国现生产的电气绝缘油有变压器油(GB2536)、超高压变压器油(SH0040)、电容器油(GB4624)、断路器油(SH0351)等数种。变压器油质量标准列于表 1-34 中，变压器油按低温性能分为 10、25、45 三个牌号。

表 1-34 变压器油质量标准(GB2536-90)

项目		质量指标		
		10	25	45
运动粘度,mm^2/s				
40℃	不大于	13	13	11
−10℃	不大于	—	200	—
−30℃	不大于	—	—	1800
倾点,℃	不高于	−7	−22	报告
凝点,℃	不高于	—	—	−45
闪点(闭口),℃	不低于	140	140	135
界面张力,mN/m	不小于	40	40	38
外观		透明,无悬浮物和机械杂质		
密度(20℃),kg/m^3	不大于	895		
酸值,mgKOH/g	不大于	0.03		
腐蚀性硫		非腐蚀性		
氧化安定性				
氧化后酸值,mgKOH/g	不大于	0.2		
氧化后沉淀,%	不大于	0.05		
水溶性酸或碱		无		
击穿电压(间距 2.5mm,交货时),kV	不小于	35		
介质损耗因数(90℃)	不大于	0.005		
水分,mg/kg		报告		

九、压缩机油

按 GB7631.1 润滑剂总分类,压缩机油属于 D 组,还包括了冷冻机油和真空泵油,这里只讨论压缩机油和冷冻机油的使用性能。

(一) 压缩机油

压缩机是收集、分离或输送气体的专用机械设备,广泛用于石油和化工厂矿。根据压缩方式不同分为单级和多级两类;根据压缩终了的压力,可分为低压(<1MPa)、中压(1～4MPa)、高压(4～100MPa)和超高压(>100MPa)四类压缩机。

压缩机油是润滑压缩机各摩擦部位,如气缸、活塞、阀门等的油料,同时起到密封、防锈、冷却和防腐作用。

气体被压缩后,其温度随压缩终了压力提高温度急剧增高,表 1-35 中列出空气压缩机压缩终了压力与最终温度的关系,可见当压缩终了压力为 1.4MPa 时,空气温度可高达 330℃,即使有空气冷却器,多级压缩机终了温度也可能达到 200～225℃。压缩机油在空气压缩机气缸内工作,直接与高温高压空气接触。高压空气中氧含量增大,加上压缩机中有很多铜质部件,铜对润滑油有很强的催化作用,所有这些因素都促使压缩机油发生剧烈氧化,生成大量酸性物质和沉淀物。沉积在气缸内的沉淀物,在高温和氧的作用下,进一步转化为漆膜和积炭。排气阀上的积炭,在 250℃的高温时,积炭可能放热而发生爆炸事故。因此,对于压缩机油除了要求适当的粘度外，最重要的质量指标是要求具有很高的抗氧化安定性，氧化后产物不能多。一般均需加入抗氧剂以提高其抗氧化安定性，对于超高压压缩机，需使用双酯类和磷酸酯类的合成压缩机油。

表 1-35　空气压缩机压缩终了压力与温度的关系

15℃的常压空气被压缩终了压力，Pa	3.5×10^5	7.0×10^5	14×10^5
压缩终了的空气温度，℃	177	260	330

压缩机油长期在高温下工作，容易蒸发与被压缩空气混合形成可燃性气体，当遇到积炭放热产生火星时，可能引起爆炸事故。为了减少蒸发损失和保证使用安全，要求在任何条件下，压缩机油的闪点均比压缩产生的最高温度高 40℃以上。

压缩机油的粘度必须适合压缩机的类型和工作条件。对于压力大于 18.0～22.5MPa 的高压多级压缩机，需使用高粘度和高安定性的油，以免被压缩终了所形成的冷凝水冲去润滑油和在高温下分解结焦。

压缩机在压缩不同气体时，必须选择使用不同的压缩机润滑剂，否则可能引起严重事故。用于压缩空气、干天然气、乙炔和一般氢气的压缩机，可使用由石油馏分制得的压缩机油。湿天然气在压缩后会凝析出凝析油，冲刷气缸壁上的润滑油膜，破坏液体润滑，因此压缩湿天然气用的压缩机油中，必须使用加有少量动植物油的高粘度油，以保证气缸壁上形成吸附力极强的油膜。应特别注意的是：压缩氧气的压缩机绝对不能用矿油型润滑剂，以防产生爆炸事故，而用蒸馏水或含 6～8％的甘油蒸馏水溶剂作为气缸的润滑剂。氯气压缩机为避免氯与烃类在一定条件下生成 HCl 而严重腐蚀设备，气缸中采用石墨等固体润滑剂。高纯度氢气压缩机则以蒸馏水作为气缸的润滑剂。

国产空气压缩机油(GB12691-90)包括 L-DAA 和 L-DAB 两个品种，前者适用于排气压力≤1.0MPa 和温度≤160℃的活塞式或滴油回转式空气压缩机，后者适用于相同类型，但排气压力≤1.0MPa 和温度＞160℃或排气压力＞1.0MPa 和温度为 140～160℃的压缩机润滑。每个品种按工业粘度油分类法各分为 32、46、68、100、150 共 5 个粘度等级。

L-DAA 和 L-DAB 两个品种的相应粘度等级的压缩机油，其粘度、倾点、闪点、腐蚀、中和值、水溶性酸或碱、水分、机械杂质的要求均相同，差别在于 L-DAB 要求更高的抗老化性，并要求液相锈蚀、减压蒸馏蒸出 80％残留物的性质。表 1-36 中列出国产空气压缩机油 L-DAB 的质量指标(GB12691—90)。

表 1-36　空气压缩机油质量指标(GB12691-90)

项　　目		L-DAB 质量指标				
粘度等级		32	46	68	100	150
运动粘度,mm²/s						
40℃		28.8～35.2	41.6～50.6	61.2～74.8	90.9～110	135～165
100℃		报告	报告	报告	报告	报告
闪点(开口),℃	不低于	175	185	195	205	215
倾点,℃	不高于	−9				−3
减压蒸馏蒸出 80%后残留物性质						
a,残留物康氏残炭,%	不大于	0.3				0.6
b,新旧油 40℃运动粘度之比	不大于	5				
抗乳化性(40-37-3),min						
54℃	不大于	30			—	
82℃	不大于	—			30	
老化特性						
200℃,空气,三氧化二铁						
蒸发损失,%	不大于	20				
康氏残炭增值,%	不大于	2.5		3.0		
腐蚀试验(铜片,100℃,3h),级,	不高于	1				
液相锈蚀试验(蒸馏水)		无锈				
硫酸盐灰分,%		报告				
中和值,mgKOH/g						
未加剂		报告				
加剂后		报告				
水溶性酸或碱		无				
水分,%	不大于	痕迹				
机械杂质		0.01				

（二）冷冻机油

冷冻机油是润滑制冷压缩机运动部件的润滑油,并起密封和冷却作用。制冷压缩机主要压缩制冷剂(如氨、氟氯烷、氯乙烷等),使其液化,液态制冷剂在膨胀气化时,吸取大量热量,从而达到降温制冷的目的。冷冻机的工作特点是运行中冷冻机油可能混入制冷剂而进入制冷系统;气缸被气态制冷剂冷却,温度较低,约为 60℃;使用周期很长,全封闭式压缩机中的压缩机油使用周期长达十数年。因此要求冷冻机油必须具备以下性质:

1. 良好的低温流动性　在中、低温制冷压缩系统中,平均温度低于−25℃。低温性能差的冷冻机油,当它混入制冷剂进入制冷系统时,就会凝结在蒸发器管壁上,影响传热,增加阻力,严重时堵塞管道,因此必须要求冷冻机油的凝点比最低冷冻温度低 10℃。对于用氟氯烷为制冷剂的冷冻机油,不仅要求凝点低,更重要的是要求低温下不能析出蜡结晶,以免堵塞管道。

2. 不含水分　冷冻机油如含水分,会使冷冻机油乳化、破坏正常润滑;在制冷系统中,析出冰结晶,也会堵塞管道;水分与制冷剂氨反应生成氢 氧化铵,腐蚀设备,因此要严格限制冷冻机油的水分含量。

3. 抗氧化安定性　由于使用期限长,因此冷冻机油必须经过深度加工,并加有抗氧剂等,提高其抗氧化安定性，以适应全封闭式制冷压缩机的要求。

国产冷冻机油(SH0349-92)按粘度分类，分为15、22、32、46、68五个等级，均可用于以氨为制冷剂的冷冻压缩机，除22号以外的其它四个等级的油也可用于以氟氯烷为致冷剂的工业用冷冻机。冷冻机油质量标准列于表1-37中。

表1-37　冷冻机油质量标准(SH0349-92)

项　　目		质　　量　　标　　准				
粘度等级		15	22	32	46	48
运动粘度，40℃，	mm^2/s	13.5～16.5	19.8～24.2	28.8～35.2	41.4～56.6	61.2～74.6
闪点(开口)，℃	不低于	150	160	160	170	180
灰分，%	不大于	0.005	0.01	0.005	0.01	0.01
酸值，mgKOH/g	不大于	0.02	0.02	0.02	0.03	0.05
氧化安定性						
氧化后酸值，mgKOH/g	不大于	0.05	0.2	0.05	0.10	0.10
氧化后沉淀，%	不大于	0.005	0.02	0.005	0.02	0.02
凝点，℃	不高于	−40	−40	−40	−40	−35
浊点(与氟氯烷的混合液)，℃	不高于	—	—	−28	—	—
水分① ppm		报告	—	报　告		
水分②		无				
倾点，℃		报　告				
水溶性酸或碱		无				
腐蚀(T_3铜片，100℃，3h)级	不大于	1				
机械杂质		无				
颜色，号		报　告				

① 按SH/T 0086-91测定

② 用GB/T 260测定。

十、汽轮机油

汽轮机油属于T组润滑油。它主要用于汽轮发电机组和大、中型水轮发电机组的润滑油循环系统和调速系统，起润滑、冷却、密封和调速作用。调速作用是指汽轮机的负荷改变时，通过调节油压，控制汽阀，改变进入汽轮机的蒸气量，使汽轮机的功率与负荷相适应。目前电力工业中以蒸气轮机和水轮发电机为主，所以汽轮机油的需要量较大。此外，汽轮机油还广泛用于大型船舰上的汽轮机、汽轮冷冻机、汽轮鼓风机等设备。

汽轮机油除要求合适的粘度外，根据其工作特点，还要求以下使用性能：

1. 抗乳化性能　汽轮机在运行中，常常有冷凝水从轴封等部位漏入润滑系统中，油和水易形成乳状液，显著降低了油的润滑性能，促使油品氧化和腐蚀金属部件。因此要求汽轮机油具有良好的抗乳化性能，使油水容易分离，以便及时排出游离水。

2. 抗氧化安定性　汽轮机油在60℃左右长期进行循环润滑，循环油用量很大。在空气、水和金属作用下，易氧化生成酸性物质和沉淀物等。酸性物质会腐蚀金属，降低汽轮机油的抗乳化性；氧化物使油的粘度增大，影响润滑、冷却和调速效果；沉淀物会堵塞管道，导致供油不正常。因此，汽轮机油必须具有很好的抗氧化安定性，老化速度缓慢，以保证它具有较长的使用寿命(一般不少于8～10年)。通常必须加抗氧剂等以提高其抗氧化安定性。

3. 防锈性能　汽轮机以水蒸气为工作介质，水蒸气较容易从密封不好的部位(如轴承等)进入汽轮机油中，不仅使油乳化，还会锈蚀金属。对于用海水作冷却介质冷却汽轮机油的船用汽轮机，冷却器锈蚀严重，一旦油冷却器发生海水渗漏，油中混入海水将导致汽轮机金属部件的严重腐蚀，生锈。因此要求加入防锈添加剂等来提高汽轮机油的防锈性。质量指标中用合成海水进行的液相锈蚀试验来保证其防锈蚀性。

4. 消泡性　汽轮机油在长期循环使用中，很难不吸入少量空气，如果空气不能很快地从油中释放出来，在汽轮机油循环过程中，就会出现大量气泡，使油管路中出现气阻，影响供油量，削弱了润滑和冷却作用，严重时甚至使油泵抽空、调速系统失控。通常加入消泡添加剂以提高消泡性，用空气释放值(SH/T 0308)来表示其消泡性。

国产汽轮机油有L-TSA汽轮机油(GB11120)、抗氨汽轮机油(SH 0362)等，L-TSA汽轮机油是由经深度精制的基础油加入抗氧剂、防锈剂等调制而成，适用于电力、船舶和其它工业汽轮机、水汽轮机组的润滑和密封，按40℃运动粘度中心值分为32、46、68和100等四个牌号，并按产品质量分为优级品、一级品和合格品三个等级。表1-38中列出L-TSA汽轮机油一级品的质量标准。

表1-38　L-TSA汽轮机油质量标准(GB11120-89)

项　目		一级品质量指标①			
粘度等级		32	46	68	100
运动粘度，40℃　mm^2/s		28.8～35.2	41.4～50.6	61.2～74.8	90.0～110.0
粘度指数	不小于	90	90	90	90
闪点，℃	不低于	180	180	195	195
破乳化值，(40-37-3)ml					
54℃，min	不大于	15	15	30	—
82℃，min	不大于	—	—	—	30
空气释放值(50℃)，min	不大于	5	6	8	10
氧化安定性					
a. 总氧化产物，%		报告	报告	报告	报告
沉淀物，%		报告	报告	报告	报告
b. 氧化后酸值达2.0mgKOH/g					
时，h	不小于	2000	2000	1500	1500
倾点，℃	不小于				
密度(20℃)，kg/m^3		报告			
中和值，mgKOH/g	不大于	报告			
机械杂质		无			
水分		无			
起泡性试验，ml/ml					
24℃	不大于	450/0			
93℃	不大于	100/0			
后24℃	不大于	450/0			
液相锈蚀试验(合成海水)		无锈			
铜片试验(100℃，3h)，级	不大于	1			

① 优级品、合格品与一级品质量差别只有起泡性试验，氧化安定性、中和值和空气释放量四项指标不同外，其它指标完全相同。

十一、汽缸油

汽缸油是蒸气机汽缸与活塞的润滑和密封材料。它直接与蒸气接触，根据所接触蒸气性质的不同，分为与饱和蒸气接触的饱和汽缸油和与过热蒸气接触的过热汽缸油两类。汽缸油的工作环境较为苛刻，除了一些常规要求外，对下述性能要求较高。

1. 润滑性能

以饱和蒸气为能源的蒸气机，所用的饱和蒸气一般压力为1.5MPa，温度＜200℃。这种蒸气中一般含有5%～10%的细水滴，在汽缸内工作时，生成少量凝结水，凝结水会冲刷汽缸壁上的润滑油膜，加上汽缸内温度较高，润滑油膜极易被破坏而造成磨损。为保证润滑作用，除要求汽缸油具备合适的高粘度外，还必须对金属有极强的附着能力，以抵御凝结水的冲刷作用。对金属的附着力与油的化学组成有关，残渣润滑油中含有的胶质等极性物质，具有很强的油性，在金属表面能形成牢固的油膜。因此饱和汽缸油是由残渣润滑油或馏分润滑油加入部分残渣油制成的，也有的加入动植物油脂以增加其油性。

过热蒸气一般温度＞300℃，不含细小水珠，工作中也不会产生凝结水，因此对过热汽缸油的油性要求比饱和汽缸油低，但必须确保在工作的高温下，具有相应的粘度。

2. 蒸发性

汽缸油在汽缸的高温下工作，要求汽缸油在此高温下的蒸发量很小，否则，不仅增大了油耗量，而且难以保证润滑和密封作用。

控制汽缸油蒸发性能的质量指标是闪点。闪点愈高，其蒸发性愈小。蒸气机所用的蒸气温度越高，汽缸油的闪点要求也越高。但是闪点不必高于蒸气温度，因为这个闪点不是汽缸油的安全指标，在汽缸油的使用条件下，蒸气温度虽然大大超过油的闪点，但由于是在水蒸气的氛围下，油蒸气不可能形成爆炸性气体，所以不会引起着火爆炸事故。

3. 热安定性

蒸气机运动中，汽缸内温度高，氧气很少，在此高温缺氧条件下工作的汽缸油很容易发生热分解反应，生成积炭，影响正常工作。因此要求汽缸油具有良好热安定性，生成积炭倾向小。产品质量中用残炭作为控制积炭倾向的指标。

国产汽缸油有三种：(1) 过热汽缸油，是残渣润滑油型的，按100℃运动粘度分为38和52两个牌号。分别适用于过热蒸气＜300℃和320～400℃的活塞式蒸气机。(2) 饱和汽缸油，按100℃运动粘度分为11和24两个牌号，11号饱和汽缸油用于各种低速高负荷机械，如＜0.5 MPa的饱和蒸气机、重型离心机轴承、重型金属加工车床传动装置的润滑；24号饱和汽缸油用于饱和蒸气机、冶金工业的正齿轮和蜗轮传动装置、重型机械的减速器等润滑。(3) 合成汽缸油是由石蜡经氯化、缩聚、精制和蒸馏等过程制得，它适用于高温高压的过热蒸气机和机车蒸气机等气缸的润滑，也可用于其它高温、高负荷、低转速机械及重型轧机相应部位的润滑，在加热工艺过程中，可作为热载体。

国产过热汽缸油(GB447)、饱和汽缸油(GB448)和合成汽缸油(SH0359-92)的质量指标分别列于表1-39中。

表1-39 国产三种汽缸油的质量标准

项目		过热汽缸油		饱和汽缸油		合成汽缸油
牌号		38	52	11	24	
运动粘度，100℃	mm^2/s	32～44	49～55	9～13	20～28	—
恩氏粘度，100℃	°E	—	—	—	—	8.9～9.5
闪点(开口)，℃	不小于	290	300	215	240	320
凝点，℃	不高于	10	10	5	15	—
酸值，mgKOH/g，	不在于	—	—	0.25	—	—
残炭，%	不大于	2.5	3.0	0.8	2.0	4.0
水溶性酸或碱		无	无	无	无	无
灰分，%	不大于	0.015	0.01	0.02	0.03	0.035
机械杂质，%	不大于	无	0.01	0.007	0.1	0.02
水分，%	不大于	0.05	0.05	痕迹	0.05	0.05

第五节 润滑脂

润滑脂是一种油膏状的润滑剂，某些常用的润滑脂俗称为“黄油”。它具有润滑油所没有的某些特性，如附着性好，不易从润滑部位流失或滑落，具有较好的抗压性和抗腐蚀性，并能很好的起到防护、密封、防尘作用，因此得到广泛应用。在石油产品中，润滑脂所占比例不大，但品种很多，是国民经济各部门不可缺少的重要润滑材料。

在润滑脂产品品种结构中，具有良好胶体安定性、机械安定性和抗水性的锂基脂在总产量中所占比重，是衡量润滑脂工业水平先进性的标志之一。我国的锂基脂比重已从 1982 年的 8.1%提高到 1989 年的 21.8%，近年来又有了较大的发展。

一、润滑脂的组成和结构特点

（一）润滑脂的结构特点

润滑脂由润滑油和稠化剂为主构成，并加有少量稳定剂和添加剂。润滑油和稠化剂形成一个分散体系，稠化剂以纤维状或片状或粒状分散在润滑油中。稠化剂的纤维或小粒、小片在分子引力作用下相互吸引，交织连接形成三维空间的网状结构骨架或海绵状或蜂窝状骨架。部分润滑油渗入这些纤维或小片、小粒中，使其膨化，一部分吸附在网状骨架表面，大部分润滑油则被包围在网状骨架中，不能任意流动，形成半固态油状软膏。

当润滑脂受到外力时，稠化剂和润滑油形成的分散体系结构发生变化，其性质也随之变化。如所受外力大于稠化剂分子间引力，网状骨架便被拉开而遭到破坏，润滑油从骨架中流出，半固态软膏变得具有一定流动性，宏观上看，润滑脂的粘度变小。当外力减小或消失时，由于分子热运动或借助机械搅拌作用，已分开的纤维碎片逐渐靠近，当到达分子作用力范围内时，又重新构成网状结构骨架，使润滑脂重新失去流动性，成为半固态软膏。

润滑脂的结构还受温度影响，温度升高时，分子热运动加剧，当温度高到稠化剂分子因热运动而彼此分开时，稠化剂分子便以无规则分子状态均匀分布在润滑油中，此时润滑脂的粘度减小到近似等于润滑油粘度；温度进一步升高时，润滑脂粘度变化规律与润滑油相同。当温度逐步下降时，稠化剂分子逐渐靠近，相互吸引，又重新形成网状结构骨架，润滑脂恢复成半固态软膏状。

润滑脂的粘度随外力增加而变小、随外力减小而增大的特性，在实用中十分宝贵，使它能同时起润滑、密封和保护作用。

（二）润滑脂的组成

润滑脂由润滑油、稠化剂、稳定剂和添加剂组成。

润滑油是液体润滑剂，它占润滑脂的 75%～95%，润滑脂的润滑性能主要取决于润滑油。大多数润滑脂采用中等粘度的精制石油润滑油馏分，亦可采用合成润滑油。

稠化剂主要有皂基和非皂基两类。皂基稠化剂是脂肪或脂肪酸与碱或碱土金属的氢氧化物皂化反应后得到的，有钙皂、钠皂、钙-钠皂、锂皂、铝皂、复合钙皂、复合锂皂和复合铝皂等；非皂基稠化剂有有机、无机和烃类稠化剂等，如常用的活化膨润土、二硫化钼、炭黑、地蜡、石墨和硅胶等。

稳定剂又称胶溶剂，实际上是润滑油和皂类稠化剂的结合剂。稳定剂能与皂类结合，使皂类对润滑油结合能力增大，从而起到使润滑油和皂类结合稳定的作用。常用稳定剂有水、甘油、低分子有机酸盐等，不同皂类所用稳定剂不同。

添加剂是为了改善润滑脂的某些特性而加入的，常用的添加剂有抗氧剂、抗磨剂、防锈剂、拉丝性增强剂等等。

二、润滑脂的使用要求

润滑脂在使用和储运中，经常出现在使用过程中流油、使用后变稀、储存中分油、遇水乳化、腐蚀金属、颜色变暗等现象，这些都和润滑脂性能不好有关。润滑脂应具有以下几种主要性能：

（一）耐剪切性能　在外力作用下，润滑脂会由软膏状变为流体。润滑脂在不失去半固态性质的情况下，单位面积上所能承受的最大作用力称为剪切极限。它是润滑指存在状态受力的转折点，超过剪切极限，润滑脂就变成流体。如剪切极限太小，润滑脂易流失，失去其特有作用。如剪切极限太大，增加设备摩擦阻力，增大能耗。

耐剪切性能是润滑脂的首要性质，因难以直接测定而常用锥入度（曾称针入度）这一间接指标来表示。以 60 次工作后的锥入度作为选用润滑脂的重要依据。负荷大的摩擦面应选用锥入度小的润滑指，常用润滑脂 25℃的锥入度为 200～300，当大于 400 时就成为流体了。同时规定了 10 万次　（或 1 万次）工作与 60 次工作锥入度之差值作为剪切安定性的指标。

（二）胶体安定性　润滑脂的胶体特性随温度变化，体系相状态和分散体系结构随之改变。当温度升高到一定程度后，胶体结构被破坏，此温度即该润滑脂使用温度的上限。此时润滑脂变软成流体，从用脂部位流出，造成机械磨损。质量标准中用滴点表示其耐热程度。用分油量表示其胶体安定性。用规定条件下，从加压分油器中，分出的润滑油量占总润滑脂量的百分数来描述分油量，分油量大的润滑脂胶体安定性差。

（三）耐水性　表示润滑脂是否易被水溶解或乳化的性能，对于在潮湿环境下工作的润滑脂，耐水性是重要指标。用抗水性（加入 10％水并工作 10 万次后的锥入度）或水淋流失量（38℃、1h）等指标来保证其耐水性。

（四）保护性能　表示润滑指保护金属不被腐蚀的能力。即要求润滑脂能有效粘附在金属表面，本身不含水分和无腐蚀性，保护金属不被空气、水分及其它物质侵蚀。

烃基脂（俗称凡士林）　的保护性能优于所有皂基脂，它的附着力强，耐水性和胶体稳定性好，腐蚀性极小，不易干缩、裂缝，是较理想的保护用脂。

用腐蚀试验、游离碱等表示防护性。

此外还要求润滑脂具有良好的抗氧化安定性，以便长期使用。

三、润滑脂的分类

润滑脂品种复杂，牌号繁多，并有很多专用润滑脂如航空、军械、铁道等等。分类方法有按稠化剂分类，分为皂基脂和非皂基脂；按使用性能分类，分为减摩、防护、密封、增摩等；按国际标准法分类等多种。

我国 GB7631.8 标准等效采用国际标准 ISO6743/9 以润滑脂使用特性为基础的条件分类法，主要考虑的条件为① 操作温度；② 水污染；③ 极压性能。详见表 1-40。表中稠度号与锥入度关系列于表 1-41 中。

根据上述分类，一种润滑脂只有一个代号，用 5 个字母和稠度表示。如代号为 L-XBEGB00 的润滑脂，其符说明为 L－润滑剂，X－润滑脂，B－低温，－20℃；E－高温，160℃；G－水洗不防锈；B－极压型；OO－稠度号（锥入度为 400～430）。

表 1-40 润滑脂分类表

代号字母字母1	总用途	使用要求								
		操作温度范围,℃				水污染①	字母4	负荷EP	字母5	稠度
		最低温度	字母2	最高温度	字母3					
X	用润滑脂的场合	0 -20 -30 -40 <-40	A B C D E	60 90 120 140 160 180 >180	A B C D E F G	在水污染条件下,润滑脂的润滑性、抗水性和防锈性	A B C D E F G H I	在高、低负荷下,表示润滑脂的润滑性和极压性。A表示非极压型脂,B表示极压型脂	A B	可选用以下稠度: 000 00 0 1 2 3 4 5 6

① 水污染根据环境条件(L 为干燥环境、M 为静态潮湿环境、H 为水洗)和防锈性(L 为不防锈、M 为淡水防锈性、H 为盐水防锈性)交叉组合成 A……I9 种情况,具体在此从略。

表 1-41 润滑脂稠度等级(与锥入度对应关系)

稠度等级	锥入度范围 (工作60次),1/10mm
000	445～475
00	400～430
0	355～385
1	310～340
2	265～295
3	220～250
4	175～205
5	130～160
6	85～115

四、润滑脂的质量标准

我国现已生产各类润滑脂近 300 种,钙基、钠基、复合钙基、锂基、复合锂基、复合铝基和极压锂基脂等均已形成系列品种,合成油润滑脂也已形成类型较齐全的产品系列。表 1-42 中列出有代表性的几种润滑脂的质量标准。

表 1-42　6 种润滑脂的质量标准

项目		质量指标					
		钙基脂 GB491	钠基脂 GB492	汽车通用锂基脂 GB5671	复合铝基脂 SH0378	膨润土脂 SH0536	极压锂基脂 GB7323
		2 号	2 号	2	2	2	2 号
外观		淡黄至暗褐	—	—	—	—	—
工作锥入度,1/10mm		265～295	265～295	265～295	265～295	265～295	265～295
滴点,℃	不低于	85	160	180	235	270	170
腐蚀(T_2 铜片,室温,24h)		无绿、黑色	无绿、黑色	合格①	无绿、黑色⑤	无绿、黑色⑤	合格③
水分,%	不大于	2.0	—	—	—	—	—
灰分,%	不大于	3.5	—	—	—	—	—
钢网分油量(60℃,24h),%	不大于	12	—	5②	7.0③	5②	5③
延长工作锥入度,1/10mm	不大于	30	—	50	360	20④	360
水淋流失量(38℃,1h),%	不大于	10	—	—	10	10	10
矿物油粘度(40℃),mm^2/s		28.8～74.8	—	—	—	—	—
蒸发量(99℃,22h),%	不大于	—	2.0	2.0	1.0	1.5	2.0
相似粘度(−20℃),Pa·s	不大于	—	—	1500	—	报告	500
游离碱,NaOH%	不大于	—	—	0.15	—	—	—
漏失量,(104℃,6h),g	不大于	—	—	5.0	—	—	—
抗水性	不大于	—	—	375	—	—	—
氧化安定性,压降,kPa	不大于	—	—	29.5	68.6	70.0	—
防腐蚀性(52℃,48h),级	不大于	—	—	1 级	—	—	1 级
机械杂质,个数/cm^3							
10μm 以上	不大于	—	—	5000	—	—	—
25μm 以上	不大于	—	—	3000	3000	—	3000
75μm 以上	不大于	—	—	500	500	—	500
125μm 以上	不大于	—	—	0	0	—	0
抗擦伤能力,OK 值,kg	不小于	—	—	—	—	—	16
最大无卡咬负荷 P_B,kg	不小于	—	—	—	—	—	60

① 100℃,3h,紫铜片,② 100℃,30h,③ 100℃,24h;④ 工作 10 万次锥入度与工作 60 次锥入度之差值;⑤ 100℃。

第六节　蜡、沥青和焦

石油蜡、石油沥青和石油焦类产品是石油的固体类产物,也是三类重要产品,其使用性能与液体石油产品有很大不同,现简述于后。

一、石油蜡

石油蜡类产品具有良好的绝缘性和化学安定性,广泛用于轻工、食品、日用化工、医疗、化工、机械、电子、军工等部门。我国已形成由石蜡、微晶蜡、凡士林和特种蜡构成的石油产品系列。其中石蜡和微晶蜡是基本产品,凡士林和特种蜡是类系物或调合产品。

(一) 石蜡

石蜡是从石油馏分中脱出的蜡，经脱油、精制而成。常温下为固体，因精制深度不同，颜色呈白色至淡黄色。主要由 C_{16}以上正构烷烃、少量短侧链异构烷烃构成。其品种牌号很多，如半精炼石蜡(GB 254)、全精炼石蜡(GB 441)、食品用石蜡(GB 7189)、化妆用石蜡(SH0009)、皂用蜡(SH0014)、重质液体石蜡(SH0416)等。重质液体石蜡是从柴油馏分中脱蜡得到的，主要由分子量较小的正构烷烃构成，常温下呈液态。各种固体石蜡的主要质量要求为熔点、含油量、色度、光安定性、针入度、嗅味、水分和机械杂质、水溶性酸或碱等，表 1-43 中列出几种石蜡的质量指标。

石蜡以熔点作为商品的牌号，不同用途石蜡对熔点要求不同，如全精炼石蜡(GB 446)按熔点分为 52、54、56、58、60、62、64、66、68、和 70 十个牌号，后面五个牌号是高熔点石蜡，主要用于制造电子器材和商品包装纸等。

石蜡的含油量影响其使用性能。石蜡的含油量低，使用时的高温性能好，适用于生产高频瓷、电容器和铁笔蜡纸等。

光安定性是石蜡精制深度的重要标志，它表示在光的照射下，石蜡逐渐变色难易的指标。石蜡中如含有微量的含硫、氮、氧化合物及不稳定的烯烃和芳香烃，在光的照射下，与氧作用，颜色就会逐渐变深、变暗，甚至出现臭味，所以石蜡的光安定性决定于杂质的含量和性质。一般来说，随石蜡精制深度增加，安定性变好。因此经深度精制的食品用石蜡和全精制石蜡最安定，白蜡次之，粗石蜡最差。

对于食品用石蜡，为了保证人体健康，除了上述各项质量要求外，还要求控制稠环芳香烃的含量，并且不允许加入添加剂。

(二) 微晶蜡

微晶蜡即地蜡，其主要组成是正构烷烃和大量高分子异构烷烃和带长链的环烷烃，碳链长为 C_{35}～C_{80}。是由减压渣油提炼润滑油时脱出的蜡，经脱油精制而成。

微晶蜡与石蜡相比其收缩率和表面张力小，硬度小，柔韧性好，受力时倾向于塑性流动，延伸度大，挠性好，对油品的凝胶强度大。

滴熔点和针入度是微晶蜡的主要质量指标。微晶蜡以滴熔点作为产品牌号。按产品质量分为优级品、一级品和合格品三类。

微晶蜡主要作润滑脂稠化剂，也可做石蜡的改质剂，深度精制的微晶蜡是优质的日用化工原料，用以配制软膏、清凉油、润面膏、胭脂、发蜡等，并广泛用于防水防潮、铸模、造纸等各领域。

表 1-43 中列出几种石蜡和微晶蜡的质量标准。

(三) 凡士林

凡士林通常是由残渣润滑油脱蜡所得之蜡膏，掺入不同质量的润滑油后，经精制得到的一系列产品。我国主要生产医药凡士林(GB1790)、普通凡士林(GB6732)、工业凡士林(SH0039)、和少量电容器凡士林(GB6733)等。医药凡士林必须通过生物毒理试验，因此需经过加氢精制和白土精制以充分脱除各种有害物质。

(四) 特种蜡

特种蜡是以石蜡和微晶蜡为原料，经不同特殊加工过程制成，可适应不同特殊要求。如电子工业用蜡、橡胶防护蜡、调温器用蜡、乳化炸药、铸模成型蜡、电镜用蜡和生物切片蜡等。这类产品产量不高，品种众多，要求特殊，因此列为单独一类。

表 1-43　几种石蜡和微晶蜡的质量标准

项　　目		质量指标						
		全精炼石蜡 GB446		食品用石蜡 GB7189	粗石蜡 GB1202	微晶蜡 SH0013		
						合格品	一级品	优级品
		58 号	70 号	58 号	58 号	85 号	85 号	85 号
熔点,℃	不低于	58	70	58	58	82	82	82①
	低于	60	72	60	60	87	87	87
含油量,%	不大于	0.4	0.4	0.4	2.0	实测	3	2
色度,号	不低于	+30	+30	+30	−10	4.5	2.0	1.0②
光安定性,号	不大于	4	5	4	—	—	—	—
针入度(25℃,100g),1/10mm	不大于	15	13	15	—	18	16	14
嗅味,号	不大于	0	0	0	3	—	—	—
机械杂质和水分		无	无	无	无	—	—	—
水溶性酸或碱		无	无	无	—	无	无	无
易碳化物		—	—	通过	—	—	—	—
稠环芳烃,nm								
280～289	不大于	—	—	0.15	—	—	—	0.15
290～299	不大于	—	—	0.12	—	—	—	0.12
300～359	不大于	—	—	0.08	—	—	—	0.08
360～400	不大于	—	—	0.02	—	—	—	0.02
粘度(100℃),mm^2/s		—	—	—	—	实测	实测	实测

① 微晶蜡指标为滴熔点(GB/T8026),余为熔点(GB/T2539)

② 微晶蜡色度为颜色 GB/T6540,余为色度(GB/T3555)。

二、石油沥青

石油沥青约占石油产品总量的 3%。它具有良好的粘结性、绝缘性、不渗水性,并能抗多种化学药物的侵蚀,广泛用于铺路、建筑、水利、电器、防腐、橡胶、塑料、油漆等方面。

沥青是石油中最重、组成结构最复杂的部分,除乳化沥青外,常温下沥青是黑色无定型固体,具有脆性,断面有光泽。我国已生产了道路沥青、建筑沥青、专用沥青和乳化沥青等四个系列近 50 种产品。对沥青的主要质量要求是软化点、延度、针入度等指标。

软化点表示沥青的耐热性,是沥青在规定条件下,软化到一定稠度时的温度。延度曾称为沥青伸长度,是在规定条件下,使沥青标准试样延伸到断裂时的最大长度,以 cm 为单位。针入度是在规定条件下,标准针刺入沥青试样中的深度,用 1/10mm 表示,它反映了沥青的软硬程度。

道路沥青还要求具有良好的低温性能、抗老化性能、较小的蒸发损失等。建筑沥青要求硬度大,耐热性好,抗氧化、蒸发损失等。建筑沥青要求硬度大,耐热性好,抗氧化、抗热、抗老化、并具有优良的粘结性和防水性。

乳化沥青是解决道路施工中沥青加热熔化引起的能耗与环境污染而出现的新品种。乳化沥青是用胶体磨把软质沥青研磨成直径为 1～5μm 的微粒子,借助乳化剂作用分散在水中,加入一定稳定剂,形成稳定的水包油型乳状液。外观呈褐色均匀乳状液,含沥青 50%以上,相对密度约为 1.00～1.04。乳化沥青的优点是施工中不必加热,对砂石材料浸润性好,施工和运输方便，它比普通沥青铺路可节省40%沥青，已推广使用。

表1-44中列出部分建筑石油沥青、道路石油沥青、管道防腐沥青的质量标准。

表1-44　几种石油沥青质量标准

项　　目		质量标准				
		建筑石油沥青 GB494		道路石油沥青 SH0522		管道防腐沥青 SH0098
		10号	20号	100号甲	60号乙	2号
针入度(25℃,100g),1/10mm		10～25	25～40	91～120	41～80	5
延度(25℃),cm	不小于	1.5	3	90	40	1
软化点(环球法),℃	不低于	95	70	42～52	45～55	125～140
溶解度(三氯甲烷,三氯乙烯,四氯化碳或苯) %	不小于	99.5	99.5	99.0	99.0①	99.0②
蒸发损失(160℃,5h),%	不大于	1	1	1	1	1
蒸发后针入度比,%	不小于	65	65	65	70	60
闪点(开口),℃	不低于	230	230	230	230	230
脆点,℃	不高于	报告	报告	—	—	0
粘附率 20℃,%		—	—	—	—	实测
0℃,%		—	—	—	—	实测
含蜡量(裂解法),%	不大于	—	—	—	—	5.5

① 道路石油沥青的溶解度所用溶剂中无四氯化碳

② 管道防腐沥青的溶解度所用溶剂为三氯乙烯。

三、石油焦

石油焦是渣油在490～550℃高温下分解、缩合、焦炭化后生成的黑色或暗灰色固体焦炭，带有金属光泽，呈多孔性，是由微小石墨结晶形成粒状、柱状或针状结构的炭化物。其碳氢比高达18～24，灰分为0.1%～1.5%，挥发分3%～16%，并含有少量硫、氮、氧和金属化合物。灰分小于0.3%的为低灰焦，是冶金电极的良好原料；灰分含量小于0.1%的称为无灰焦，是原子能工业用的原料。

由延迟焦化装置生产的延迟石油焦，称为生焦或普通焦，其质量标准列于表1-45中。生焦含挥发分多、强度小、粉末多，只能用于钢铁、炼铝工业、作制造碳化硅和碳化钙的原料。生焦经过1300℃以上高温煅烧，脱除挥发分和进行脱氢碳化反应，成为质地坚硬致密的煅烧焦，可作冶金电极原料。

石油焦的关键指标是含硫量。石墨电极中的硫，在高于1500℃时，会分解出来，使电极晶体膨胀，冷却时收缩，造成电极破裂、报废。1号焦用于制造炼钢用普通石墨电极，2号焦作炼铝用阳极糊等原料，用量最大，约占国内用焦量的三分之一；3号焦用于化工中制造碳化物的原料。控制灰分是间接控制影响冶金产品质量的硅、钒、钙、钠等杂质含量，一级品已明确规定了硅、钒、铁的含量，以免影响电极合格率。

针状焦是一种优质焦，它具有低膨胀系数、低电阻、高结晶度、高纯度、高密度、低硫、低挥发分等特点，主要用于作炼钢用高功率和超高功率石墨电极之原料。由针状焦制造的电极因石墨化程度高、机械强度大、热效率高，可提高冶炼效率和钢产量，降低电耗和原材料消耗，因此其价格比普通石油焦高很多，通常针状焦仅供生产炼钢用石墨电极之用。针状焦除控制硫含量、灰分和挥发分外，还需控制真密度，以保其致密度大；热膨胀系数是针状焦的重要指标，一般要求小于2.6，是划分针状焦质量、用途和等级的主要指标。

表1-45 延迟石油焦的质量标准SH0527

项目		质量标准						
		一级品	合格品					
			1A	1B	2A	2B	3A	3B
硫含量，%	不大于	0.5	0.5	0.8	1.0	1.5	2.0	3.0
挥发分，%	不大于	12	12	14	14	17	18	20
灰分，%	不大于	0.3	0.3	0.5	0.5	0.5	0.8	1.2
水分，%	不大于	3	3	3	3	3	3	3
真密度①，g/cm^3		2.08～2.13	报告	报告	—	—	—	—
粉焦量（块粒<8mm），%	不大于	25	报告	报告	—	—	—	—
硅含量，%	不大于	0.08	—	—	—	—	—	—
钒含量，%	不大于	0.015	—	—	—	—	—	—
铁含量，%	不大于	0.08	—	—	—	—	—	—

① 在≮1300℃下煅烧5h。

第四章　原油的分类和加工方案

确定原油的加工流程方案是炼厂设计和生产的首要任务。人们根据所加工原油的特性、市场对产品的需求、加工技术的水平、生产的灵活性和经济效益等方面资料，进行综合分析，研究比较，才能得到合理的加工流程方案。因此对原油进行评价是制定原油加工方案的前提。

原油的类型很多，我国原油又有很多特点，本章将分别讨论原油评价、原油的分类、我国主要原油特点及几种典型的加工流程方案。

第一节　原油评价

不同性质的原油。应采用不同加工方法，以生产适当产品，使原油得到合理利用。对于新开采的原油，必须先在实验室进行一系列的分析、试验，习惯上称之为"原油评价"。根据评价目的不同，原油评价分为四类：

(1) 原油性质分析　目的是在油田勘探开发过程中及时了解单井、集油站和油库中原油一般性质，掌握原油性质变化规律和动态；

(2) 简单评价　目的是初步确定原油性质和特点，适用于原油性质普查；

(3) 常规评价　为一般炼油厂提供设计数据；

(4) 综合评价　为综合性炼油厂提供设计数据。

原油的综合评价包括四部分内容，即：①原油的一般性质；②实沸点蒸馏所得原油馏分组成及馏分性质；③各馏分的化学组成；④各种石油产品的潜含量及其使用性能。各部分具体内容如下：

① 原油的一般性质分析　从油田井场、集输站、输油管线或储油库、炼油厂取来的原油，先测其含水量、含盐量和机械杂质。原油含水量如大于 0.5%，需先脱水。脱水原油测定密度、粘度、凝点、闪点、残炭、灰分、胶质、沥青质、含蜡量、平均分子量、硫、氮等元素分析、微量金属含量和馏程等数据，结果得到如表 1-45 所列数据。

② 原油馏分组成和窄馏分性质　脱水原油经实沸点蒸馏，切割成每 3%(约)的窄馏分(或按一定沸程切割窄馏分)，得到原油的蒸馏数据，即原油的馏分组成。测定各窄馏分的密度、粘度、凝点、苯胺点、酸度(值)、折射率和硫含量等，并计算特性因数、粘重常数等。

③ 直馏产品的切割与分析　为提出合理的原油切割方案，按比例配制或重新把原油切割成汽、煤、柴油、重整原料、裂解原料以及润滑油馏分等；按产品质量标准要求，测定各产品主要性质；并测定不同拔出深度重油的各种物性；减压渣油还需测定针入度、软化点和延度等沥青的质量指标。

④ 汽油、煤油、柴油和重整、裂解、催化裂化原料的组成分析。

⑤ 润滑油、石蜡和地蜡潜含量及其性质分析。

⑥ 测定原油的平衡气化数据，作出平衡气化产率与温度关系曲线。

评价数据均以表格或曲线形式列出。

原油综合评价流程列于图 1-6 中。

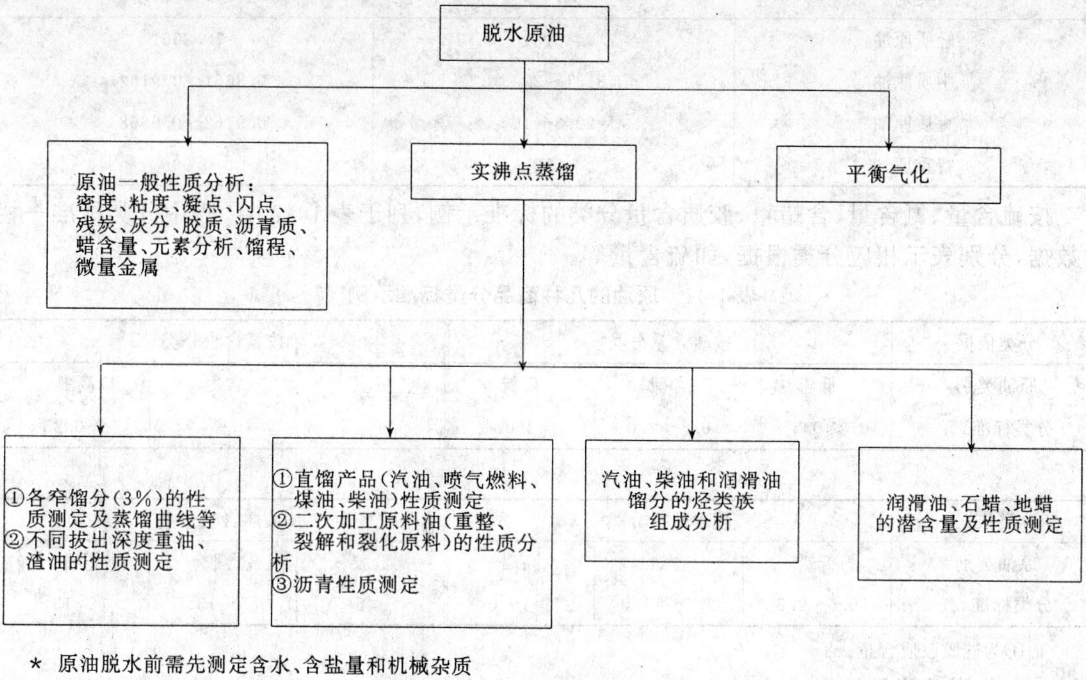

图 1-6　原油综合评价流程示意图

根据上述实验测得数据，绘制原油的实沸点蒸馏曲线、性质曲线和产率曲线，连同各种产品的性质，为制定原油切割方案和进行炼油过程工艺设计提供不可缺少的重要资料。

第二节　原油的分类

由于地质构造、生油条件和年代的不同，世界各地区所产原油的性质和组成有的差别很大，有的却十分相似；同一地区的原油，由于采油层位不同，性质都可能出现差别。性质和组成相似的原油，其加工、储运等方案也相近。因此根据原油特性进行分类，对制定原油加工方案和储运、销售都是十分必要的。

原油的组成十分复杂，对其确切分类很困难。通常从商品、地质、化学或物理等不同角度进行分类。本节只讨论广为应用的原油商品分类法、化学分类法和我国采用的分类方法。

一、商品分类法

原油的商品分类法又称工业分类法，是化学分类方法的补充。商品分类的根据很多，如分别按原油的密度、硫含量、氮含量、含蜡量和胶质含量分类等等。各国没有统一标准。原苏联有国家标准，欧美各国只有公司级标准，下面列举一些分类数据，可作为参考。

国际石油市场常用以计价的标准，多用比重指数 *API°*分类和含硫量分类。第十二届世界石油会议规定的原油分类标准见表 1-45。

表 1-45　原油按 API° 分类的标准

类别	API°	20℃相对密度
轻质原油	＞31.1	＜0.8661
中质原油	31.1～22.3	0.8661～0.9162
重质原油	22.3～10	0.9162～0.9968
特重原油	＜10	＞0.9968

按硫含量、氮含量、含蜡量、胶质含量分类的标准示例，列于表 1-47 中。表中分类标准一栏中数据，分别表示相应分类根据，如硫含量等。

表 1-47　原油的几种商品分类标准示例

分类依据	按硫含量分类			按氮含量分类		
原油类别	低硫	含硫	高硫	低氮	含氮	高氮
分类标准，%	≤0.5	0.5～2.0	2.0	＜0.25	—	＞0.25

分类依据	按含蜡量分类			按胶质含量分类①		
原油类别	低蜡	含蜡	高蜡	低胶	含胶	多胶
分类标准，%	0.5～2.5	2.5～10.0	＞10.0	＜5	5～15	＞15

①为硅胶胶质含量。

二、化学分类法

原油的化学分类以原油的化学组成为基础，通常用与原油化学组成直接有关的参数作为分类依据，如特性因数分类、美国矿务局关键馏分特性分类、相关指数分类、石油指数和结构族组成分类等。其中以前两种应用最广。通常认为，按这两种方法分类，对原油特性可得到一个概括认识，不同原油间可作粗略对比。不同国家采用方法不一，如原苏联采用结构族组成分类和商品分类，我国则采用美国矿务局的关键馏分特性分类和按硫含量分类相结合的原油分类方法。现简单介绍应用最广泛的特性因数分类和关键馏分特性分类法。

1．特性因数分类

根据原油特性因数 K 值大小分为石蜡基、中间基和环烷基三类原油，分类标准如表 1-48 所示。

表 1-48　特性因数分类标准

原油类别	石蜡基原油	中间基原油	环烷基原油
特性因数 K	＞12.1	11.5～12.1	10.5～11.5

特性因数分类法多年来为欧美各国普遍采用，它在一定程度上反映了原油的组成特性。但原油的特性因数 K 难以准确求定，同时它不能反映原油中轻、重组分的化学特性。因此美国矿务局于 1935 年提出反映原油轻、重组分特性的“关键组分分类法”，已被较多国家所采用。

2．关键馏分特性分类法

关键馏分特性分类法是将原油用 Hempel 半精馏装置切取 250～275℃和 395～425℃两个关键馏分，分别测定其相对密度，对照分类标准（表 1-49）确定两个关键馏分的基属，然后根据表 1-50 确定原油的类别。

由于此方法对沸点较低和较高的两个馏分的分类界线不同，较适合原油组成的实际情况，因此比特性因数分类法更为合理。

我国现采用关键馏分分类与硫含量分类相结合的分类法，表1-51中列出我国主要原油的两种分类情况，可见关键馏分特性分类法为更合理。

表1-49　关键馏分分类标准

关键组分 \ 类别	石蜡基(P)	中间基(I)	环烷基(N)
250～275℃ 第一关键馏分	$d_4^{20}<0.8207$ $API°>40$	$d_4^{20}=0.8207\sim0.8560$ $API°=33\sim40$	$d_4^{20}>0.8560$ $API°<33$
395～425℃ 第二关键馏分	$d_4^{20}<0.8721$ $API°>30$	$d_4^{20}=0.8721\sim0.9302$ $API°=20\sim30$	$d_4^{20}>0.9302$ $API°<20$

表1-50　关键馏分特性分类

序号	第一关键馏分	第二关键馏分	原油类别
1	石蜡基(P)	石蜡基(P)	石蜡基(P)
2	石蜡基(P)	中间基(I)	石蜡-中间基(P-I)
3	中间基(I)	石蜡基(P)	中间-石蜡基(I-P)
4	中间基(I)	中间基(I)	中间基(I)
5	中间基(I)	环烷基(N)	中间-环烷基(I-N)
6	环烷基(N)	中间基(I)	环烷-中间基(N-I)
7	环烷基(N)	环烷基(N)	环烷基(N)

表1-51　几种国产原油的分类

原油	硫含量 %	原油相对 密度，d_4^{20}	特性因数	特性因 数分类	第一关键 馏分，d_4^{20}	第二关键 馏分，d_4^{20}	关键馏分 特性分类	原油分类 命名
大庆 混合原油	0.11	0.8615	12.5	石蜡基	0.814	0.850	石蜡基	低硫石蜡基
玉门 混合原油	0.18	0.8520	12.3	石蜡基	0.818	0.870	石蜡基	低硫石蜡基
克拉玛依 原油	0.04	0.8689	12.2～12.3	石蜡基	0.823	0.895	中间基	低硫中间基
胜利 混合原油	0.83	0.9144	11.8	中间基	0.832	0.881	中间基	含硫中间基
大港 混合原油	0.14	0.8896	11.8	中间基	0.860	0.887	环烷- 中间基	低硫环烷 -中间基
孤岛 原油	2.03	0.9574	11.6	中间基	0.891	0.935	环烷基	含硫环烷基

用原油特性因数分类法对个别原油如克拉玛依原油分类显得不恰当，因为克拉玛依原油的窄馏分特性因数及其它性质均反映出中间基原油的特性，关键馏分特性分类属中间基，而特性因数分类却属石蜡基，显然不合适。从大港混合原油分类亦可看出，特性因数分类法只能笼统地将该原油定为中间基，而其轻重馏分特性不同，按关键馏分特性分类却能较全面反映原油特性是属于环烷-中间基。

同一类原油的性质具有明显的共同特点。石蜡基原油含蜡量高、密度较小、凝点高，含硫、氮、胶质量较低。大庆和南阳原油是典型石蜡基原油。环烷基原油的密度较大、凝点较低。环烷基原油中的重质原油，含有大量的胶质和沥青质，又称为沥青基原油，在分类中统称环烷基原油。孤岛原油和乌尔禾稠油都属于这一类。中间基原油性质介于石蜡基和环烷基之间。

除上述三种类别外，个别原油因含有较高芳香烃而称为芳香烃基或苯环基原油，目前世界上这类原油较少，一般的原油分类中尚未将其列入。

第三节　国产主要原油性质

我国主要油田有大庆、胜利、华北(任丘)、中原、辽河、大港、新疆等，它们占我国原油总产量的 90%。产量最大的是大庆油田，胜利油田次之。我国已开发油田的大部分原油含蜡量高，沥青质、硫含量较少，氮和镍含量中等，50℃运动粘度一般在几十到几百 mm^2/s，相对密度在 0.85 左右，属中质石油。现逐年增加的重质原油，50℃运动粘度高达数千，甚至上万 mm^2/s，相对密度在 0.94 以上。大部分原油中含轻质馏分油较少，而渣油含量高。随时间推移，我国原油中重质原油比例增大。近年开发的海上油田，如南海、渤海原油，重质和轻质原油均有，目前产量不大，属试采阶段。

几种主要国产原油性质列于表 1-52 中，同时列出伊朗和科威特原油性质，供参考比较。

表 1-52　主要国产原油一般性质

序号	性质	大庆 1979	胜利 1992	辽河 1980	中原 1992	南阳 1991	孤岛 1992	乌尔禾 1989	新疆低凝，1978	南海惠州，1992	渤海 1992	伊朗 1990	科威特 1990
1	*API°*	33.1	25.8	28.7	30.3	32.1	—	14.7	28.5	39.9	—	—	—
2	密度(20℃)，g/cm^3	0.8554	0.9860	0.8793	0.8706	0.8609	0.9333	0.9641	0.8800	0.8394	0.8274	0.8554	0.8680
3	运动粘度，50℃，mm^2/s	20.19	57.81	17.44	25.74	22.88	219.9	423.3②	29.82	6.44	3.80	10.5②	9.7②
4	闪点(开口)，℃	—	80	—	—	39	87	162	—	22(闭)	<28	—	—
5	凝点，℃	30	28	21	32	45	13	21③	−58	28	25	−28.9③	−15③
6	含蜡量，%	26.2	11.02	16.8	—	30.3	4.22	3.71	1.5	19.91	19.56	—	—
7	胶质，%	8.6	13.18	11.9	11.7	10.31	18.36	32.87	15.8	4.54	5.28	—	—
8	沥青质，%	0	0.15	0	0.12	0.34	2.28	1.47	0	1.34	0.28	—	1.4
9	酸值，mgKOH/g	—	0.67	—	0.35	—	1.13	3.64	1.32	0.11	0.05	0.06	0.15
10	硫，%	0.10	0.74	0.18	0.62	0.12	2.07	0.12	<0.12	0.09	0.10	1.35	2.52
11	氮，%	0.16	—	0.32	0.15	0.14	0.33	0.22	0.27	0.26	0.09	0.17	0.12
12	馏程												
	初馏点，℃	85	35①	91	—①	80	—	—	—	—①	—①	—	—
	120℃馏出，%	4.0	2.9	2.5	5.4	2.5	—	—	—	5.2	12.9	10.8	9.9
	160℃馏出，%	8.5	5.8	8.0	8.8	8.0	—	—	—	10.6	20.7	16.9	15.3
	200℃馏出，%	12.5	8.4	13.0	12.9	11.5	1.3	0.1①	13.0	16.6	24.5	23.5	21.0
	260℃馏出，%	18.5	14.4	20.0	23.5	18.0	5.9	2.0	21.2	30.2	34.9	33.9	29.9
	300℃馏出，%	24.5	19.4	26.5	31.1	24.0	13.5	5.1	26.6	36.4	42.7	40.1	35.6
13	原油分类	低硫石蜡基	含硫中间基	低硫中间-石蜡基	含硫石蜡基	低硫石蜡基	含硫环烷-中间基	低硫环烷-中间基	低硫中间基	低硫石蜡基	低硫中间-石蜡基		

①为 TBP。

②为 100℃。

③为倾点

一、大庆原油

大庆原油约占全国原油产量的 40%以上。其性质比较稳定,主要特点是含蜡多,凝点高,硫、氮和金属含量低,属典型的低硫石蜡基原油。

大庆原油的直馏汽油产率和辛烷值都较低,抗爆性差,但感铅性好;喷气燃料馏分的结晶点较高,只能生产 2 号、3 号或 4 号喷气燃料;煤油和柴油的质量好,可生产—20 号、—10 号和 0 号等轻柴油;润滑油馏分的粘温性能好,脱蜡收率较高,不需深度精制即可生产粘温性能良好的润滑油基础油,并可得到重要的副产品——石蜡和地蜡,也可以生产粘温性能好的残渣润滑油;其常压渣油的残炭、硫、氮、金属含量均不高,可直接作催化裂化原料;石蜡基原油因含胶质、沥青质量少,不能直接生产沥青产品。

大庆原油是生产润滑油、裂解原料(生产乙烯)和裂化原料的良好原油。

大庆原油含硫量低,加工这类原油对设备腐蚀不太严重。因含蜡多,凝点高,原油输送时必须加热或采用其它降凝措施。

任丘、中原、南阳原油等均属此类原油。

二、胜利原油

胜利原油为我国第二大油田所生产,因胜利油田地质构造复杂,各小区块所产原油差别很大,按密度和硫含量,可以分为胜利混合原油和孤岛原油两类。

(一) 胜利混合原油

胜利混合原油的硫、胶质、沥青质含量较高,蜡含量比大庆原油稍低,属含硫中间基原油。其直馏汽油产率较低,但汽油辛烷值比大庆原油相同馏分约高 11~18,重整原料产率虽不高,但芳烃潜含量比大庆原油相应馏分高;喷气燃料馏分的结晶点较低,密度较大,可生产 1 号、2 号喷气燃料;柴油馏分的凝点和十六烷值均高,经碱洗可生产—10、0 和 10 号轻柴油。

润滑油馏分经精制脱蜡后,粘温性质较差,用常规方法难以生产粘温性质好的润滑油。渣油经氧化可以生产一般道路沥青。

(二) 孤岛原油

孤岛原油产量在 1986 年占总产量的 5%,其特点是硫、氮、胶质、沥青质、重金属含量均较高,密度较大,轻馏分含量少,属于含硫环烷-中间基原油。

孤岛原油的直馏汽、煤、柴油收率低,安定性差,必须精制;加氢处理后可生产大密度喷气燃料;孤岛原油的润滑油馏分性质很差,难以生产润滑油。渣油收率高达 50%以上,是生产优质沥青的好原料。

炼油厂加工孤岛原油遇到较多问题,如轻油收率低,产品质量差,设备管线腐蚀严重,污水及气体对环境污染严重,总的经济效益较差。

三、辽河原油

辽河油田已开发的有兴隆台、欢喜岭等十多个油田,各油田原油含硫量均小于 0.5%,但其它性质差别较大。辽河混合原油的密度介于大庆原油和胜利原油之间,含蜡量低于大庆原油,接近胜利原油。凝点比大庆、胜利原油低。小于 500℃的馏分总拔出率较高,多数馏分的产率高于大庆原油。尤其是芳香烃潜含量高,可生产优质汽油组分;喷气燃料馏分的结晶点低、密度大,能生产 1 号喷气燃料。属低硫中间-石蜡基原油。

四、新疆原油

新疆油区分布在准噶尔盆地、吐鲁番盆地和塔里木盆地。前者主要有独山子、克拉玛依、百口泉等油田；吐鲁番盆地主要有吐哈油田等；塔里木盆地有轮南、塔北、塔中等油区。各油田随分布不同，其原油性质有差别。但多数新疆原油具有以下特点：(1)硫含量低，大多数低于0.2%，甚至重油都不超过0.5%；(2)蜡含量低，这是与其它原油的重要差别。特别是低凝原油，是生产优良中间基或环烷基润滑油基础油的重要原料；(3)重金属含量低，一般镍含量高于钒含量；(4)沥青质含量低，即使重油，沥青质含量也较低；(5)粘度高，在相同密度情况下，新疆原油粘度比其它原油粘度高一个数量级；相同沸点馏分油粘度也比其它油高。但其凝点低，是生产高粘度、低凝点产品的好原料；(6)酸值高，这在同类原油中是很突出的特点，对加工带来很多问题。酸值高是因为含大量石油酸所引起的，其中主要是环烷酸，这是一项重要资源。

现介绍有代表性的两种原油。

(一) 克拉玛依原油

产量较大的克拉玛依原油，按凝点分为混合原油和低凝原油两大类。混合原油的密度、含蜡量、残炭含量都较小，含轻馏分较多，能生产低结晶点喷气燃料及优质润滑油。

克拉玛依油田某些区块生产的低凝原油，其突出特点是含蜡量低，一般为1%～3%，凝点极低，可达-58℃、含硫很少，为<0.12%，酸值较高，达1.32mgKOH/g，属于低硫中间基原油。

低凝原油所产的汽油抗爆性很好，能直接生产结晶点低于-60℃、芳香烃含量小于9%的优质喷气燃料；煤、柴油的浊点、凝点大都低于-60℃，可作高寒地区用柴油。润滑油馏分不经脱蜡就可以生产凝点低于-45℃的产品，如-45℃的变压器油、-60℃的仪表油、冷冻机油等，是难得的宝贵资源。为了充分利用资源，低凝原油采取严格的分采、分输、分储和分炼的措施。

(二) 乌尔禾重油

重油即重质原油，也称为稠油。一般以原油50℃运动粘度为100～10000mm²/s，*API*°为20～10为区分指标。我国原油中重油比例日益增大，主要分布在辽河高升，胜利单家寺、新疆乌尔禾、九区等油田及渤海和南海海上油田的部分油区。新疆乌尔禾原油是典型的重质原油，从表1-52中可见，它属于低硫环烷-中间基原油。

乌尔禾重油具有高粘度，大密度，轻组分含量低，含大量胶质，沥青质含量并不高的特点。不能生产汽油(几乎不含汽油馏分)，煤柴油收率很低，<300℃馏分仅5.1%；各馏分密度大、酸值高，粘度大，凝点低(<340℃各馏分凝点均<-60℃)，需精制后方可生产低凝柴油；润滑油馏分的凝点低、粘温性能差，可生产对粘度指数要求不高的低凝润滑油产品；不同拔出深度的渣油，收率高，胶质含量高，可直接生产合格的道路沥青。

五、中原原油

中原原油密度中等，凝点较高，含硫量达0.62%，胶质沥青质含量不高，属含硫石蜡基原油。含轻馏分较多，<300℃馏分达31.1%，是国内少有的。汽油馏分辛烷值较高。初馏～180℃馏分中芳烃含量、烷烃含量较低、环烷烃含量较高，是理想的催化重整原料。

六、青海冷湖原油

青海冷湖原油是一种少见的特殊轻质原油。其突出特点是相对密度和粘度都很小，分别为0.8042和1.46mm²/s(50℃)，含硫极少，仅为0.02%，轻馏分油含量极高，直馏汽油<200℃馏分产率达48%，<300℃馏分离达72%。因此只需简单加工，就可以得到收率很高的直馏产品。汽油、煤油和柴油的安定性很好，质量高，不必精制就可直接使用。由于含蜡量低，柴油凝点较

低。这是一种难得的轻质原油。

七、海上原油

我国海上原油主要产区有南海的北部湾、珠江三角洲、惠州、流花、西江等油田及渤海的绥中、埕北等油田。各油田原油性质差别很大，有的原油很轻，20℃相对密度为0.792，有的很重，达0.9677。现介绍有代表性的几种海上原油。

（一）惠州26-1-1原油

此原油性质列于表1-52中。它的密度小（0.8394g/cm³）、粘度小（50℃运动粘度为6.44mm²/s）、硫含量低，按关键组分分类属于低硫石蜡基原油。<300℃馏分产率为36.4%，<500℃馏分总拔出率为80.78%，>500℃的渣油只有19.22%，是很好的轻质原油。

<180℃馏分（石脑油）收率为13.44%，其中饱和烃含量达98.8%，其它杂质含量很少，是优质乙烯裂解原料或合成氨原料；由于马达法辛烷值只有24，不适合作汽油组分；柴油馏分十六烷值高，安定性好，是生产煤油、柴油的好原料。重馏分油的残炭、硫、氮、重金属含量很少，是催化裂化和乙烯裂解的好原料；渣油可直接生产建筑沥青。

（二）渤海、渤中原油

渤海原油特点是密度小（0.8274g/cm³）、粘度小（50℃运动粘度为3.80mm²/s），残炭、胶质、硫、氮、镍和钒含量均低，但蜡及盐含量较高，属低硫石蜡基原油。是我国为数不多的一种优质原油。

汽油收率高达24.5%；柴油馏分的十六烷值高，但凝点也高；其中145～350℃馏分是裂解的好原料。350～530℃馏分密度和粘度小、特性因数大、残炭和镍、钒含量低，是理想的催化裂化原料；常压重油可直接作催化裂化原料。

（三）渤海埕北原油

埕北原油属于重质原油，20℃密度大于0.91g/cm³，50℃运动粘度为91.86mm²/s，密度大、粘度和残炭高（达7.03%），酸值也较高，为1.73mgKOH/g。原油中以异构烷烃和环烷烃为主，正烷较少，含蜡量低。汽油、煤油、柴油收率不高，<320℃馏分产率为21.55%。渣油经适当氧化，可生产道路沥青，但渣油残炭高、含蜡量低，不宜作催化裂化的掺炼原料。

第四节 原油加工流程方案

原油加工方案根据目的产物不同，可分为燃料型、燃料-润滑油型和燃料-化工型三类。

为了制定一种新原油的加工方案，除进行原油综合评价外，还必须进行一系列加工过程的中型试验，以取得原料、产品性质、收率、操作条件等数据。中型试验包括催化重整、催化裂化、加氢精制、加氢裂化、延迟焦化、减粘裂化、丙烷脱沥青等。由于喷气燃料使用要求严格、润滑油加工过程复杂，而且产品的理化指标不能完全反映其使用性能，因此还需通过台架试验和使用试验（如试用、行车试验）加以考核。

原油加工方案的确定，是以原油评价数据为依据，综合考虑对产品的需求、技术的先进性、生产的灵活性和经济的合理性等因素的结果。下面讨论三类不同的原油加工方案。

一、燃料型加工方案

燃料型加工方案的主要产品是汽油、煤油、柴油和燃料油等产品。根据生产装置的不同，还可以分为以下三种类型：

（一）简易流程

简易流程主要有常压蒸馏-铂重整型、常压蒸馏型和常减压蒸馏型三种流程。常压蒸馏-铂重整型主要生产燃料油，部分汽油馏分经铂重整生产芳香烃。有的厂没有铂重整，只是为了得到常压重油作燃料油。有的厂同时还有减压蒸馏。这类流程大都用于配合钢铁厂和发电厂的生产。常压重油和减压渣油也可以热解造气，满足石油化工综合利用的需要。

(二)常减压蒸馏-催化裂化-焦化型

这类流程特点是将减压渣油进行延迟焦化，蒸馏和焦化所得重质馏分作为催化裂化原料，以增加轻质油品收率。根据所加工原油不同，也可用常压重油或掺入部分减压渣油进行催化裂化。这类流程较普遍，其特点是加工深度较大，装置构成简单，技术水平较高，轻油收率可达70%。同时生产大量裂化气，是石油化工的重要原料。流程示意图列于图 1-7 中。

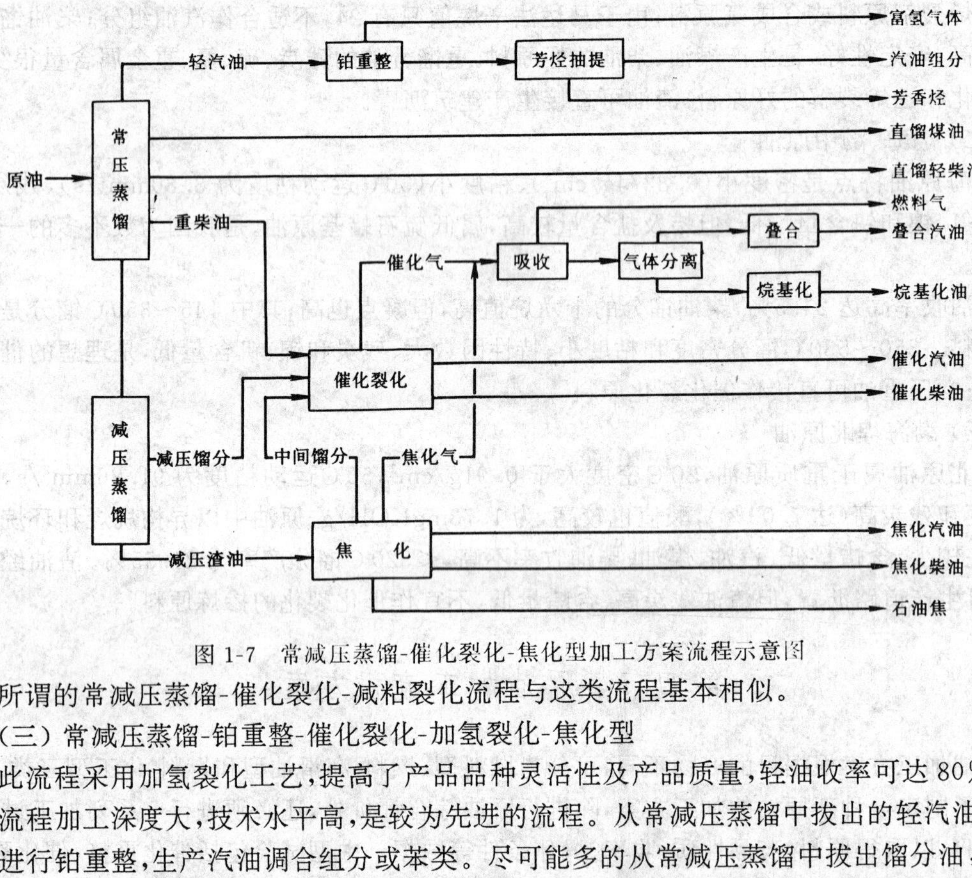

图 1-7 常减压蒸馏-催化裂化-焦化型加工方案流程示意图

所谓的常减压蒸馏-催化裂化-减粘裂化流程与这类流程基本相似。

(三)常减压蒸馏-铂重整-催化裂化-加氢裂化-焦化型

此流程采用加氢裂化工艺，提高了产品品种灵活性及产品质量，轻油收率可达 80%以上。这类流程加工深度大，技术水平高，是较为先进的流程。从常减压蒸馏中拔出的轻汽油或重整馏分进行铂重整，生产汽油调合组分或苯类。尽可能多的从常减压蒸馏中拔出馏分油，减少减压渣油。减压馏分进行催化裂化或加氢裂化，催化裂化气体进行叠合或烷基化，生产高辛烷值汽油组分。部分减压渣油进行焦炭化、生产石油焦，也可以经过氧化或直接生产沥青产品。

现已发展了常压重油或减压渣油催化裂化、重油加氢-催化裂化联合过程、新型减粘裂化、缓和加氢裂化和超临界抽提等重油深度加工过程。

此类型的典型流程示意图见图 1-8。

二、燃料-润滑油型加工方案

这类加工方案除生产燃料外，还生产润滑油。通常包括常减压蒸馏、铂重整、催化裂化、加氢裂化、丙烷脱沥青、溶剂精制(或加氢精制)、溶剂脱蜡和焦化等加工过程。常压蒸馏所得的重整原料经铂重整装置生产苯类和汽油调合组分。常压一、二线馏分经精制生产煤、柴油。常三

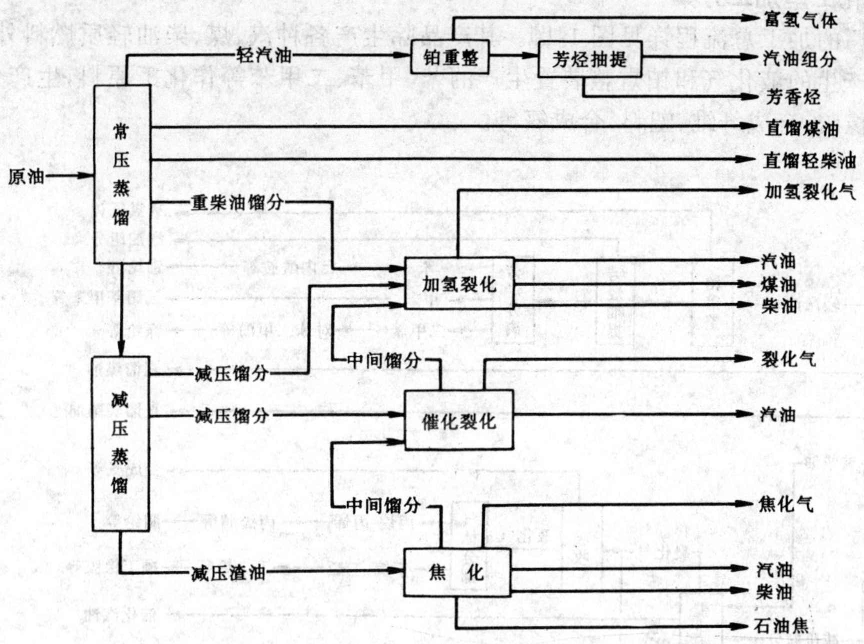

图 1-8 常减压蒸馏-铂重整-催化裂化-加氢裂化-焦化型加工方案流程

及部分减压馏分等作催化裂化原料，生产裂化气体及汽、柴油。减压馏分及经丙烷脱沥青后得到的残渣润滑油料通过溶剂精制（或加氢精制）、溶剂脱蜡等加工过程，生产各种润滑油基础油。部分减压渣油进行延迟焦化，生产石油焦等。减压渣油经丙烷脱沥青装置除得到残渣润滑油料外，还可得到沥青或沥青原料。

图 1-9 是此类加工方案典型的流程示意图。

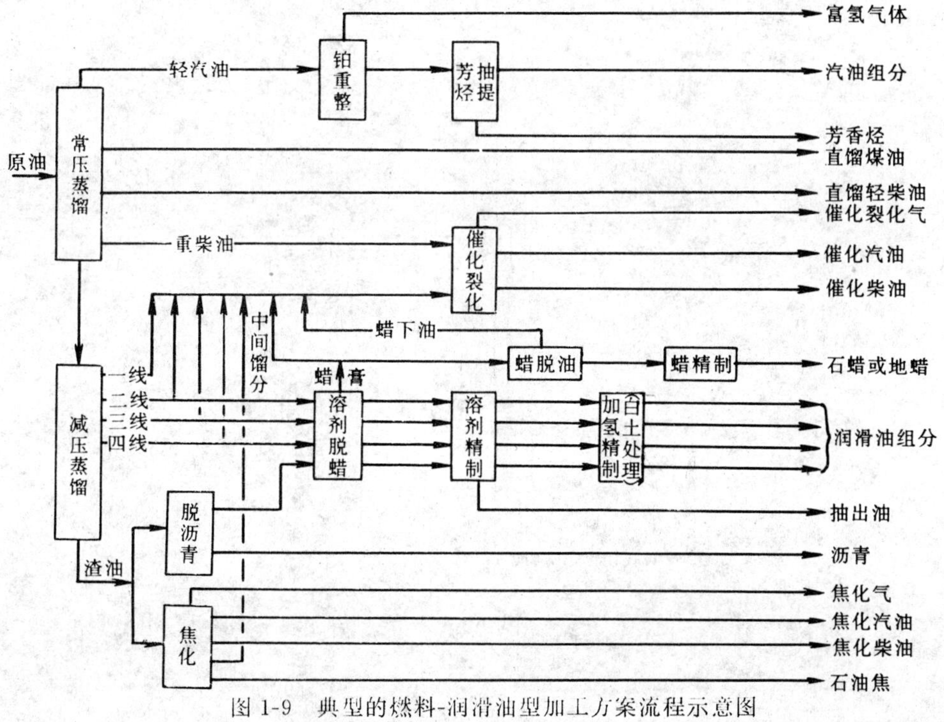

图 1-9 典型的燃料-润滑油型加工方案流程示意图

三、燃料-化工型加工方案

这类炼油厂的加工总流程详见图1-10。其产品除生产各种汽、煤、柴油轻质燃料外，利用催化裂化装置产生的液化气和铂重整装置生产的苯、甲苯、二甲苯等作化工原料，生产各种化工产品如合成橡胶、合成纤维、塑料、合成氨等。

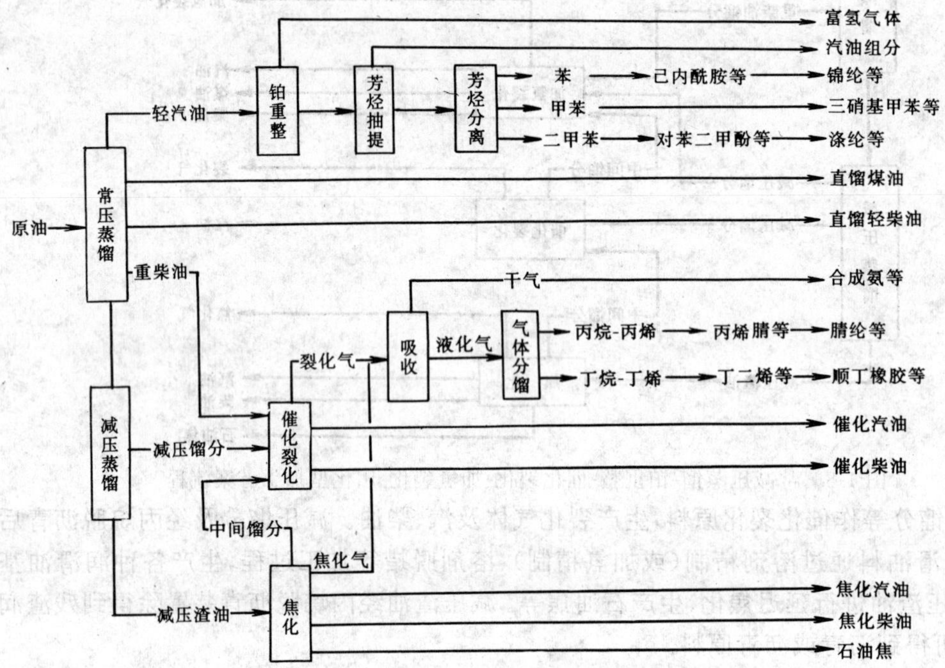

图1-10 燃料-化工型加工流程方案示意图

第二篇　石油加工概论

石油是烃类和非烃类构成的复杂混合物，要想精确地将石油分离成单组分化合物，几乎是不可能的，根据对石油产品的使用要求，也没有这种必要。

从石油中提炼出各种燃料、润滑油和其它产品的基本途径是：将原油按沸点分割成不同馏分，然后根据油品使用要求，除去馏分中的非理想组分，或经化学反应转化成所需要的组分，从而获得合格石油产品。

通常原油先经过蒸馏过程，根据已制定的加工方案，将其按沸程分割成汽油、煤油、轻柴油、重柴油、各种润滑油馏分和渣油，此即所谓的原油一次加工。蒸馏所得到的各种馏分油称为直馏油，基本不含沥青质和胶质。为提高产品质量和轻油收率，相当多的直馏馏分油作为二次加工过程的原料，如催化裂化原料、催化重整原料和加氢裂化原料等。润滑油馏分可通过溶剂精制、溶剂脱蜡、溶剂脱沥青及补充精制等加工过程得到各种润滑油基础油。各种加工过程得到的不同产物，最后大都需要通过精制和调合，加入必要的添加剂，才能成为合乎各种质量标准的石油产品。

原油蒸馏是石油加工的第一道工序，是炼油厂加工能力最大的生产装置，其能耗占全厂能耗的 25%～30%。石油蒸馏装置设计和操作的好坏，对炼油厂产品质量、收率、节能及原油有效利用等均有重要意义。

原油在蒸馏前，必须先进行脱盐脱水预处理，以满足蒸馏装置对原油含盐含水量的要求。

从原油蒸馏得到的直馏轻馏分（汽油、煤油和轻柴油等）数量有限，即使产量不多的轻质原油，其含<300℃馏分也只有 50%～60%，其它原油含<300℃馏分仅 20%～30%或更少。我国主要原油大都含轻馏分较少，含<300℃馏分约<27%。因此必须将原油中重质馏分油甚至渣油转化成轻质燃料，这就需要进行二次加工；同时还需将所得到的轻质油品进行精制和用气体烃合成高辛烷值汽油组分，这些过程绝大部分为化学反应过程，主要过程有催化裂化、催化重整、催化加氢、热裂化、减粘裂化、焦炭化、叠合、烷基化、异构化等过程。

润滑油生产过程主要是脱除润滑油馏分和渣油中的胶质、沥青质、多环短侧链芳烃、非烃化合物及石蜡等，以改善润滑油的粘温性质、氧化安定性和低温性能等。加工过程以物理过程为主，如渣油溶剂脱沥青，溶剂精制、溶剂脱蜡等。

本篇将分别讨论各主要石油加工过程的基本原理、影响因素、工艺流程和主要设备等问题。同时介绍常用的燃料和润滑油添加剂及油品的调合等。

第一章　原油脱盐脱水

第一节　原油脱盐脱水的目的

从地层中开采出来的原油中均含有数量不一的机械杂质、$C_1 \sim C_2$ 轻烃气体、水以及 $NaCl$、$MgCl_2$、$CaCl_2$ 等无机盐类。原油先经过油田的脱水装置处理，要求将含水量降到＜0.5%，含盐量降至＜50mg/l。但由于油田脱盐脱水设施不完善或原油输送中混入水分，进入炼油厂的原油仍含有不等量的盐和水分，盐类除小部分呈结晶状悬浮在原油中外，大部分溶于水中。水分大都以微粒状分散在油中，形成较稳定的油包水型乳状液。

原油含盐含水对原油储运、加工、产品质量及设备等均造成很大危害，主要为：

(1) 增加储运、加工设备(如油罐、油罐车或输油管线、机泵、蒸馏塔、加热炉、冷换设备等)的负荷，增加动力、热能和冷却水等的消耗。例如一座年处理量为 250 万吨的常减压蒸馏装置，如果原油含水量增加 1%，热能耗将增加约 7000MJ/h。

(2) 影响常减压蒸馏的正常操作。含水过多的原油，水分气化，气相体积大增，造成蒸馏塔内压降增加，气速过大，易引起冲塔等操作事故。

(3) 原油中的盐类，随着水分蒸发，盐分在换热器和加热炉管壁上形成盐垢，降低传热效率，增大流动阻力，严重时导至堵塞管路，烧穿管壁、造成事故。

(4) 腐蚀设备，缩短开工周期。$CaCl_2$ 和 $MgCl_2$ 能水解生成具有强腐蚀性的 HCl，特别是在低温设备部分存在水分时，形成盐酸，腐蚀更为严重。

$$CaCl_2 + 2H_2O \rightleftharpoons Ca(OH)_2 + 2HCl$$

$$MgCl_2 + 2H_2O \rightleftharpoons Mg(OH)_2 + 2HCl$$

加工含硫原油时，会产生 H_2S 腐蚀设备，其生成的 FeS 附于金属表面，形成一层保护膜，保护下部金属不再被腐蚀。但如同时存在 HCl，HCl 能与 FeS 反应，破坏保护膜，反应生成物为 H_2S，会进一步腐蚀金属，从而极大地加剧了设备腐蚀。其反应为：

$$Fe + H_2S \rightleftharpoons FeS + H_2$$

$$FeS + 2HCl \rightleftharpoons FeCl_2 + H_2S$$

例如荆门炼油厂在加工含硫的江汉原油时，常压塔顶冷凝冷却器的腐蚀率高达年腐蚀 20mm。在采取完善的“一脱四注”防腐措施后，腐蚀率降到年 0.2mm 以下。

(5) 盐类中的金属进入重馏分油或渣油中，毒害催化剂、影响二次加工原料质量及产品质量。

因此原油进入炼油厂后，必须先进行脱盐脱水，使含水量达到 0.1%～0.2%，含盐量＜5mg/l，对于有渣油加氢或重油催化裂化过程的炼油厂，要求原油含盐量＜3mg/l。

第二节　原油脱盐脱水的基本原理

原油中的盐大部分溶于水中，所以脱水的同时，盐也被脱除。常用的脱盐脱水过程是向原油中注入部分含氯低的新鲜水，以溶解原油中的结晶盐类，并稀释原有盐水，形成新的乳状液，然后在一定温度、压力和破乳剂及高压电场作用下，使微小的水滴，聚集成较大水滴，因密度差别，借助重力水滴从油中沉降、分离，达到脱盐脱水的目的，称为电化学脱盐脱水，简称电脱盐过程。

一、油水两相的自由沉降分离

原油和水不互溶，因此形成两相，因密度差而使水滴自由沉降，达到油水分离的目的。当水滴直径$>0.5\times10^{-6}$m 时，水滴沉降速度基本上符合球形粒子在静止流体中自由沉降的斯托克斯(Stokes)定律：

$$w=\frac{d_1^2(\rho_1-\rho_2)}{18\upsilon_2\rho_2}g \tag{2-1}$$

式中 w——水滴沉降速度，m/s；

d_1——水滴直径，m；

ρ_1、ρ_2——依次为水和原油密度，kg/m^3；

υ_2——原油粘度 m^2/s；

g——重力加速度，m/s^2。

由上式可见，增大两相间密度差，减小原油粘度，均可增加沉降速度。通过加热，可以降低原油粘度，促进水滴聚结，增大水滴直径；同时水的密度 ρ_1 随温度升高而下降的幅度比原油密度 ρ_2 变化小，即 $\rho_1-\rho_2$ 增大，因此加热原油有利于油水分离，此即为常用的加热沉降脱水法。这些因素中，沉降速度与水滴直径的平方成正比，所以增大水滴直径可以大大加快沉降速度，在原油脱盐脱水过程中，关键的是促进水滴聚结，增大水滴直径。

加热沉降脱水时，温度不能过高，否则原油中轻组分和水会气化，脱盐罐需采用很高压力才能正常操作，因此一般加热温度为 100℃左右。

当原油和水呈乳状液时，仅靠加热沉降无法解决脱盐脱水问题，必须采用电化学脱盐脱水方法。

二、原油乳状液的脱盐脱水

(一) 原油乳状液的性质

乳状液是一种(或多种)液体分散在另一不互溶液体中所形成的多相分散体系。一般乳状液并不稳定，当存在表面活性剂(也称为乳化剂)时，乳化剂在两液体界面上形成一层吸附膜，从而形成稳定的乳状液。不同性质乳化剂可以使乳状液成为水包油型或油包水型乳状液。原油一般都是油包水型乳状液，即水相以 0.1～10μm 直径的小水滴均匀分散在连续的油相中。原油中存在的天然乳化剂如环烷酸、胶质和沥青质等，使得原油乳状液十分稳定。

各种原油形成的乳状液稳定性不同，即使同一油田原油的乳状液也有差别，影响原油乳状液稳定性的因素有：①原油中所含乳化剂的性质和数量；②原油粘度越大，所形成乳状液越稳定；③水滴直径越小，水相分散程度越高，乳状液越稳定；④乳状液形成的时间越长，其中的乳化剂越均匀地浓集在水和油的界面上，乳状液越稳定，称为乳状液“老化”，即越老化的乳状液，越难破乳。

欲使已形成乳状液的原油脱盐脱水，必须首先破乳。加入破乳剂是破乳的一种重要手段。破乳剂加入原油乳状液中，它可以改变水滴表面吸附膜的稳定性，使微小水滴汇集成较大水滴，从而提高了水滴的沉降速度，加速了油水分离。破乳剂也是一种表面活性物质，它的性质与乳化剂相反，如果原油的乳化剂是油包水型的，那么就应该加入水包油型的破乳剂。破乳剂作为表面活性物质能迅速地先分散而后集聚在油水表面上，并与原来存在于油水界面的乳化剂进行竞争，夺取乳化剂在界面上的位置，取而代之，破坏原来较牢固的吸附膜，使小水粒比较容易地汇集成大水滴而加速沉降。

常用的破乳剂大都是一些大分子表面活性剂，有离子型和非离子型两种。离子型破乳剂有中性酸渣、中性磺酸植物油和有机磺酸盐类等；非离子破乳剂多为有机树酯，例如聚氧乙烯烷基醇醚等。国内常用的原油破乳剂有 BP-169 聚醚型和 PE-2040 破乳剂（聚丙二醇醚与环氧乙烷的聚合物），每吨原油加入量约为 10～30ppm，不同原油所适用的破乳剂品种和用量都有差别，需通过实验室小试筛选确定。

（二）电场对乳状液破乳的作用

对于原油所形成的这种相当稳定的乳状液，即使加入破乳剂，单靠加热沉降的方法，往往需要较长的时间，才能把水脱除，而且脱水效果不理想。在工业上实现时，必然会造成脱水设备庞大，脱水效率低下，经济效益差，并很难达到炼油装置对原油含盐含水量的要求。因此，现代炼油厂广泛采用电-化学脱盐脱水法，其特点是除了加破乳剂和加热沉降外，还借助高压电场的作用进行破乳，大大加快破乳、油水分离和水的沉降分离的速度并提高了脱盐脱水的效果。

电场对乳状液的作用机理，不同研究者看法不一，现仅简单介绍偶极聚结原理。

原油乳状液中的水微滴，无论在交流和直流电场中，都会由于电感应，使水微滴的两端带不同极性的电荷，产生诱导偶极。由于水微滴两端受到方向相反、大小相等的两个吸引力的作用，微滴被拉长成椭圆形，如图 2-1 中 a 所示。带有正负电荷的多个水滴在作定向位移时，因相互碰撞而合并成为大水滴，同时多个水滴在电场中定向排列成行，如图 2-1 中 b，两个相邻水滴间因相邻端电荷极性相反，具有相互吸引力而产生偶极聚结力，使小水滴聚结成较大水滴，然后依靠重力沉降，达到加速破乳、脱盐脱水的目的。

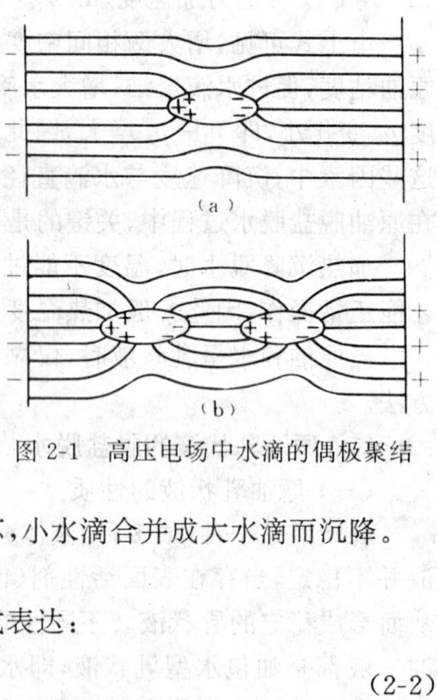
图 2-1　高压电场中水滴的偶极聚结

在交流电场中，原油中水滴不断受到吸引、排斥和振荡作用而变形，水滴外层的乳化剂吸附膜因受力不均而遭破坏，小水滴合并成大水滴而沉降。由于交流电使用方便、破乳效率高，应用比较广泛。

原油中同样大小的球形水滴间的偶极聚结力，可用下式表达：

$$F = 6KE^2r^2\left(\frac{r}{l}\right)^4 \tag{2-2}$$

式中　F——偶极聚结力，N；

K——原油的介电常数，F/m；

E——电场梯度，V/cm；

r——水滴半径，cm；

l——两个水滴间中心距离，cm。

由式可见，偶极聚结力 F 与 r/l 的 4 次方成正比，因此 r/l 是影响最大的因素，即水滴半径 r 越大，水滴数量越多（l 小），聚结力则会急剧增大。其次是电场梯度 E 的影响，E 增高，F 也成比例增大。但 E 的增大有一定限度，当 E 大于或等于电场临界分散梯度时，水滴受电分散作用，使已聚结成的较大水滴又会重新分散。据文献报导，电场临界分散梯度为 4700V/cm。我国炼油厂实际采用的强电场梯度为500～1000V/cm，弱电场梯度为150～300V/cm。

加入破乳剂的原油乳状液，经加热，在高压电场作用下，水滴很快聚结成大水滴，迅速沉降，沉降速度可用斯托克斯定律计算。

第三节 原油脱盐脱水工艺与设备

炼油厂原油的脱盐脱水大都采用二级电化学脱盐方法，它综合运用加热、加破乳剂和高压电场几种措施，使原油破乳、水滴聚结而沉降分离。

一、原油脱盐脱水工艺流程

原油二级电化学脱盐原理流程如图2-2所示。单级脱盐装置没有第二级的设备。

原油按比例加入淡水、破乳剂后经原油泵混合，并经换热器加热到预定温度，从底部进入一级电脱盐罐，通过高压电场后，脱水原油从罐顶引出；再次注入新鲜水，经混合阀混合后进入二级电脱盐罐底部，再次通过高压电场脱水，脱水后原油从罐顶流出即为脱水原油。从二级脱盐罐中脱出的水含盐较少，将其作为一级脱盐前所加的水注入原油，以节约新鲜水。从一级脱盐罐脱出的水，从罐底排出后出装置。

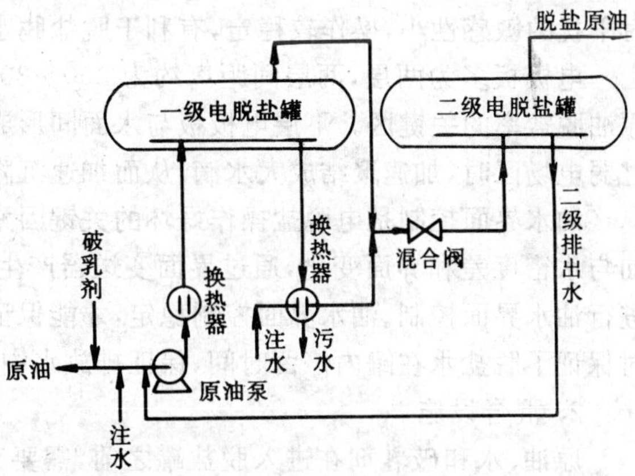

图2-2 原油二级电化学脱盐原理流程图

原油进入一级和二级脱盐罐前均需注水，其目的是溶解原油中的结晶盐类和增大原油中含水量，以增加水滴的偶极聚结力。通常注水量一级为原油的5%～6%，二级为2%～3%。

电脱盐罐的温度高，对破乳和水滴沉降有利，但温度过高，耗能多，且会导致油品和水分气化。应根据原油性质，经试验决定最佳操作温度，一般为80～120℃。为防止原油气化影响脱盐效果，通常规定操作压力比脱盐温度下原油饱和蒸气压高$1.5～2.0\times10^5$Pa。

二、脱盐脱水的主要设备

1. 电脱盐罐

电脱盐罐有卧式、立式和球形等几种形式。国内外炼油厂大都采用卧式。图2-3是卧式电脱盐罐结构示意图。

卧式电脱盐罐主要由罐体、原油分配器、电极板、界面控制系统及原油出入口、污水排出口等组成。罐体大小尺寸主要决定于原油在强电场中的上升速度和原油处理量。原油上升速度一般取经验值10～15cm/min，卧式脱盐罐的直径D，可由下式确定：

$$D=\frac{G}{60\cdot l\cdot W_s} \tag{2-3}$$

式中 D——脱盐罐直径，m；

G——原油处理量，m^3/min；

l——电极板长度，m；

W_s——原油上升速度，m/min。

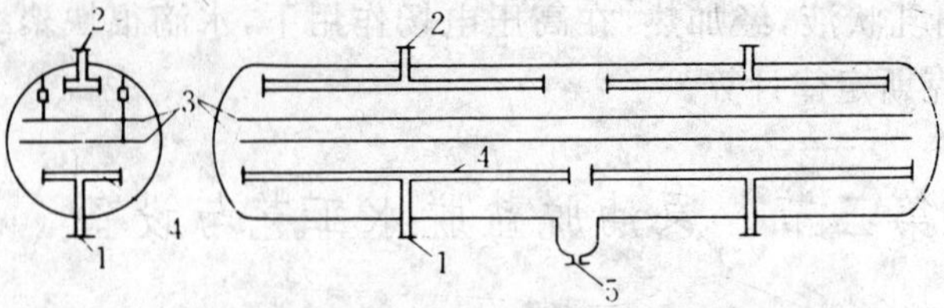

图 2-3 卧式电脱盐罐的结构示意图

1—原油入口；2—原油出口；3—电极板；

4—原油分配器；5—含盐废水出口

我国炼油厂一般采用直径为 3.2m 或 3.6m、长度为 30m 左右的脱盐罐。大直径的脱盐罐，对干扰的敏感性小，操作较稳定，有利于脱盐脱水。

电极板多为两层，两层间距离约为 200～300mm，两层电极板间形成强电场区，这是决定原油脱盐率的关键区。下层电极板与水面间形成弱电场区，在强电场区中初步聚结的水滴，经过弱电场区时，加速聚结成大水滴，从而加速沉降分离。

油水界面控制是电脱盐操作好坏的关键因素之一。一般采用防爆内浮筒界面控制器，利用油与水密度差和界面变化，通过界面变送器产生电信号，经转换器产生气动信号，调节放水阀进行油水界面控制。油水界面控制稳定，才能保证电场强度稳定，从而保证了脱盐脱水效果，同时保证了脱盐水在罐内停留时间，保证排放水中含油量符合规定要求。

2. 混合设施

原油、水和破乳剂在进入脱盐罐之前，需要充分混合，使水和破乳剂在原油中分散得细而均匀，脱盐率高。但亦有一个限度，如分散过细，会形成稳定乳状液，脱盐率反而下降，所以混合强度要适度。一般采用可调节混合强度的可调差压混合阀与静态混合器串联使用，效果较好。

3. 防爆高阻抗变压器

变压器是电脱盐装置中最关键设备之一。根据电脱盐的特点，需采用限流式供电，即采用电抗器接线或可控硅交流自动调压设备。国产防爆充油型 100％电抗变压器，具有耗电少、操作灵活、安全可靠的特点，使用较普遍。

第二章 原油蒸馏

原油是极其复杂的混合物。要从原油中提炼出多种多样的燃料、润滑油和其它产品，基本途径一般为：将原油先按不同产品的沸点要求，分割成不同的直馏馏分油，然后按照产品的质量标准要求，除去这些馏分油中的非理想组分；或者通过化学反应转化，形成所需要的组分，进而得到一系列合格的石油产品。因此，炼油厂首先必须解决原油的分割和各种石油馏分在加工过程中的分离问题。蒸馏正是一种常用的最经济和最容易实现的分离手段。蒸馏能将液体混合物按其所含组分沸点或蒸气压的不同而分离为轻重不同的各种馏分，或者分离成近似纯化合物的产物。

因此，几乎所有炼油厂中原油的第一个加工过程就是蒸馏（俗称为龙头），例如拔顶蒸馏和常减压蒸馏等。所谓原油一次加工，即指原油蒸馏而言。通过蒸馏，可以按产品方案将原油分割成相应的直馏汽油、煤油、喷气燃料、轻柴油或重柴油及各种润滑油馏分等半成品，这些半成品经过适当的精制和调配等，即可成为合格产品。蒸馏过程中，也可以根据不同生产方案分割出二次加工原料，如重整原料、催化裂化原料、加氢裂化原料等。由于蒸馏所得到的各种馏分油，基本不含胶质、沥青质，比较适合作二次加工特别是催化加工的原料。

在炼油厂的各种二次加工过程中，蒸馏仍是不可缺少的组成部分。如重整原料的精确分割、催化裂化和焦炭化等过程的反应产物的分离、润滑油溶剂精制和溶剂脱蜡等过程的溶剂回收等，都是通过蒸馏来完成的。

蒸馏除广泛用于各种化工和石油化工过程外，还是实验室中常用的方法，如原油评价的基本内容之一就是原油的实沸点蒸馏，而馏程试验则是控制油品质量的重要指标。

由此可见，蒸馏是炼油厂中最基本的一种分离方法。因为几乎所有炼油厂的第一道加工工序就是原油蒸馏，所以石油蒸馏过程的生产方案选择是否合理、生产操作是否稳定优化、产品质量是否良好、流程设备是否先进等，对炼油厂的整个生产来说，是一个带全局性的问题，直接影响各个后续加工过程的处理量、收率和全厂的生产均衡性、能耗及经济效益。

第一节 原油蒸馏原理

原油蒸馏是根据组成石油的各种烃类等化合物沸点的不同，利用换热器、加热炉和蒸馏塔等设备，把原油加热后，在蒸馏塔中进行多次部分气化和部分冷凝，使气、液两相进行反复充分的物质交换和热交换，从而达到将原油分离成不同沸程的汽油、煤油、柴油、润滑油馏分或各种二次加工原料及渣油的加工过程。

为了解蒸馏的实质，必须先讨论有关的基本概念。

一、相平衡、泡点和露点

（一）相平衡

所谓相是指在体系内部物理和化学性质完全相同均匀的一部分，相与相之间在指定条件下有明显的界面；在相界面上，从宏观的角度来看，性质的改变是飞跃式的。例如，水和水蒸气共存时，虽然化学组成同为H_2O，但物理性质完全不同，所以是两个不同的相；空气虽然是混合物，但由于内部已完成均匀，所以是一个相。

任何气体均能无限地掺和均匀，所以体系内不论有多少种气体，都只可能有一个气相。而液体则视其混合互溶程度不同，可以是一相、两相或三相。

构成液体的分子都处于不停的运动状态，同时液体内相邻分子间相互吸引，存在分子间引力。在一定温度和压力下，部分液体分子的动能超过相邻间分子引力时，这部分液体分子就会逸出，进入液面上方空间，成为气体分子，这就是气化现象；同时，已进入空间的气体分子，因相互碰撞或与器壁碰撞而部分返回液体，此即为冷凝现象。置于敞口容器中的液体，在同一时间内，从液体表面气化的分子数多于由液面外进入液体(冷凝)的分子数，这种发生在液体表面的气化现象，称为蒸发。蒸发在任何温度下都能进行。由于蒸发是吸热过程，所以温度越高，蒸发速度越快。增大蒸发表面和降低蒸发表面压力也能加快蒸发速度。在相同温度、压力条件下，不同液体的蒸发速度是不同的。

置于密闭容器中的液体，在一定温度下蒸发时，气化出来的分子进入液面上方的空间，聚集成为气相，气相中的分子部分冷凝返回液相，蒸发和冷凝同时存在。开始时蒸发速度大于冷凝速度，随着蒸发出的分子数增加，冷凝速度相应也增大，此过程进行到最后，蒸发速度等于冷凝速度，这时从液相蒸发进入气相的分子数等于从气相冷凝返回液相的分子数，达到动态平衡，此状态即为气-液相平衡状态，此时气相和液相温度相等。处于气-液相平衡状态的气体和液体分别称为饱和蒸气和饱和液体。饱和蒸气具有的压力称为饱和蒸气压。

在一定条件下处于气-液相平衡状态的体系，当改变外界条件时，原来的平衡状态就会被破坏，经一定时间后，在新的条件下，重新建立新的气-液平衡状态。例如，升高体系温度，液态分子动能增大，蒸发速度就会加快，以致破坏原有的平衡状态。因此，不同温度下，纯组分液体具有不同的饱和蒸气压。液体的饱和蒸气压，表明了液体的蒸发能力。饱和蒸气压只与纯组分液体性质和外界条件有关，与液体数量无关。

加热液态纯物质时，其饱和蒸气压随液体温度上升而增大。当其饱和蒸气压升高到与外界压力相等时，此时的温度就是该液态纯物质在此外界压力下沸点。纯物质在一定压力下，有一个固定的沸点；压力不同，沸点随之改变。在沸点时，液体表面和内部分子同时进行气化，如继续加热，气化率不断增加，而液体温度保持沸点温度不变，直到液体全部气化完毕，体系温度才会升高。

对于由多到难以计数的不同沸点组分组成的原油(或馏分油)，在一定压力下加热时，沸点低的轻组分最先气化，随着气化数量(即气化率)的增大，气化温度不断增高，而液相组成中的高沸点重组分浓度不断增大，直到全部气化完毕。在整个气化过程中，温度都在不断升高，因此原油或馏分油没有一个固定的沸点，而表现为有一个沸点范围。同样，气相油品在冷凝过程中，随着冷凝数量的增加，温度不断下降，而气相组成中的轻组分浓度不断增大，直至全部冷凝完毕。

原油的气化率决定于原油性质和温度、压力。同一原油，如保持温度和压力一定，其气化率也保持在某一数值不变，即共存的气相和液相的相对数量不变；此外，在一定条件下，原油中各个组分都在气、液相间建立各自的平衡关系，所以各组分在气相和液相中的浓度是各不相同的，气相中低沸点轻组分的浓度大于液相中低沸点轻组分的浓度。在继续升温过程中，不仅气化率随之增加，同时，气相和液相中各组分浓度的分布情况也相应变化。如果某原油在恒定温度和压力下气化，则其气化率和各组分在气相和液相中的浓度分布情况也保持不变。这种现象，即在一定温度和压力下，保持原油气、液两相共存，此时气、液两相的相对量（气化率）和两相中各组分的浓度分布都不再变化，这时原油即达到了气-液相平衡状态。

（二）泡点和露点

在一定压力下，加热原油，使其温度升高到某一数值时，原油刚刚开始气化，即原油刚刚出现第一个气泡并保持相平衡状态，此时的温度，称为泡点温度，或称为平衡气化0%温度。

继续升高温度使原油不断气化，当原油刚刚全部气化并保持相平衡时的温度，称为露点温度，也称为平衡气化100%的温度。

处于泡点状态时的液体是饱和液体，而处于露点状态时的气体是饱和气体。

就纯物质而言，在一定压力下，其泡点温度与露点温度相等，也就是它的沸点。例如，在常压下，水的泡点温度、露点温度和沸点都是100℃。但混合物就不同了，混合物的泡点温度低于露点温度。

泡点、露点不仅与压力有关，还与混合物的组成有关。例如汽油的泡点温度低于同一压力下煤油的泡点温度。因此，必须指明压力和混合物的组成，泡点和露点才有意义。

高于露点温度的气体称为过热气体，如催化裂化分馏塔的进料温度为450～460℃，进料是处于过热气体状态。液体温度如低于其泡点温度，称为过冷液体，如常压塔顶冷回流温度约为40℃，是为过冷液体。蒸馏塔内各层塔板上的气相和液相，除了汽提水蒸气外，均处于饱和气体和饱和液体状态。

二、蒸馏方法

将液体混合物加热，使其部分气化，然后将蒸气引出冷凝为凝液，使液体混合物得到分离的过程称为蒸馏。蒸馏是炼油工业中最常用和最基本的一种分离方法，也是实验室常用方法。根据所用设备和操作方法的不同，蒸馏方式可分为以下几类：

（一）闪蒸——平衡气化

进料以某种方式被加热到部分气化，经过减压设施（如减压阀等），在一个容器（如闪蒸罐、蒸发塔、蒸馏塔的气化段等）的空间内，在一定温度和压力下，使气、液两相迅速分离，得到相应的气相和液相产物，此过程称为闪蒸，如图2-4所示。在有些情况下，可以没有加热或减压设施。

如果在上述过程中，气、液两相有足够时间密切接触，使气、液两相达到相平衡状态，然后再分离，则这种方式称为平衡气化。在实际生产过程中，并不存在真正的平衡气化，因为气、液两相不可能有无限长的接触时间和无限大的接触面积。所以在适当的条件下，气、液两相只能达到接近于平衡，而非真正达到相平衡，此时可以近似地按平衡气化来处理。例如在原油蒸馏装置中，原油流经换热器、加热炉加热，从开始气化起，在所流经的每一点位置上的原油，都可近似视为是在该点温度、压力下处于气-液平衡状态的气、液两相。

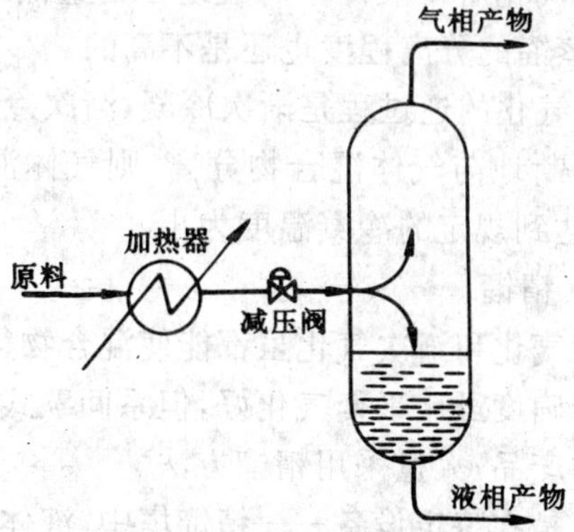

图2-4　闪蒸—平衡气化

平衡气化的逆过程称为平衡冷凝，如图2-5所示。催化裂化分馏塔顶气相馏出物经过冷凝冷却，进入接受罐中进行分离，此时汽油馏分冷凝为液体，而裂化气和部分汽油蒸气仍为气相

(即裂化富气),此气、液两相处于平衡状态。

由于平衡气化和平衡冷凝时,气相产物中含有较多低沸组分,液相产物中含有较多高沸组分,因此都能使液体混合物得到一定程度的分离。但因在平衡状态下,所有组分都同时存在于气、液两相中,而两相中的每一个组分都处于平衡状态,因此这种分离是比较粗略的。

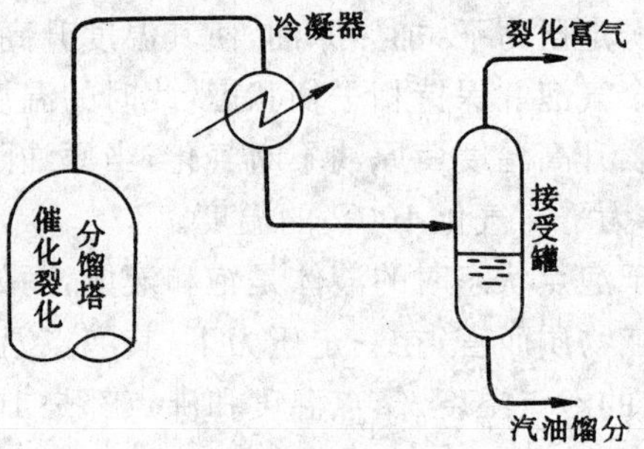

图 2-5 平衡冷凝

(二) 简单蒸馏——渐次气化

简单蒸馏是实验室或小型装置上常用的浓缩物料或粗略分割油料的一种蒸馏方法。如图 2-6 所示。

液体混合物置于蒸馏釜 1 中加热,在一定压力下,当温度达到混合物的泡点温度时,液体开始气化,生成微量蒸气。所生成的蒸气当即被引出釜外,经 3 冷凝冷却后收集在产品罐 4 中。同时液体继续被加热,继续生成的蒸气不断随时被引出釜外。这样,随着温度升高,可按沸点由低到高依次蒸出不同组分,这种蒸馏方式称为简单蒸馏或微分蒸馏,此过程是个渐次气化过程。

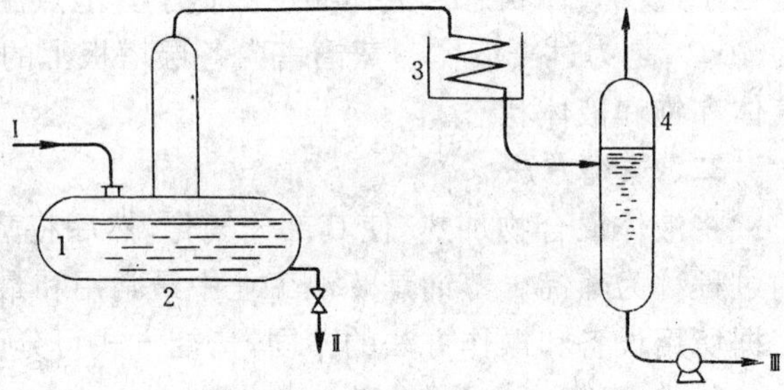

图 2-6 简单蒸馏——渐次气化装置

Ⅰ—原料;Ⅱ—釜底产品;Ⅲ—蒸馏产品

1—蒸馏釜;2—底部加热器;3—冷凝器;4—产品罐

在简单蒸馏过程中,每个瞬间所形成的蒸气都与残存在釜内的液体达到近似相平衡状态,由于形成的蒸气不断地被引出,因此,整个蒸馏过程所产生的一系列蒸气,其组成是不断由轻到重地变化。从本质上看,上述过程是由无穷多次平衡气化过程所组成的。与平衡气化相比较,简单蒸馏所剩液体中的轻组分含量比平衡气化所得液体中的轻组分含量低,即简单蒸馏的分离精确度优于平衡气化。虽然如此,简单蒸馏的分离程度也还是不高的。

渐次气化的逆过程是渐次冷凝,渐次冷凝过程是气体混合物的温度不断下降,形成的冷凝液随时不断地与气体混合物分离,则气体混合物中重组分浓度不断减少,轻组分浓度不断增加,直至达到规定的冷凝温度为止。

(三) 精馏

平衡气化和渐次气化虽都能使混合物得到一定程度的分离,但分离精确性不太高。渐次气化分离精确度虽比平衡气化好,但系间歇式操作,难以用于工业化大型生产。生产中为得到一定纯度的产品,大量采用精馏方法。

精馏是在特定设备——精馏塔中,液体混合物连续多次进行部分气化和部分冷凝,不平衡的气、液两相,通过多次逆流接触,进行热交换和物质交换,最后达到有效分离混合物的过程。它可以连续有效地分离液体混合物,得到纯度和收率都较高的产品。

精馏分为连续式和间歇式两种,现代石油加工或化工装置中均采用连续式精馏,而间歇式装置则由于它是一种不稳定过程,处理能力也有限,因此只用于小型装置和实验室(如实沸点蒸馏等)。

1. 实现连续精馏的方法

连续精馏是在连续精馏塔内完成的,图 2-7 是一个典型的连续精馏塔的示意图。它以进料段(亦称气化段)为界分为两段,上段为精馏段,下段为提馏段,因此是一个完全精馏塔。精馏塔内装有供气、液两相接触的塔板(或填料)。塔顶送入含轻组分浓度很高而温度较低的液体,称为塔顶回流。通常是把塔顶馏出物冷凝后,取其中部分作为塔顶回流,其余部分作为塔顶产品。塔底有再沸器,加热塔底流出的液体,使其产生部分蒸气,作为气相回流送回塔底,气相回流中的轻组分含量很低而温度较高。由于塔顶回流和塔底气相回流的作用,沿着精馏塔的高度形成了两个梯度:(1)气、液物流中轻组分的浓度自下而上逐级增大的浓度梯度;(2)温度自下而上逐级降低的温度梯度。

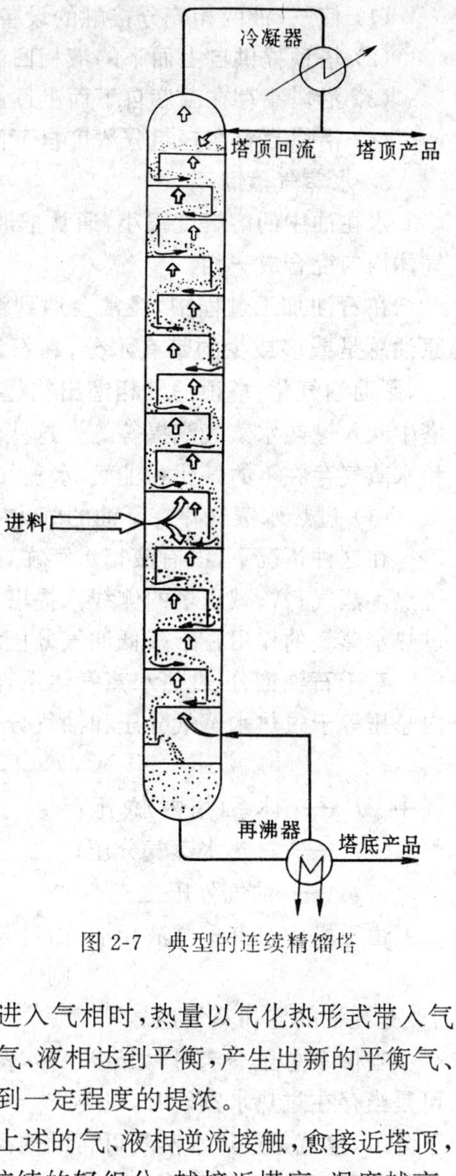

图 2-7 典型的连续精馏塔

由于存在上述两种梯度,在每一个气-液平衡接触级(如塔板或填料)里,相接触的气、液两相间,由下而上的气相温度总是高于由上而下的液相,而液相中的低沸点轻组分浓度总是比与其相接触的气相中的浓度高一些,这称为相间差别。由于相接触的气相和液相存在着温度差别和相间差别,因此气、液两相间处于不平衡状态,形成相应的推动力,促使气、液两相间发生扩散传质现象。液相中的部分轻组分扩散通过相界面进入气相,而气相中的部分重组分则扩散进入液相。物质在两相间扩散传递的同时,还进行热量传递,气相中的重组分扩散到液相中去时,将一定的热量(大部分以冷凝热,小部分以显热方式)传给液相;液相中部分轻组分进入气相时,热量以气化热形式带入气相。经过一次接触,最终使原来温度和浓度都不平衡的气、液相达到平衡,产生出新的平衡气、液相,从而使气相中的轻组分和液相中的重组分分别得到一定程度的提浓。

精馏塔内有若干个平衡级(塔板或填料),经过多次上述的气、液相逆流接触,愈接近塔顶,气相中轻组分浓度越高,而温度越低,最终从塔顶得到较纯的轻组分;越接近塔底,温度越高,液相中重组分浓度也越高,从塔底可以得到较纯的重组分。

由此可见,精馏作为蒸馏的一种高级形式,其特点在于,在提供回流的条件下,气、液两相多次逆流接触,进行相间的传质和传热,使液态混合物得到有效地分离。精馏实际是连续的多次平衡气化,其分离效果远优于平衡气化和渐次气化。

精馏操作是连续稳定态的操作,塔内各点的温度、压力、流率、产品组成均不随时间变化,生产能力大,设备较简单,可连续、有效地分离液态混合物,得到纯度和收率都较高的产品,广泛应用于炼油、化工等大、中型工业装置。

2. 实现精馏的必要条件

由于精馏实质是不平衡的气、液两相密切接触,进行相间的传热传质,即较高温度的气相加热较低温度的液相，使液相中较轻组分进入气相，较低温度的液相使较高温气相中部分重组分冷凝进入液相，最终达到气、液相平衡的过程。因此实现精馏必须具备以下条件：

(1) 使气、液两相充分接触的设备，如各种型式的塔板或填料；

(2) 塔顶提供自上而下的液相回流，塔底提供自下而上的气相回流；

(3) 沿塔高存在温度自下而上逐渐下降的温度梯度；

(4) 沿塔高存在轻组分浓度自下而上逐渐增加的浓度梯度。

3. 水蒸气蒸馏

水在油中的溶解度很小，通常把油和水的液态混合物视为不互溶体系，而气相则能和任何气体均匀混合成一相。

在石油加工过程中，经常会遇到油-水共存体系的气-液相平衡问题，例如：进入炼油厂的原油总是或多或少的带有水分；在石油蒸馏塔中，常常吹入一定量的过热蒸气以降低油气分压，帮助油气化；塔顶的气相馏出物往往在水蒸气存在下冷凝冷却；侧线及某些溶剂回收汽提塔中吹入过热水蒸气汽提等等。这些情况可归纳成三种类型，即过热水蒸气存在下的气化、饱和水蒸气存在下的气化和油气-水蒸气混合物的冷凝。

(1) 过热水蒸气存在下油的气化

在这种情况下，没有液相水存在，过热水蒸气始终处于过热状态。减压塔底、常压塔底吹入过热水蒸气；常、减压塔的侧线汽提塔和某些溶剂回收过程所用汽提塔均属此类。这些过程中，过热水蒸气的作用在于降低油气分压以降低油的沸点。

对于石油馏分-过热水蒸气体系，当塔内总压保持一定 P 时，气相中，根据道尔顿定律，塔内总压等于过热水蒸气分压和油气分压之和，即

$$P = p_s + p_0 \tag{2-4}$$

式中 P ——体系(塔内)总压；

p_s ——过热水蒸气分压；

p_0 ——油气分压。

由于塔内只有一个液相油，而且与气相呈平衡状态。所以，$p_0 = P^\circ_0$

则 $$P = p_s + p_0^\circ \tag{2-5}$$

P°_0 是纯油的饱和蒸气压。

当体系总压一定时，如果没有水蒸气存在即 $p_s = 0$ 时，则油品 O 要在 $P^\circ_0 = P$ 时才能沸腾。可是当存在过热水蒸气时，只要 $P^\circ_0 = P - p_s$，油 O 就能沸腾。换言之，水蒸气存在使油的沸点下降了，也就是过热水蒸气可帮助油品在较低温度下气化。吹入的过热水蒸气量越多，形成水蒸气分压越大，油气分压就越小，油品沸腾温度也就越低。

(2) 饱和水蒸气存在下油的气化

在此情况下，气相是饱和水蒸气和油气组成的均匀相，在液相中则存在不互溶的两相——水相和油相。含水原油在换热器中加热气化就属于这种类型。

在相平衡时

$$p_0 = P^\circ_0, \qquad p_s = P_s^\circ$$

式中 P_s°——水的饱和蒸气压(在一定温度下)

则 $$P = p_0 + p_s = P^\circ_0 + P^\circ_s \tag{2-6}$$

此式与过热水蒸气存在下油的气化式(2-5)的不同之处是水的饱和蒸气压 P°_s 取代了过热蒸气分压 P_s。

油与水一起气化的过程比较复杂，现以含水原油在换热器中被加热气化为例说明之。含水原油在换热器内流动，由于换热而使其温度逐渐升高，原油和水的饱和蒸气压随之增大，当温度升高到某一温度 t_0 时，原油的泡点压力 P_o° 和水的饱和蒸气压 P_s° 之和等于体系总压 P 时，油和水就同时开始气化。当气化一点以后，油因轻组分蒸发后其蒸气压就会下降一点，如果体系温度仍为 t_0，则此时 $P_o^\circ + P_s^0 < P$，这样气化就无法继续下去。如果继续加热升温，则油和水的蒸气压升高，使两者压力之和又能与体系总压相等，则气化又能继续进行。随着温度升高，油和水的气化持续地发生，油和水的饱和蒸气压也随着不断地改变，但它们两者的总压始终保持与体系总压相等。这个过程一直持续到液相中的水全部气化为止。如果继续升温，水全部气化之后就成为过热水蒸气存在下的气化问题了。

(3) 油气-水蒸气混合物的冷凝

油气-水蒸气混合物的冷凝过程实际上是前述过热水蒸气存在下和饱和水蒸气存在下油的两种气化过程的逆过程。石油蒸馏塔顶馏出物常带有一定数量的水蒸气，它们在冷凝冷却器中所经历的过程，就属于油气-水蒸气混合物冷凝过程。

如果油气和水蒸气开始均处于过热状态，则混合气之总压 $P = p_0 + p_s$。在恒压冷却时，此关系不变，直到冷到某一温度 t_1，在此 t_1 下，油的露点压力等于 p_0，或着水的饱和蒸气压等于 p_s，此时开始冷凝出现第一个液相。为了防止水蒸气在蒸馏塔顶部冷凝成水而加重腐蚀，塔的操作条件总是选择使塔顶馏出油处于露点状态而水蒸气处于过热状态。因此，在冷却时，通常总是油的露点压力首先到达 p_0，油气先开始冷凝，出现液相的油，水蒸气仍处于过热状态。当油气冷凝了一点后，气相中的油气分压 p_0 降低而过热水蒸气分压 p_s 增大，若体系温度继续下降，油的饱和蒸气压继续降低，又使 $p_0 = P_0^\circ$，油气才继续冷凝。此过程一直进行下去，当达到某个温度 t_2 时，水的饱和蒸气压 p°_s 也等于此时的 p_s，则水蒸气也开始冷凝。以后，随着体系温度不断下降，油气和水蒸气的冷凝分率不断增大，一直到油气和水蒸气同时冷凝完毕。再继续降低温度，则是液态油和水的冷却问题了。

第二节　原油蒸馏工艺流程

为了从通过原油蒸馏装置的原油中得到合乎要求的各种馏分油并取得良好的经济效益，除了原油精馏塔以外，还必须配置换热器、加热炉、冷凝冷却器、机泵及自动检测和控制仪表等设备。这些设备按一定关系用工艺管线连接起来，组成一个有机整体，这就形成了原油蒸馏装置的工艺流程。

原油是烃类和非烃类组成的复杂混合物，因此石油蒸馏是典型的复杂体系蒸馏。在实际生产中，不可能按组分来分离原油，而且对燃料和润滑油等产品也不需要提出如此要求，因此对石油产品的分离精确度的要求一般不如化工产品高；同时原油的沸程很宽，即使在高真空下，很多重组分也难以在不发生化学变化的情况下气化；由于炼油工业是大规模生产的工业，原油蒸馏装置的年处理量动辄数百万吨乃至千万吨，即使小炼油厂，也达数十万吨，这些特点必然反映在石油蒸馏工艺流程中。

一、典型的三段气化原油常减压工艺流程

在原油蒸馏工艺流程中，原油经历的加热气化蒸馏的次数，称为气化段数。如只有一个常压蒸馏就是所谓的一段气化，如工艺流程中有常压蒸馏和减压蒸馏则为两段气化。前者一段气化只有一个常压塔，后者两段气化有常压塔和减压塔两个塔。也即气化段数和流程中的精馏

塔数是直接相关的。

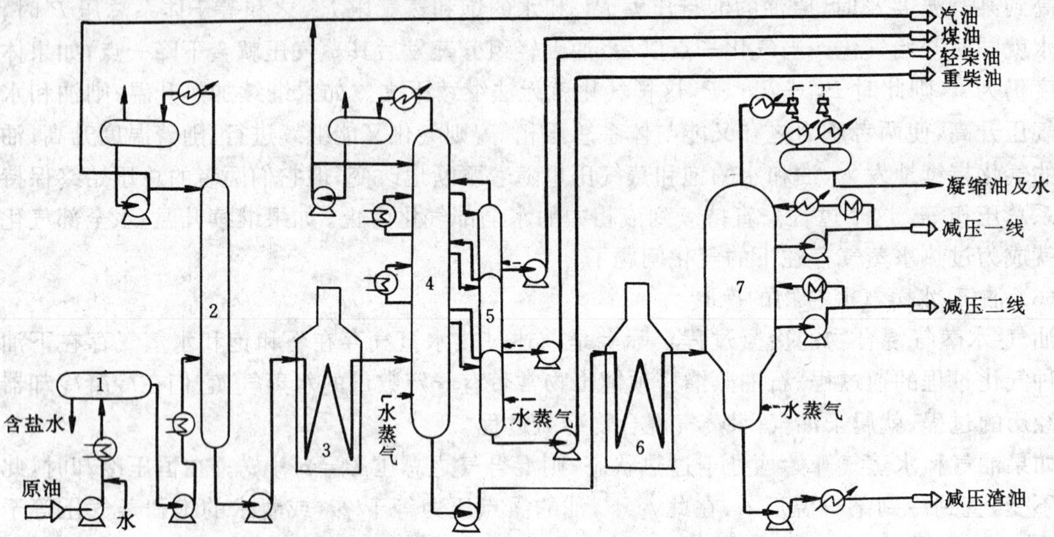

图 2-8　三段气化常减压蒸馏工艺流程

1—脱盐罐；2—初馏塔；3—常压炉；4—常压塔；

5—汽提塔；6—减压炉；7—减压塔

图 2-8 为典型的三段气化常减压蒸馏(原油蒸馏)工艺流程图。此流程主要由四个系统的设备有机地用管线联接而成，即：

1. 由换热器、常压炉和减压炉等构成的原油换热、加热系统；
2. 由初馏塔、常压塔、减压塔、汽提塔以及回流、抽真空系统等构成的原油精馏系统；
3. 产品的冷凝冷却系统；
4. 图中未标出的自动检测和控制系统。

由图 2-8 可见，原油经过脱盐脱水，通常使原油达到含水量＜0.5%、含盐量＜10mg/l 后，用泵输送原油，使其通过由一系列换热器构成的换热网络，与温度较高的蒸馏产品换热，使原油温度达 200～250℃。此时原油中所含水分已全部气化，原油中轻组分也已部分气化。油气、水蒸气和尚未气化的原油一起进入初馏塔进行精馏，水蒸气和油的轻组分从塔顶以气相馏出，经冷凝冷却后的初馏塔顶产品轻汽油一般作催化重整的原料，也可作汽油的组分。

初馏塔底的液相油称为拔头原油，初馏塔底泵将拔头原油送经管式加热炉加热到约 370℃左右，此时拔头原油也已部分气化，经过转油线送入一个设有 3～4 个侧线抽出口的精馏塔。此塔在接近常压下操作，故称为常压塔，相应加热炉称为常压炉。拔头原油在常压塔中进行精馏，从塔顶馏出汽油馏分(或重整原料油)，从塔侧的各侧线抽出口依次引出煤油、轻柴油和重柴油馏分等侧线产物，塔底产物是原油中沸点约高于 350℃的重组分，称为常压重油。

为了得到润滑油或催化裂化原料，需从常压重油中分离出沸点高于 350℃的馏分油。如果继续在常压下进行气化、分离，必须将重油加热到四、五百度以上的高温，这将导至常压重油发生严重的分解缩合反应，不仅严重降低产品质量，而且会加剧设备结焦而缩短装置生产周期。因此，必需将常压重油置于减压条件下蒸馏，以降低重油温度。常压重油经减压炉加热到 390～420℃，进入减压塔，减压塔的真空度一般为 0.933×10^5Pa(700mm 汞柱)左右或更高。减压塔顶逸出的主要是水蒸气、裂化气和少量油气。馏分油由侧线抽出，减压塔底是沸点高达

500℃(或520℃)以上的减压渣油，原油中的绝大部分胶质和沥青质都集中于减压渣油中。它可以作为锅炉燃料、焦炭化和减粘的原料，进一步经溶剂脱沥青可得到残渣润滑油料、沥青或催化裂化原料等。减压塔内的真空度由塔顶抽真空系统形成。

二、原油蒸馏的工艺流程方案

原油蒸馏的工艺流程方案，取决于原油来源和性质、对产品的要求、采用的工艺路线、操作方法以及具体的技术经济条件等。要求工艺流程能以最低的投资和消耗达到最佳生产和最高经济效益的目的。

为了最有效的利用石油资源，必须根据所加工原油的特性来制定加工方案。如大庆原油最适宜生产优质润滑油和石蜡，同时可生产部分燃料；而孤岛原油正好相反，难以生产润滑油，但可生产优质沥青及燃料。

国产原油多为中或重质原油，轻质油品含量较低，为了蒸出更多的馏分油作为二次加工原料和充分回收剩余热量，常压和减压蒸馏过程一般联接在一起构成常减压蒸馏。按蒸馏产品用途不同，原油蒸馏工艺流程可大致分为燃料型、燃料-润滑油型及燃料-化工型三类。

(一) 燃料型

图2-8三段气化常减压蒸馏工艺流程是典型的燃料型流程。此流程特点为：

1. 常压塔前一般设置初馏塔或闪蒸塔。其主要作用是将原油换热过程中已气化的轻油和水蒸气及时蒸出，使其不进入常压加热炉，以降低加热炉的热负荷和降低原油换热系统的操作压力，从而节约装置能耗和操作费用。同时因原油已除去轻油和水蒸气后再进入常压塔，使常压塔操作平稳，有利于保证常压塔产品的质量。

初馏塔与闪蒸塔的差别在于初馏塔顶出产品，因而塔顶设冷凝冷却和回流设备。闪蒸塔不出塔顶产品，塔顶蒸气进入常压塔中上部，因此闪蒸塔顶不设冷凝冷却及回流设备。

2. 常压塔设3～4个侧线，连同塔顶产品，生产汽油、溶剂油、煤油或喷气燃料、轻柴油和重柴油等产品或调合组分。为了调整各侧线产品的闪点和馏程范围，各侧线均设汽提塔。

3. 减压塔侧线出催化裂化或加氢裂化原料，产品较简单，分馏要求不高，所以只设2～3个侧线，且不设汽提塔。

4. 在"干式"减压蒸馏工艺中，减压塔顶的不凝气负荷小，可采用三级蒸气喷射器，以提高减压塔内真空度，从而获得较高的拔出率。

(二) 燃料-润滑油型

燃料-润滑油型原油蒸馏工艺，如果原油性质和常压系统产品要求与燃料型相同，其流程也相同。减压系统则具有以下特点：

1. 减压系统流程比燃料型复杂。因为要从减压塔生产各种润滑油原料组分，故一般设4～5个侧线，且每个侧线均设汽提塔，以满足对润滑油原料组分的闪点和馏程要求。

2. 为防止常压重油因局部过热而裂解，必须控制减压炉管内最高油温不得大于395℃。

3. 减压蒸馏系统中的减压炉管内和减压塔底均注入水蒸气，其目的是改善炉管内油流的型式，避免油料局部过热而裂化；降低减压塔内油气分压，以提高减压馏分油的拔出率。

4. 减压塔的进料段与最低侧线抽出口之间，设轻油和重油洗涤段，或只设一个重油洗涤段，以改善重质润滑油料的质量。

(三) 燃料-化工型

燃料-化工型工艺流程是三类流程中最简单的。其特点为：

1. 常压系统一般只设闪蒸塔而不设初馏塔，闪蒸塔顶油气引入常压塔的中上部。

2. 常压塔产品作为裂解原料，分离要求不高，因此塔板数可减少，只设 2～3 个侧线，且不设汽提塔。

3. 减压系统与燃料型的基本相同。

三、气化段数的确定

原油蒸馏的气化段数也就是原油加热气化蒸馏的次数，与流程中的精馏塔数目有关。气化段数取决于原油的加工方案，图 2-8 为三段气化流程，不设初馏塔或闪蒸塔的常减压蒸馏称为两段气化，只有一个常压塔的拔头蒸馏即为一段气化。

常压系统中是否设初馏塔，主要取决于原油的性质。如果原油含轻组分多，当原油经一系列热交换器后，温度升高，轻馏分和水分气化，造成管路中压力降很大，结果使原油泵出口压力升高，换热器耐压能力也必须相应增大，从而增加设备投资费；又如原油乳化严重，脱盐脱水差，进入换热系统后，即使原油中轻组分含量不高，水分气化也会引起管路压降增大；在加工含硫原油时，当油温高于 160～180℃时，某些有机硫化物分解产生 H_2S，同时原油中的盐类又水解产生 HCl，严重腐蚀蒸馏塔顶部、馏出管线和冷凝冷却器。当采用典型的二段气化常减压蒸馏流程时，上述问题均会发生，给操作带来很多困难，影响产品质量和收率，使装置的经济效益降低。

为了克服这些矛盾，在常压塔前增设初馏塔，当原油换热到 200～250℃左右时，原油中水分和部分轻组分已气化，将其引入初馏塔，使气液相得到分离，从而切去全部水分和部分轻组分。在原油蒸馏流程中增设初馏塔可以起到以下作用：①降低原油泵出口压力，减少原油泵的动力消耗；②减少汽油损失，增加汽油收率；③使常压塔操作稳定，保证产品质量和收率；④减轻常压塔顶、馏出管线和冷凝冷却设备的腐蚀；⑤减轻常压炉和常压塔的负荷，有利于提高装置的处理量；⑥加工含砷量高的原油时，可以从初馏塔顶得到符合重整加工要求的含砷量＜200ppb 的重整原料，这是从原油加热到 370℃后直接进入常压塔的两段气化中所不可能得到的。

一般来说，增设初馏塔使工艺流程复杂化，增加设备投资，在达到同样拔出率的情况下，常压炉出口温度需适当提高，因此，在可能条件下以不设初馏塔为好。但由于炼油厂的原油供应变化很大，而初馏塔对平稳操作、确保产品质量和收率，起到很好作用，因此，不少炼油厂仍采用设初馏塔的三段气化蒸馏流程。

除了两段常压蒸馏外，个别炼油厂也有采用两段减压蒸馏的。所谓两段减压蒸馏，就是将减压蒸馏分为两段进行，两个减压塔内的塔板数各为原来一个减压塔的一半，这样可以减少塔内压降，提高气化段的真空度，从而提高了减压拔出率。但采用两段减压蒸馏，显然会增加投资和流程的复杂性，而且第二个减压塔的进料中还需加入一定量的轻组分以帮助高沸点（高粘度）馏分的气化，或者需提高其进料温度。如果常压蒸馏和减压蒸馏都采用两段流程，这种蒸馏流程称为四段气化流程。

综上所述，原油蒸馏装置流程可以分为几下几种类型：

（1）常压一段气化流程，只有一个常压蒸馏塔和常压炉，只能生产汽油、煤油、柴油等轻质燃料和常压重油，常压重油作为发电厂或钢铁厂的燃料。此流程特点是简单，但没有充分利用石油资源，只生产轻质燃料和价格低廉的重质燃料油，装置操作灵活性差，经济效益不高。

（2）常压-减压两段气化，是典型的原油常减压蒸馏装置，可生产燃料油和润滑油以及裂化原料，此装置流程适应性强，是炼油厂比较常见的流程。

（3）初馏（预气化）-常压-减压三段气化流程。此流程可生产重整原料、轻质燃料、润滑油和裂化原料等。对不同类型原油适应性强，生产灵活性大，是很多炼油厂采用的流程，但装置结构较复杂，投资费用比上述两种流程高。

(4) 初馏-常压-两段减压的四段气化流程。此流程结构复杂，投资和操作费用是四种流程中最高的。这种流程一般只有在炼油厂中没有丙烷脱沥青装置而又要求多生产高粘度润滑油原料的情况下，才予以考虑，一般采用的很少。

总之，在选择原油蒸馏装置的工艺流程时，应考虑下列诸因素：

(1) 原油的性质，包括原油轻组分含量、原油中各窄馏分的物理化学性质、原油的脱盐脱水程度、含硫含盐等腐蚀物质的数量及含砷量等；

(2) 所要求产品的品种和质量；

(3) 蒸馏装置的处理能力；

(4) 采用先进设备的可能性；

(5) 减少投资和操作费用，提高经济效益。

第三节　原油常压精馏塔

精馏塔是原油蒸馏装置的核心设备，其结构、工艺条件等决定着产品的质量和收率。从上节的讨论中可知，原油蒸馏装置中有常压精馏塔和减压精馏塔两类。由于原油是复杂混合物，而炼油工业又是大规模的生产工业，必然使石油精馏塔具有自己的特色，本节主要讨论原油常压精馏塔，其工艺特征与其它的石油精馏塔有很多相似之处。

常压塔是一种同时出几种侧线产品的复合塔，又是无提馏段的不完全塔。

典型的常压精馏塔如图 2-9 所示。

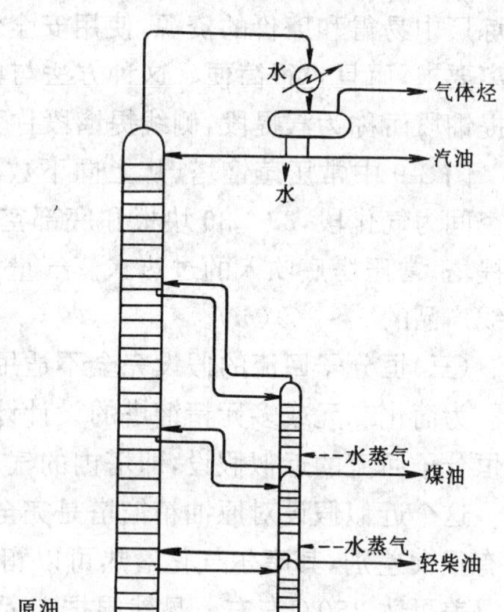

图 2-9　原油常压精馏塔

一、常压塔的工艺特征

(一) 复合塔

根据精馏原理，欲将原料分离成 n 个产品，必须有 $n-1$ 个精馏塔，每个精馏塔应具备精馏段、提馏段、提供塔顶液相回流的冷凝冷却器和提供塔底气相回流的再沸器。当要把原油分成五种产品时，就需将四个精馏塔按图 2-10 型式串联或采用其它方式排列。对于分馏精确度要求高的产品，这种方案是必需的。但在原油这种复杂混合物的精馏中，其所得各种产品本身也还是一种复杂混合物，产品之间的分馏精确度要求并不很高，所以两种产品间分离所需要的塔板数并不多，但处理量却很大，如按图 2-10 的方案排列，则需要多个矮而粗的精馏塔，其间用油、气管线相联接。这种方案的投资、占地面积，能耗都很高，在大规模生产中矛盾更为突出。实际生产中，把几个简单精馏塔的精馏段重叠起来成为一个塔的精馏段，如图 2-9，此塔的下段相当于图 2-10 中塔 1 的提馏段。这种塔称为复合塔或复杂塔。

这种复合塔的分离精确度不会很高，因为每个侧线抽出板上除了该侧线产品的馏分外，还有该板上方的侧线和塔顶产品的较轻组分的蒸气通过，从而影响该侧线产品的馏分组成。但由于石油产品分离精确度要求不是很高，并可采用一些补充措施，所以常压蒸馏塔均采用复合塔的形式。

(二) 汽提塔和汽提段

在常压蒸馏塔里，汽油、煤油、轻柴油和重柴油馏分的抽出板之间，只有精馏段而没有提馏段，这将大大影响侧线产品的数量和质量。侧线产品中会含有相当数量的轻馏分，出现柴油闪点降低，轻馏分产率下降等问题。为解决这些问题，在常压塔的外侧，为各个侧线产品设置相应的提馏段，这些提馏段重叠起来(见图 2-8)，相互隔离成独立的小塔。

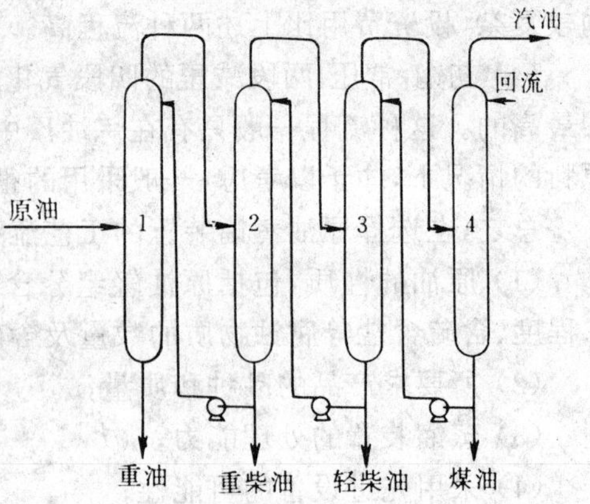

图 2-10　原油常压蒸馏排列方案

由于常压蒸馏塔底温度一般高达 350℃左右，则提馏段的温度也很高。在这样的高温下，如塔底设再沸器以提供提馏段的气相回流，很难找到合适的热源，加上原油蒸馏塔的处理量很大，再沸器必然十分庞大。因此常压蒸馏塔和侧线提馏塔底部大都不设再沸器，而是从塔底注入过热水蒸气，用以降低塔内油气分压，从而使常压塔底重油中的较轻组分和各侧线产品中的较轻组分气化，后者分别返回常压塔。过热水蒸气是炼厂中易得和廉价的资源，使用安全性好，因此采用过热水蒸气汽提代替再沸器，既能达到分离要求，而且也很简便。这种方法与典型精馏塔中的提馏段在本质上有所不同，因此通常不叫提馏段而称为汽提段，侧线提馏段称为汽提塔。

图 2-9 中常压蒸馏塔，从上向下数，1～32 块塔板部分为常压塔的精馏段，32～33 块板间的空间为气化段，33～36 块板和底部空间为汽提段。在大塔侧的叠在一起的三个小塔为侧线汽提塔。常压塔底吹入的过热水蒸气量为进料的 2～4%(*m*)、侧线汽提用过热水蒸气量通常为侧线产品的 2～3%(*m*)。

(三)恒分子回流的假设完全不适用

为简化二元或多元精馏塔的设计计算，对性质和沸点相近的组分所组成的混合物体系，作出恒分子回流的近似假设，即塔内的气、液相的摩尔流量不随塔高变化。

这个近似假设对原油精馏塔是完全不适用的。因为石油是复杂混合物，各组分间的性质可以有很大差别，其摩尔气化潜热可以相差很远，沸点间可相差数百度，如常压塔顶和塔底之间的温差可达 250℃左右。显然根据二元或多元精馏塔中上、下部温差不大、塔内各组分的摩尔气化潜热相近似为基础所作出的恒分子回流这一假设对常压塔完全不适用。事实上，常压塔内的气、液相回流的摩尔流量从气化段向上沿塔高逐渐增大，有很大的变化。

(四) 全塔热平衡

由于常压塔底不采用再沸器，因此常压蒸馏塔的热量来源几乎完全取决于经加热炉加热的进料。汽提的过热水蒸气一般温度约为 450℃，虽也带入部分热量，但因它只放出部分显热，且水蒸气量不大，这部分热量是不多的。

因此，常压塔进料的气化率至少应等于塔顶产品和侧线产品的产率之和，否则因无其它热源而不能保证所要求的拔出率(轻油收率)。实际生产中，为使常压塔精馏段最低侧线以下、气化段以上的几层塔板上有一定液相回流，以保证最低侧线产品质量，进料的气化率应比进料段上部各种产品的总收率略高一些，高出的部分称为过气化度，常压塔的过气化度一般为进料的

2%～4%(m)。在实际生产中，只要能保证侧线产品的质量，过气化度以低些为好，这样可以减轻常压加热炉的负荷，并因降低了炉出口温度而减少了油料的裂化。

由于常压塔的进塔热量只靠进料提供，没有用再沸器调节的余地，在进料的温度、气化率等状态又是被规定了的情况下，返回塔内的回流量也就受进塔热量所限制，不能任意改变。也就是说，常压塔的回流比(回流比＝回流量/塔顶产品流量)可以通过全塔热平衡确定，变化余地很小；不象二元系精馏，其回流比根据分离精确度来确定，全塔热平衡则通过调节塔底再沸器供热来实现。由于常压塔的产品分离精确度要求不太高，只要塔板数选择适当，通过全塔热平衡确定的回流比，一般均能满足精馏的要求。

在常压塔操作中，当进塔热量未发生变化的情况下，如果塔顶回流比过大，过量的液相回流使塔内各部位的蒸气过多的冷凝，引起塔内各处的温度普遍下降，使塔的原有热平衡状态发生变化，破坏了塔的稳定操作，使塔的各侧线馏出油收率下降，总拔出率减少；塔底重油中的轻组分含量增加，塔顶、侧线产品的组成变轻，闪点下降，甚至导致产品不合格；反之，如果回流比太小，则无法满足精馏要求的预定热平衡要求，全塔各点温度上升，产品组分变重，也可能导致产品不合格。

由此可见，回流作为一种蒸馏塔操作的控制手段，对塔的平稳操作和产品质量起着重要作用。

二、常压塔内气、液负荷分布规律

常压塔顶回流的作用是建立塔内精馏的必要条件(使塔板上有液相回流，进行气、液接触)和维持全塔热平衡。常压塔从气化段(进料段)向上，沿塔高自下而上温度逐渐下降，形成一定温度梯度。在无中段循环回流、只采用塔顶冷回流的情况下，进塔的热量除部分由产品带出外，剩余部分的热量全部由塔顶回流取出。这就导致塔内气、液负荷分布由下而上地增大，在第一、二块塔板之间达到最大，分布极不均匀。常压塔内蒸气和液体量分布示意图见图 2-11。

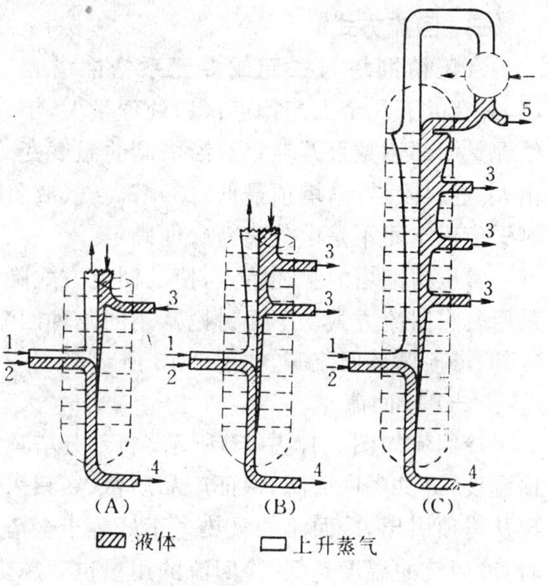

图 2-11　常压塔内蒸气和液体量分布示意图

1—油蒸气；2—液体；3—侧线产品

4—塔底产品；5—塔顶产品

从这个图中可见，如果暂不考虑汽提的过热水蒸气，则部分气化的原油(或经初馏塔拔头的原油)进塔后，气相部分和从塔底汽提出来的少量轻质油蒸气一起上升，愈向上行，蒸气体积愈大，到塔顶第一和第二块塔板之间时，蒸气体积最大，经过第一块塔板后，蒸气体积显著减少。由塔顶向下流的液相回流流经第一块塔板后显著增加，以后沿塔向下流时逐渐减少，而且每经过一个侧线馏出口，液相回流量显著减少，减少的量和侧线抽出量相等。液相回流到达进料的气化段时已经很少，如果进料中没有过气化量，那么液相回流到达气化段时会达到零。为了要使气化段到最下面一个侧线馏出口之间的塔板上有一定的液相回流，保证这些塔板有一定的精馏作用，进料进入气化段时必须多气化一些，即有一定的过气化度。这一多气化的部分在塔上部会冷凝下来，进入塔下段的汽提段。

形成塔顶第一、二块塔板间气、液负荷最大的原因是：(1)从气化段向上，沿塔高温度逐渐下降，因此，越接近塔顶，所需取出热量就越多，所需回流量也就越大；(2) 塔上部油品的密度小，每千克分子油品气化潜热小，所以越接近塔顶，所需内回流量越大；(3)塔上部的回流量大，而塔上部油品的分子量小，所以越向塔顶，蒸气的体积就越大；(4)上述气化段以上各点的气、液相负荷，其中液相负荷的温度等于其泡点温度，均为热回流。到了塔顶第一板以上，情况就有所变化，第一板上的液相回流是由塔外打入的，它是冷凝冷却后的部分塔顶产品，是温度低于泡点温度的过冷液体，即为冷回流。而第一板上和第一、二板之间的回流热近似相等，取走近似相等回流热所需的冷回流量显然会大大少于热回流量。因此，第一板上的液相负荷(冷回流量)显著小于第一、二板间的液相负荷(热回流量)。相应的气相负荷也有一个明显的突变。

常压塔精馏段气、液相负荷分布也可以用图 2-12 中折线(实线)表示。图中实线表示只有塔顶冷回流时各个塔段中的气、液相负荷分布情况。从气化段向上，气相量和液相量都逐渐增大，到每一侧线抽出口时，部分液体作为产品被抽出塔外，因此液相负荷有一显著变化，而气相负荷则无突变。到第一、二块塔板之间，气、液相负荷都达到最大值，在第一块板以上的气、液相负荷则显著减小。

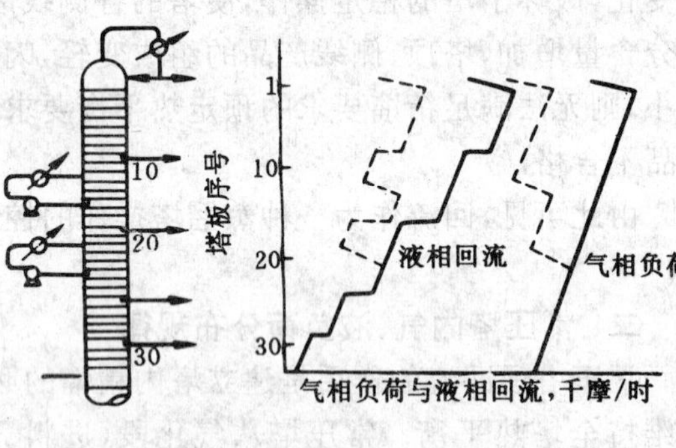

——只有塔顶冷回流时

---采用两个中段循环回流时(未包括循环量本身)

图 2-12　常压塔精馏段气、液相负荷分布图

三、回流方式

常压精馏塔与二元或多元系精馏塔相比，具有以下几个工艺特点：(1)处理量大，年处理量大都达数百万吨；(2)沿塔高的温度变化大，进料段最高，塔顶最低；(3)塔内气、液负荷沿塔高变化，变化幅度较大；(4)回流比由全塔热平衡确定而不是由分离精确度确定。

常压精馏塔的上述特点，使其回流方式除了采用常用的塔顶冷回流和塔顶热回流外，还常采用其它回流方式。下面讨论常用的几种回流方式：冷回流、热回流、中段循环回流、二级冷凝冷却、塔顶循环回流等，如图 2-13 所示。

(一) 冷回流

冷回流如图 2-13 中(a)所示。将部分塔顶产品以过冷液体状态用泵打入塔顶，用以控制塔顶温度，提供塔内回流，保证产品质量。在只采用冷回流的塔中，冷回流入塔后，吸热升温气化，再从塔顶引出，冷回流的吸热量正好等于全塔的总剩余热，也就是回流热。因此，当回流热一定时，冷回流的温度越低，冷回流的用量也就越少。一般汽油的冷回流温度为 30～40℃。

需要说明的是，冷回流因温度降低而导致回流量减少，由于塔内总回流热未变，并不影响塔内沿塔板下降的内回流量，塔顶第一层塔板下的内回流量并不改变。

(二) 热回流

如图 2-13 中(b)所示，在塔顶装有部分冷凝器(水冷)，将塔顶蒸气部分冷凝成液体作为回流，此回流温度与塔顶温度相同，即处于塔顶产品的露点温度状态，所以称为热回流。热回流只吸收气化热由液相变成为气相，所以，要取走同样的回流热，热回流的回流量比冷回流大。热回流一般用于小型塔。

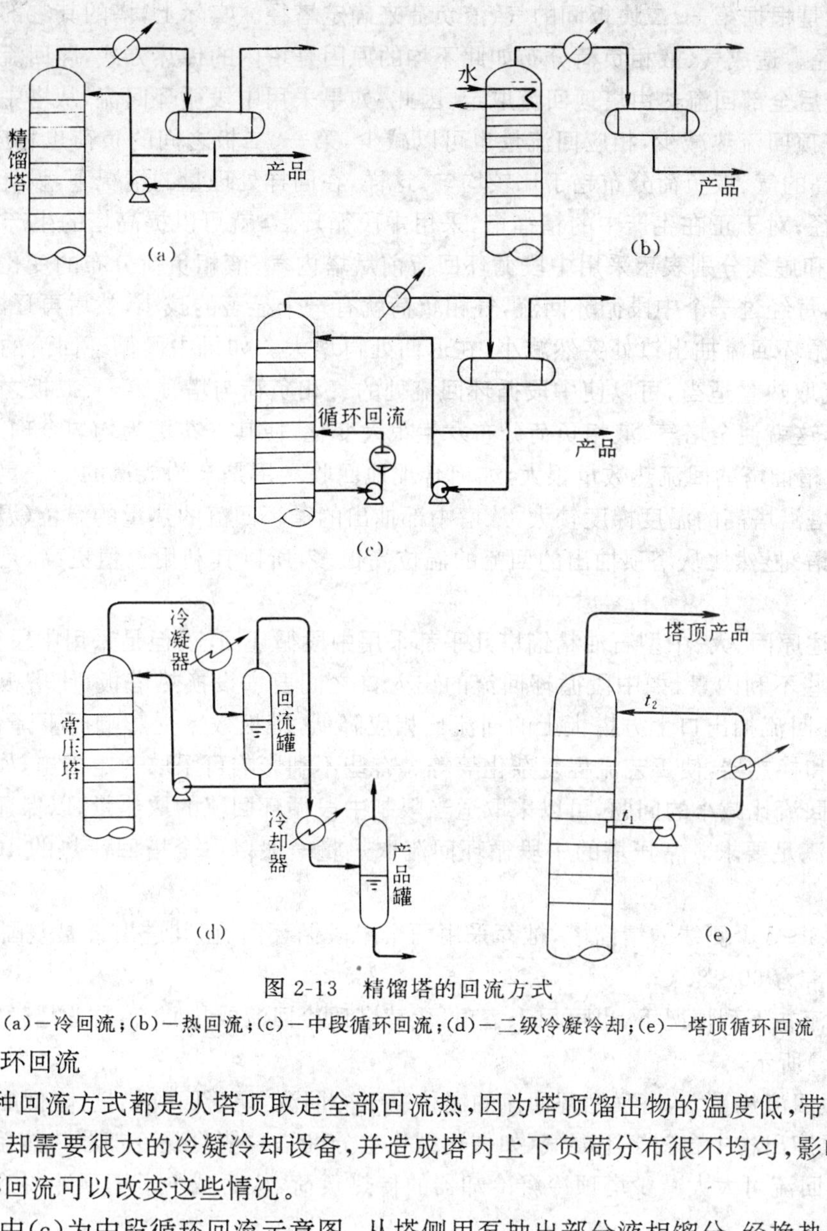

图 2-13 精馏塔的回流方式

(a)—冷回流;(b)—热回流;(c)—中段循环回流;(d)—二级冷凝冷却;(e)—塔顶循环回流

(三) 循环回流

上述两种回流方式都是从塔顶取走全部回流热,因为塔顶馏出物的温度低,带出的热量很难回收利用,却需要很大的冷凝冷却设备,并造成塔内上下负荷分布很不均匀,影响塔的处理量,采用循环回流可以改变这些情况。

图 2-13 中(c)为中段循环回流示意图。从塔侧用泵抽出部分液相馏分,经换热冷却到某个温度后,再送回到抽出板上方数块塔板上作为回流。这种回流方式称为循环回流,它在塔内外均处于液相,在塔内流动时一般不发生相变化,它只是在塔内塔外循环流动,借助于冷却器取走回流热。

循环回流返塔的温度低于该塔段塔板上的温度,为了保证塔内精馏过程的正常进行,在采用循环回流时,必须在循环回流的出入口之间增设 2～3 块换热塔板,以保证它在流入下一层塔板时能达到所要求的相应温度。

循环回流如果设在精馏塔的中部,称为中段循环回流。石油精馏塔采用中段循环回流基于以下两点:

1. 由于塔内气、液相负荷沿塔高分布是不均匀的,当只有塔顶冷回流时,气、液相负荷在塔顶第一、第二块塔板之间达到最大。在设计精馏塔时,是根据塔内最大气、液负荷来确定塔的直径的，也就是根据第一、二块板间的气、液负荷来确定塔径。实际上，塔的其它部位并不要求这么大的塔径。造成气、液相负荷分布如此不均的原因是塔内的传热方式，即回流热由下而上逐块增加，最后全部回流热由塔顶回流取走。因此，如果采用中段循环回流，从塔中部取走部分回流热，则塔顶回流热减少，相应回流量也可以减少，第一、二板之间的负荷也相应变小，从而使全塔沿塔高的气、液负荷分布趋于比较均匀。这样，在同样处理量的情况下，设计时就可以采用较小的塔径；对于正在生产中的精馏塔，采用中段循环后，就可以提高塔的生产能力。图 2-12 中的实线和虚线分别表示采用中段循环回流前后塔内气、液相负荷分布的变化情况。由图中虚线可见，每经过一个中段循环回流，气相负荷就有一个显著的减小，然后再逐渐增大。液相负荷在中段循环回流抽出口处突然减小，在返回处再增大。如果中段循环回流的位置选择合理，循环回流取热量适当，可以使中段循环回流处的气相负荷与塔顶第一、二板之间的气相负荷大致相当，这就使全塔气、液相负荷分布发生很大变化，使其分布更为均匀合理。

2. 石油精馏塔的回流热数量很大，如何合理地回收利用是节约能量的一个重要问题。由于石油精馏塔沿塔高的温度梯度较大，从塔中部抽出的循环回流的热量的温位（温位是表达能级高低的术语）显然比从塔顶抽出的回流的温位高很多，所以其利用价值更高，是原油换热的重要热源。

由于上述原因，大、中型石油精馏塔几乎都采用中段循环回流。但是采用中段循环回流后，也会带来一些不利因素，如中段循环回流的出入口之间要增设换热塔板，使塔板数和塔高增加；中段循环回流抽出口上方塔板上的回流比相应降低，塔板效率受影响而下降；增设循环回流的抽出泵和换热器，使工艺流程复杂化等等。有些不利影响可采取一定措施，如中段循环回流使其上部回流比减小的问题，可以采取适当限制中段循环回流的取热量，以保证塔上部的分离精确度能满足要求。常压塔的中段循环回流取热量一般以占全塔回流热的 40%～60%为宜。

一般有 3～4 个侧线的精馏塔，推荐采用两个中段循环回流，其进出口温差国内多为 80～120℃，国外常为 60～80℃。

循环回流在下列情况下，也可用于塔顶，代替塔顶冷回流或热回流，称为塔顶循环回流。如图 2-13 中(e)所示。

1. 塔顶回流热量大，塔顶循环回流的温位高于冷回流，便于回收热量，降低能耗。

2. 塔顶馏出物中含较多不凝气（如催化裂化主分馏塔），使冷凝冷却器传热系数降低。采用塔顶循环回流可大大减少塔顶冷凝冷却器的传热负荷，从而减少了塔顶冷凝冷却器的面积和数量。

3. 要求尽量降低塔顶馏出线及冷凝冷却系统的流动压降，以保证塔顶压力不致过高，使塔内有尽可能高的真空度。

在有些情况下，也可以采用塔顶冷回流和塔顶循环回流两种型式相结合的回流方式。

（四）二级冷凝冷却

为减少大处理量的常压塔顶冷凝冷却器所需的传热面积，可采用二级冷凝冷却的方法，即将塔顶油气（约 110℃左右）先冷到 55～90℃，使其基本冷凝，把部分冷凝液作为回流，送回塔顶；其余部分再冷却到 40℃以下的安全温度，作为塔顶产品送出装置。这种回流的温度比冷回流高，但低于热回流，其回流量则大于冷回流而小于热回流。此方案适用于大型装置。

四、常压塔的操作条件

常压塔的操作条件主要有压力、温度和回流比等。

（一）操作压力

常压塔气化段的压力受制于在塔顶产品罐温度下的塔顶产品的泡点压力。为确保塔顶产品基本全部冷凝，产品接受罐的压力接近常压，为了克服塔顶馏出物流经管线和设备的流动阻力，常压塔顶的压力必须稍高于产品接受罐的压力，即稍高于常压，国内多数常压塔顶操作压力大约为0.13～0.16MPa。气化段压力则决定于塔顶压力和气化段以上塔板的压力降，采用不同型式塔板，其压降不同。油气由下而上流动，塔内压力也随之由下而上逐渐降低。其它部位压力均可由塔顶压力计算得到，如常压炉出口压力可由气化段压力和转油线压力降求得。

常压塔(或减压塔)气化段压力的降低，意味着在相同气化率情况下，常压炉出口温度可以降低，从而减少了燃料消耗；气化段以上部位压力降低，增大了各侧线馏分之间的相对挥发度，有利于侧线馏分的分离。

（二）操作温度

常压塔的各点温度，是根据原油和产品性质，通过分段作热平衡计算确定的。如气化段温度是进料的绝热闪蒸温度，侧线温度近似等于汽提后侧线产品在该侧线抽出板处油气分压下的泡点温度，塔顶温度为塔顶产品在其油气分压下的露点温度，塔底温度一般比气化段温度低5～10℃，侧线汽提塔底温度约比侧线抽出口温度低8～10℃。

（三）回流比

常压塔的回流比是工艺操作中最关键的因素，也是操作中最灵敏的调节手段。

回流比的大小需满足下列要求：

1. 能取走全部的剩余热量，保证全塔进热与出热维持平衡；

2. 确保塔内各段的回流量大于各段产品分馏需要的最小回流量；

3. 使各塔板上的气、液负荷处于各塔板适宜操作范围内，以保证平稳操作。

常压塔的操作条件因原油性质、处理量和加工方案不同而略有差别，下面表2-1给出炼制大庆原油、胜利原油、鲁宁管输原油时的常压塔的典型操作条件。

表2-1 常压蒸馏塔工艺条件

序号	项目	大庆原油	胜利原油	鲁宁管输原油
1	塔顶压力(表)，kPa	45～65	50～70	40～60
2	塔顶温度，℃	90～110	100～130	90～110
3	塔顶回流温度，℃	40	40	40
4	一线抽出温度，℃	170～190	180～200	180～200
5	二线抽出温度，℃	230～250	240～270	230～250
6	三线抽出温度，℃	280～300	310～330	280～310
7	四线抽出温度，℃	320～340	340～350	330～340
8	进塔温度，℃	355～365	360～365	350～365
9	气化段以上塔板数	38～42	42～44	34～42

第四节 减压塔及产生真空的方法

原油中大于350℃的高沸点馏分是馏分润滑油和催化裂化、加氢裂化的原料。由于这些组分在高温下会发生分解反应，所以在常压塔的操作条件下无法获得，只能在减压和较低温度下通过减压蒸馏得到。在目前技术水平下，通过减压蒸馏可以得到沸点<550℃的馏分油。

减压蒸馏的核心设备是减压精馏塔（简称减压塔）及其抽真空系统。

一、减压塔

根据生产任务不同，减压塔分为润滑油型和燃料型两种类型：

（1）润滑油型减压塔　主要生产润滑油馏分，分离精确要求较高。这些馏分经过精制、脱蜡等进一步加工可制取各种润滑油。

（2）燃料型减压塔　以生产催化裂化、加氢裂化原料等二次加工原料为主，分离精确度要求不高。

一般情况下，无论哪种类型的减压塔，都要求尽可能高的拔出率，这是因为馏分油的价值远比减压渣油高，同时也有利于渣油的利用。

（一）减压塔的工艺特点

减压塔和常压塔一样，也是一个复合塔和没有提馏段、只有汽提段的不完全塔。

对减压塔的基本要求是在尽量避免油料发生分解的前提下，尽可能多地提高减压拔出率。为此，要求在经济合理的前提下，尽可能提高减压塔气化段的真空度。因此，除必须配置强有力的抽真空系统外，一般还采取以下措施：

1. 减少塔板数以及减少气相通过每层塔板的压力降，以尽量降低从气化段到塔顶的流动压降。一般减压馏分之间分馏精确度要求比常压馏分低，减压塔中两个减压馏分之间只设3～5块塔板就可以满足分离要求，并选用压降小的塔板，如舌型、网孔塔板和筛板等。近年来，已部分采用或全部采用不同型式的填料以进一步降低压降。

2. 塔顶不出产品，塔顶管线只供抽真空设备抽出不凝气和水蒸气之用，以此减少塔顶馏出管线中气体量，降低该管线中流动压降。

3. 塔底汽提采用大蒸气用量，以降低塔中油气分压，提高拔出率。近年来还发展了不用或少用水蒸气的干式减压技术。

4. 控制减压炉出口温度，避免常压重油热分解。在生产润滑油料时，减压炉出口温度不得超过395℃，生产裂化原料时，不超过400～420℃。

5. 缩短减压渣油在塔底停留时间，以免在高温下发生分解、缩合而结焦。对于年处理250万吨原油的常减压装置，减压塔主体精馏段直径为6.4m、汽提段直径缩小为3.2m，以缩短减压渣油停留时间。

6. 采用多个中段循环回流。常在每两个侧线间设一个中段回流，使得塔内气相负荷均匀，以减小塔径，并有利于回收利用回流热。

7. 为防止塔内重油形成泡沫所造成的不利影响，减压塔内进料段和塔顶设置很大的气相破沫空间和破沫网等设施，并加大板间距以减少泡沫携带。

8. 为满足减压塔底热油泵灌注头的要求，减压塔底座高度必须满足使塔底液面与热油泵入口之间的高度差大于10米。

由于上述工艺特征，减压塔从外观上采来看，是高架在底座上的上粗下细的塔，比常压塔粗而矮。

润滑油型和燃料型减压塔，除上述共有特征外，还有下列不同特点：

1. 润滑油型减压塔

润滑油料要求合适的粘度、色度好、残炭值低、馏程较窄。因此，润滑油型减压塔的分离精确度要求较高。与常压塔类似，侧线数量也多，一般为4～5个，均设汽提塔，其工艺条件也与常压塔类似。只是因减压下馏分之间的相对挥发度增大，减压塔内板间距较大，因此两个相邻馏分间塔板数比常压塔少，一般为 3～5 块板。

2. 燃料型减压塔

燃料型减压塔只生产催化裂化或加氢裂化的原料。对裂化原料的分离精确度要求不高，主要要求控制裂化原料中的重金属含量，特别是镍和钒的含量，以减少对催化剂的污染；并要求其残炭值尽可能低，即胶质、沥青质含量少。在这些前提下，应尽可能提高拔出率，因此采用大幅度减少塔板数（一般为 13 块板）、气化段上方设洗涤段、不设侧线汽提塔、采用塔顶循环回流和多个中段循环回流以大大减少内回流量等措施。对燃料型减压塔，近年来倾向于用干式减压蒸馏技术，有利于提高拔出率。

（二）"湿式"和"干式"减压蒸馏

原油的减压蒸馏系统按操作条件，可以分为"湿式"减压蒸馏和"干式"减压蒸馏两种。

1. 湿式减压蒸馏

它保留了老式减压蒸馏中在减压炉辐射管入口和减压塔底吹入水蒸气的传统操作方法，故称为"湿式"，多用于润滑油型减压蒸馏。并采用以下措施：

（1）采用压降小，传质传热效率高的塔板，如用网孔塔板代替压降较大的 V-4 型浮阀塔板和浮喷塔板。

（2）减压炉管采用逐级扩径，以免油流在炉管内出现高温裂解。

（3）采用低速转油线以减小转油线的温降和压降，并减少油流进塔时对塔壁的冲击和油气的液滴夹带。

（4）进料口与最低侧线间设洗涤段，以控制重质润滑油料中的残炭值。

2. 干式减压蒸馏

干式减压蒸馏操作中，在减压炉管内和减压塔底不吹水蒸气，所以称为"干式"。我国已有十几套燃料型减压塔采用干式减压蒸馏操作。干式减压操作是在油料不发生热分解的温度下，尽量提高拔出率，所以也采用了湿式减压蒸馏中的一些技术措施，如减压炉管逐渐扩径，采用低速转油线等，此外干式减压蒸馏还采用以下措施：

（1）为降低全塔压降，采用部分或全填料型减压塔。常用填料有矩鞍环、阶梯环和格里希格栅填料等。

（2）减压塔顶采用增压喷射器的三级抽空流程。由于干式减压蒸馏不凝气少、炉管和塔底不吹水蒸气，采用增压喷射器后，塔顶残压可降至 1.0kPa，如用湿式操作，两级抽空时，塔顶残压为 4.73kPa。

（3）气化段上方设洗涤段和喷淋段以减少油气中携带的杂质。采用填料时，在填料层上方设有液体分配器，使回流液体均匀地喷淋到填料层上，保证填料表面的有效利用率。

将湿式减压蒸馏改造成干式减压蒸馏后，从生产实践的结果来看，一般都能得到以下的效益：提高拔出率或提高处理量；降低能耗；降低加热油料的最高温度，使产品质量有所改善，不凝气量有所减少；减少含油污水量等。由于具有明显优点，对于燃料型减压蒸馏已有取而代之的趋势。

（三）减压塔的操作条件

表 2-2 中列出不同类型减压塔在炼制不同原油时的操作条件。

表 2-2　原油减压蒸馏塔的工艺条件

项目	润滑油型		燃料型
	湿式	干式	干式
	大庆原油	临商原油	胜利原油
气化段温度,℃	380～390	380～390	370～375
塔顶温度,℃	66～68	66～67	50～55
塔顶循环回流温度,℃	35～40	35～40	40～45
减一线抽出温度,℃	130～149	165～168	145～155
减二线抽出温度,℃	268～279	209～214	260～270
减三线抽出温度,℃	332～340	295～305	310～315
减四线抽出温度,℃	359～361	328～340	355～365
塔底温度,℃	372	380	375
塔顶残压,kPa	3.3～4.0	2～2.5	0.9～1.3
气化段残压,kPa	6.5～7.5	4.3～5.0	2.4～3.0
塔内件型式	塔板为主	填料为主	全部填料

二、抽真空系统

减压塔的抽真空设备可以用蒸气喷射器(又称为真空喷射泵)或机械真空泵。蒸气喷射器的结构简单,没有运转部件,使用可靠而无需动力机械,水蒸气在炼油厂中是既安全又易得到的。因此炼油厂中绝大多数采用蒸气喷射器来产生真空。近年来,随着干式减压蒸馏技术的发展,也有采用机械真空泵的。国内个别小炼油厂已有采用机械真空泵抽真空的干式减压蒸馏技术,据称取得较好效果。适用于大型减压塔的高效、安全可靠的机械真空泵尚有待开发。下面只讨论由蒸气喷射器产生真空的系统。

(一) 抽真空系统的流程

图 2-14 为常减压装置常用的由蒸气喷射器构成的真空系统。其作用是将减压塔内产生的不凝气和吹入的水蒸气连续的抽出,以保证减压塔内真空度的要求。

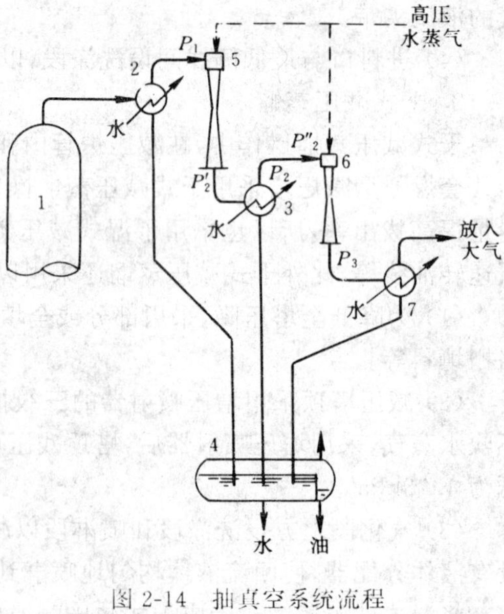

图 2-14　抽真空系统流程

1—减压塔;2—冷凝器;3—中间冷凝器;4—水封罐;5——级喷射器;6—二级喷射器;7—后冷凝器

减压塔内由裂解气和漏入的空气构成的不凝气、水蒸气以及由它们带出的少量油气,从塔顶出来后首先进入一个管壳式冷凝器,用水作冷剂。水蒸气和油气被冷凝后排入水封罐,不凝气则由一级喷射器抽出,从而使冷凝器和减压塔内形成真空。由一级喷射器抽来的不凝气再进入一个中间冷凝器,将一级喷射器排液的水蒸气冷凝。不凝气再由二级喷射器抽走排入大气。为了消除因排放二级喷射器的水蒸气所产生的噪音以及避免排出的水蒸气凝结水洒落在平台上,常常再设一个后冷凝器,将水蒸气冷凝后再排入水封罐,不凝气则排入大气。图 2-14 中的冷凝器是采用间接冷凝的管式冷凝器，故称为间接冷凝式二级抽真空系统。

在一些老炼油厂中，也有用直接混合式冷凝器(称为大气冷凝器)代替图 2-14 流程中的间接冷凝器。从实际操作情况来看，采用直接式冷凝器可以得到高一些的真空度，但是采用间接式冷凝器可以避免形成大量的污水，从而减轻了污水处理的负荷，有利于环境保护。而且直接冷凝器抽真空系统的占地面积、投资、操作费用都较高。因此新建炼油厂均改用间接冷凝式抽真空系统。

冷凝器是在真空下操作的，为了使冷凝水顺利排入大气，防止外界空气进入，排液管内水柱的高度应足以克服大气压力同冷凝器内残压之间的压差以及管内的流动压差。通常此排液管的高度至少应在 10.33m 以上，炼油厂中俗称此排液管为“大气腿”。

系统中的冷凝器其作用在于使可凝的油气和水蒸气冷凝并排出，从而减轻喷射器的负荷，冷凝器本身并不形成真空。

为了减少冷却水用量，一级喷射器之前的冷凝器也可以用空气冷却器代替。

由抽真空系统排放入大气的尾气中，含有 80%以上的气体烃和含硫化合物等，形成大气污染和可燃气的损失。应回收这部分气体并加以利用，如可以作为加热炉的燃料。

(二) 蒸气喷射器的工作原理

蒸气喷射器的内部结构见图 2-15。其基本工作原理是利用高压水蒸气在喷射时形成的抽力，将系统中的气体抽出形成真空。通常采用 0.8～1.0MPa 的高压水蒸气作为工作蒸气，从上部又进入，经喷嘴 1 以 1000m/s 以上高速喷出，由于由压力能转化为动能，从而达到高速流动，在喷嘴出口的周围形成高真空(真空度可达＞93.3kPa)，将冷凝器中的不凝气抽进来，在混合室内与工作蒸气部分混合并被带入扩压管，气体流经扩压管时，其动能又转化为压力能，流速降低而压力升高，最后压力升高到能满足排出压力的要求。

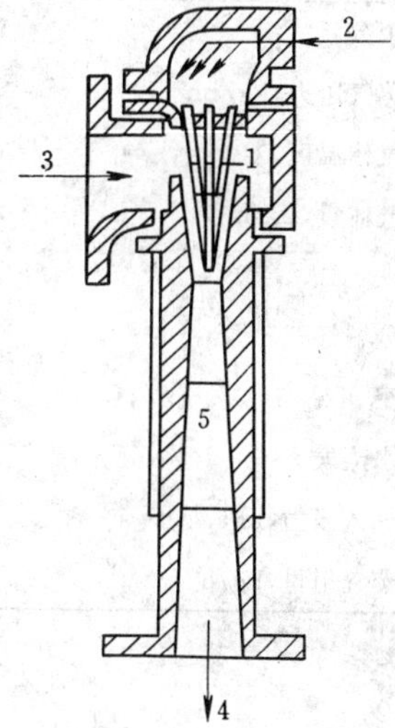

图 2-15 蒸气喷射(抽空)器结构示意图

1—喷嘴；2—水蒸气入口；3—不凝气入口；4—混合气出口；5—扩压管

炼制常压重油的减压塔，其塔顶真空度一般要求在 93.3kPa(700mm 汞柱)以上，通常需要用两个蒸气喷射器串联组成如图 2-14 的二级抽真空系统来实现。在二级抽真空系统中，一级蒸气喷射器从第一个冷凝器中把不凝气抽来，升高压力后排入中间冷凝器。在中间冷凝器中将一级喷射器的工作蒸气冷凝后排出，不凝气再被二级喷射器抽走，升压后排入大气。

用一级蒸气喷射器可抽到真空度为 91.3kPa、二级蒸气喷射器可抽到真空度为 94.6kPa。

(三) 真空度的极限和增压喷射泵

在抽真空系统中，不论是采用直接混合式冷凝器、间接式冷凝器还是空冷器，其中都会有冷却水和冷凝水或冷凝水存在。水在其温度下有一定饱和蒸气压，所以冷凝器中总是会有若干水蒸气。因此，理论上冷凝器中所能达到的残压，最低只能等于该处温度下水的饱和蒸气压。

至于减压塔顶所能达到的残压，显然应在上述理论极限值上再加不凝气的分压、塔顶馏出管线和冷凝器的压力降，所以减压塔顶的残压比冷凝器中水的饱和蒸气压高很多。当水温为

20℃时，冷凝器所能达到到的残压为 2.33kPa，此时减压塔顶残压可能高于 4.0kPa 了。

冷凝器中的水温决定于冷却水的温度。炼油厂中的循环水，其温度一般高于新鲜水的温度，因此，抽真空系统多采用新鲜水作冷却水。

但是，在一般情况下，20℃的水温是很难达到的，因此，二级甚至三级喷射器抽真空系统都很难使减压塔顶的残压达到 4.0kPa 以下。如果要求更低的残压，就必须打破水的饱和蒸气压这一极限。为达此目的，可以在减压塔顶馏出物进入第一个冷凝器之前，再安装一台蒸气喷射器使馏出气体增压。这个喷射器称为增压喷射器或增压喷射泵。由于增压喷射器直接与减压塔顶馏出线直接联接，所以塔顶真空度就不受水温限制，此时减顶残压等于增压泵所能形成的残压加上馏出线压降。

增压喷射器所抽入的气体，除减压塔中的不凝气之外，还有减压塔的汽提水蒸气，因此负荷很大。这不仅使增压器的尺寸很大，更重要的是其工作蒸气耗量很大，大大增加了操作费用和能耗。表 2-3 中列出年处理量为 100 万吨常减压装置的计算数据，充分说明了这一点。因此，除非特别需要，尽可能不使用增压喷射器。但对于减压塔内基本不用汽提水蒸气的干式减压蒸馏，则又当别论。

表 2-3　某减压塔的蒸气喷射器计算数据

项目	增压喷射器	一级喷射器	二级喷射器
喷嘴个数	9	1	1
工作蒸气压力，kg/cm^2(表)	9	9	9
吸入气体温度，℃	100	40	40
吸入气体量，kg/h			
油　气	780	—	—
分解气	310	310	310
空　气	25	30	35
水蒸气	1000	250	40
吸入气体压力，kPa	2.67	12.0	41.3
工作蒸气用量，kg/h	2760	690	700

第五节　换热流程

原油常减压蒸馏装置中用于加热原油，使其部分气化需要大量热能，这些热量如不加以利用，则最终通过产品被冷却到出装置温度，而被冷却水或冷却空气带走。原油常减压蒸馏装置的能耗占炼油厂总用能量的 25%～30%，其所消耗的燃料量是原油加工量的 2%，是全厂能耗最大的装置。装置中的冷却、换热设备的钢材占全装置工艺设备钢材总用量的 20%～30%。因此，降低蒸馏装置能耗对全厂节能、减少投资和操作费用具有重要意义。

表 2-4 中列举出年处理量为 250 万吨大庆原油的某常减压蒸馏装置所需要的热量，其总热量达 37365×10^4kJ/h。

从表中可以看到，原油进初馏塔的温度只有 235℃，其所需热量完全可以通过与离塔的产品和中段循环回流换热得到，这样就可以从全部所需热量中回收约 48%的热量。有些常减压装置中，原油换热后的最终温度可达 300℃左右，热量回收率可达 60%以上。

表 2-4　原油常减压蒸馏装置所需热量（大庆原油，年处理量 250 万吨）

项目	初馏塔	常压塔	减压塔	合计
拔出率，%(m)	7.94①	26.7	23.7	58.34
进塔温度，℃	235	365	400	—
所需热量，10^4kJ/h	18042	14110	5213	37365

①包括侧线 3.84%。

由于馏出产品通过与原油换热，降低了温度，从而也减少了冷却设备和冷却水用量，节约了电能，减少了冷却水循环系统的负荷。由此可见，一个设计良好的换热流程对蒸馏装置的节能、投资、钢材消耗和水、电、燃料耗量等操作费用均有重要影响。

一个完善的换热流程应具有以下特点：充分利用各种余热，使原油预热温度较高而且合理；换热器的换热强度较大，使用较小换热面积就能达到换热要求；原油流动压力降较小；产品换热后温度低，热回收率高；同时应综合考虑设备投资费用和操作费用等因素，使综合效益达到最佳。

设计换热流程时，必须考虑充分利用余热，减少产品冷却的热负荷，即热回收率应尽可能地高。所谓热回收率 η，是指装置中换热回收的热量 Q_1 与换热回收热量 Q_1 加冷却热负荷 Q_2 之比值，可用下式表示之：

$$\text{热回收率}\ \eta = \frac{Q_1}{Q_1 + Q_2} \times 100\% \tag{2-7}$$

一般提高热回收率，对节能是有利的，但它受到总投资和总操作费用的制约，必须从综合效益来考虑。国内常减压装置的热回收率，目前多为 50～60%，经优化设计的常减压装置热回收率可提高到 80%左右，甚至更高。

在设计制定换热流程方案时应考虑以下几个重要问题：

1. 热回收率与原油预热温度

提高热回收率，可以充分利用各种余热，但热回收率还与其它方式的回收热量有关。例如，热回收率与原油换热后的温度直接有关，热回收率高时，一般原油预热温度也高。此时常压加热炉进料温度高，常压炉负荷减小，但加热炉的效率也随之降低。因为当加热炉烟气未被利用时，烟气排出温度与原油进炉温度成正比。当烟气余热被利用时，情况有所变化。某个年处理量为 500 万吨原油的常减压装置中，不论是否利用烟气余热，原油预热温度由 275℃提高到 305℃时，投资和操作费用均有所下降，如设烟气余热锅炉，其经济效益更为明显。因此，应当尽量提高原油预热温度，以提高热回收率。

2. 应充分利用中段循环回流和减压渣油等高温热源。

3. 注意低温位热能的利用。国内习惯将<130℃的热源称为低温位热源，常减压蒸馏装置中的常顶油气、常压一线产品、和高温油品换热后的低温位热能等均属低温位热源。这些低温位热源的热量不小，但过去国内的蒸馏装置上习惯上不换热，而用水或空气冷却，不仅限制了热回收率的提高，也增大了冷却负荷。

低温位热量的回收是炼厂节能的一个重要问题，只有通过低温位热源的充分利用，才有可能将热回收率提高到 80%左右。

低温位热源的利用，首先考虑与原油换热，这是最方便和经济合理的；也可以跨装置的综合考虑，如石家庄炼油厂利用减压塔顶油气、常压塔顶油气和催化裂化分馏塔顶循环回流的低温位热量 81×10^6kJ/h，加热锅炉用软化水从 20℃升到 104℃，相当于生产 40t/h 低压水蒸气的热量。又如长岭炼油厂统一规划全厂的低温位热源，设置了低温发电设施，不仅发了电，还提供了生活用热水及供暖。

4. 合理匹配冷、热流，以获得合理的总平均传热温差。常减压蒸馏装置的换热流程中的冷流是原油，热流是各馏出产品和循环回流。所谓冷热流匹配的问题是指如何安排各热流的换热顺序，以便得到最合理的总平均传热温差，从而使总传热面积较小。

各热流的换热顺序安排与其温位和热容量有关，热源的温位越高，热容量越大，则越值得换热利用。一般原油总是先和温位较低的热源换热，然后再与温位较高的热源换热。但对于温位虽高而热容量较小的热源，由于其在换热过程中温度下降很快，因此也应排在较前面。

5. 换热时的传热系数和流动压力降。在设计换热流程时，应注意选择合理的冷热流的流体力学状态，使整个换热系统在原油流动压力降尽可能小的条件下得到最大的传热系数。换言之，即要求动力消耗尽可能小，而传热效果最佳。

流体流速对压力降和传热系数均有重要影响，流速越大，则流动压力降越大，而传热系数也随之增大，因此设计时必须处理好这一对立统一的关系。

总之，换热流程的设计所涉及的方面很广，冷、热流的变量又多，问题比较复杂，尤其是常减压蒸馏的换热流程是炼油厂所有装置中最复杂的。从理论上来说，可能的换热方案几乎有无限多种，因此，在选择换热方案时，必须通过最优化方法，在人工分析、指导下用计算机计算有限几个换热流程方案，进行分析比较后确定最优方案。

换热流程的最优化可以解决以下问题：

(1) 冷、热流的合理匹配和换热顺序的合理排列，使整个换热系统的平均传热温差最大。

(2) 每个冷、热流的终端温度合理，既最大限度的回收了热能，又使换热器有尽可能高的热强度和传热效率。

(3) 选择合适型号的换热器和合理的冷、热流的流体力学状态，在整个换热系统的动力消耗尽可能小的基础上，使总的传热系数达到最大。

总的目标是投资小、操作费用少，而回收热量的价值高，即能达到最好的经济效益。

第六节　原油蒸馏的过程控制

为了使原油蒸馏装置能在处理量大、产品质量优、能耗小、操作费用低和经济效益高的最优状态下正常操作，必须有一套自动控制系统来作保证。

我国炼油厂原油蒸馏装置的过程控制系统，普遍采用电动单元或气动单元组合仪表进行集中监测和集中控制。在一些关键部位，如常压塔顶和一线产品质量控制、加热炉出口温度控制、加热炉分支进料流量控制、提高加热炉热效率的自动控制(包括炉膛负压控制、烟气含氧量检测和控制)等，大都采用双参数或多参数串级调节的典型控制系统。近年来，随着电动仪表和微机系统的迅速发展，出现了更大规模的集中控制。有些炼油厂应用可编程序单回路调节器和集散控制系统，实现了高级控制和过程优化控制。

集散控制系统是计算机技术、控制技术、通信技术和图形显示技术的科学结合，是完成过程控制及过程管理的现代化设备。一些炼油厂的常减压蒸馏装置上采用了集散控制系统，收到了操作平稳、质量稳定、能耗降低、轻油收率提高的效果。

下面简单讨论几种控制情况：

一、蒸馏塔产品质量的闭环控制

蒸馏塔产品质量闭环控制是：根据已知的原油和塔的各侧线产品的实沸点蒸馏曲线、塔上各部位的温度、压力以及入塔、出塔各物流的流量等实时参数，通过物料平衡和热平衡计算，得到塔的各个分段上的气、液相内回流及其组成，再算出各抽出线产品的干点和初馏点，以该温度作为温度控制的设定值。

这种方法取代了在线分析仪表，克服了在线分析仪表的滞后现象，可以及时检测馏出产品的干点变化和自动调节产品的抽出量，从而稳定了产品质量和提高了产品收率。

二、过气化度的控制

在原油蒸馏中，为了保证最低侧线产品的质量和收率，进料必须有一定的过气化度。但过气化度如太大，则增加装置的能耗，通常过气化度以 2～3%为宜。控制过气化度的方法，可以应用计算机进行闭环控制或开环指导。

三、加热炉支路出口温度的均衡控制

常压炉进料一般分为几个支路，为控制各支路温度均衡，常规方法是在各支路上都安装各自的流量变送器和控制阀，而用炉出口各支路汇合后的温度来调节加热炉用的燃料量。这种调节方法，仅能控制炉出口温度在规定范围内，而各支路出口温度则可能有较大差别，某一支路甚至可能过热而结焦。

采用支路均衡控制，可以克服和改善上述情况，其调节方法是保持炉子的总流量一定，但允许各支路流量变化；各支路的出口温度自动和炉子总出口温度比较，通过计算自动调节各支路的进料流量，维持各支路的温度均衡。某厂三路进料的常压炉，采用支路均衡控制前，各支路间温差只能达到 5℃，采用支路均衡控制后，即使在流量变化情况下，也可以达到温差不大于 1℃，操作较好时甚至可达不大于 0.5℃。

四、加热炉燃料控制

某厂将加热炉出口温度、炉膛负压、烟气含氧量等当作互不相关的独立变量而进行分别控制的常规方法，改用考虑上述因素相互影响的单回路可编程序调节器进行控制，结果加热炉热效率平均提高了 4%左右。

此控制系统采用了前馈加反馈的控制方法，反馈调节对象选择加热炉的热效率，执行手段采用调节空气量；前馈系统采用单参数前馈，干扰源选定为燃料压力。

第三章 催化裂化

石油是一种重要的能源，在上千种的石油产品中，燃料品种虽少，但在数量上却占绝大多数。轻质燃料如汽油、煤油及柴油等主要用于交通运输，重质燃料如燃料油等除用于船舶外，主要用作供热和发电的锅炉燃料。目前，在我国石油产品的商品总量中燃料占了 80%以上，其中发动机燃料(即轻质燃料)约占 60%。

1992 年我国加工原油 12176 万吨，汽油、煤油(含航煤)和柴油的总消耗为 6381.46 万吨，占加工原油的 52.4%。因此，要满足轻质燃料的这种需求，仅依靠从原油蒸馏得到的直馏轻馏分是远远不够的，例如，轻质原油含低于 350℃馏分约 50%～60%，其它原油仅含 20%～30%，甚至更少。我国主要油田的原油含轻馏分都较少，见表 2-5。由此可见，将原油中的重质馏分油甚至渣油转化成轻质燃料产品是燃料生产中的一个重要任务。

表 2-5 我国主要油田原油的轻馏分含量

原　　油	大 庆	胜 利	辽 河	华 北	中 原	克拉玛依
密度(20℃)，g/cm^3	0.8554	0.9005	0.9042	0.8837	0.8466	0.8538
＜350℃馏分含量，m%	31.2	25.1	30.9	26.0	44.5	41.4

第一节 概 述

催化裂化是炼油工业中最重要的一种二次加工过程，在炼油工业中占有重要的地位。

石油加工的根本目的是提高原油的加工深度，得到更多的轻质油产品，增加产品的品种，提高产品的质量。而原油经过一次加工(即常减压蒸馏)后只能得到 10～40%的汽油、煤油及柴油等轻质产品，其余的是重质馏分和残渣油，而且某些轻质油品的质量也不高，例如直馏汽油的马达法辛烷值一般只有 40～60。随着国民经济和国防工业的发展，内燃机不断改进，对轻质油品的数量和质量提出了更高的要求。这种供求矛盾促使了催化裂化过程的产生和发展，当然也促进了整个炼油工业的发展。

催化裂化过程是原料在催化剂存在之下，在 470～530℃和 0.1～0.3MPa 的条件下，发生裂解等一系列化学反应，转化成气体、汽油、柴油等轻质产品和焦炭的工艺过程。

催化裂化的原料一般是重质馏分油，如减压馏分油(减压蜡油)和焦化重馏分油等，随着催化裂化技术和催化剂的不断发展，进一步扩大了原料来源，部分或全部渣油也可作为催化裂化的原料。

催化裂化过程有以下几个特点：

(1) 轻质油收率高，可达 70%～80%；

(2) 催化裂化汽油的辛烷值较高，研究法辛烷值可达 85 以上，(马达法辛烷值达 78～80)，汽油的安定性也较好；

(3) 催化裂化柴油的十六烷值较低，常需与直馏柴油调合后才能使用，或者经过加氢精制以满足规格要求；

(4) 催化裂化气体产品中，80%左右是 C_3 和 C_4 烃类(称为液化石油气 LPG)，其中丙烯和丁烯占一半以上，因此这部分产品是优良的石油化工和生产高辛烷值汽油组分的原料。

根据原料、催化剂和操作条件的不同，催化裂化各产品的产率、组成和性质略有不同。一般，气体产率为 10%～20%，汽油产率为 30%～50%，柴油产率不超过 40%，焦炭产率为 5%～7%，掺炼渣油时焦炭产率会更高些。

由以上原料、产品分布和产品质量可以看出：催化裂化是一种重油轻质化过程，其主要目的是生产高辛烷值汽油；调整操作条件，可在大量生产汽油的同时，提高柴油产率，这是我国催化裂化技术的特点。

催化裂化自从 1936 年工业化以来，经历了固定床、移动床、流化床和提升管催化裂化四个阶段，使得催化裂化技术得到了很大的发展，目前已成为原油二次加工中最重要的一个加工过程。我国汽油产量的 70%、柴油产量的 30%以上来自催化裂化。就经济效益而言，炼油企业中一半以上的效益是靠催化裂化取得的。因此，催化裂化工艺在石油加工的总流程中占据十分重要的地位(见图 2-16)。在我国，几乎所有的炼油厂都将催化裂化作为最重要的二次加工手段，今后还将继续发挥其举足轻重的作用。

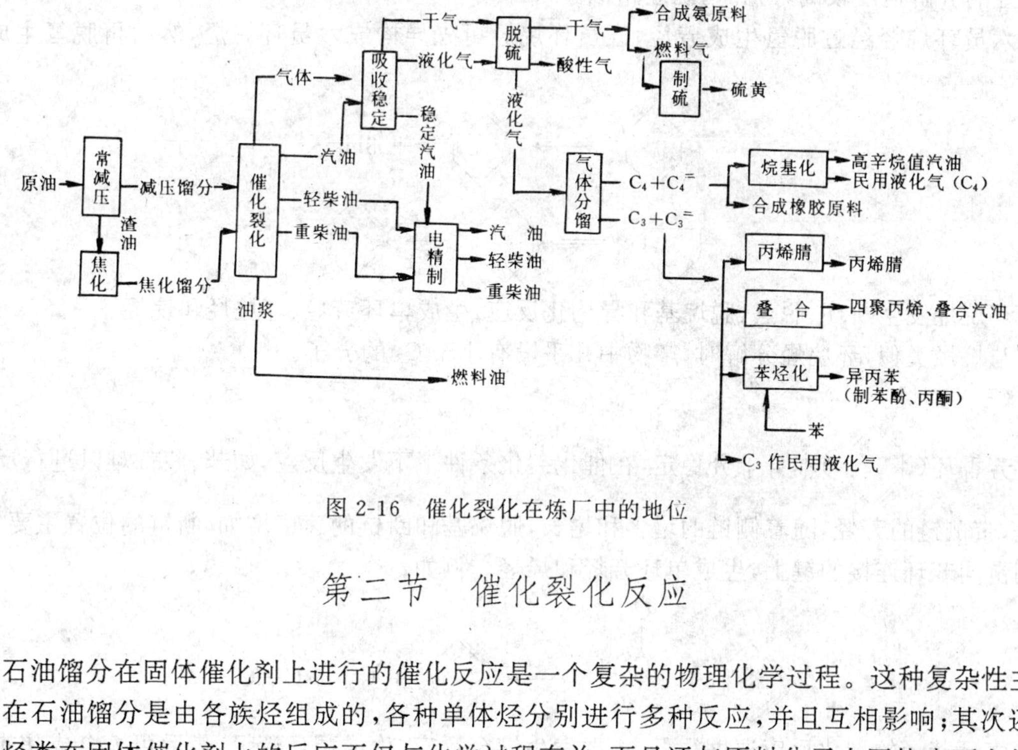

图 2-16　催化裂化在炼厂中的地位

第二节　催化裂化反应

石油馏分在固体催化剂上进行的催化反应是一个复杂的物理化学过程。这种复杂性主要表现在石油馏分是由各族烃组成的，各种单体烃分别进行多种反应，并且互相影响；其次还表现在烃类在固体催化剂上的反应不仅与化学过程有关，而且还与原料分子在固体表面上的吸附、扩散等传递过程有关。为了弄清石油馏分催化裂化反应的特点，首先必须研究各单体烃在催化剂上的裂化反应，然后在此基础上再讨论石油馏分的催化裂化反应。

一、各类单体烃的催化裂化反应

(一) 烷烃

烷烃在催化裂化条件下主要发生分解反应，分解成小分子的烷烃和烯烃。例如：

$$C_{16}H_{34} \longrightarrow C_8H_{16} + C_8H_{18}$$

烷烃的分子越大，其分解速度越快，如正庚烷、十二烷和十六烷的相对分解速度为1∶6∶14，这是因为大分子烷烃的C—C键越靠近分子中央，强度越弱，越容易断裂；异构烷烃的分解速度比正构烷烃的要快，反应生成小分子的异构烷烃及烯烃。

烷烃分解生成的烷烃和烯烃还将继续反应下去。烷烃分解时，分子中碳链两端的C—C键很少发生分解，所以裂化反应产物中C_1和C_2分子很少，而C_3和C_4含量很高。

(二) 环烷烃

环烷烃的主要反应有分解、脱氢和异构化。环烷烃的分解是环的断裂，生成烯烃：

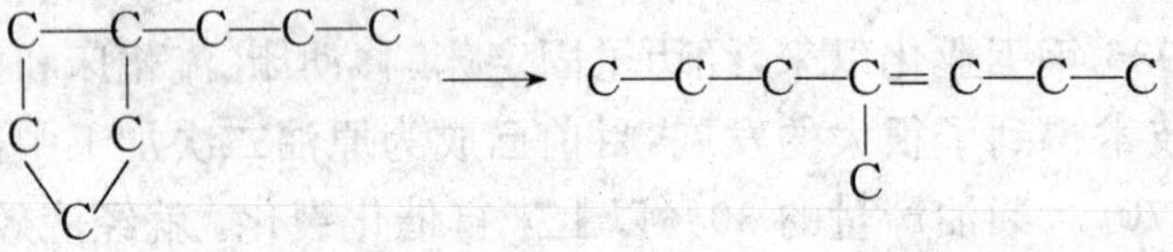

生成的烯烃可继续反应。如果环烷烃带有较长的侧链，则侧链发生断裂：

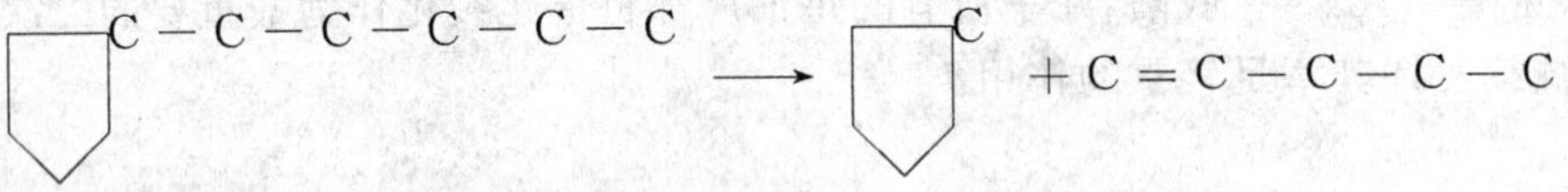

环烷烃的分解速度较高，与异构烷烃相似。

六员环烷烃经过脱氢生成芳烃，五员环烷烃可先异构成六员环烷烃，然后再脱氢生成芳烃：

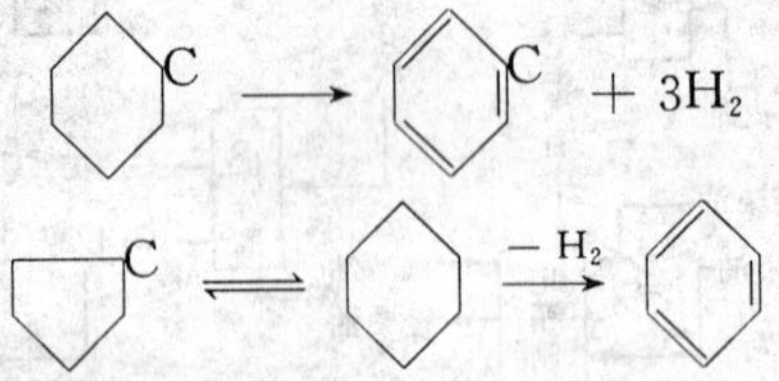

双环环烷烃发生断环、脱氢、脱烷基和异构化反应，生成单环芳烃、环烷烃和烷烃。

与烷烃类似，环烷烃分解时，产物中几乎没有小于C_3的分子。

(三) 芳烃

芳香环()本身十分稳定，在催化裂化条件下不发生反应，如苯、萘就难以进行反应。但是，带侧链的芳烃，随着侧链的增多和增长，脱烷基和断链的速度增加。断链的位置主要发生在侧链同苯环连接的键上，生成单环芳烃和烯烃。例如：

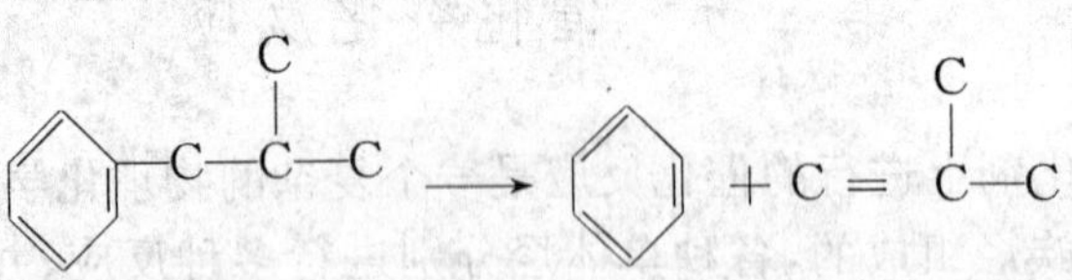

多环芳烃的裂化反应速度很低，主要发生缩合反应，生成稠环芳烃，最后可缩合成焦炭，同时放出氢气，使烯烃饱和。

(四) 烯烃

烯烃是一次分解反应的产物。烯烃很活泼，反应速度快，在催化裂化过程中是一个重要的中间产物和最终产物。

烯烃的主要反应是分解反应，同时还有异构化、芳构化和氢转移反应。烯烃发生分解反应，生成两个较小分子的烯烃：

$$C_{16}H_{32} \longrightarrow C_8H_{16} + C_8H_{16}$$

烯烃的异构化包括分子骨架的改变和双键的位移，例如：

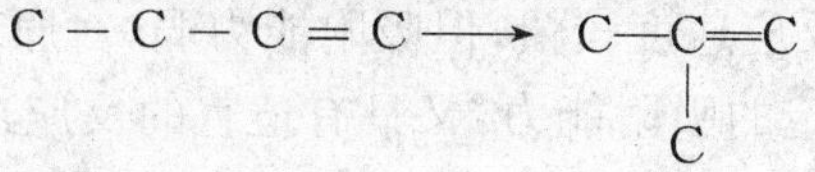

$$C-C-C-C-C=C \longrightarrow C-C-C=C-C-C$$

烯烃的芳构化反应是指烯烃环化脱氢生成芳烃的反应，如：

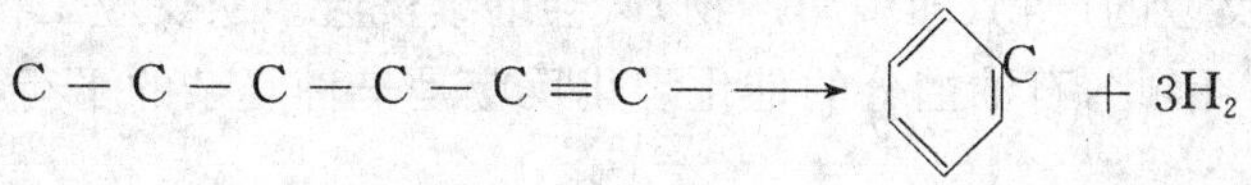

所谓氢转移反应是指某烃分子上的氢原子脱下来后立即加到另一烯烃分子上使之饱和的反应。在氢转移过程中，供氢的如果是烷烃则会变成烯烃；是环烷烃则变成环烯烃，进一步脱氢成为芳烃；是烯烃则变成二烯烃；而烯烃和二烯烃接受氢分别转化成烷烃和单烯烃。例如：

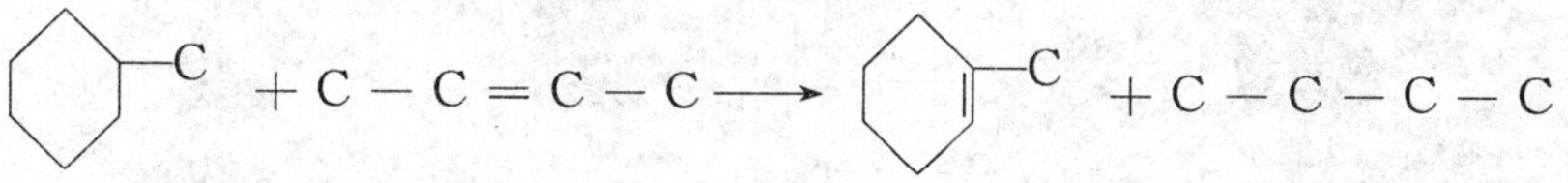

若是分子较大的烯烃或芳烃，则将会在环化与缩合的同时放出氢原子，使烯烃和二烯烃得到饱和，而其本身最后变成焦炭。

值得一提的是，氢转移反应不同于一般的氢分子参加的脱氢和加氢反应，而是活泼氢原子的转移反应。氢转移反应是催化裂化的特征反应之一。氢转移的结果，使一些不饱和的分子变成饱和分子，又使另一些不饱和分子变成不饱和度更大的分子。氢转移反应有利于芳构化反应的进行，对提高汽油辛烷值和安定性有利。

综上所述，各种单体烃在催化剂存在下的化学反应有：分解反应、异构化反应、芳构化反应和氢转移反应。分解反应使大分子的烃类分解为小分子的烃类。这是催化裂化工艺成为重油轻质化重要手段的根本依据；氢转移反应使催化汽油的饱和度提高、安定性好；异构化反应和芳构化反应是催化汽油辛烷值高的重要原因。在所有这些反应中，分解反应是最主要的反应，催化裂化也就是因此而得名的。

二、石油馏分的催化裂化反应

石油馏分催化裂化的结果，并非是各族烃类单独反应的综合结果，因为任何一种烃类的反应都将受到同时存在的其它烃类的影响，更重要的是，石油馏分的催化裂化反应是在固体催化剂表面上进行的，某烃类的反应速度，不仅与本身的化学反应速度有关，而且还与它们的吸附和脱附性能有关，因为烃类分子必须被吸附在催化剂表面上才能进行反应。如果某一烃类尽管本身的反应速度很快，若吸附速度很慢，那么，该烃类的最终反应速度也不会很快。换言之，某烃类的催化裂化反应的总速度是由吸附速度和反应速度共同决定的。

不同烃分子在催化剂表面上的吸附能力不同。大量实验证明，对于碳原子数相同的各族烃，吸附能力的大小顺序为：

稠环芳烃＞稠环环烷烃＞烯烃＞单烷基单环芳烃＞单环环烷烃＞烷烃

同族烃分子，分子量越大越容易被吸附。

如果按化学反应速度的高低进行排列，则大致情况如下：

烯烃＞大分子单烷基侧链的单环芳烃＞异构烷烃和环烷烃＞小分子单烷基侧链的单环芳烃＞正构烷烃＞稠环芳烃

综合上述两个排列顺序可知，石油馏分中的芳烃虽然吸附能力强，但反应能力弱，它首先吸附在催化剂表面上,占据了相当的表面积,阻碍了其它烃类的吸附和反应,并且,由于长时间停留在催化剂上,进行缩合生焦,不再脱附,使催化剂活性减小,从而使整个石油馏分的反应速度变慢。原料中的烷烃,虽然反应速度较快,但吸附能力弱,对原料反应的总效应也不利。由此可得出结论:环烷烃既具有一定的吸附能力,又具有适宜的反应速度,可以认为,富含环烷烃的石油馏分应是催化裂化的理想原料。然而在实际生产中,这类原料并不多见。

石油馏分的催化裂化反应是复杂反应,这是它的另一个特点。各类烃的反应可同时向几个方向进行,而且初次反应的产物(即中间产物)又会继续反应。从反应工程观点来看,这种反应属于平行-顺序反应。因此,石油馏分的催化裂化反应是一种复杂的平行-顺序反应,如图 2-17 所示。

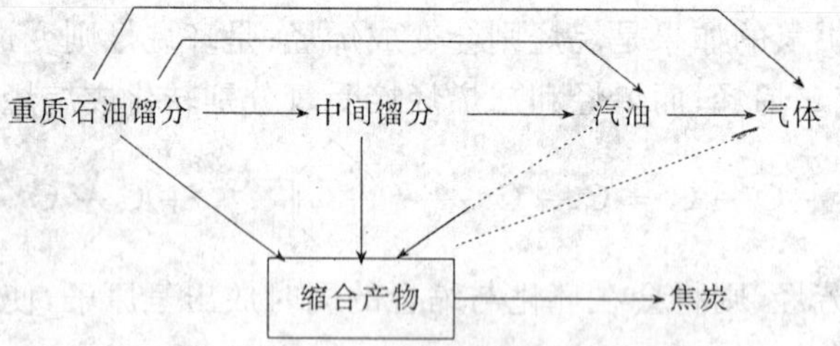

图 2-17　石油馏分的催化裂化反应

(虚线表示不重要的反应)

平行-顺序反应的一个重要特点是反应深度对产品产率分布有重要影响。如图 2-18所示,随着反应时间的增长,转化率提高,最终产物气体和焦炭的产率一直增加,而作为中间产物的汽油,产率开始增加,经过一最高点后又下降。这是因为到了一定的反应深度以后,汽油分解为气体的速度超过了汽油的生成速度。习惯上称初次反应产物再继续进行的反应为二次反应。

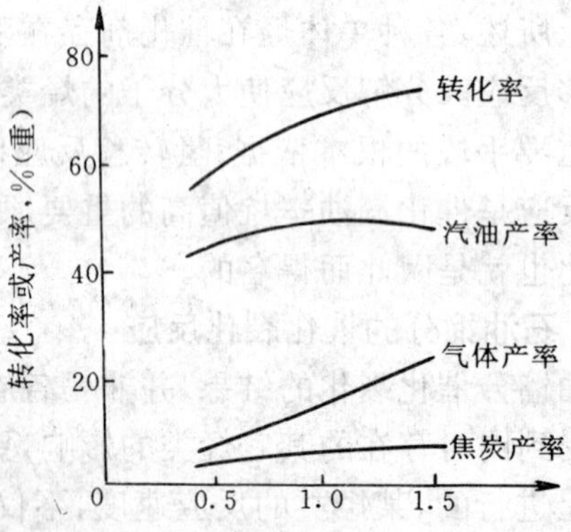

图 2-18　某馏分催化裂化的结果

(图中转化率为气体、汽油、焦炭产率之和)

催化裂化的二次反应是多种多样的,其中有些反应对产品的产率和质量是有利的,有些则不利。例如:反应生成的烯烃异构化生成辛烷值更高的异构烯烃,烯烃和环烷烃进行氢转移反应生成稳定的烷烃和芳烃等,这些反应都是所希望的。而烯烃进一步裂化成干气、丙烯和丁烯通过氢转移而饱和、中间馏分缩合成为焦炭等反应则是不希望的。因此,在催化裂化工业生产中,需对二次反应进行有效的控制。另外,要根据原料的特点选择合适的转化率,这个转化率应该选择在汽油产率最高点附近。如果希望有更多的原料转化成产品,则应将反应产物中沸程与原料相当的那部分馏分与新鲜原料混合,重新送回反应器进一步反应,工业上称此为回炼操作,而这部分沸点范围与原料相当的馏分,工业上称为回炼油或循环油。

三、催化裂化反应的热效应

在催化裂化反应过程中,各类烃发生的各种反应,其中有吸热反应,如分解反应、脱氢反应等;也有放热反应,如氢转移、缩合等反应,而且不同的烃分子反应所吸收或放出的热量也不同。因此,石油馏分催化裂化的反应热大小与原料的组成、反应条件、转化深度及催化剂的性能等密切相关。但是,作为催化裂化的主要反应——分解反应,是吸热反应,而且热效应比较大,所以催化裂化反应总的表现为吸热。在低转化率时,需要的反应热较大;随着反应深度的加深,由于某些放热的二次反应逐步增加,从而使需要的净反应热相应减少。

由于原料和产品的组成以及发生的反应都很复杂,因此,从理论上根据原料和产品的焓差或生成热来计算催化裂化的反应热,在实际中是无法实现的。在工业生产中,一种是以生成的轻质产品(即汽油+气体)的量为基准计算反应热,如表 2-6 所示;另一种是以新鲜原料为基准。在一般的工业条件下反应热约为 290～420kJ/kg 新鲜原料。显然,这两种经验方法是很粗略的,后一种又没有考虑到反应深度对反应热的影响。目前国内的设计计算多采用催化碳的计算方法,即反应热等于 9127kJ/kg 催化碳,反应温度是 510℃。

表 2-6 反应热数据

转化率, m%	36.6	47.4	51.8	61.8	66.3	70.0	81.5
反应温度, ℃	457	457	483	457	483	457	457
反应热, kJ/kg(汽油+气体)	695	603	569	473	314	337	107

由于各装置的操作状况不同,以及催化剂的不断改进和发展,所以催化裂化反应热的准确数据有待于进一步考察。

四、影响催化裂化反应的主要因素

(一) 几个常用的基本概念

1. 转化率和回炼操作

从概念上讲,转化率应该是原料转化为产品的百分率,是衡量反应深度的综合指标。对于催化裂化,习惯上用气体、汽油和焦炭产量之和来表示原料的转化深度。考虑到工业上存在着回炼操作(又叫循环裂化),所以催化裂化反应的转化率有两种表示方法。一种是以新鲜原料油为基准的总转化率,即

$$总转化率 = \frac{气体 + 汽油 + 焦炭}{新鲜原料油} \times 100\% \tag{2-8}$$

另一种是以总进料为基准的单程转化率,即

$$\begin{aligned}单程转化率 &= \frac{气体 + 汽油 + 焦炭}{总进料} \times 100\% \\ &= \frac{气体 + 汽油 + 焦炭}{新鲜原料 + 回炼油} \times 100\% \\ &= \frac{总转化率}{1 + 回炼比}\end{aligned} \tag{2-9}$$

式中,回炼比是指回炼油(包括回炼油浆)与新鲜原料的重量之比,即

$$回炼比 = \frac{回炼油}{新鲜原料} \tag{2-10}$$

回炼比的大小由原料性质和生产方案决定。如果回炼油不去回炼而作为产品送出装置,这种操作叫做无回炼操作,或者叫做单程裂化。

由以上转化率的两种表示方法可知,总转化率说明了新鲜原料最终反应深度的大小,而单程转化率反映了反应条件的苛刻程度或总进料油裂化的难易程度。

2. 空速和反应时间

在流化催化裂化工业装置中，催化剂不断地在反应器和再生器之间循环，但是在任何时间，两器内各自保持一定的催化剂量。两器内经常保持的催化剂量称为藏量。在流化床反应器中，通常是指分布板上的催化剂量。

每小时进入反应器的原料量与反应器内催化剂藏量之比称为空间速度（简称空速）。空速有重量空速和体积空速之分，其定义是：

$$重量空速 = \frac{总进料量(t/h)}{催化剂藏量(t)} \tag{2-11}$$

$$体积空速 = \frac{总进料量(m^3/h)}{催化剂藏量(m^3)} \tag{2-12}$$

进料的体积流量是按 20℃时的液体流量计算。空速通常用 V_0 表示。

空速的单位是 h^{-1}，空速越高，表明催化剂与油的接触时间越短，装置处理能力越大。

空速只是在一定程度上反映了反应时间的长短，人们常用空速的倒数相对地表示反应时间，称为假反应时间，即

$$假反应时间 = \frac{1}{空速}(h) \tag{2-13}$$

对于提升管催化裂化，由于提升管内气速很高，催化剂密度很低，因此通常用油气在提升管内的停留时间表示反应时间。但停留时间也并非真正的反应时间。油气在提升管内的停留时间一般为 1～4s。

3. 剂油比

催化剂在两器之间的循环量与总进料量之比称为剂油比，用 C/O 表示：

$$C/O = \frac{催化剂循环量(t/h)}{总进料量(t/h)} \tag{2-14}$$

（二）影响因素分析

如前所述，石油馏分的催化裂化反应是在固体催化剂表面上进行的，反应的总速度是由吸附速度和表面反应速度共同决定的。但是，在一般的工业生产条件下，催化裂化反应通常表现为化学反应控制。因此，下面主要从化学反应控制的角度来讨论影响催化裂化反应速度的一些主要因素，如原料性质、反应温度、反应压力、反应时间、回炼比、催化剂的活性和剂油比等，其中催化剂的影响将在下一节中进行讨论。

(1) 原料性质

原料性质主要是指其化学组成。催化裂化原料是含有各种烃类的复杂混合物，并含有少量有机硫、有机氮及有机金属化合物等。原料油的裂化性能，与其烃类组成关系最大。环烷烃含量多的原料，裂化反应速度比较快、气体、汽油产率比较高，焦炭产率比较低，选择性比较好；富含芳烃的原料，则裂化反应进行缓慢，焦炭产率较高，选择性较差。因此，原料的裂化性能可用特性因数 K 值进行分类：$K>12$ 的原料属高裂化性能的烷烃类；$K=11.3～12.0$ 的原料，属中等裂化性能的环烷烃类；$K<11.3$ 的原料，则属难裂化的芳烃类。例如属石蜡基的大庆原油的减压馏分油，其裂化性能优于属中间基的胜利原油的减压馏分油。

硫和氮的化合物一般会影响产品的质量，而不影响原料的裂化性能和产品分布，曾经考察过，原料油中的含硫量在 0.3%～1.6%（重量）范围内，对裂化反应速度没有明显的影响。但是氮化物中的碱性氮可被催化剂上的酸性中心吸附，引起催化剂中毒而使其活性下降。有机金属化合物在高温下会分解而将金属沉积在催化剂上，造成催化剂污染，其结果一方面使催化剂活性降低，为了保持系统中催化剂的活性水平，必须多补充新鲜催化剂；另一方面金属会影响产

品分布，使氢气和干气(即 C_1 和 C_2)产率增加。此外，原料的沸点范围对裂化反应也有影响，一般较重的原料较易裂化，生成的气体和汽油含烯烃也较多，但原料愈重，所含硫、氮和金属杂质也随之增加，特别是在掺炼渣油的情况下，这些杂质会对生产过程带来严重的问题。关于这点将在本节的后面加以讨论。

(2) 反应温度

对床层反应，反应温度系指反应器床层温度，在提升管反应器中则用提升管出口温度来表示。

催化裂化中的各类反应基本上可看作是不可逆反应，因此转化速度主要取决于化学反应速度和反应时间，而反应速度，又主要取决于反应温度。不仅如此，催化裂化的产品分布和产品质量都受反应温度的影响很大。反应温度提高可使：①反应速度加快，转化率提高；②热裂化反应速度提高的程度较催化裂化反应速度提高的程度要大，因此气体中 C_1 和 C_2 增多，产品的不饱和度增大；③对催化裂化中各族烃的平行-顺序反应有不同的影响，一方面是汽油生成气体的反应加快得最多，而生成焦炭的反应加快得最少，因此在转化率不变的情况下，汽油产率降低，气体产率增加，焦炭产率降低；另一方面是分解反应和芳构化反应的速度加快的程度，比氢转移反应速度加快的程度来得大，于是汽油中烯烃和芳烃含量增加，汽油的辛烷值提高。

因此，在生产中反应温度是调节反应速度和转化率的主要工艺参数，不同的产品方案选择不同的反应温度。例如：我国为了多产柴油，采用较低的反应温度(450～470℃)，在低转化率、高回炼比下操作。而当以多产汽油和气体为目的时，采用较高的反应温度(500～530℃)，采用高转化率、低回炼比。

表 2-7 为用大庆馏分油和稀土沸石催化剂在中型提升管装置上在不同反应温度条件下的试验结果，反应压力为 0.17MPa(绝)，剂油比为 5.9。

表 2-7　反应温度对提升管催化裂化的影响

提升管出口温度，℃	480	501	517
转化率，m%	62.3	70.6	77.7
$<C_2$	0.8	1.3	3.2
总 C_3	4.4	5.7	7.2
其中 $C_3^=$	3.6	4.8	6.1
总 C_4	10.1	12.3	13.0
其中 $C_4^=$	6.0	8.0	9.1
汽油(～221℃)	44.3	48.3	51.0
柴油	14.7	12.3	10.5
重油	23.0	17.1	11.8
焦炭	2.0	1.9	1.7
损失	0.7	1.1	1.6
汽油辛烷值(MON)	—	78	79
诱导期，min	465	385	245
柴油十六烷值	37	34	29
柴油凝点，℃	−11	−15	−12

(3) 反应压力

反应压力特指床层反应器顶部或提升管顶部的压力。对于催化裂化反应，提高反应压力的实质就是提高油气的分压，降低体积空速，增长反应时间，从而使转化率提高。但提高反应压力有利于缩合反应，使焦炭产率明显增高，气体中烯烃相对产率下降，汽油产率也略有下降，而安定性提高。例如：当反应器内油气分压由 0.07MPa 提高到 0.28MPa 时，汽油产率从 53.1%下降到 51.2%，丁烯产率下降了 28%，而焦炭产率从 7.4%上升到 12.4%。

因此，对于反应压力，要结合原料油的生焦趋势和烟气能量回收的经济效益综合考虑。一般，提升管催化裂化装置的压力采用 0.13～0.27MPa(表)；对于有烟气能量回收设施的装置，可将反应压力提高到 0.25～0.29MPa(表)。

因为催化裂化的反应压力受到再生器烧焦能力和两器催化剂循环流动的压力平衡的限制，所以反应压力在设计中就被确定下来了，一般在操作中是固定的，不作为调节操作的变量。但是通过提高压力来提高原有装置的生产能力，是有效的改造挖潜措施之一。

(4) 反应时间

在床层反应器中，用重量空速来表示油与催化剂的接触时间，即反应时间，它是指每小时通过单位重量催化剂的原料油重量。

降低空速就是延长反应时间，有利于提高转化率。对于提升管反应器，反应时间就是油气在提升管中的停留时间。

对沿提升管高度上裂化情况的研究表明：在提升管原料进口处以上的一定高度内，原料转化率、汽油、柴油和焦炭产率随高度而增加，而催化剂活性下降。当上升到一定高度后，或者反应 1 秒钟以后，转化率的增加逐渐缓慢。沿着提升管继续上升，会引起过多的二次反应，使得汽油和柴油的产率开始下降，气体中丙烯和丁烯的含量下降，见图 2-19。

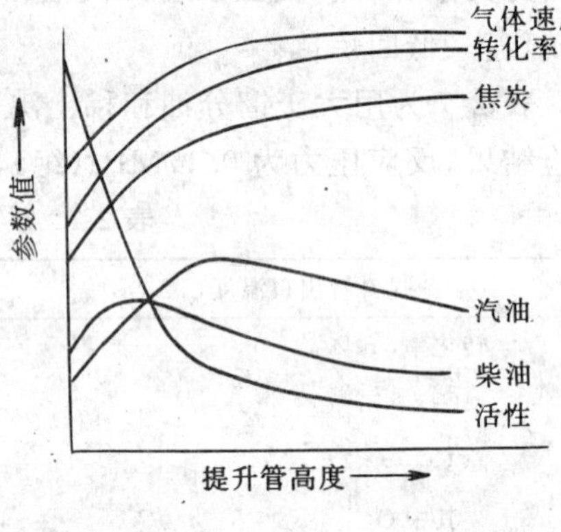

图 2-19　沿提升管高度的产品分布变化

因此，提升管反应器内进料的反应时间要根据原料油的性质、催化剂性能和产品方案来确定，一般为 1～4s。工业上在按照汽油方案操作时，一般采用高反应温度和短反应时间(2～3s)，可以得到高的汽油产率和较高的汽油辛烷值，较低的焦炭产率；在按柴油方案生产时，则以较低的反应温度和较长的反应时间(3～4s)为宜；渣油催化裂化一般控制在 2s 左右。

(5) 回炼比

回炼比是指回炼油量与新鲜原料油量之比，其值可小于或大于 1，也可为零(此时叫单程裂化)。

由于新鲜原料经过一次反应后不能都变成要求的产品，还存在一部分和原料馏程相近的馏分，即回炼油。工业装置采用回炼操作的目的是改善产品分布，提高轻质油收率。这是因为回炼操作的操作条件比单程裂化的要缓和，如催化剂活性不很高，反应温度和再生条件不太苛刻等，单程转化率较低，二次反应较少。但是，回炼操作比单程裂化处理能力低，增加能耗。因为回炼油是已经裂化过的馏分，它的化学组成与新鲜原料有区别，芳烃含量多，较难裂化。

因此，工业上采用多大的回炼比要根据原料的性质和产品方案来确定。当采用气体和汽油方案时，可采用较苛刻的反应条件和较低的回炼比；当还要同时考虑柴油的产率时，可采用较缓和的反应条件和较高的回炼比。

在以上所述的影响催化裂化反应深度的若干因素中，原料油的性质是不能调节的，日常生产中可控因素是温度和反应时间。

第三节 催化裂化催化剂

能够改变化学反应速度而本身不发生化学反应的物质称为催化剂。这种改变化学反应速度的作用叫做催化作用。催化剂可以加快某些反应进行的速度，也可以抑制另一些反应的进行，这分别称为正催化作用和负催化作用。不同的催化剂对化学反应的作用情况会大不相同。催化剂的催化作用具有如下特征：

(1) 催化剂参与化学反应，改变化学反应速度（加快或减慢），但反应前后本身并不发生化学变化；

(2) 催化剂不能促进那些从热力学判断不可能进行的反应；对可逆反应，能同时促进正反应和逆反应，即不改变化学平衡；

(3) 催化剂能有选择性地加速某些化学反应，从而改变产品的分布；

(4) 在化学反应过程中，催化剂基本上不消耗。

由此看出：催化剂在催化加工过程中起着举足轻重的作用，它不仅能够促进化学反应的进行，还对过程的产品产率、产品质量以及经济效益等具有重大的影响。催化裂化技术的发展在很大程度上就依赖于催化剂的发展。例如：流化床催化裂化的出现，是因为有了微球催化剂；提升管催化裂化的出现，是因为有了沸石催化剂；CO 助燃剂使高效再生技术得到普遍推广；钝化剂和抗重金属污染催化剂的出现，才使渣油催化裂化技术得到较快的发展。

一、裂化催化剂的种类

工业上广泛应用的裂化催化剂可分为两大类：一类是无定形的硅酸铝，其中包括天然活性白土、合成普通（低铝）硅酸铝和高铝硅酸铝；另一类是结晶型硅酸铝，又称沸石催化剂或分子筛催化剂。

（一）无定形硅酸铝催化剂

这类催化剂中使用最多的是合成硅酸铝，主要用于流化催化裂化中。硅酸铝催化剂的主要成分是氧化硅和氧化铝（SiO_2，Al_2O_3）。按 Al_2O_3 含量的多少又分为低铝（含 $Al_3O_3$12%～13%）和高铝（含 Al_2O_3 约 25%）催化剂。硅酸铝催化剂的大致化学组成如表 2-8 所示。

表 2-8 合成硅酸铝催化剂的化学组成

组 分， m%	低 铝	高 铝
SiO_2	86	74
Al_2O_3	13	25
Na_2O	0.01	0.03
Fe	0.05	0.05
$SO_4^{=}$	0.2	0.5
615℃灼烧减量（湿基）	10	12

该组成中 Al_2O_3、SiO_2 和少量水分是必要的活性组分，而其它组分是在催化剂的制备过程中残留下来的极少量的杂质。

无定形合成硅酸铝催化剂具有很多不规则的微孔，其颗粒密度约为 $1g/cm^3$，孔体积达 0.4～0.6ml/g，即每粒催化剂中微孔所占体积为整个催化剂体积的一半左右。这些微孔的直径大小不一，平均孔径约为 4～7nm。由于这些微孔结构使硅酸铝催化剂具有很大的表面积，每克新鲜催化剂的表面积(称比表面)可达 $500～700m^2$，催化剂的活性中心就分布在这表面上，所以这些表面提供了化学反应进行的场所。在生产过程中，由于高温及水蒸气的作用，会使微孔遭到破坏，平均孔径增大，比表面减小，催化剂活性降低，这种现象称为"老化"。硅酸铝催化剂的表面具有酸性，并形成许多酸性中心，催化剂的活性就来源于这些酸性中心，即催化剂的活性中心。

(二) 沸石催化剂

沸石催化剂是 60 年代初发展起来的一种新型催化剂，它对催化裂化技术的发展起了划时代的作用。

沸石是一种具有结晶结构的硅铝酸盐，按其组成不同及晶体结构的不同，可分为 A 型、X 型、Y 型及丝光沸石等几种。目前工业裂化催化剂中常用的是 X 型和 Y 型沸石，其中用得最多的是 Y 型沸石。

X 型和 Y 型沸石具有相同的晶体结构，如图 2-20 所示。其基本结构单元是方钠石，即由 AlO_4^- 和 SiO_4 四面体以氧桥相连的三维结构组成的截角八面体。每个方钠石单元与相邻四个方钠石单元按四面体结构通过六角棱柱体相联结，即构成 X 型和 Y 型沸石晶体。这种晶体中有三种晶笼，即方钠石笼、六角棱柱笼及椭圆形大笼(即由方钠石笼和六角棱柱笼围成，也称超笼)。超笼是 X、Y 型沸石的主晶笼，裂化反应主要在超笼中进行，通入超笼的主晶孔仅为0.74nm，因而仅允许小于此孔径的分子通过主晶孔进入超笼发生反应。分子筛的名子也就是由此而得的。由于具有很多大小均匀、排列规则的孔，所以 X、Y 型沸石具有很高的内表面积($500～800m^2/g$)。

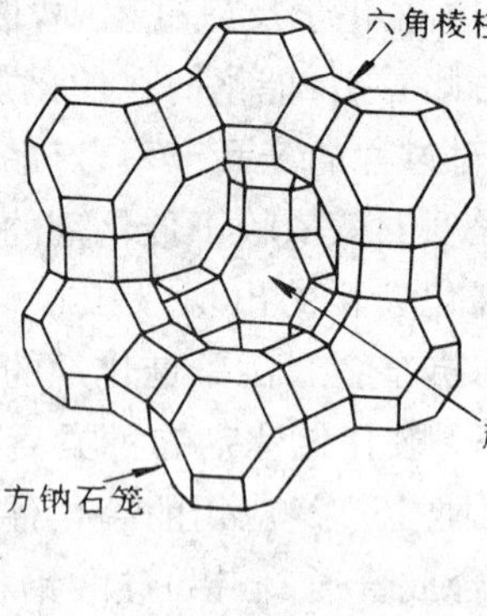

图 2-20 X、Y 型沸石的晶体结构

尽管 X、Y 型沸石的晶体结构相同，但它们的硅铝分子比(SiO_2/Al_2O_3)不同：X 型沸石为 2～3；Y 型沸石为 3～6。典型的 X、Y 钠型沸石的单位晶胞组成及晶胞常数如下：

X 型沸石　$Na_{86}(AlO_2)_{86}(SiO_2)_{106} \cdot 264H_2O$，2.493nm

Y 型沸石　$Na_{56}(AlO_2)_{56}(SiO_2)_{136} \cdot 250H_2O$，2.467nm

沸石的硅铝比是影响沸石性能的重要因素，高硅铝比沸石的结构稳定性较高，这也就是工业催化裂化中常用 Y 型沸石作为催化剂的原因所在。常用的 Y 型沸石的硅铝分子比为 5。

沸石催化剂的表面也具有酸性，单位表面上的酸性中心数目约为硅铝催化剂的 100 倍，其活性也相应高出 100 倍左右。如此高的活性，在目前的生产工艺中还难以应用。因此，工业上所用的沸石催化剂是由 5%～20%的沸石均匀分散于基质(载体)中组成的。在催化剂中基质的作用有：对沸石组分起分散作用，使沸石的性能得到充分发挥；起保护作用，在再生和裂化时作为吸热体从沸石携出热量；作为储钠所，降低沸石的钠含量从而提高沸石的稳定性。裂化催化剂的特性取决于沸石与基质的性质，其中沸石的催化特性是主要的，但基质的作用也不容忽视。常用的基质有合成硅酸铝凝胶或天然硅酸铝(如高岭土)及硅溶胶、铝溶胶等。

X、Y 型沸石的初型含有钠离子，这时催化剂并不具有多少活性，必须用多价阳离子置换出钠离子后才具有很高的活性。目前催化裂化装置上常用的催化剂包括：H-Y 型、RE-Y 型和 RE-H-Y 型（分别用氢离子、稀土金属离子或二者兼用置换得到）。

二、裂化催化剂的使用性能

催化裂化工艺对所用催化剂有诸多的使用要求，其中表示其催化性质的活性、选择性、稳定性和抗重金属污染性，以及表示其物理性质的密度，流化性能和抗磨性能，是评定催化剂性能的重要指标。

（一）活性

活性是评价催化剂促进化学反应能力大小的重要指标。对不同类型的催化剂，实验室评定和表示方法有所不同。对无定形硅酸铝催化剂，采用 D+L 活性法。即将待定催化剂和规定原料置于规定的设备和裂化条件下进行反应，所得液体产物中小于 204℃的汽油与蒸馏损失之和占原料油的重量百分数，即为该催化剂的 D+L 活性。在生产现场中经常采用更为简便的间接测定方法，即 KOH 指数法。新鲜硅铝催化剂的活性约 55。对沸石催化剂，由于其活性很高，对吸附在催化剂上的焦炭很敏感，在实际应用时，反应时间很短（1～4s），而（D+L）试验方法的反应时间较长，会使焦炭产率增加，用 D+L 法不能显示沸石催化剂的真实活性。所以，对沸石催化剂，目前采用反应时间短，原料油和催化剂用量都很少的微活性测定法，所得活性称为微活性。新鲜催化剂在开始投用的一段时间内，活性急剧下降，待降到一定程度后则缓慢下降。因此初活性不能反映实际的生产情况。另外，由于在生产过程中不可避免地损失一部分催化剂而需要定期补充一定量的新鲜催化剂。因此，在生产装置中催化剂的活性可保持在一个稳定的水平上，此时催化剂的活性称为平衡活性，催化剂简称为平衡剂。显然，平衡活性低于新鲜催化剂的活性。平衡活性的高低取决于催化剂的稳定性和新鲜催化剂的补充量。沸石催化剂的平衡活性约为 60～70（微活性），而普通硅酸铝催化剂的平衡活性一般在 26～30 左右（D+L 活性）。

（二）选择性

选择性是表示催化剂增加目的产品和减少副产品的选择反应能力。活性高的催化剂，选择性不一定好。所以评价催化剂好坏不仅考虑它的活性，还要考虑它的选择性。一般采用目的产物产率与转化率之比、或者是目的产物与副产物产率之比来表示催化剂的选择性。对于以生产汽油为主要目的的裂化催化剂，常用“汽油产率/焦炭产率”或“汽油产率/转化率”来表示其选择性。

选择性好的催化剂可使原料生成较多的汽油、较少的气体和焦炭。沸石催化剂的选择性优于无定形硅酸铝，当焦炭产率相同时，使用沸石催化剂可提高汽油产率 15%～20%。

（三）稳定性

催化剂在使用过程中保持其活性的性能称为稳定性。具体地讲，催化剂耐高温和水蒸气老化的性能就是催化剂的稳定性。在反应和再生过程中，由于高温和水蒸气的反复作用，会使催化剂老化。但是两者使催化剂老化的原因各不相同，高温主要是破坏颗粒外表面的微孔，内部结构变化不大，比表面和孔体积同时减少，孔径变化不大；水蒸气的作用主要是破坏颗粒内部的孔结构，使孔径增大，比表面减少，孔体积改变不大。因此，总的引起催化剂孔径扩大，比表面减少，活性下降。

稳定性好的催化剂经高温和水蒸气作用时活性下降少，使用寿命长。一般地，高铝催化剂的稳定性比低铝催化剂的好，沸石催化剂的稳定性更高。沸石本身的稳定性与其硅铝比有关，硅铝比高的稳定性好，所以Y型沸石比X型沸石催化剂的稳定性好。当然，沸石催化剂的载体性能对催化剂的稳定性也有很大影响。

（四）抗重金属污染性能

原料中的镍(Ni)、钒(V)、铁(Fe)、铜(Cu)等金属盐类，沉积在催化剂表面上，使催化剂的活性和选择性大大降低，这种现象称为催化剂"中毒"或"污染"。如催化剂受到污染，会使汽油产率下降、气体和焦炭产率上升。

一般用"污染指数"来表示重金属对催化剂的污染程度，即：

$$污染指数 = 0.1(14Ni + 4V + Fe + Cu) \tag{2-15}$$

式中各金属是指其在催化剂上的含量，单位是ppm。

沸石催化剂的抗重金属污染能力比硅铝催化剂的强，它可以在镍含量高达300ppm、钒含量达1000ppm条件下操作而没有严重污染现象。

为了控制催化剂的重金属污染，一方面应控制原料油中的重金属含量，另一方面是设法提高催化剂的抗重金属污染能力以及使用金属钝化剂。据报导，为了适应渣油催化裂化的发展，国外已有能耐(Ni+V)达10000ppm的抗重金属污染催化剂。

（五）密度

由于裂化催化剂是微球(或小球)状多孔物质，故其密度有几种不同的表示方法：①真实密度，又称骨架密度，一般是2～2.2g/cm³；②颗粒密度，一般是0.9～1.2g/cm³；③堆积密度，一般是0.5～0.8g/cm³，视堆积方式不同而有所差别。

（六）流化性能和抗磨性能

为保证催化剂在流化床中有良好的流化状态，要求催化剂有适宜的粒径或筛分组成。工业用微球催化剂颗粒直径一般在20～80μm之间。粒度分布大致为：小于40μm的占10%～15%，大于80μm的占15%～20%，其余的是40～80μm的筛分。根据实际经验，适当的细粉(<40μm)含量可改善流化质量，提高催化剂的再生效率。

为了避免在生产过程中催化剂过度粉碎，以保证良好的流化质量和减少催化剂损耗，要求催化剂有一定的机械强度。我国采用"磨损指数"来评价微球催化剂的机械强度，它是根据国家规定的标准测定的。要求微球催化剂的磨损指数不大于3%～5%。

三、催化裂化生产中常用的几种催化剂

在此，简要叙述一下工业催化裂化装置上常用的几种沸石裂化催化剂H-Y、RE-Y和RE-H-Y的特点，以及几种改善催化裂化生产的其它催化剂，如一氧化碳助燃剂、金属钝化剂和辛烷值助剂等。

（一）几种沸石裂化催化剂的特点

RE-Y和RE-H-Y裂化催化剂与硅铝裂化催化剂相比有下列特点：

1. 高的裂化活性　RE-Y催化剂的活性远高于硅铝催化剂。工业装置上RE-Y催化剂仅需1～4s的接触时间即可完成全部裂化反应。裂化活性高的原因可能是由于沸石的活性中心密度较大和反应物在沸石孔内的有效浓度较大的综合结果。

2. 优良的选择性　在馏分油裂化中，沸石催化剂与硅铝催化剂相比，具有汽油收率高、生焦量及气体量低、汽油中烯烃量少芳烃量多等特点。这是由于沸石催化剂具有较强的氢转移能力，烯烃饱和使汽油安定性变好，但使辛烷值降低。

3. 好的稳定性　沸石催化剂的稳定性优于硅铝催化剂，是因为NaY晶体比无定形硅铝具有较高的稳定性，而且进行稀土交换后，在方钠石笼内形成$[RE\text{-}OH\text{-}RE]^{5+}$阳离子起稳定作用，使 RE-Y 的稳定性进一步提高。

4. 较高的抗重金属能力　裂化原料中重金属的存在对催化剂的性能有较大影响。镍主要是影响选择性，它促进脱氢及缩聚等反应，生成氢气和焦炭，并增加干气量。在这方面钒的作用仅约为镍的 1/4，而其主要影响是破坏沸石结构，使沸石催化剂失活。钠的存在可使催化剂的酸性中心中毒，并可促进钒的破坏作用。沸石催化剂具有更多的活性中心，其抗重金属性能优于硅铝催化剂。

5. 受含碳量的影响较大　硅铝催化剂生成的焦炭较分散，而沸石催化剂因裂化反应主要在沸石上进行，生成的焦炭多集中在沸石上，因而对催化剂的活性和选择性影响较大。为了充分发挥沸石催化剂的性能，其再生催化剂上的含碳量应保持在 0.2%(m)以下，最好在 0.05%(m)以下，而硅铝再生催化剂的含碳量可允许高达 0.5%(m)。

超稳 Y 型沸石，是一种将深度离子交换的 NH_4Y 型沸石，进行高温水热处理脱铝和稳定化制得的高硅铝比 H-Y 型沸石。经脱铝稳定化后，超稳 Y 型沸石的钠含量降低，硅铝分子比提高至 7～9。因此，与 RE-Y 及 RE-H-Y 型沸石相比，超稳 Y 型沸石具有如下特点：①稳定性高；②氢转移能力降低，汽油中烯烃量增加，辛烷值提高；③焦炭产率降低，改善了焦炭选择性；④裂化活性降低，汽油收率降低，相应柴油收率提高，总液体收率增加。所以超稳 Y 沸石常用作高辛烷值及渣油催化裂化剂的沸石组分。由于其裂化活性较低，为弥补活性，则需增加其用量或采用适量稀土交换的超稳 Y 型沸石。

(二) 其它催化剂

为了改善催化裂化的生产，适应原料的不断变重和充分发挥沸石催化剂高活性的特点，提高产品质量、降低再生催化剂含碳量以及减轻环境污染，近年来不仅研究发展了具有各种特性的裂化催化剂，而且还成功地应用了一些辅助催化剂，即将其少量添加到裂化催化剂中，以促进或提高裂化催化剂的某种性能。目前常用的有：

1. 一氧化碳助燃剂　这是一种促使 CO 在不太高的温度下完全燃烧变成 CO_2 的催化剂。生产实践证明：使用 CO 助燃剂可使再生烟气中的 CO 几乎全部转化为 CO_2，从而回收大量热量、平稳操作以及消除 CO 对大气的污染。同时还由于提高了再生温度、强化了再生过程，从而降低了再生剂含碳量、提高了催化剂的活性，并有降低催化剂循环量、减少催化剂消耗和提高轻质油收率等效果。

2. 金属钝化剂　这种物质是附着在裂化催化剂上使用的，使沉积在催化剂上的金属钝化，而不降低催化剂的活性。催化裂化装置使用金属钝化剂，可以处理重质原料，即使催化剂上沉积 3000～6000ppm 镍，也能维持正常生产。而且采用这一措施投资少、见效快、操作费用低，所以推广很快。

3. 辛烷值助剂　这是一种用于提高催化裂化汽油辛烷值的催化剂，又称助辛烷值催化剂，是 80 年代中期投入工业使用的。一般马达法辛烷值可以提高 1～2 单位，研究法辛烷值可以提高 2～3 单位；液化气收率增加约 3%；轻质油收率降低 1.5%～2.5%。

四、催化剂的活性和剂油比对裂化反应的影响

在生产中，平衡催化剂的活性对催化裂化反应有重要的影响，提高平衡催化剂活性可以提高转化率，从而提高反应器的处理能力，同时还可提高汽油产率，改善产品分布。平衡催化剂的活性主要与新鲜催化剂活性、减活速率、新鲜催化剂的补充以及催化剂的再生状况等有关。催化剂的类型不同，除反映在裂化活性上以外，往往还反映在如氢转移、异构化、抗重金属及稳定性等其它一些性能上。所以采用不同性能的催化剂,会得到不同的产品分布和产品性质。

在裂化反应过程中,随着催化剂表面积炭的增多,活性也随之下降。单位催化剂上焦炭的沉积量主要与催化剂在反应器内的停留时间有关。对流化床反应器则与催化剂的循环量及反应器藏量有关。催化剂的循环量是单位时间内进入或离开反应器或再生器的催化剂量。

剂油比对裂化反应的影响,在一定程度上与反应时间的影响有些相似。提高剂油比相当于增加反应时间,即增加原料与催化剂的接触,在反应温度相同时,可提高转化率,增加气体和汽油收率,同时焦炭产率也增加,高剂油比可使单位催化剂上的积炭减少,从而使系统中催化剂活性维持在较高水平,提高转化率,或者在相同的转化率下降低反应温度。例如:在大庆馏分油的中型试验中,其它条件相同,剂油比从 5.3 提高到 10,转化率从 62.3%上升到 69.5%,汽油产率从 44.8%上升至 47.8%,焦炭从 2.0%上升到 2.8%。

剂油比的大小受装置总热平衡特别是反应温度控制。一般生产装置上,反应温度不变时,剂油比也基本不变。反应温度靠催化剂循环量来调节,实际是通过剂油比调节焦炭产率,从而达到调节装置热平衡的目的。一般剂油比为 5~10。

五、裂化催化剂的再生

石油馏分在催化裂化过程中,由于缩合反应和氢转移反应,产生高度缩合产物——焦炭。焦炭沉积在催化剂表面上使催化剂的活性降低。为使催化剂恢复活性以重复利用,必须用空气在高温下烧去沉积的焦炭。这个用空气烧去焦炭的过程称为催化剂的再生。在工业装置上,必须经常地烧掉催化剂表面上的焦炭,即进行再生,一方面为裂化反应提供恢复活性的催化剂,另一方面将烧焦放出的热量通过催化剂提供给裂化反应。在实际生产中,将离开反应器的催化剂称为待生催化剂(简称待生剂),其含碳量约为 1%;再生后的催化剂称再生催化剂(简称再生剂),其含碳量的要求视催化剂的不同有所差别。对沸石催化剂,要求再生催化剂的含碳量在 0.2%以下,甚至到 0.05%。催化剂的再生过程决定着整个装置的热平衡和生产能力。

焦炭的主要成分是碳和氢,原料中如含有硫、氮等,也会存在于焦炭中。催化剂的再生反应就是用空气中的氧烧去焦炭,产物是 CO、CO_2 和 H_2O(可能还有少量的 SO_x、NO_x 等)。再生反应是放热反应,而且热效应很大。例如:一个 1200kt/a 处理量的装置,若焦炭产率为 5.5%,则每小时烧焦可产生 250×10^6kJ 的热量,足以提供本装置热平衡所需的热量。在有些情况下(如 CO 完全燃烧、焦炭产率高等),还可以提供相当大量的剩余热。

影响再生(或烧焦)反应速度的主要因素,有再生温度、再生压力和催化剂的含碳量。催化剂的类型不同,对烧焦反应也有影响。

1. 再生温度

温度越高,燃烧速度越快。采用硅铝催化剂时,再生温度一般不超过 600℃,否则会加速和加重催化剂的老化,使其活性大减。使用沸石催化剂后,由于稳定性大大提高,可使再生温度提高到 650~700℃,特别是使用高温完全再生技术的装置,再生温度达 720℃以上,使再生催化剂的含碳量降到 0.05%~0.02%。

2. 再生压力

再生压力对烧焦的影响,确切地说是氧分压的影响。氧分压是再生器操作压力与再生气体中氧浓度的乘积。提高再生操作压力或再生气体中氧的浓度都有利于加快焦炭的燃烧速率。再生压力的提高受到主风机出口压力的限制,并且影响催化剂循环的压力平衡。目前提升管催化裂化的再生压力为 0.24~0.38MPa。

氧气浓度是入口空气中氧浓度和出口烟气中氧浓度的平均值。入口空气中氧浓度是一个常数[21%(体)],出口烟气中的过剩氧含量一般控制在0.5%(体)左右,太高可能引起二次燃烧,即烟气中的CO在再生器稀相与过多的O_2发生燃烧,使温度剧增,严重时会破坏催化剂的结构和烧坏再生设备等。当采用完全再生技术时,烟气中氧含量可提高到3%以上,过高会增加能量损失。

再生器的压力是由两器压力平衡确定的,平时不作为调节手段。

3. 催化剂的含碳量

烧焦速率与催化剂上的焦炭含量成正比。起始的烧焦速率较快,随着烧焦的进行,催化剂上的含碳量降低,烧焦速率也就随之减慢。如果要求把催化剂上的含碳量降得很低,如对于沸石催化剂,要求再生催化剂的含碳量在0.2%以下甚至到0.05%~0.02%,那么因为烧焦速率的减慢,势必增加再生时间或者加大再生器。所以,为了提高再生效率,必须强化再生过程。关于这点,将在下一节中进行讨论。

第四节 催化裂化工业装置

催化裂化自工业化以来,先后出现过多种形式的催化裂化工业装置。固定床和移动床催化裂化是早期的工业装置,随着微球硅铝催化剂和沸石催化剂的出现,流化床和提升管催化裂化相继问世。1965年我国建成了第一套同高并列式流化床催化裂化工业装置,1974年我国建成投产了第一套提升管催化裂化工业装置。到目前为止,我国已拥有500kt/a以上规模的催化裂化装置60余套,绝大部分是技术先进的提升管催化裂化。

一、催化裂化装置的工艺流程

催化裂化装置通常由三大部分组成,即反应再生系统、分馏系统和吸收稳定系统。现以提升管催化裂化为例,对三大系统分述如下。

(一)反应再生系统

反应再生系统是催化裂化装置的核心部分,不同类型的催化裂化装置,主要区别就在于它们反应再生部分的型式不同。这里,以高低并列式提升管催化裂化装置的反应再生系统为例说明反应再生系统的工艺流程,如图2-21所示。

新鲜原料(减压馏分油)经换热后与回炼油混合,进入加热炉预热至300~380℃(温度过高会发生热裂解),借助于雾化水蒸气,由原料油喷嘴以雾化状态喷入提升管反应器下部(回炼油浆不经加热直接进入提升管),与来自再生器的高温催化剂(650~700℃)接触并立即气化,油气与雾化蒸气及预提升水蒸气一起以7~8m/s的线速携带催化剂沿提升管向上流动,边流动边进行化学反应,在470~510℃的温度下停留2~4s,以13~20m/s的高线速通过提升管出口,经过快速分离器,大部分催化剂被分出落入沉降器下部,气体(油气和蒸气)携带少量催化剂经两级旋风分离器分出夹带的催化剂后进入集气室,通过沉降器顶部出口进入分馏系统。

积有焦炭的催化剂(待生剂)自沉降器下部进入汽提段,用过热水蒸气汽提吸附在催化剂表面的油气。经汽提后的待生剂通过待生斜管、待生单动滑阀进入再生器,与来自再生器底部的空气(由主风机提供)接触形成流化床层,进行再生反应同时放出大量燃烧热,以维持再生器足够高的床层温度。再生器密相段温度约650~700℃,顶部压力维持在0.15~0.25MPa(表),床层线速约为0.7~1.0m/s。再生后的催化剂(再生剂)含碳量小于0.2%,经淹流管、再生斜管及再生单动滑阀进入提升管反应器,构成催化剂的循环。

烧焦产生的再生烟气,经再生器稀相段进入旋风分离器,经两级旋风分离器分出携带的大

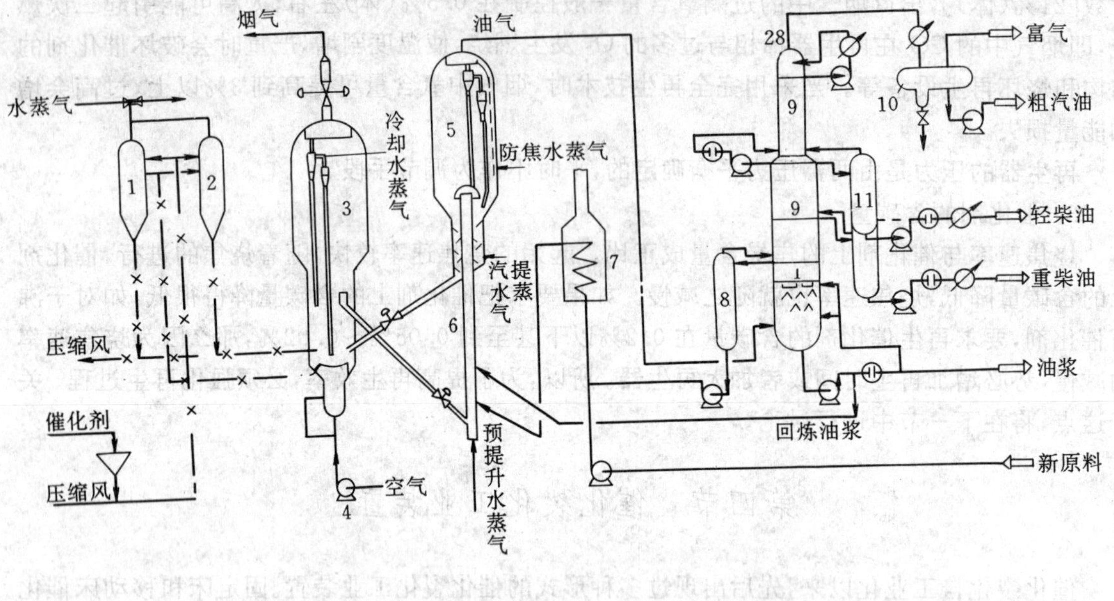

图 2-21　反应再生和分馏系统的工艺流程

1、2—储罐；3—再生器；4—主风机；5—沉降器；6—提升管；7—加热炉；
8—回炼油罐；9—分馏塔；10—油气分离器；11—汽提塔

部分催化剂，烟气通过集气室和双动滑阀排入烟囱（或去能量回收系统）。回收的催化剂经旋风分离器的料腿返回床层。

在生产过程中，由于少量催化剂细粉随烟气排入大气和进入分馏系统随油浆排出，造成催化剂的损失。因此，需要定期地向系统内补充新鲜催化剂，以维持系统内的催化剂藏量。即使是催化剂损失很低的装置，由于催化剂老化减活或受重金属污染，也需要放出一些废催化剂，补充一些新鲜催化剂以维持系统内平衡催化剂的活性。为此，装置内通常设有两个催化剂储罐，一个是供加料用的新鲜催化剂储罐，一个是供卸料用的热平衡催化剂储罐。

保证催化剂在两器间按正常流向循环以及再生器有良好的流化状况是催化裂化装置的技术关键。为此，反应再生系统设有许多控制手段，主要有：

(1) 由吸收稳定系统的气压机入口压力调节汽轮机转速控制富气流量，以维持沉降器顶部压力恒定。

(2) 以两器压差（通常为 0.02～0.04MPa）作为调节信号，由双动滑阀控制再生器顶部压力。

(3) 由提升管反应器出口温度控制再生滑阀开度来调节催化剂循环量；根据系统压力平衡要求由待生滑阀开度控制汽提段料位高度。

(4) 根据再生器稀密相温差调节主风放空量（称为微调放空），以控制烟气中的氧含量，防止发生二次燃烧。

(5) 一套比较复杂的自（动）保（护）系统，主要有：①反应器进料低流量自保；②主风机出口低流量自保；③主风机出口压力下限自保；④两器差压自保；⑤双动滑阀安全自停保护等。自保系统的作用是当发生流化失常时立即自动采取某些措施以免发生事故。以反应器进料低流量自保系统为例：当进料量低于某个下限值时，在提升管内就不能形成足够低的密度，正常的两器压力平衡被破坏，催化剂不能按规定的路线进行循环，而且还会发生催化剂倒流并使油气大量带入再生器而引起事故。此时，进料低流量自保就自动进行以下动作：切断反应器进料并使进料返回原料油罐（或中间罐），向提升管通入事故水蒸气以维持催化剂的流化和循环。

（二）分馏系统

分馏系统的原理流程如图 2-21 所示。由沉降器顶部出来的高温反应油气进入催化分馏塔下部，经装有挡板的脱过热段后进入分馏段，经分馏得到富气、粗汽油、轻柴油、重柴油（也可以不出）、回炼油和油浆。塔顶的富气和粗汽油去吸收稳定系统；轻、重柴油分别经汽提、换热、冷却后出装置，轻柴油有一部分经冷却后送至再吸收塔作为吸收剂，然后返回分馏塔；回炼油返回提升管反应器进行回炼；塔底抽出的油浆即为带有催化剂细粉的渣油，一部分可送去回炼，另一部分作为塔底循环回流经换热后返回分馏塔脱过热段上方（也可将其中一部分冷却后送出装置）。

催化裂化分馏塔不同于一般分馏塔，它具有如下特点：①进料为 460～480℃的过热油气，并夹带有少量的催化剂细粉。因此，分馏塔设有脱过热段，利用循环油浆冲洗粉尘和脱过热，使得净化后的饱和油气在分馏段得到分离。②由于全塔剩余热量较多，产品的分馏精确度要求又不高，因此一般设 4 个循环回流分段取热，即顶循环回流、一中段回流、二中段回流和塔底油浆循环回流。③塔顶采用循环回流，冷回流只作备用的辅助手段，这样可回收部分热量、节省塔顶冷凝冷却器的传热面积、降低分馏塔顶至富气压缩机入口的压力降等。

（三）吸收稳定系统

图 2-22 是催化裂化装置吸收稳定系统的原理流程图。

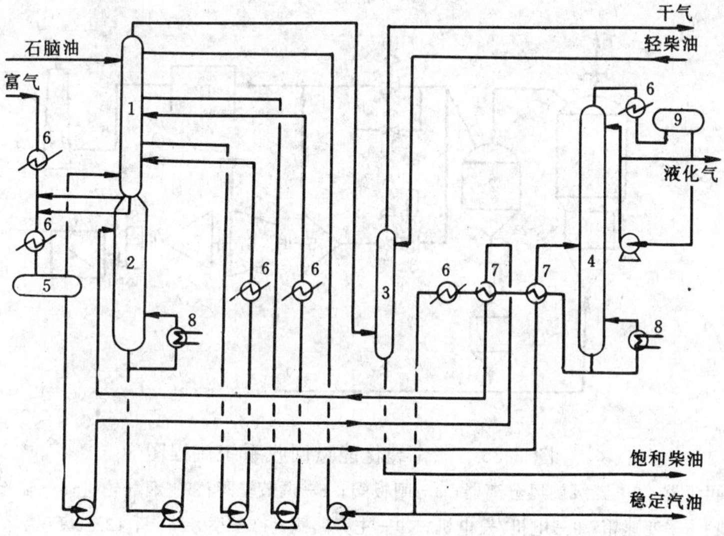

图 2-22 吸收稳定系统的工艺流程

1—吸收塔；2—解吸塔；3—再吸收塔；4—稳定塔；5—平衡罐；

6—冷凝器或冷凝冷却器；7— 换热器；8—重沸器；9—回流罐

吸收稳定系统包括吸收塔、解吸塔、再吸收塔、稳定塔及相应的冷换设备，其中吸收和解吸两塔，在有些装置中是叠置起来的，如上图所示；而在有些装置中分开放置。其作用是利用吸收和精馏的原理将富气和粗汽油分成干气、液化气和蒸气压合格的稳定汽油。

吸收塔和解吸塔的操作压力为 1.0～2.0MPa。从分馏系统油气分离器出来的富气经气压机压缩、冷却并分出凝缩油后从底部进入吸收塔。稳定汽油和粗汽油作为吸收剂由塔顶部进入，吸收了C_3、C_4(同时也会吸收部分C_2)的富吸收油从塔底抽出送至解吸塔顶部。因为吸收是放热过程，故在吸收塔设有1～2个中段循环回流，以维持塔内较低温度。从吸收塔顶出来的贫气中夹带有汽油，经再吸收塔用轻柴油回收其中的汽油组分后成为干气送至瓦斯管网，轻柴油返回分馏塔。

富吸收油中含有C_2组分不利于稳定塔的操作，解吸塔的作用是将富吸收油中的C_2解吸出来。从压缩富气中分出的凝缩油(C_3、C_4和轻汽油组分)和富吸收油由顶部进入解吸塔。解吸是吸热过程，操作温度比吸收塔高，塔底有再沸器供热。塔顶出来的解吸气中除含有C_2外，还有相当数量的C_3、C_4，所以经冷凝冷却后进入中间罐，重新平衡后气相混入压缩富气进吸收塔，液相混入凝缩油进解吸塔。解吸塔底为脱乙烷汽油，该汽油的C_2含量应严格控制，否则会影响稳定塔顶冷凝冷却器的工作效率，并且会由于需要排出不凝气而损失C_3、C_4。

稳定塔实际上是一个精馏塔，操作压力为1.0～1.5MPa。脱乙烷汽油由塔中部进入，塔底产品是蒸气压合格的稳定汽油，塔顶产品是液化气。为了控制稳定塔的操作压力，有时需要排出部分不凝气(气态烃)，主要是C_2，还夹带有C_3、C_4。

液化气是重要的化工原料和民用燃料，努力提高液化气的回收率也是催化裂化的一项任务。从国内生产装置的经验来看，提高C_3回收率的关键在于提高吸收效率，减少干气中的C_3含量；提高C_4回收率的关键在于提高稳定深度，减少汽油中的C_4含量。

对于各种型式的催化裂化装置，它们的分馏和吸收稳定系统都是一样的，所以前面介绍的这两个系统的工艺流程具有普遍性。

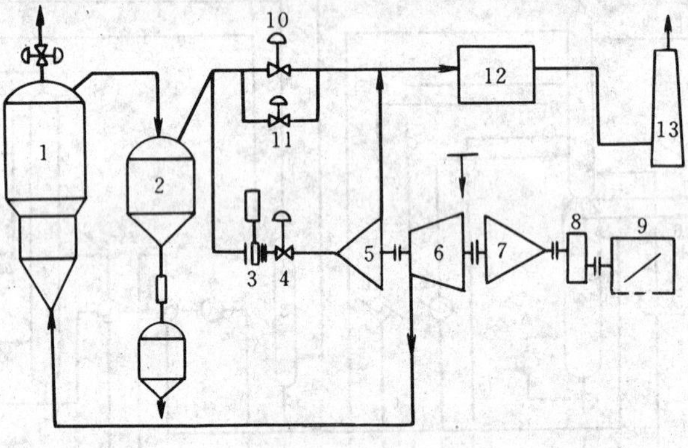

图2-23　催化裂化能量回收系统流程图

1—再生器；2—三级旋风分离器；3—闸板阀；4—调节蝶阀；5—烟气轮机；6—轴流风机；7—汽轮机；8—变速箱；9—电机/发电机；10—主旁路阀；11—小旁路阀；12—废热锅炉；13—烟囱

除以上三大系统外，现代催化裂化装置(尤其是大型装置)大都设有烟气能量回收系统，目的是最大限度地回收能量，降低装置能耗。图2-23为催化裂化装置烟气轮机动力回收系统的典型工艺流程。从再生器出来的高温烟气进入三级旋风分离器，除去烟气中绝大部分催化剂微粒后，通过调节蝶阀进入烟气轮机(又叫烟气透平)膨胀作功，使再生烟气的动能转化为机械能，驱动主风机(轴流风机)转动，提供再生所需空气。开工时无高温烟气，主风机由电动机(或汽轮机，又称蒸气透平)带动。正常操作时如烟气轮机功率带动主风机尚有剩余时，电动机可以作为发电机，向配电系统输出电功率。烟气经过烟气轮机后，温度、压力都有所降低(温度约降低100～150℃)，但仍含有大量的显热能(如不是完全再生，还有化学能)，故排出的烟气可进入废热锅炉(或CO锅炉)回收能量,产生的水蒸气可供汽轮机或装置内外其它部分使用。为了操作灵活,安全,流程中另设有一条辅线,使从三级旋风分离器出来的烟气可根据需要直接从锅炉进入烟囱。

二、提升管催化裂化装置的类型

前已提及,催化裂化装置的不同类型,其主要区别在于反应再生系统的型式不同。就现代的提升管催化裂化装置而言,其反应再生系统的型式有高低并列式、同轴式以及同高并列式三种。

1. 高低并列式

使用沸石催化剂,一方面要保证提升管的长度以满足对反应时间的要求,另一方面要提高再生压力以利于烧焦,降低再生剂的含碳量。因此反应器和再生器在布置上采用了高低并列式,如前图 2-21 所示,其特点如下:①由于反应器位置较高,两器压力不同,一般再生器比反应器的压力高 0.02～0.04MPa。②催化剂在两器中循环,用斜管输送,并由滑阀调节。由于滑阀经常处在节流状态,滑阀的材质应满足耐磨要求,以保证开工周期。

我国高低并列提升管装置有 200kt/a、600kt/a、1.2Mt/a 和 2.0Mt/a 几种规模。

2. 同轴式

同轴式催化裂化装置就是把两器叠置在一条直线上,沉降器在上,再生器在下(如图 2-24 所示)。处理能力有 30～1000kt/a 不等。其特点是:①提升管采用折叠式,既满足了反应时间,又降低了装置的总高度;②提升管和立管中的催化剂流量都是由塞阀控制,而不用滑阀,由于阀头和催化剂的均匀接触,阀头磨蚀轻;③按同轴的方式布置两器,可省掉反应器的框架,布置紧凑,占地面积小。

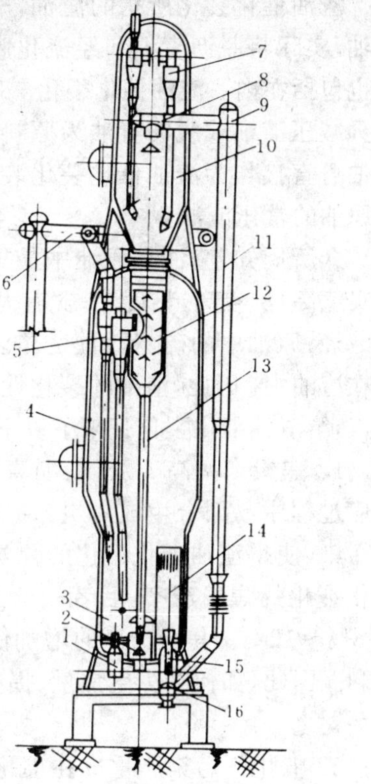

图 2-24 同轴式提升管催化裂化

1—空气分布管;2—待生塞阀;3—一段密相床;4—稀相段;5—旋风分离系统;6—外部烟气集合管;7—旋风分离系统;8—快速分离设施;9—耐磨弯头;10—沉降段;11—提升管;12—汽提段;13—待生立管;14—二段密相床;15—再生立管;16 再生塞阀

3. 同高并列式

这种型式的催化裂化装置,是由原来的同高并列式床层裂化反应器改造成提升管反应器而来的,催化剂也由硅铝催化剂改成沸石催化剂。改造后典型的反应再生系统流程见图 2-25。

以上主要是从裂化反应的角度来讨论反应再生系统的型式,仅就再生器而言,也有多种不同型式,有关这点将在本节的后面加以讨论。

三、渣油催化裂化工业装置

渣油催化裂化是渣油深度加工、增加轻质油品产率、提高炼油厂经济效益的有效方法。作为一项炼油新工艺,它已为多国所重视,正在蓬勃发展。我国原油大多偏重,大于 350℃的常压渣油占原油的 60%～80%,大于 500℃的减压渣油占原油的 30%～50%。因此,渣油催化裂化近些年来在我国发展较快。

渣油催化裂化与一般的馏分油催化裂化有所不同针对渣油的特性，在工艺上采取了一些必要的技术措施。

(一) 渣油原料的特性及其对催化裂化过程的影响。

渣油催化裂化所指的渣油，一般指常压渣油或减压渣油，实际将脱沥青油和经流化脱碳预处理的渣油或稠油也包括在内。渣油催化裂化一般是以减压馏分油掺兑部分减压渣油或脱沥青油为原料，只有少数原油的常压渣油可直接作为渣油催化裂化装置的原料，如大庆和中原原油的常压渣油。

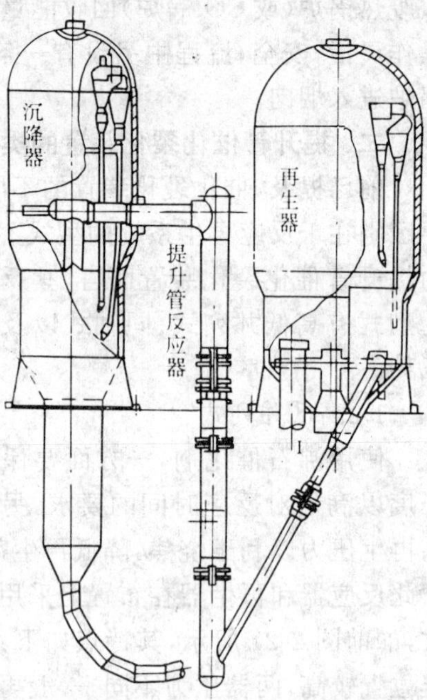

图 2-25　同高并列式催化裂化床层反应器改成提升管反应器的两器示意图

众所周知，渣油是原油中最重的部分，其氢碳比小，残炭值高；沸点高，粘度大；含有大量的胶质、沥青质和稠环芳烃；原油中的硫、氮、重金属以及盐分等杂质大都集中在渣油中。因此，渣油的裂化性能差。由于渣油的这些特点，给渣油催化裂化带来了以下难题：

1. 焦炭产率高　胶质、沥青质和稠环芳烃，在裂化反应过程中易缩合生成焦炭，加之重金属对催化剂的严重污染，使得渣油催化裂化的焦炭产率大大高于馏分油催化裂化的焦炭产率，后者一般为5%～6%，而前者可达8%～12%。焦炭产率的增加使轻质油收率下降，再生器烧焦负荷增大、反应再生系统热量过剩。因此，如何减少生焦量、提高再生器的烧焦效率以及取出剩余热量是渣油催化裂化的技术关键之一。

2. 催化剂污染严重　在催化裂化过程中，渣油中的金属几乎全部沉积在催化剂表面上，造成严重污染，其中尤以镍、钒和钠的影响为最大，其结果是催化剂活性降低、选择性变坏，产品中焦炭和气体产率增加、汽油产率下降；催化剂结构遭到破坏、稳定性下降。因此，控制重金属对催化剂的污染和提高催化剂本身的抗重金属污染能力是渣油催化裂化的又一技术关键。

3. 产品含硫含氮量高　渣油中含硫和氮较多，裂化所得轻质油品和焦炭中硫和氮化合物的含量也相应增加，影响油品的质量，主要是安定性和腐蚀性，焦炭在催化剂再生时产生较多的 SO_x 和 NO_x，增加对环境的污染。这点在渣油催化裂化过程中也是不容忽视的。

(二) 实现渣油催化裂化的技术措施

多年来对渣油催化裂化已研究很多，国外已开发出多种类型的渣油催化裂化技术，如由凯洛格和菲利浦斯公司共同开发的HOC技术、环球油品公司(UOP)和阿西兰德公司联合开发的RCC技术、石伟公司开发的RFCC技术等。国内在这方面也积累了不少宝贵经验。现结合图2-26简述渣油催化裂化所采取的主要技术措施。

1. 采用合适的裂化催化剂　近年来国内开发的CRC-1、RHZ-300及超稳Y等沸石催化剂、具有抗金属污染能力强、汽油辛烷值高、气体和焦炭产率低、再生性能好等优点，广泛被用于渣油催化裂化。

2. 改善进料雾化　采用高效原料油喷嘴，并由单喷嘴进料改为多喷嘴进料，以改善原料雾化状况。同时加大水蒸气用量，其作用是：提高进料喷嘴的线速和喷嘴压降，改善进料雾化；降低油气分压，以利于渣油气化，降低焦炭产率；并对催化剂上的重金属起钝化作用。

3. 提升管反应器采用高温短停留时间操作

高温短停留时间有利于进料气化、提高汽油辛烷值和气体中烯烃产率、减少生焦量等。所以渣油催化裂化的反应温度一般控制在480～510℃甚至更高，在提升管中的停留时间约2s左右。另外，为了控制好油气与催化剂的接触时间，减少二次反应，通常在提升管出口安装有弹射式或其它型式的快速分离器。

4. 采用小回炼比、外甩油浆(即抽出部分澄清油)的操作方式，以降低焦炭产率。

5. 强化再生过程　采用带预混管的烧焦罐式再生器，预混管可使待生催化剂与从取热器及循环管下来的再生催化剂很好混合，同时也烧去部分焦炭，以保证进入烧焦罐的催化剂温度及碳含量分布均匀，并与空气接触良好，实现高效再生的目的。

6. 再生器设取热器　较多的是采用下流式可调外取热器，取走再生器的过剩热量。

7. 采用金属钝化剂，抑制重金属对催化剂的污染。

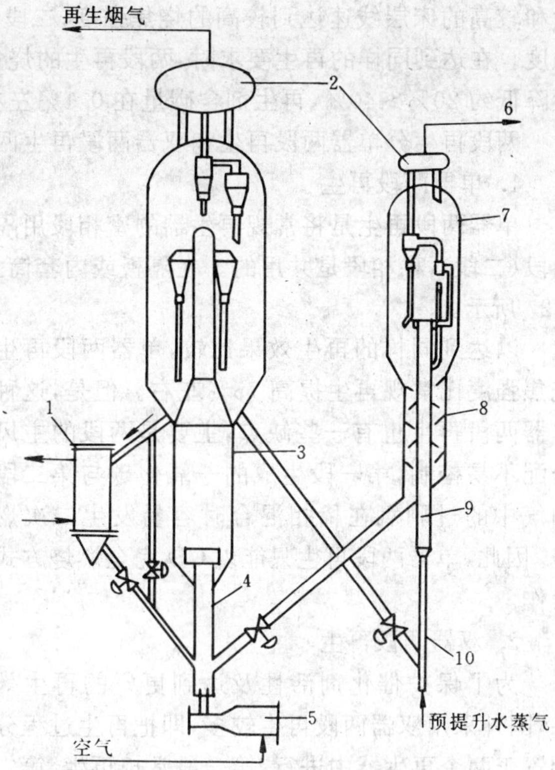

图 2-26　渣油催化裂化反应再生系统流程

1—外取热器；2—外集室；3—烧焦罐；4—预混合罐；5—辅助燃烧室；6—反应油气；7—沉降器；8—汽提段；9—提升管；10—原料

四、裂化催化剂再生技术

再生器的烧焦能力决定着整个催化裂化装置的处理能力，同时也影响产品的产率和质量。因此，催化裂化过程必须采用先进的再生技术，强化再生过程，尽可能降低再生催化剂的含碳量，充分发挥沸石催化剂的性能。

强化再生即设法提高再生器的效率(或烧焦速率)，通常用烧焦强度的大小来表示再生器烧焦情况，即单位重量的催化剂藏量每小时烧去的焦炭量，单位是kg/(t·h)。通过对前面内容的学习可知，影响烧焦的主要因素是：温度、催化剂上的含碳量、氧分压和再生器内的流化状况。所以先进的再生技术都是在一定条件下强化某些影响因素，从而提高烧焦效率。

近二十多年来，国内外开发的再生技术有许多，如高温CO完全烧再生、高效再生、两段再生、旋转床再生等。现就国内开发的几种主要再生技术简述如下：

(一) 常规再生和助燃剂再生(又称催化完全再生)

常规再生是指待生催化剂在单段再生器内烧焦的再生方式。常规再生密相段线速可分为低线速(0.3～0.8m/s)和高线速(0.8～1.2m/s)两类，故有低速床和高速床之分。

常规再生器使用CO助燃剂和提高再生温度后，也可使再生催化剂含碳量降到0.2%以下，并提高了轻质油收率和降低焦炭产率。

(二) 两段再生

两段再生即把再生过程分为两段。因为烧焦速度与催化剂的含碳量成正比，两段再生可以充分利用碳差，控制两段不同的过剩氧，以提高总的烧焦强度。即一段利用较高的催化剂碳含量和较高的床层线速达到较高的烧焦强度；二段则可以利用高温及高过剩氧达到较高的烧焦强度。在达到同样的再生要求时，两段再生的烧焦强度比单段再生高，再生器总藏量比常规再生降低约 20%～40%，再生剂含碳量在 0.1%左右。

两段再生分单器两段再生和双器两段再生两种。

1. 单器两段再生

单器两段再生是将常规再生器的密相段用隔板或内套筒分成第一密相段（一段）和第二密相段（二段），稀相段是共用的。在隔板或内套筒上方设溢流口使一段催化剂溢流到二段，如图 2-27 所示。

以达到同样的再生效果比较，单器两段再生烧焦强度比常规再生提高 75%左右。但是，这种单器两段再生也有一些缺点，主要是两段的主风分配不易控制，第一段生成的一氧化碳与第二段烟气中的过剩氧在稀相混合时容易发生二次燃烧。因此，单器两段再生只能以 CO 完全燃烧方式操作。

2. 双器两段再生

为了保护催化剂活性及达到更好的再生效果，国外采用双器两段再生较多，即把再生过程分别置于两个再生器中进行，第一段常规再生，第二段完全再生，用提高第二段过剩氧的方法来提高烧焦速率，提高第二段的再生温度。这种再生方式尤其适合超稳 Y 型沸石催化剂。图 2-28 为石伟公司渣油催化裂化（RFCC）采用的两器两段再生技术。该技术的主要特点是：①再生效果好，再生剂含碳在 0.05%以下；②一、二段烟气分别处理，没有二次燃烧问题；③催化剂失活少，因为一段是常规再生，二段水蒸气分压小（烧焦中氢已不多），不致出现催化剂的水热失活；④一段用主风控制烧焦量，两段的烧焦比例可在一定范围内调节。但该技术的缺点是设备较复杂，无取热设施，焦炭产率不能太高（6%～7%），因此限制了原料油的质量要求。对此，后来又发展了有取热设施的双器两段再生技术，允许焦炭产率在较大范围内变动（6%～11%）。

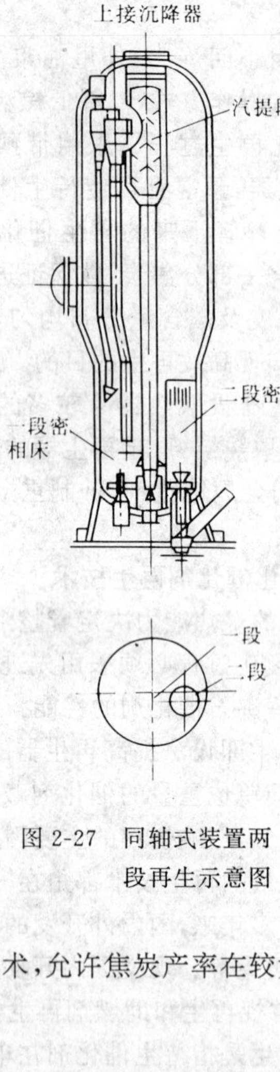

图 2-27　同轴式装置两段再生示意图

（三）高效再生

高效再生是环球油品公司（UOP）开发的烧焦罐式快速床两段再生技术，把以往的全返混流化床再生变为输送床活塞流（近似）再生，大大提高了烧焦强度，是再生技术中一项较大的突破。

烧焦罐有前置烧焦罐和后置烧焦罐两种型式。

1. 前置烧焦罐

图 2-29 是一个由带滑阀的外循环管连通的前置烧焦罐两段再生示意图，其特点是：

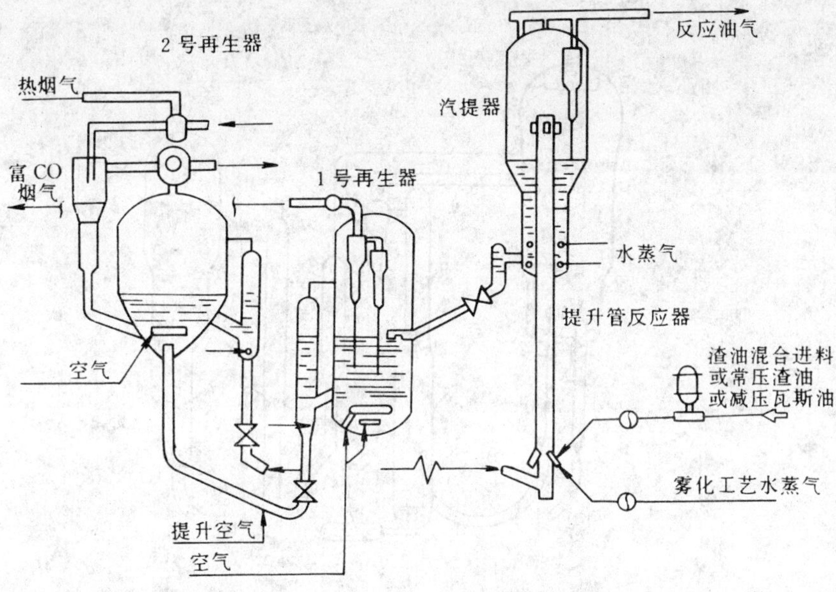

图 2-28　石伟公司的双器两段再生示意图

(1) 由于烧焦罐系快速流化床(烧焦罐内气体线速约 1～3m/s,稀相管内约 3～7.5m/s),在其中保持了高流速、高温度、高氧含量和低催化剂藏量的条件,从而可将烧焦罐烧焦强度提高到 500kg/(t·h)(温度在 700℃以上时),90%以上的焦炭在高速床烧掉。但由于二密相床的烧焦强度较低,故总的烧焦强度只有 250kg/(t·h)左右,再生剂含碳量约为 0.1%。

(2) 在烧焦罐和稀相管中同时进行 CO 的燃烧(一般采用 CO 助燃剂),这样就利用了 CO 的燃烧热,提高了烧焦温度。

2. 后置烧焦罐

由同高并列式装置改造成采用后置烧焦罐两段再生流程见图 2-30。与前置烧焦罐式两段再生相反,这种再生器型式的第一段是湍流床,第二段是高速床(即烧焦罐和稀相管),大部分的焦炭在湍流床中烧去(湍流床与快速床的烧焦比约 4～9：1)。总烧焦强度较前置式低,但高于单器两段再生,其值在 200kg/(t·h)以上。与两器两段再生一样,后置烧焦罐两段再生的催化剂失活较小,因此系统内可维持较高的催化剂活性。

表 2-9 列出现有各类再生器的烧焦强度和再生剂含碳。近代催化剂再生技术的发展趋势是:提高烧焦速率,降低再生催化剂含碳量及系统中催化剂藏量,从而提高系统中平衡催化剂的活性水平,降低新鲜催化剂补充量。为此主要采用以两段再生为主的各种高效再生方式。

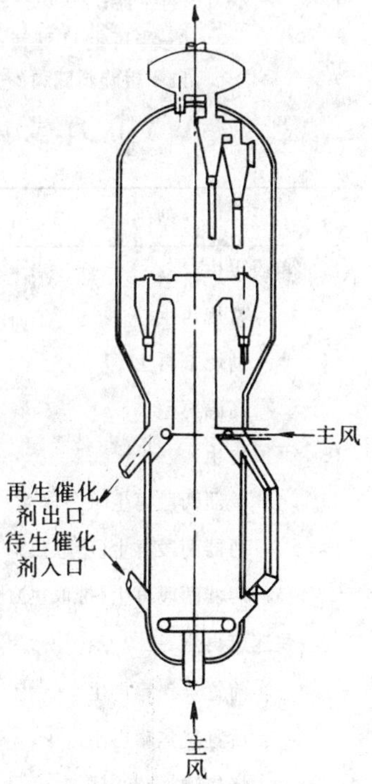

图 2-29　外循环管前置烧焦罐再生器简图

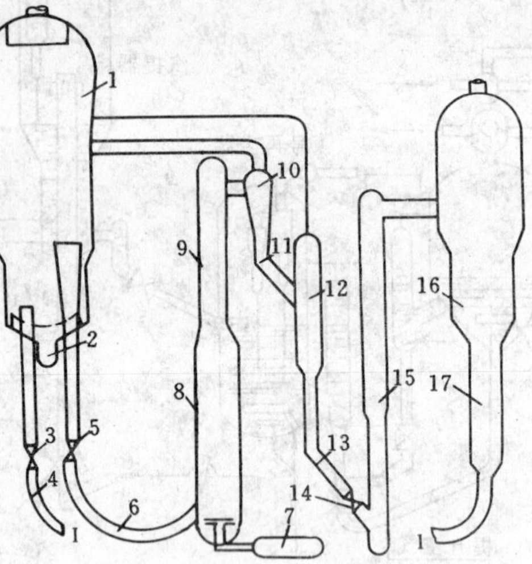

图 2-30　后置烧焦罐两段再生反应-再生系统流程图

1—再生器；2—第一辅助燃烧室；3—待生单动滑阀；4—待生 U 型管；5—半再生单动滑阀；6—半再生 U 型管；7—第二辅助燃烧室；8—烧焦罐；9—稀相管；10—粗旋风分离器；11—粗旋料腿；12— 缓冲罐；13—再生斜管；14—再生单动滑阀；15— 提升管反应器；16—沉降器；17 汽提段

表 2-9　各类再生器的主要工艺指标

型　　式	烧焦强度，kg/(t·h)	再生剂含碳，m%
单段再生		
常规再生	80～100	0.15～0.20
助燃剂再生	80～120	0.10～0.20
高温再生	80～120	0.05～0.10
两段再生		
单器两段再生	150～200	0.05～0.10
两器两段再生(不取热)	80～120	0.03～0.05
两器两段再生(带取热)	80～120	0.03～0.10
快速床再生		
前置烧焦罐再生	150～320	0.10～0.20
后置烧焦罐再生	150～250	0.05～0.20
烧焦罐-湍流床再生	200～360	0.05～0.10

表 2-10 和表 2-11 分别列出了馏分油催化裂化和渣油催化裂化的主要操作数据。

表 2-10　馏分油催化裂化主要操作数据

项　　目	1	2
原料油	大庆减压馏分油	胜利减压馏分油
密度(20℃)，g/cm^3	0.8593	0.8996
残炭，m%	0.55	0.19
催化剂	Y-15 沸石催化剂	Y-15 沸石催化剂
操作条件		
反应温度，℃	490	473
再生温度，℃	682	676
再生剂含碳，m%	0.25	0.30
剂油比	3.3	4.1
回炼比	0.40	0.76
转化率，m%	70.2	61.5
产品产率，m%		
气体	13.5	9.7
汽油	52.6	46.9
轻柴油	25.3	36.8
重柴油	4.5	1.7
油浆	0	0
焦炭	4.1	4.4
损失	0	0.5
轻质油收率，m%	77.9	83.7
产品质量		
汽油辛烷值(MON)	78.1	79.0
诱导期，min	665	765
柴油十六烷值	42	34.7

表 2-11　渣油催化裂化主要操作数据(Y-15 沸石催化剂)

原　　料	大庆常压渣油	华北馏分油：常压渣油 20：80　(m)
沉降器顶压力，MPa(表)	0.12	0.115
提升管出口温度，℃	480	483
原料油预热温度，℃	254	251
回炼比	0.34	0.43
总转化率，%	73.8	73.65
单程转化率，%	55.1	51.5
剂油比	5.79	5.55
再生器顶压力，MPa(表)	0.148	0.141
密相床温度，℃	641	670
待生剂含碳量，m%	1.93	1.96
再生剂含碳量，m%	0.38	0.38
裂化气，m%	13.82	14.49
其中 H_2，m%	0.30	0.47
汽油，m%	50.08	47.68
轻柴油，m%	26.20	26.35
焦炭，m%	9.90	11.48
轻油收率，m%	76.28	74.03

注：有取热设施

第五节　催化裂化装置的主要设备

本节主要介绍催化裂化装置反应再生系统的一些主要设备。

一、提升管反应器及沉降器

1. 提升管反应器

提升管反应器是催化裂化反应进行的场所，是催化裂化装置的关键设备之一。常见的提升管反应器型式有两种，即直管式和折叠式。前者多用于高低并列式提升管催化裂化装置，后者多用于同轴式和由床层反应器改为提升管的装置。图 2-31 是直管式提升管反应器及沉降器示意图。

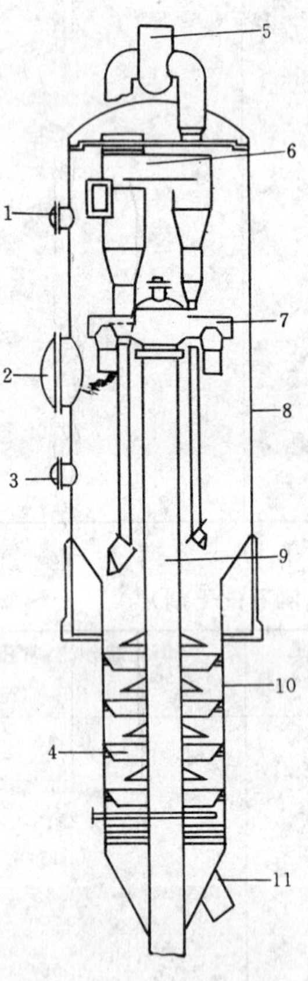

图 2-31　提升管反应器及沉降器示意图

1,3—人孔；2—装卸孔；
4—环形挡板；5—外集气管；
6—旋风分离器；7—快速分离器；
8—沉降器；9—提升管反应器；
10—汽提段；11—待生斜管

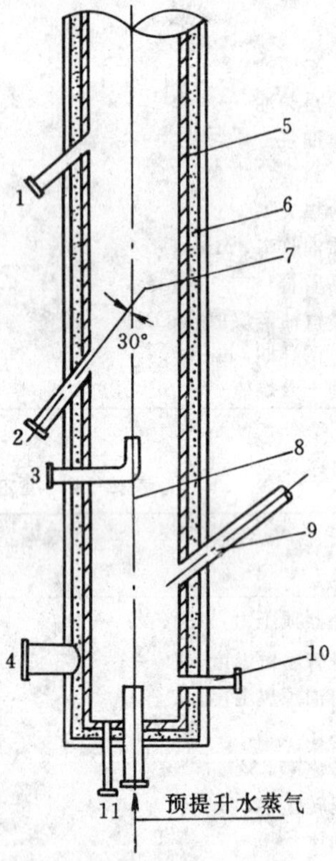

图 2-32　提升管预提升段

1—上进料口；2—下进料口；3—事故水蒸气口；
4—人孔；5—衬里；6—保温层；
7—提升管；8—预提升段；9—再生斜管；
10—卸料口；11—排污口

提升管反应器是一根长径比很大的直管子，长度一般为 30～36m，直径根据装置的处理能力而定，一般以油气在提升管内的平均停留时间以 1～4s 为限。由于裂化反应的结果，油气在提升管内自下而上的线速度不断增大，为了不使提升管上部的气速过高，提升管上部可采取变径的形式。

提升管进料口以下称预提升段(见图 2-32),其作用是:由提升管底部吹入水蒸气(称预提升蒸气),使由再生斜管来的再生剂加速、分布均匀,以保证催化剂与原料油充分混合,有一个理想的反应环境。为了避免出现噎塞现象,预提升段内的气速不应低于 1.5m/s,对直径较大的提升管反应器,预提升段可以缩径。

进料喷嘴设在预提升段上方,为了避免油气和催化剂偏流,通常采用多嘴进料,使喷嘴沿提升管圆周同一水平面均匀对称布置。事故蒸气喷嘴与中心线重合。由于回炼油和回炼油浆的裂化性能与新鲜原料不同,为了实现选择性裂化,通常在提升管的不同高度设有两处进料口,一般是下进料口进新鲜原料油,上进料口进回炼油和回炼油浆;也有的装置与之相反,目的是增产柴油。

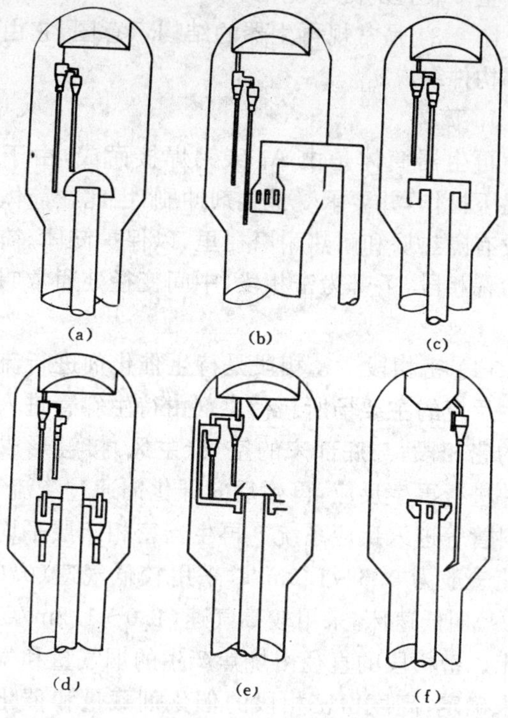

图 2-33　快速分离装置类型示意图

为使油气在离开提升管后立即终止反应,在提升管反应器出口均设有快速分离装置,以保证油气与大部分催化剂迅速分开。快速分离器的类型很多,国内常用的有:伞帽型、倒 L 型、T 型、粗旋风分离器、弹射式快速分离器和垂直齿缝式快速分离器,分别见图 2-33 中的 a、b、c、d、e 和 f。

为了进行参数测量和取样分析,沿提升管高度还装有热电偶管、测压管、采样口等。除此之外,提升管反应器的设计还要考虑耐磨、保温、热膨胀等问题。

2. 沉降器

沉降器是用碳钢焊制成的圆筒形设备,上段为沉降段,下段是汽提段。沉降段内设有旋风分离器,顶部是集气室并开有油气出口。沉降器的作用是使来自提升管的反应油气和催化剂分离,油气通过旋风分离器分出所夹带的少量催化剂后经集气室去后面的分馏系统;由提升管出口快速分离器出来的催化剂、在沉降段下落的催化剂和由旋风分离器料腿出来的催化剂,均落入汽提段。汽提段内设有数层人字挡板或环形挡板,下部有水蒸气吹入口。汽提段的作用是用过热水蒸汽将催化剂中夹带、吸附的油气汽提出来,并返回沉降段,以减少油气损失和再生器烧焦负荷。

沉降器多采用直筒形,直径根据气体(油气和水蒸气)流量及线速度来决定,沉降段线速度一般不超过 0.5～0.6m/s;沉降段的高度根据旋风分离器料腿的压力平衡所决定,一般是 9～12m。

汽提段的尺寸由催化剂循环量和催化剂在汽提段的停留时间决定,停留时间一般为 1.5～3min。

二、再生器

再生器是催化剂进行再生的场所,也是催化裂化装置的关键设备之一,它的结构形式和操作状况直接影响着烧焦能力和催化剂损耗，进而决定着整个装置的处理能力。

图 2-34 是常规再生器的结构示意图，它由筒体内部构件组成。

1. 筒体

再生器筒体是由 A_3 碳钢焊接而成，由于是在高温下操作，并要承受催化剂冲刷，因此在筒体内壁敷设有隔热层和耐热耐磨衬里，以保护筒体。筒体上部为稀相段，下部为密相段，中间变径处通常叫过渡段。

(1) 密相段　密相段是待生催化剂进行流化和再生反应的主要场所。待生剂由待生斜管进入再生器的密相段，与底部来的空气（主风）接触形成流化床并进行再生反应，再生后的催化剂通过淹流管、再生斜管等进入反应系统。再生器密相床层平均气体线速一般为 0.6～1.0m/s，采用较低气速（0.6～0.7m/s）叫低速床，采用较高气速（1.0～1.2m/s）叫高速床。密相段的直径由烧焦产生的烟气量和气体线速来确定，高度由密相段的催化剂藏量和催化剂密度确定。

(2) 稀相段　稀相段实际上是催化剂的沉降段。为了便于催化剂沉降，稀相段的气体线速不能太高，要求不大于 0.6～0.7m/s。因此，稀相段直径通常大于（密相段采用高速床时）或等于（密相段采用低速床时）密相段直径。稀相段高度应根据一级旋风分离器入口高度和二级旋风分离器料腿长度的要求来确定，国内设计采用较多的是 9～11m。

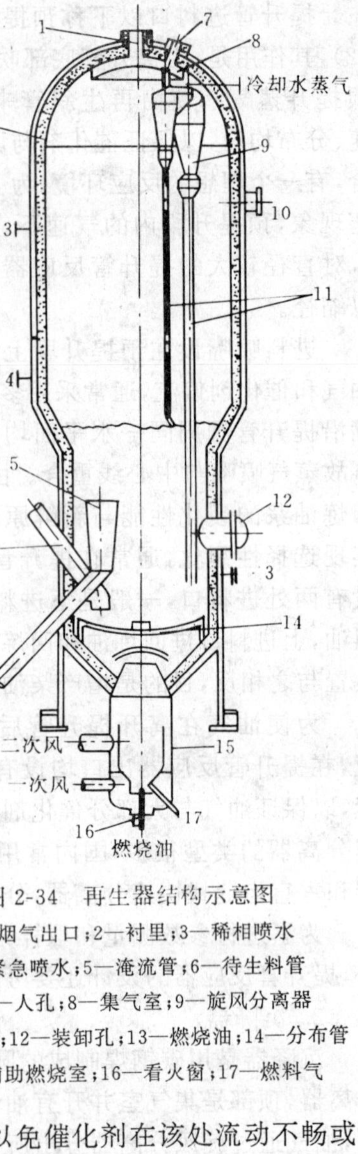

图 2-34　再生器结构示意图

1—烟气出口；2—衬里；3—稀相喷水
4—紧急喷水；5—淹流管；6—待生料管
7、10—人孔；8—集气室；9—旋风分离器
11—料腿；12—装卸孔；13—燃烧油；14—分布管
15—辅助燃烧室；16—看火窗；17—燃料气

(3) 过渡段　当稀相段直径大于密相段时，两段之间以锥体联接，锥体斜面与水平面的倾角一般保持 60°，以免催化剂在该处流动不畅或堆积。

2. 空气分布器

空气分布器的作用是使空气沿整个床层截面分布均匀，创造一个良好的起始流化条件。空气分布的好坏直接影响到床层的流化质量，进而影响到再生器效率和催化剂损耗。

再生器的空气分布器有分布板和分布管两种型式，早期使用较多的是分布板，由于高温变形、制作和检修等问题，目前均采用性能良好的分布管。

分布管的结构有环状和树枝状两种，见图 2-35。

3. 旋风分离器

旋风分离器是一种进行气固分离的设备。离开再生器密相床层的气体中携带有大量的催化剂，即使是经过稀相段的沉降，也还是含有相当数量的催化剂，所以必须采用旋风分离器进行回收，回收下来的催化剂再返回密相床层。由此看出：旋风分离器是催化裂化装置的重要设

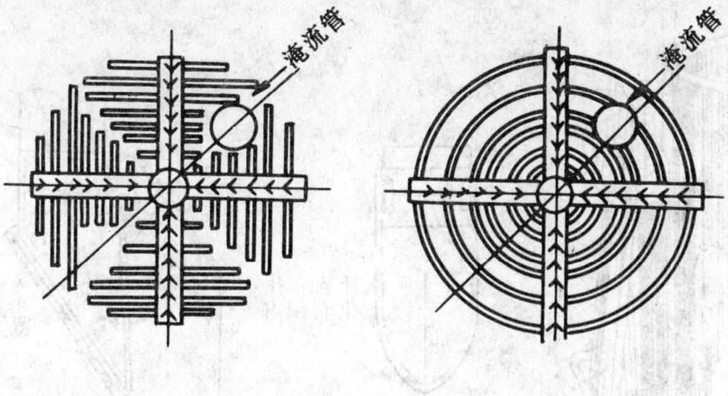

图 2-35　分布管结构示意图

备，它的操作状况好坏直接影响着装置催化剂耗量的大小。

图 2-36 是旋风分离器的示意图，主要由筒体、内圆柱筒（又称升气管）、灰斗及料腿组成，料腿末端装有翼阀（见图 2-37）。

携带催化剂颗粒的气流以很高的速度（15～25m/s）从切线方向进入旋风分离器，在内外圆柱筒间形成旋转的外涡流，由上而下直达圆锥筒底部，悬浮在气流中的颗粒在离心力作用下进行气固分离，颗粒最后落入灰斗，净化的气体形成向上的内涡流，通过内圆柱筒排出。固体颗粒在灰斗中脱气后，沿料腿下流返回床层。料腿内催化剂应具有一定的料面高度以保证催化剂顺利下流，为此要求料腿具有一定的长度，并在末端用翼阀密封，另外，翼阀还起着防止气体倒窜的作用。

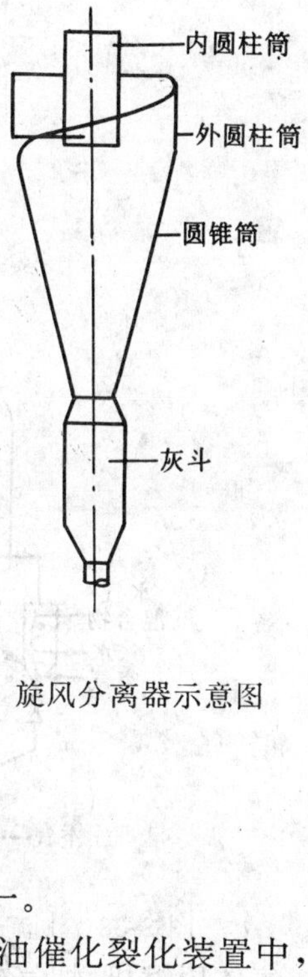

图 2-36　旋风分离器示意图

目前常用的旋风分离器有杜康型、PV 型和 GE 型等，后两种属高效旋风分离器。

三、取热器

反应再生系统的热量平衡是催化裂化装置运转正常的主要标志之一。

在以馏分油为原料时，反应再生系统能基本维持热量平衡；但在渣油催化裂化装置中，由于生焦率大，所以必须设取热器取走再生器中的过剩热量。

再生器的取热方式有内外两种形式，各有特点，但原理都是利用高温催化剂与水换热产生蒸汽达到取热的目的。内取热是直接在再生器内加设取热管，这种方式投资少，操作简便，但维修困难，取热量可调范围小。为了使取热负荷能灵活调节并能适应更大的热负荷，近年来发展了床层外部的取热设施，即外取热技术。

根据催化剂在取热器内的流向不同，外取热器分“上流式”和“下流式”两种结构，分别如图 2-38 和图 2-39 所示。单段再生器不论采用哪种结构，冷却后的催化剂都返回到原先的床层。对两段再生，例如前置烧焦罐两段再生，用“上流式”取热器可将上部鼓泡床的催化剂取出冷却后再送回原床层；如采用“下流式”取热器，是将来自鼓泡床的催化剂冷却后靠重力流入下部快速床中。

除上述设备之外催化裂化装置还有一些专用设备，如单动滑阀（或塞阀）、双动滑阀、主风

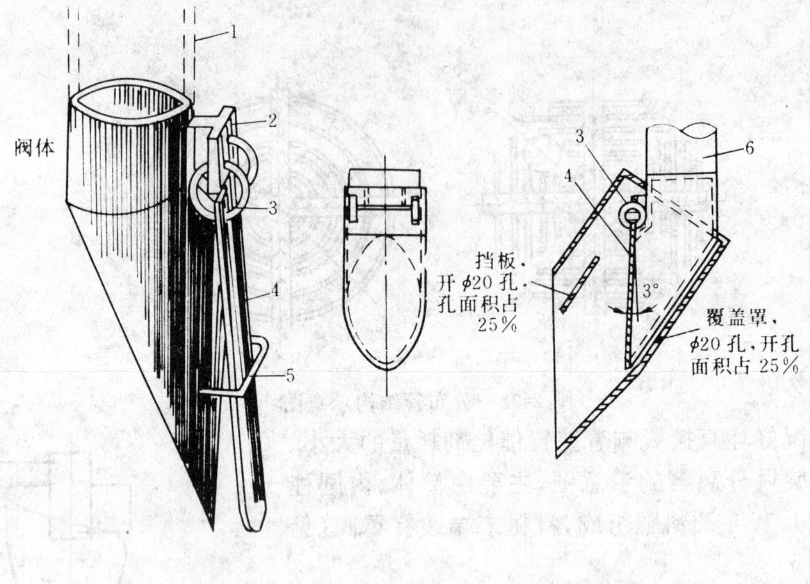

(a) 翼阀 (b) 全覆盖翼阀

图 2-37 翼阀结构图

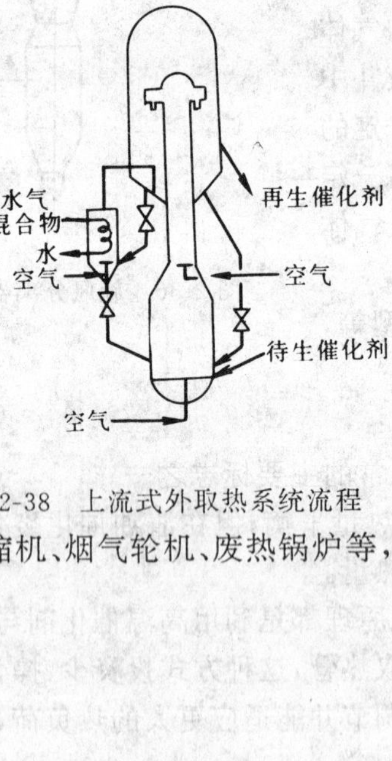

图 2-38 上流式外取热系统流程

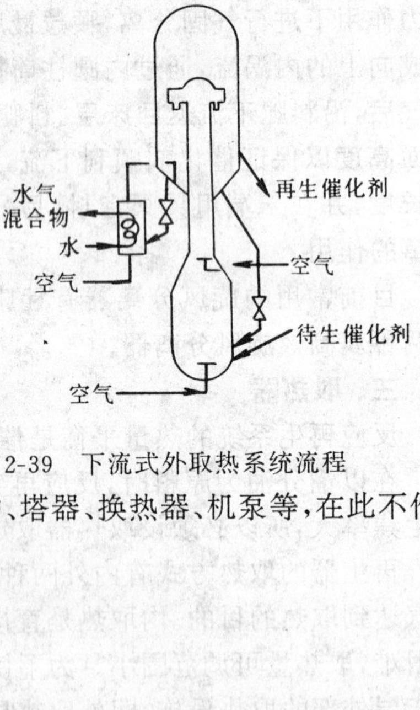

图 2-39 下流式外取热系统流程

机、气体压缩机、烟气轮机、废热锅炉等，常规设备如加热炉、塔器、换热器、机泵等，在此不作详述。

第四章　催化重整

催化重整是石油加工过程中重要的二次加工手段，是用以生产高辛烷值汽油组分或苯、甲苯、二甲苯等重要化工原料的工艺过程，所副产的氢气是加氢装置用氢的重要来源。

“重整”系指烃类分子重新排列成新的分子结构的工艺过程。催化重整即在催化剂作用下进行的重整，采用铂金属催化剂的重整过程称铂重整，采用铂铼催化剂的称铂铼重整（或双金属重整），采用多金属催化剂的称多金属重整。

催化重整产物中含有较多的芳烃和部分异构烷烃，它们都是高辛烷值汽油组分，所以重整汽油可作高质量汽油的调合组分；另外；芳烃还是重要的化工原料，尤其是轻芳烃，例如：苯可作聚酰胺纤维的原料，对二甲苯可生产聚酯纤维等。由此可见催化重整在炼油和化工工业中占有重要的地位。

1966 年我国第一套催化重整装置在大庆炼油厂顺利投产，经过近 30 年的发展，目前我国的催化重整装置已超过 20 套，总加工能力超过 30000kt/a，大部分以直馏石脑油为原料，产品以苯、甲苯、混合二甲苯为主，也生产一部分乙基苯、邻二甲苯和高辛烷值汽油组分。

第一节　催化重整的化学原理

一、催化重整的化学反应

催化重整是以 $C_6 \sim C_{11}$ 石脑油馏分（其沸点范围相当于直馏汽油）为原料，在一定操作条件和催化剂的作用下，烃类分子发生各类化学反应，主要反应有以下几种：

（一）六员环烷脱氢反应

例如：

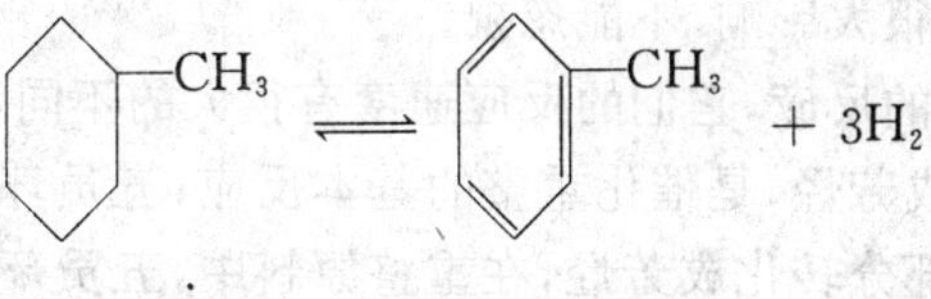

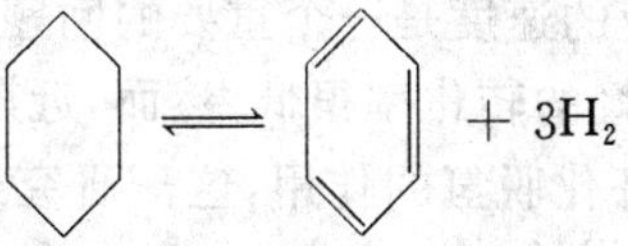

（二）五员环烷的异构脱氢反应

例如：

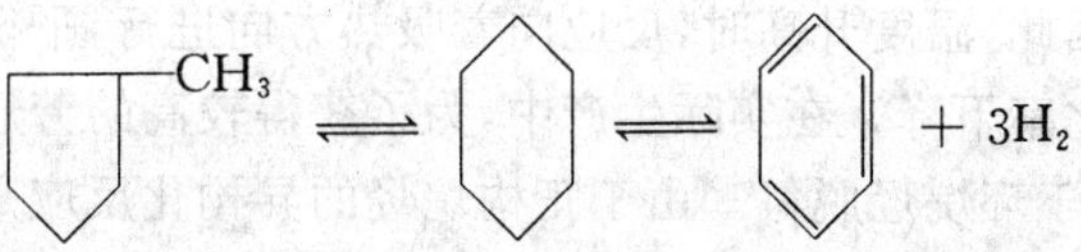

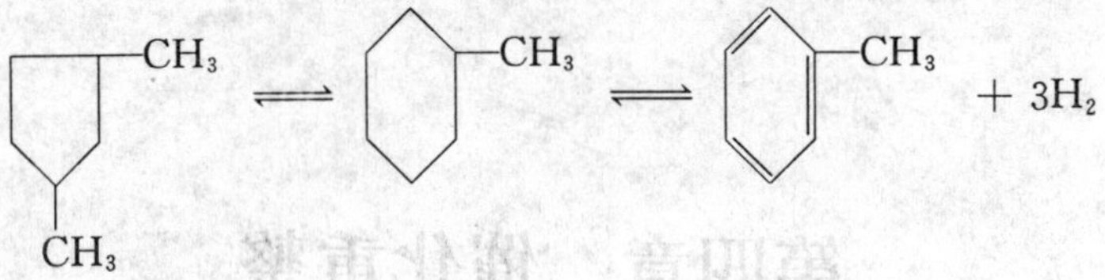

(三) 烷烃的环化脱氢反应

例如：

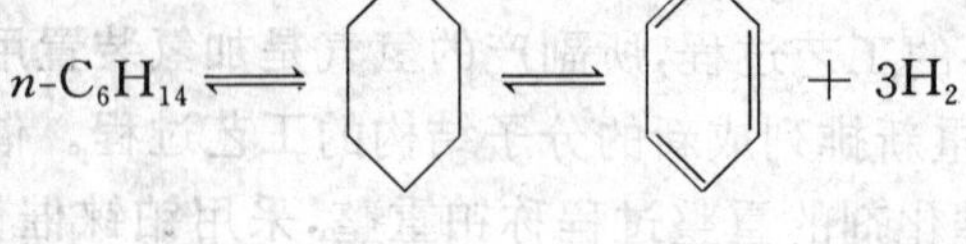

(四) 异构化反应

在催化重整反应过程中，除了发生五员环烷的异构化反应之外，还发生正构烷烃的异构化反应，如：

$$n\text{-}C_6H_{14} \rightleftharpoons i\text{-}C_6H_{14}$$

(五) 加氢裂化反应

在催化重整的条件下，各种烃类都能发生加氢裂化反应，而且可以认为加氢、裂化和异构化反应三者同时发生。例如：

$$n\text{-}C_7H_{16} + H_2 \longrightarrow n\text{-}C_3H_8 + i\text{-}C_4H_{10}$$

除了以上五种主要反应外，还有脱甲基反应(开工初期发生)、芳烃脱烷基反应、烯烃饱和、叠合和缩合生焦反应等。

上述各主要反应中，前三种都是生成芳烃的反应，无论从生产芳烃还是高辛烷值汽油都是所希望的；异构化反应对五员环烷异构脱氢生成芳烃有重要意义，对烷烃来说，异构化反应有利于提高汽油的辛烷值；加氢裂化反应生成较小的烃分子，使液体产品收率下降，在加氢裂化同时伴随着异构化反应，使汽油辛烷值提高，尽管如此，还应适当控制加氢裂化反应的发生。另外，烃类的裂化、缩合反应生成焦炭，沉积在催化剂表面上使催化剂失活。虽然重整催化剂有很强的加氢活性，在氢压下操作缩合反应得到抑制，催化剂上的积炭速度比较缓慢，但是它对催化剂的活性和操作会带来很大影响，不能忽视。

上述前三个生成芳烃的反应，它们的反应速度有很大的不同，其中六员环烷的脱氢反应速度最快，而且能充分转化成芳烃，是催化重整的基本反应；五员环烷的异构脱氢比六员环烷脱氢要慢得多，一般只能一部分转化成芳烃，在重整原料中，五员环烷烃常占环烷烃中相当大的比例，因此，如何提高这一类反应的速度是一个重要的问题；烷烃的环化脱氢反应速度很慢，一般在重整过程中，烷烃转化成芳烃的转化率很低。然而，近期的研究和实践证明，铂铼等双金属及多金属催化剂具有促进烷烃环化脱氢的作用，这一研究进展，大大提高了芳烃产率，扩大了重整原料来源。

六员环烷的脱氢、五员环烷的异构脱氢以及烷烃的环化脱氢反应都是强吸热反应，又是体积增大的可逆反应。因此，温度升高时，反应向着吸热方向进行，平衡转化率增大；当温度不变时，压力升高，平衡转化率下降。在实际生产中，为了获得较高的芳烃产率，主要采用高温和适当降低反应压力，以利于环烷烃脱氢。由于正构烷烃的异构化反应是弱放热反应，加氢裂化反应是不可逆的放热反应，但发生得较少，因此它们对催化重整反应总的热效应影响不大。

二、影响重整反应的主要因素

除了原料和催化剂以外，影响重整反应的主要因素有：反应温度、反应压力、空速和氢油比等。这些因素影响着反应的化学平衡和反应速度。

生产中用重整转化率这一指标来衡量重整反应进行的程度和操作水平的高低。重整转化率（或称芳烃转化率）是指重整生成油中芳烃含量（即芳烃产率）与原料油中芳烃潜含量之比（芳烃潜含量的定义见本章第三节），即

$$\frac{\text{重整转化率}}{\text{或芳烃转化率}} = \frac{\text{芳烃产率}\ \%(\text{m，对原料})}{\text{芳烃潜含量}\ \%(\text{m，对原料})} \tag{2-16}$$

各单体芳烃的转化率亦可按类似公式求出。

（一）反应温度

催化重整的主要反应是环烷脱氢和烷烃环化脱氢反应，这些都是强吸热反应，所以无论从化学平衡或是反应速度的角度，都希望采用较高的反应温度。另一方面，重整反应是在绝热反应器内进行的，反应吸热要靠进料本身携带的热量供给，造成反应器床层温度不断下降，除了对化学平衡和反应速度不利外，也不利于催化剂活性的发挥。因此，为了维持较高的反应温度，反应需分段进行，在各反应器之间进行中间加热，以维持足够高的平均反应温度。

但是，提高反应温度受到以下几个因素的限制：①设备材质；②催化剂的热稳定性；③非理想的副反应。在催化重整反应过程中，提高反应温度会加剧加氢裂化和催化剂上的积炭反应，使液体产物收率下降，气体产率增加，催化剂活性降低。因此，目前国内重整装置反应器入口温度大多在490～510℃之间。

在反应过程中，催化剂的活性由于积炭会逐渐降低，为了维持足够的反应速度，反应温度应随着催化剂活性的下降而逐步提高，但以不超过过程和设备的允许温度为限。

（二）反应压力

在催化重整反应中，低压有利于环烷脱氢和烷烃的环化脱氢反应，并减少加氢裂化反应。因此，从增加芳烃产率和液体产物收率角度来看，希望采用较低的压力。但是在低压下催化剂上的积炭速度较快，使操作周期缩短。为了解决这个矛盾，工业上采取了两种方法，因而也出现了两种形式的重整装置：一种是采用较低的反应压力，经常再生催化剂；另一种是采用较高的压力，牺牲一些转化率以延长操作周期。另外，反应压力的选择还要考虑原料性质和催化剂性能；一般高烷烃原料比高环烷烃原料容易生焦，重馏分也容易生焦，对这类原料应采用较高的反应压力；催化剂的容焦能力大，稳定性好，可以采用较低的反应压力。例如铂铼等双金属和多金属催化剂具有较高的稳定性和容焦能力，可以采用较低的反应压力，既能提高芳烃转化率，又能保持较长的操作周期。

我国半再生式铂重整的反应压力采用2.0～3.0MPa；铂铼重整约为1.8MPa；连续再生式重整装置的反应压力可降至0.8MPa。

对于一个固定装置而言，在操作中压力不作为调节手段，否则会影响氢气压缩机的排量，从而影响系统的氢油比。

（三）空速

空速反映了反应时间的长短。对一定的反应器，空速越大，处理能力也越大。采用多大的空速取决于催化剂的活性水平。

催化重整中各类反应的反应速度不同，因而变更反应时间对各类反应的影响也不同。例如环烷脱氢反应尤其是六员环烷脱氢反应的速度高，比较容易达到化学平衡，对这类反应，延长反应时间的意义不大。但是对速度较慢的烷烃环化脱氢反应，延长反应时间会有较大的影响。

选择空速时，还要考虑到原料的性质，对环烷基原料，可以采用较高的空速，而对烷基原料，则需要采用较低的空速。

铂重整装置反应器的空速一般是 $3h^{-1}$左右，铂铼重整的是 $1.5h^{-1}$左右。

在其它条件相同的情况下，降低空速所得的效果与提高温度相似。

采用太小的空速不经济，因为需要有较大的反应空间才能满足处理能力的要求。

以中原原油石脑油为例，其馏程为 65～170℃，总芳烃潜含量为 51.7%，反应压力为1.5 MPa，空速的影响见表 2-12。

表 2-12　空速对重整产物产率和质量的影响

空　速，h^{-1}	1.0	2.0
芳烃产率，m%	63	58.5
C_5^+ 收率，m%	83	88
净辛烷值（MON）	93	86
循环气中氢纯度，%	78	85

(四) 氢油比

在催化重整中，使用循环氢的目的是抑制生焦反应，保护催化剂，同时也起载热体的作用，提高反应器的平均温度，此外，还可以稀释原料，使原料在床层内更均匀地分布。

氢油比是指重整反应系统中，循环氢量与原料油量之比，有分子比和体积比两种表示方法。在总压不变时，提高氢油比就意味着提高氢分压，有利于抑制催化剂积炭，但提高氢油比使循环氢量增大，压缩机消耗功率增加。氢油比过大时由于减少了反应时间而降低了转化率。

由此可见，对于稳定性较高的催化剂和生焦倾向小的原料，可以采用较小的氢油比，反之需要较大的氢油比。重整装置采用的氢油比一般为 5～8(mol)或 1100～1700(体积)，采用双金属或多金属催化剂时，氢油比较低(体积比为 1000～1200)。

综合上述内容，现将重整过程中各类反应的特点以及主要操作因素的影响列于表 2-13。

表 2-13　催化重整中各类反应的特点和操作因素的影响

反　应		六员环烷脱　氢	五员环烷异构脱氢	烷烃环化脱　氢	异构化	加氢裂化
反应特点	热效应	吸热	吸热	吸热	放热	放热
	反应热，kJ/kg	2000～2300	2000～2300	～2500	很小	840
	反应速度	最快	很快	慢	快	慢
	控制因素	化学平衡	化学平衡或反应速度	反应速度	反应速度	反应速度
对产品产率的影响	芳　烃	增加	增加	增加	影响不大	减少
	液体产品收率	稍减	稍减	稍减	影响不大	减少
	C_1～C_4 气体	/	/	/	/	增加
	副产氢气	增加	增加	增加	无关	减少
对重整汽油性质的影响	辛烷值	增加	增加	增加	增加	增加
	密　度	增加	增加	增加	稍增	减小
	蒸气压	降低	降低	降低	稍增	增大
操作因素增大时的影　响	温　度	促进	促进	促进	促进	促进
	压　力	抑制	抑制	抑制	无关	促进
	空　速	影响不大	影响不很大	抑制	抑制	抑制
	氢油比	影响不大	影响不大	影响不大	无关	促进

第二节　重整催化剂

在催化重整过程中，有六员环烷脱氢、五员环烷异构脱氢、烷烃环化脱氢、异构化和加氢裂化等主要反应，其中有些反应主要在催化剂的金属中心上进行，如脱氢和氢解(即加氢裂解)反应；有的则主要在酸性中心上进行，如烷烃异构化和加氢裂化反应等；还有的则需要在两类中心的相互配合作用下进行，如环化脱氢反应等。因此，重整催化剂必须具有双功能，而且在反应过程中金属功能与酸性功能要有机地配合，才能取得满意的反应结果。

一、重整催化剂的类型和组成

重整催化剂属贵金属催化剂。按照所含金属组分的多少，重整催化剂可分为单金属、双金属和多金属催化剂。

单金属催化剂由活性组分和酸性担体组成；双金属和多金属催化剂则由活性组分、助催化剂和酸担性体组成。

(一) 活性组分

重整催化剂的主要活性组分是元素周期表中第Ⅷ族金属元素，如铂(Pt)、钯(Pd)、铱(Ir)和铑(Rh)等，所以称贵金属催化剂，工业上广泛采用的是铂。

金属铂在重整过程中构成脱氢活性中心，促进脱氢、加氢反应。单铂催化剂的铂含量为0.1～0.7%(重)。一般催化剂的脱氢活性、稳定性和抗毒物能力随铂含量的增加而增加，芳烃产率和汽油辛烷值也随之增高，焦炭量相应减少。但含铂量过高并不能继续提高芳烃产率，反而由于铂价格昂贵而增加了催化剂的成本。

(二) 助催化剂

所谓助催化剂(简称助剂)是指某些物质，这些物质在单独使用时并不具备催化活性，但是将少量的这些物质加入到催化剂中去却能增加催化剂的活性或稳定性、或改进催化剂其它方面的性能。

在双金属和多金属重整催化剂中，除铂以外，引入的第二和/或第三种金属组分均称为助催化剂，采用较多的有：铼(Re)、锡(Sn)、铱(Ir)、钛(Ti)等。研究者认为：第二种和/或第三种金属组分的引入，由于①稀释了铂原子簇，抑制铂晶粒的凝聚作用；②与铂形成合金或簇团，改变了金属活性中心的性质；③与载体相互作用从而改变载体的酸性等原因，从而明显提高了催化剂的稳定性。不同的助催化剂，对催化剂的活性和选择性改善程度不同。

总之，双金属催化剂的优点是：热稳定性好，结焦敏感性差，原料适应性强，使用寿命长等。多金属催化剂可使稳定性进一步改善，操作温度降低，芳烃产率和液收率较高。双金属和多金属催化剂还可以在苛刻的高空速、低压力等条件下操作。

(三) 酸性担体

重整催化剂的担体是氧化铝(Al_2O_3)。氧化铝本身只有微弱酸性，但含少量卤素如氯或氟的氧化铝则具有一定的酸性，从而提供了重整反应所需的酸性中心，促进异构化和裂化等反应。卤素的含量一般为0.4%～1.0%，改变催化剂中卤素含量可以调节其酸性功能的强弱。

重整催化剂中铂和卤素所提供的两种功能在反应过程中是互相影响的，它们之间保持一定的平衡关系，这种平衡关系维持得好，即两种组分配比适当，就可得到活性、选择性和稳定性良好的催化剂。

催化剂组成中的氧化铝是起载体作用的。载体本身不一定具有活性，但具有比较大的表面积,它作为催化剂的骨架,使有催化活性的组分分散在载体上,从而有效地发挥活性组分的催化作用。载体除了提供较大的比表面外,还可以改善催化剂的某些性能,如机械强度和热稳定性等,对贵金属催化剂还可以节约贵金属用量,从而降低催化剂的成本。有的载体本身也有催化作用,如以硅酸铝为截体的铂催化剂,硅酸铝本身就是裂化和异构化的催化剂。工业上用于重整催化剂载体的主要有氧化铝(有 γ-Al_2O_3 和 η-Al_2O_3 两种),其它还有硅酸铝、分子筛等。

二、重整催化剂的使用性能

(一) 活性

重整催化剂的活性评价方法一般因生产目的不同而异。以生产芳烃为目的时,催化剂的活性用芳烃转化率或芳烃产率来评价,即在一定的反应条件下考察芳烃转化率或芳烃产率的高低。在以生产高辛烷值汽油为目的时,可用所产汽油的辛烷值来比较催化剂的活性,一般用"辛烷值-产率"曲线来评价其活性。图 2-40 为某催化剂的辛烷值-产率曲线。对于一定的原料和催化剂,在比较苛刻的反应条件(较高的反应温度或较低的空速)下得到的重整汽油的辛烷值较高,但汽油产率却较低。对于活性较差的催化剂,为了得到同样辛烷值的汽油,就必须采用更苛刻的反应条件,于是汽油产率有所降低。只有能使汽油的辛烷值高、产率也高的催化剂才算是活性好的催化剂。显然这种活性的评价方法实际上包含了催化剂的选择性这个因素。

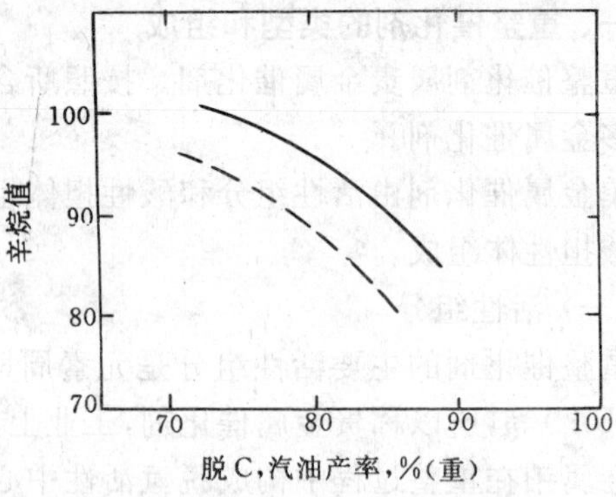

图 2-40 重整催化剂辛烷值-产率曲线
——高活性催化剂; - - - -低活性催化剂

(二) 稳定性和寿命

在正常生产中,催化剂表面上积炭逐渐增多,同时由于高温的作用,催化剂的某些微观结构(如铂晶粒、卤素含量、担体的微孔结构等)也会发生一定的变化,导致催化剂活性不断下降,结果是芳烃转化率降低,或者是重整汽油辛烷值降低。催化剂的减活速度越慢表示它的稳定性越好。催化剂保持其活性和选择性的能力称为稳定性,这比催化剂的初活性和选择性更为重要。

在生产操作中催化剂的活性和选择性一直在变化,尤其是某些重金属、有机硫及含氮化合物,都会使催化剂的活性下降。

从新鲜催化剂投用到因失活而停止使用去进行再生,这一段时间称为催化剂一周期的寿命,可用小时表示。重整催化剂的寿命则以每公斤催化剂处理原料的数量(m^3 或 t)来表示。单铂催化剂的寿命一般在 80～100m^3/kg 左右(也可用 t/kg 表示),双金属和多金属催化剂的寿命更长。催化剂稳定性越好,寿命越长。

(三) 再生性能

由于积炭而失活的催化剂可经过再生恢复其活性,再生性能好的催化剂经再生后其活性基本上可以恢复到新鲜催化剂的水平。但实际上催化剂在多次再生过程中,每次再生的催化剂活性往往只能达到上一次再生时的 85%～95%左右。在经过多次再生后,催化剂的活性不再能满足使用要求时,就需要更换新催化剂。从新催化剂投用到废弃这一段时间叫做催化剂的总寿命。催化剂的再生性能归根到底还是稳定性问题。

(四) 机械强度

在催化剂的装卸和操作过程中会引起催化剂粉碎,导致反应器中催化剂床层压降增大,这不仅对反应不利,而且又增加了压缩机的动力消耗。因此,对重整催化剂要求有一定的机械强度,工业上以耐压强度(牛/粒)来表示。

三、重整催化剂的中毒

重整催化剂在生产过程中活性会降低,除了催化剂表面上积炭、超温或长期高温降低了活性组分晶粒的分散度等原因以外,还有原料中某些金属和非金属的影响、催化剂上卤素流失等原因。

很少量的某些物质就会使催化剂严重失活,这种现象称为催化剂的中毒,这些物质称为毒物。催化剂的中毒可分为永久性中毒和非永久性中毒两种。永久性中毒的催化剂其活性不能再恢复,非永久性中毒的催化剂在改用无毒物原料后,毒物可逐渐排出而使活性恢复。对含铂重整催化剂,砷、铅、铜、铁、镍、汞、钠等为永久性毒物,而硫、氮、氧等则为非永久性毒物。

四、关于水-氯平衡

重整催化剂是一种双功能催化剂,氯和氟是催化剂酸性功能的主要来源,因此在生产中应当使它们的含量保持在适宜的范围内,以保证双功能催化剂中酸性组分与金属组分的比例合适。催化剂上的卤素含量过低时,催化剂的活性下降,重整汽油的辛烷值降低。

重整催化剂中使用较多的是氯。在生产过程中,催化剂上含氯量会发生变化。当原料含氯量过高时,氯会在催化剂上积累而使氯含量增加。当原料中含水量过高或反应生成水过多时,这些水分会冲洗氯而使催化剂含氯量减少。水和氯还会生成HCl腐蚀设备。因此,必须严格控制原料中氯和水的含量。

然而仅仅依靠限制原料油的氯和水含量是不够的。现代催化重整装置,为了严格控制系统中氯和水的量,还依靠不同的途径判断催化剂上的氯含量,并采取注氯、注水等办法来保证最适宜的催化剂含氯量,这种办法就是所谓的"水-氯平衡"。

重整反应系统中水-氯平衡的控制是比较复杂的,须将各方面所得的分析结果和现象加以综合考虑后才能做出合理的调节。

五、重整催化剂的再生与氯化、更新

重整催化剂因积炭失活后需要再生处理,再生过程是用含氧气体烧去催化剂上的积炭从而使活性基本上得到恢复。研究工作和生产实践都已证明:在再生以后再进行氯化、更新处理,可以使催化剂的活性进一步恢复,达到新鲜催化剂的水平。所谓氯化就是在烧焦之后,用含氯气体在一定的温度下处理催化剂,使铂晶粒重新分散,从而提高催化剂的活性,同时可以对催化剂补充一部分氯。更新是在氯化之后,用干空气在高温下处理催化剂,其作用是使铂的表面再氧化,防止铂晶粒的聚结,以保持催化剂的表面积和活性。

我国重整催化剂有单铂、铂铼、铂锡、铂铱等几大系列,几种重整催化剂的主要组成及物化性能见表 2-14。

表 2-14　几种国产重整催化剂

催化剂牌号	3651	3701 CB－3	3741	3752	CB-5	3741-2	CB-6	3861-1	3861-2
Pt，m%	1.0 基准	1.0 基准	基准	1.2 基准	1.0 基准	10 基准	0.6 基础	0.7 基准	1.2 基准
其它组分，m%		—	Re 基准	Ir 等	Re1.04 基准	Re1.73 基准	Re1.15 基准	Sn 基准	Sn1.67 基准
Cl，m%		1.5 基准	基准	2.2 基准	Ti2.1 基准	2.4 基准	1.6 基准	1.7 基准	1.9 基准
HF，m%		1.1 基准	基准	—	—	—	—	—	—
Al_2O_3 载体晶相		η	η	η	γ	γ	γ	γ	γ
比表面积，m^2/g			248	268	185	206	189	203	183
可几孔径，nm		无集中孔	无集中孔	无集中孔	4.0		4.2	7.9	7.9
堆积密度，g/cm^3		0.8	0.78	0.76	0.81	0.81	0.57	0.58	
目的产物	芳烃	芳烃 发动机 燃料	芳烃 发动机 燃料	芳烃 发动机 燃料	芳烃 发动机 燃料	芳烃 发动机 燃料	芳烃 发动机 燃料	芳烃 发动机 燃料	芳烃 发动机 燃料
使用装置	半再生	半再生	半再生	半再生	半再生	半再生	半再生	连续	半再生
工业生产年代	1965	1970	1974	1977	1982	1984	1985	1985	1988

第三节　催化重整原料及其预处理

重整原料的性质，直接影响着重整装置的运转周期、目的产物的收率等，因此必须选择适当的重整原料并预先加以精制处理。

一、重整原料的选择

对重整原料的选择主要有三个方面的要求：馏分组成、族组成和杂质含量。

(一) 馏分组成

重整原料的馏分组成根据生产目的来确定，生产高辛烷值汽油时，一般采用 80～180℃的馏分；当生产芳烃时，应根据生产不同的芳烃产品来确定馏分组成。例如：C_6 烷烃及环烷烃的沸点为 60.27～80.74℃；C_7 烷烃及环烷烃的沸点为 90.05～103.4℃；而 C_8 烷烃和环烷烃的沸点为 99.24～131.78℃。所以，要根据目的芳烃产品来选择适宜的原料馏分组成（见表 2-15）。

表 2-15　生产芳烃时的适宜馏程

目　的　产　物	适　宜　馏　程，℃
苯	60～85
甲　苯	85～110
二甲苯	110～145
苯-甲苯-二甲苯	60～145

生产芳烃时，一般情况下是同时生产苯、甲苯和二甲苯，因此原料烃应选择 60～145℃的馏分，因为沸点＜60℃的烃类分子中，其碳原子数小于 6，原料中含＜60℃馏分反应时不能增加芳烃

产率，反而降低了装置本身的处理能力。选用 60～145℃馏分作重整原料时，其中 130～145℃馏分属于喷气燃料馏分，因此，在同时生产喷气燃料的炼厂，也可选用 60～130℃馏分。

对生产高辛烷值汽油来说，≤C_6 的馏分本身的辛烷值就比较高；如果馏分的干点过高，会使催化剂表面迅速积炭而失活。因此适宜的馏程是 80～180℃。在同时生产芳烃和高辛烷值汽油时，可以采用 60～180℃馏分作重整原料。

（二）族组成

原料油中环烷烃含量高，产品产率和辛烷值都高，同时催化剂上的积炭少、失活较慢、寿命延长，因此含环烷烃多的馏分是催化重整的良好原料。

在实际生产中，常用芳烃潜含量的多少来表示重整原料油的优劣。所谓芳烃潜含量就是把原料中的全部环烷烃都转化为芳烃（一般指 C_6～C_8 芳烃）时所能生产的芳烃量，算法如下：

$$\text{芳烃潜含量}(m\%) = \text{苯潜含量} + \text{甲苯潜含量} + C_8\text{芳烃潜含量} \tag{2-17}$$

$$\text{苯潜含量}(m\%) = C_6\text{环烷}(m\%) \times \frac{78}{84} + \text{苯}(m\%) \tag{2-18}$$

$$\text{甲苯潜含量}(m\%) = C_7\text{环烷}(m\%) \times \frac{92}{98} + \text{甲苯}(m\%) \tag{2-19}$$

$$C_8\text{芳烃潜含量}(m\%) = C_8\text{环烷}(m\%) \times \frac{106}{112} + C_8\text{芳烃}(m\%) \tag{2-20}$$

式中的 78、84、92、98、106 和 112 分别为苯、C_6 环烷、甲苯、C_7 环烷、C_8 芳烃和 C_8 环烷的分子量。

也有用芳烃收率指数（N＋2A）表示重整原料油的优劣，其中 N 为环烷含量，A 为芳烃含量。

原料中芳烃潜含量（或芳烃收率指数）越高，重整后得到的芳烃越多。但是，潜含量只能说明生产芳烃的可能性，实际的芳烃产率取决于环烷烃的分子结构、催化剂性能和操作条件；潜含量可以提供生产芳烃的潜在能力，并不是最高能力，因为原料油中的烷烃通过重整反应也能生成芳烃，实际生产中有可能获得比潜含量更高的芳烃产量。

以直馏汽油作为重整原料，来源是有限的。而二次加工汽油（如焦化、催化裂化、加氢裂化等）中烯烃和二烯烃的含量较高，在重整反应时会增加催化剂上的积炭，缩短生产周期，十分不利。可采用预加氢的方法使这类原料中烯烃含量减少。相比之下，加氢裂化汽油含烯烃较少，可直接作为重整原料。

（三）杂质含量

重整原料对杂质含量有极严格的要求，这是从保护催化剂的活性考虑的。原料中少量的杂质（如砷、铅、铜等）会引起催化剂的永久性中毒，原料中水和氯的含量不适当也会使催化剂减活。双金属和多金属重整催化剂对杂质的限制更加严格。

表 2-16 和表 2-17 分别列出了对重整原料中杂质含量的限制和我国主要原油直馏重整原料的杂质含量。

表 2-16　对重整原料中杂质含量的限制

杂质名称	含　量	杂质名称	含　量
硫	＜0.5ppm	水	＜5ppm
氮	＜0.5ppm	砷	＜1ppb
氯	＜1ppm	铅、铜等	＜20ppb

表 2-17　我国主要原油直馏重整原料的杂质含量

杂质含量	大庆	大港	胜利	辽河	华北	新疆
砷，ppb	195①	14	90	1.5	14	133
铅，ppb	2	4	14.5	0.2	7.9	<10
铜，ppb	3	2.5	3.0	6.4	3.2	<10
硫，ppm	240	17.6	138	67.1	37	37
氮，ppm	<1	0.7	<0.5	<1	<1	<0.5

①系初馏塔顶油分析数据，常压塔顶油含砷量在1000ppb以上。

二、重整原料的预处理

为了满足对重整原料的上述要求，必须对重整原料进行预处理，以得到馏分组成和杂质含量都合格的重整原料。重整原料的预处理包括预分馏、预脱砷、预加氢和脱水等几个部分。

（一）预分馏

预分馏的目的是根据对重整目的产物的要求将原料切割成适宜沸程的馏分。例如，生产芳烃时，从预分馏塔顶切除<60℃的馏分，生产高辛烷值汽油时，切除<80℃的馏分。切除的轻馏分可作汽油调合组分或化工原料，也可作燃料用。原料的干点一般由上游装置（如原油初馏塔或常压蒸馏塔）控制，少数装置也通过预分馏从塔底切除过重的组分。预分馏过程中同时也脱除原料油中的部分水分。

（二）预脱砷

砷是重整催化剂的严重毒物，要求进入重整反应器的原料油中的砷含量不得高于1ppb。如果原料含砷量<100ppb，可以不经过预脱砷，经预加氢精制后即可达到允许的砷含量，否则必须先经过预脱砷。如表2-17中数据所示，我国大庆和新疆等原油的直馏重整原料中砷含量高，必须经过预脱砷，而对大港和胜利等原油的直馏重整原料，可不经预脱砷。

常用的预脱砷方法有：

1. 吸附预脱砷　以5%～10%硫酸铜溶液浸泡的硅酸铝小球作为吸附剂，常温常压下原料油通过吸附剂床层，其中大部分的砷化合物吸附在硅铝小球上而被脱除。

2. 化学氧化预脱砷　原料油与氧化剂（如过氧化氢异丙苯和高锰酸钾等）在反应器中进行反应，砷化合物氧化后经分馏或水洗被分离除去。

3. 加氢预脱砷　加氢预脱砷的原理是将含砷化合物加氢分解出砷，砷吸附在催化剂上被除去。所用催化剂是钼酸镍加氢精制催化剂。该法的预脱砷反应器是与预加氢精制反应器串联在流程中的。

以上三种预脱砷方法相比，加氢预脱砷具有工艺流程简单、操作方便等优点，所以目前在工业上应用较多。

（三）预加氢

预加氢的目的主要是除去重整原料油中所含的硫、氮、氧化合物和其它毒物，如砷、铅、铜、汞、钠等，以保护重整催化剂。

预加氢的原理是在催化剂和氢的作用下，使原料油中的含硫、含氮、含氧等化合物进行加氢分解，分别生成H_2S、NH_3和H_2O；烯烃加氢生成饱和烃；砷、铅等金属化合物加氢分解出金属，吸附在催化剂上被除去。预加氢催化剂是钼酸钴、钼酸镍、钴钼镍等。

（四）重整原料的脱水及脱硫

由预加氢过程得到的生成油中尚溶解有H_2S、NH_3和H_2O等，为了保护重整催化剂，必须除去这些杂质。工业上有汽提和蒸馏脱水两种方法，目前用得较多的是蒸馏脱水法。

重整原料经过上述几个过程，就可成为馏分组成和杂质含量都合格的重整原料油。图2-41为重整原料预处理的典型工艺流程图。

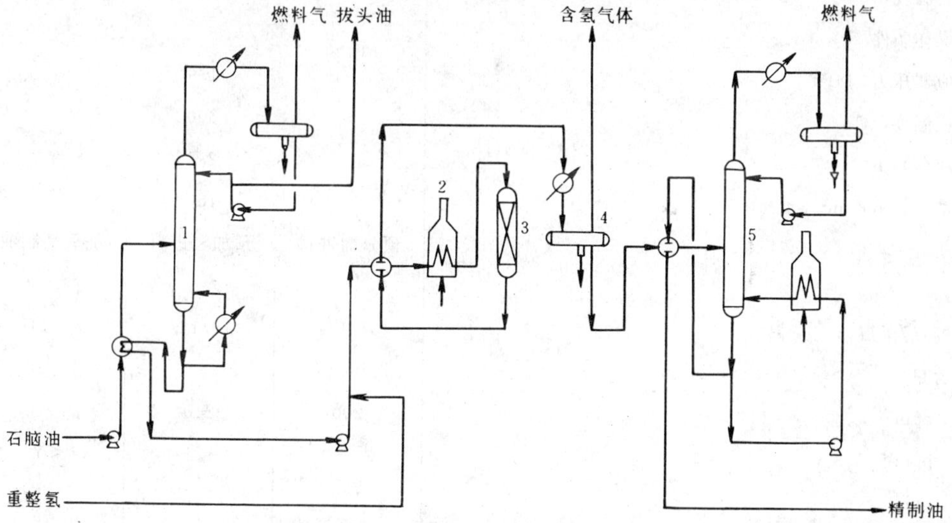

图 2-41 重整原料预处理工艺流程

1—预分馏塔；2—加热炉；3—预加氢反应器；4—油气分离器；5—汽提塔

用泵将原料油抽入装置，经换热后进入预分馏塔，根据目的产品的要求从塔底得到一定馏程的重整原料。预分馏塔一般在0.3MPa左右的压力下操作，塔顶温度约为60～75℃，塔底温度为140～180℃。经过预分馏，原料中的水分可降至30ppm以下。

从预分馏塔底出来的原料油与从重整部分来的富氢气体（重整氢）混合，经换热和加热，温度达到320～370℃（视催化剂而定），然后进入预加氢反应器（若原料油需预脱砷，则先经过预脱砷反应器再进预加氢反应器，通常这两个反应器是串联的）。对铂重整而言，预加氢的反应压力在2.0～2.5MPa；对双金属或多金属重整则在1.6MPa左右。

预加氢生成油从反应器底流出，经换热、冷却后进入高压油气分离器。分离出的富氢气体可送出装置供其它加氢装置使用，液体经换热后进入脱水塔，用蒸馏的方法除去其中溶解的H_2S、NH_3、H_2O等杂质。脱水塔一般在0.8～0.9MPa的压力下操作，塔顶温度85～90℃，塔底温度185～190℃。塔顶分出的气体送入燃料气管网，塔底产物作为合格的重整反应原料（精制油）送入重整反应部分（一般塔底产物还要通过装有氧化锌脱硫剂的脱硫器，进一步脱除残余的硫，使硫含量降至0.5ppm以下，然后送往重整反应部分）。

重整原料预处理的典型操作条件与油品性质如表2-18所示。

表 2-18　预处理典型操作条件与物料性质

项　　目	镍-钼/氧化铝		
原料油	大庆直馏石脑油(初馏塔顶油)		
预分馏操作条件			
塔顶压力，MPa	0.32		
塔顶温度，℃	71		
塔底温度，℃	145		
预加氢操作条件			
反应器压力，MPa	1.9		
反应温度，℃	300		
空速(v)，h^{-1}	2.3		
氢油比，Nm^3/m^3	180		
物料性质	预分馏进料	预加氢进料	加氢精制油
馏程，℃			
初馏点/干点	37/144	79/141	84/146
杂质含量			
硫，ppm	200	240	0.4
氮，ppm	—	<1	<1
砷，ppb	152	195	1
铅，ppb	1	2	2
铜，ppb	—	3	—
水，ppb	—	46	3～5

第四节　催化重整工业装置及主要设备

按照不同的分类方法，催化重整装置有多种类型：

(1) 按原料馏程，可分为窄馏分重整和宽馏分重整；

(2) 按催化剂类型，可分为铂重整、双金属重整和多金属重整；

(3) 按反应床层状态，可分为固定床重整、移动床重整和流化床重整；

(4) 按催化剂的再生形式可分为半再生式重整、循环再生式重整和连续再生式重整。

尽管有多种类型的催化重整工业装置，但是重整反应的基本原理是相同的；除了催化剂的再生方式不同外，其工艺流程也是基本相同的。目前我国现有的催化重整装置，大部分是固定床半再生式重整过程，使用的是双金属或多金属催化剂。同时也建成了或正在建设一批连续再生式重整装置。

一、催化重整的典型工艺流程

由于生产目的不同，所以重整的工艺流程也不相同。当生产高辛烷值汽油时，流程包括原料预处理和重整反应两大部分；当生产芳烃时，还包括芳烃抽提和芳烃精馏两部分。

重整原料的预处理在上一节中已作介绍，在此仅从重整反应部分开始介绍催化重整的工艺流程。

（一）重整反应部分

图 2-42 是一个典型的重整装置工艺流程图，目的产物是高辛烷值汽油，采用固定床半再生式装置。

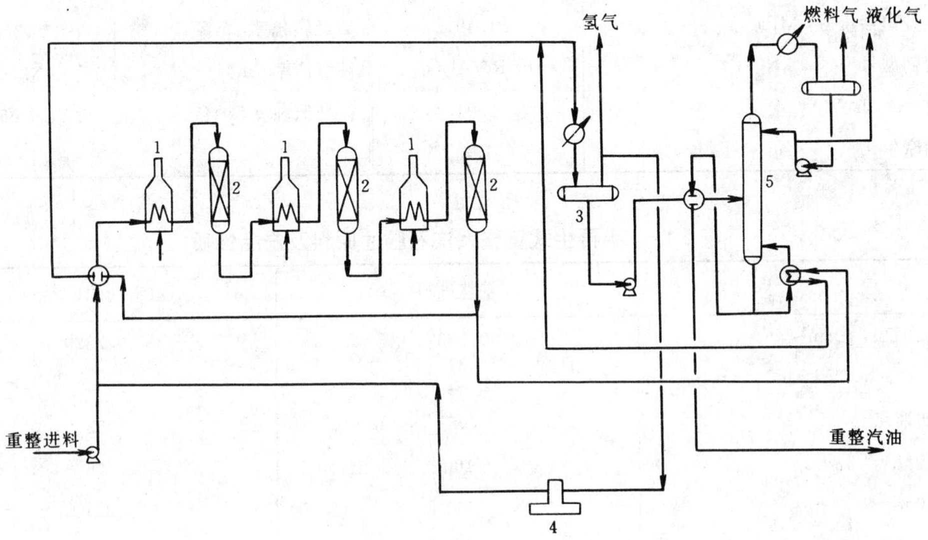

图 2-42　典型重整工艺流程

1—加热炉；2—重整反应器；3—油气分离器；4—循环氢压缩机；5—稳定塔

石脑油经过预处理精制后作为重整部分进料，从泵出来先与循环氢混合，然后进入换热器与反应产物换热，再经加热炉加热后进入重整反应器。反应器为绝热式，一般设置 3～4 个（铂重整装置一般设 3 个反应器，而双金属和多金属重整一般设 4 个反应器）。由于重整是吸热反应，物料经过反应以后温度降低，为了保持足够高的反应温度，每个反应器之前都设有加热炉，最后一个反应器出来的物料，部分与进料换热，部分作为稳定塔底重沸器的热源、然后再经冷却后进入油气分离器。从油气分离器顶分出的气体（含氢 85%～95%(v)），大部分经循环氢压缩机升压后作为循环氢与重整原料混合重新进入重整反应器，其余部分作为产氢送往预加氢；从油气分离器底分出的液体与稳定塔底的重整汽油换热后进入稳定塔，从塔顶分出溶解于油中的少量气体烃，塔底得到蒸气压合格的重整汽油。

表 2-19 和表 2-20 分别列出固定床半再生式重整的典型操作条件、产品收率、原料油及产品性质。

表 2-19 半再生重整典型操作条件及产品收率

项 目	大庆石脑油	项 目	大庆石脑油
第一反应器入口温度/温降，℃	500/50.3	稳定汽油收率，m%	85.5
第二反应器入口温度/温降，℃	500/44.2	芳烃产率，m%	54.9
第三反应器入口温度/温降，℃	500/19.9	其中 苯	6.8
第四反应器入口温度/温降，℃	500/7.1	甲苯	21.9
加权平均床层温度，℃	490	二甲苯	19.8
反应压力，MPa	1.78	重芳烃	6.4
油气分离器压力，MPa	1.49	芳烃转化率，m%	120.1
催化剂型号	$Pt\text{-}Re/Al_2O_3$	纯氢产率，m%	2.43
空速(*m*)，h^{-1}	2.04	循环氢纯度，v%	85
氢油摩尔比	7.3		

表 2-20 半再生式重整大庆石脑油原料及产品性质

项 目	重整进料	稳定汽油(产品)
密度(20℃)，g/cm^3	0.7337	0.7829
馏程，℃		
初馏点	95	52
10%	100	69
50%	111	110
90%	137	149
干点	168	182
族组成，m%		
烷烃	51.6	35.2
环烷烃	45.5	0.5
芳烃	2.9	64.2

我国现有的催化重整装置，大部分都是用于生产芳烃(苯、甲苯和二甲苯)，因此催化重整装置一般都包括芳烃抽提和芳烃精馏部分。除此之外，重整反应部分的流程也稍有不同：即稳定塔改成脱戊烷塔；在这之前增加一个后加氢反应器。这是由于裂化反应使重整生成油中含少量烯烃，在芳烃抽提时，烯烃会混入芳烃中而影响芳烃的纯度。因此，由最后一个重整反应器出来的反应产物，需经换热降至适宜的温度后进入后加氢反应器，通过加氢使烯烃饱和。后加氢用钼酸钴或钼酸镍作催化剂，反应温度为 320～370℃。后加氢产物经过气液分离，液体进入脱戊烷塔，塔顶分出$\leqslant C_5$ 的轻组分，塔底为脱戊烷油，进入后面的芳烃抽提部分。

(二) 芳烃抽提部分

以生产芳烃产品为目的时，重整反应产物——脱戊烷油中一般含芳烃 30%～60%，其余是非芳烃。在这一混合物中，芳烃和非芳烃的沸点相近或有共沸现象，如苯的沸点是 80.1℃，环已烷是 80.74℃，2,2-二甲基戊烷的沸点是 79.2℃，2,4-二甲基戊烷是 80.5℃，一般用精馏的方法很难将它们分开，为了获得所需纯度的芳烃，通常采用液-液抽提的方法，先分出混合芳烃，然后进行芳烃精馏。

芳烃液-液抽提的原理是根据芳烃在溶剂中的溶解度不同，从而使芳烃和非芳烃得到分离。溶剂和油品混合后，生成两个液层（两相）：一相为溶剂和能溶于溶剂中的芳烃，称为提取相（抽提液）；另一相为不溶于溶剂的非芳烃，称为提余相（提余液）。两相液层分离后，再用汽提的方法将溶剂和溶质（芳烃）完全分开，溶剂可以循环使用。常用的溶剂有：二乙二醇醚、三乙二醇醚、二甲基亚砜、环丁砜等。

图 2-43 是芳烃抽提的典型工艺流程，溶剂为二乙二醇醚或三乙二醇醚。

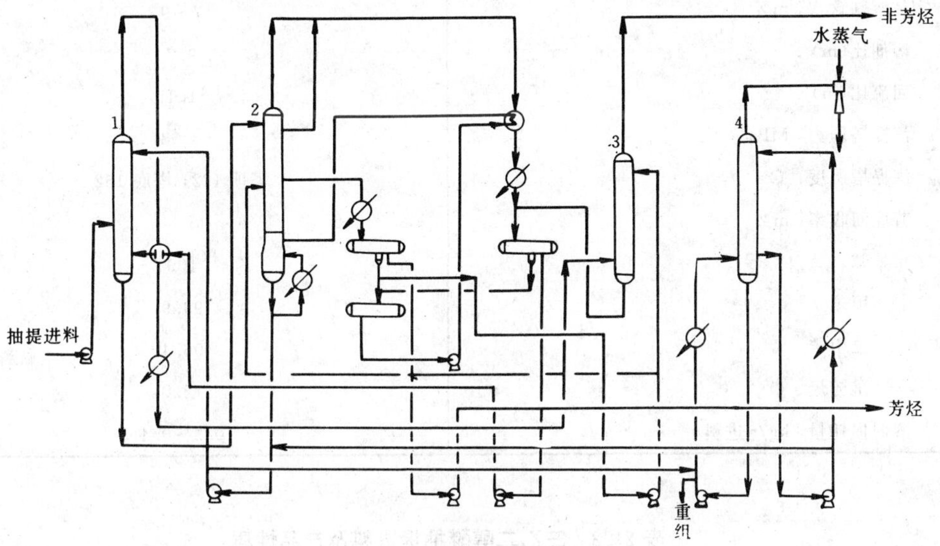

图 2-43　芳烃抽提工艺流程

1—抽提塔；2—汽提塔；3—非芳烃水洗塔；4—溶剂再生塔

1. 抽提　经过脱戊烷以后的重整生成油从抽提塔中部进入，而贫溶剂从抽提塔顶部进入，两者在塔内充分接触，由于密度相差较大，所以在塔内形成逆流抽提。塔的下部注入从汽提塔顶抽出的回流芳烃（含芳烃 70%～80%），其作用是将溶剂相中溶解的重质非芳烃置换出来，以提高芳烃产品的纯度。提余液（非芳烃）从抽提塔顶出来，经换热冷却后进入非芳烃水洗塔；富含芳烃的溶剂从塔底出来，经调节阀降压后进入汽提塔。

2. 汽提　从抽提塔底来的抽提液进入汽提塔顶部。从汽提塔顶蒸出的回流芳烃冷凝后进入回流芳烃罐，在罐内回流芳烃与汽提水进行分离，回流芳烃用泵抽出经换热后打入抽提塔下部作回流，以提高芳烃抽提的选择性。芳烃以蒸气形态从汽提塔中部侧线流出，经冷凝后进入芳烃罐，分出水后用泵送往芳烃精馏部分。汽提塔底设有重沸器，用热载体加热，塔底出来的脱去芳烃的贫溶剂一部分经重沸器后返回汽提塔，一部分用泵抽出打入抽提塔顶。

从芳烃罐分出的水，一部分打入非芳烃水洗塔顶洗涤非芳烃和作汽提塔中段回流，另一部分则与以回流芳烃罐分出的水分一起进入汽提水罐，然后用泵抽出与汽提塔顶回流芳烃换热汽化后进入汽提塔底作汽提蒸气。

3. 溶剂回收　从抽提塔顶出来的非芳烃进入非芳烃水洗塔，用水洗去其中夹带的少量溶剂后送出装置。水从塔底流出，因其中可能含有少量非芳烃，使其进入回流芳烃罐，与回流芳烃接触。

为了防止溶剂中老化产物的积累，从循环溶剂中引出一部分溶剂，在溶剂再生塔进行减压再生，再生后的溶剂循环使用，间断地从塔底排出一部分重组分。

表 2-21 和表 2-22 分别列出了三乙二醇醚抽提操作条件和产品性质。图 2-45 为芳烃精馏的五塔流程图。

表 2-21 三乙二醇醚抽提典型操作条件

项　目	操作条件
抽提塔压力，MPa	0.7
抽提塔温度，℃	塔顶 150，塔底 137
贫溶剂含水，m%	7～9
溶剂比(m)	9.7
回流比(m)	1.1
汽提塔压力，MPa	0.08
汽提塔温度，℃	塔顶 122，塔底 152
芳烃回收率，m%	
苯	100
甲苯	99.9
二甲苯	96.4
重芳烃	72.0
溶剂损耗量，kg/t 进料	0.3～0.4

表 2-22 三乙二醇醚抽提进料及产品性质

项　目	脱戊烷油	抽余油	芳　烃
密度(20℃)，g/cm^3	0.7622	0.6915	0.8665
馏程，℃			
初馏点	69	59	97
10%	83	71	110
50%	103	91	126
90%	146	130	151
干点	174	179	167
组成，m%			
烷烃	50.0	91.8	0
环烷烃	2.0	2.9	0
芳烃	48.0	5.3	100

(三) 芳烃精馏部分

重整反应产物经过抽提后得到的是苯、甲苯、二甲苯和重芳烃的混合物，只有将它们分离成单体芳烃才具有工业价值，芳烃精馏的目的就在于此。

目前我国芳烃精馏的工艺流程有两种类型：一种是三塔流程，用来生产苯、甲苯、混合二甲苯和重芳烃；另一种是五塔流程，用来生产苯、甲苯、邻二甲苯、间对二甲苯、乙基苯和重芳烃。

图 2-44 是芳烃精馏的三塔流程，其中白土塔的作用是通过吸附除去混合芳烃中的不饱和烃，如果重整反应器后设有后加氢反应器，则无需进行白土吸附。表 2-23 和表 2-24 分别列出了芳烃精馏的操作条件和产品性质。

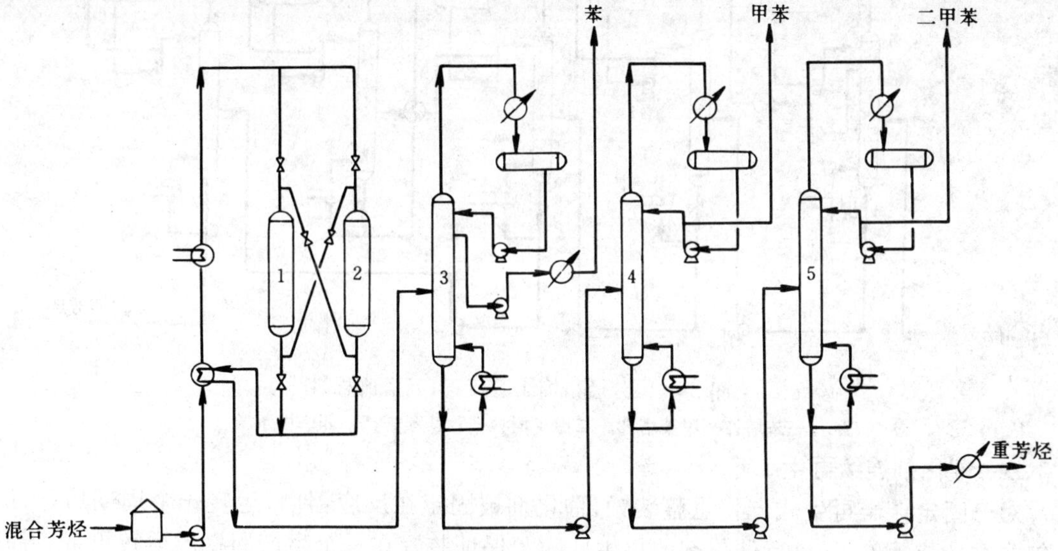

图 2-44　芳烃精馏工艺流程(三塔流程)

1、2—白土塔；3—苯塔；4—甲苯塔；5—二甲苯塔

表 2-23　芳烃精馏操作条件

操作条件	苯　塔	甲苯塔	二甲苯塔
塔顶压力，MPa	0.02	0.02	0.02
塔顶温度，℃	79	114	135
塔底温度，℃	135	149	173
塔板数，块	44	50	40
回流比	7	3.2	1.7

表 2-24　芳烃原料及产品性质

项　目	芳　烃	苯	甲　苯	混合二甲苯
密度(20℃)，g/cm^3	0:8661	0.8773	0.8662	0.8673
馏程，℃				
初馏点	99	79.8	110.5	139.2
50%	125	—	—	—
90%	150	—	—	—
干点	175	80.3	110.7	140.6
芳烃，m%				
C_6 芳烃	16.40	99.41	0.01	—
C_7 芳烃	35.50	0.14	99.83	—
C_8 芳烃	33.60	—	0.10	99.62
C_9 芳烃	14.50	—	—	0.36
非芳烃，m%	—	0.45	0.06	0.02

图 2-45 为芳烃精馏的五塔流程图。

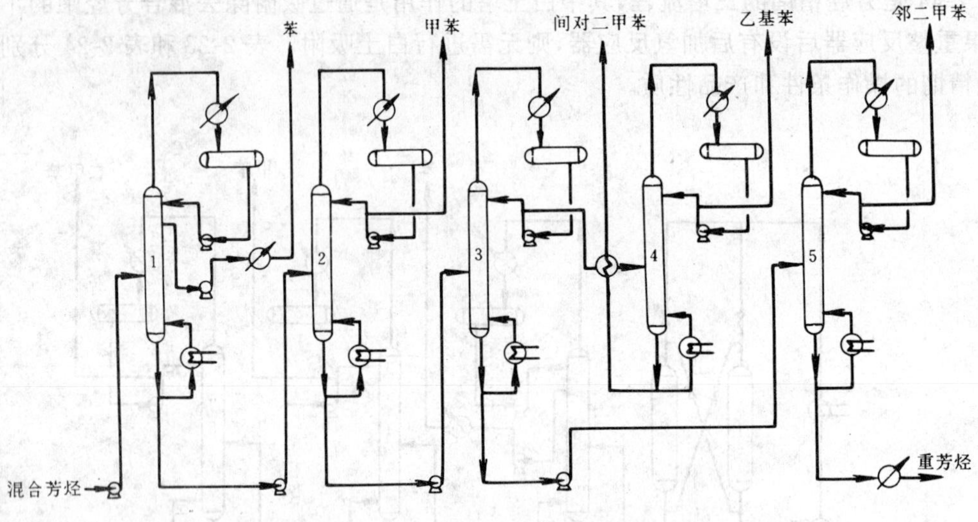

图 2-45　芳烃精馏工艺流程（五塔流程）

1—苯塔；2—甲苯塔；3—二甲苯塔；4—乙基苯塔；5—邻二甲苯塔

二、催化剂连续再生工艺

对于固定床半再生式催化重整装置，催化剂被固定在反应器内，运转一个周期后（一般为一年左右），装置停工，进行催化剂的再生。为了保证装置在一个生产周期内运转正常，得到好的产品质量和收率，必须选择较高的反应压力和氢油比，同时保证一定的催化剂装入量。

为使催化剂经常保持高活性，在更低的压力和氢油比条件下操作，得到更好的产品质量和收率，就需随时进行催化剂的再生，为此开发了催化剂连续再生式工艺，简称连续重整。

与半再生式装置相比，连续重整增加了一套催化剂的连续再生系统。催化剂在重叠或并列的反应器内自上而下地移动，形成移动床，同时在反应器和再生器之间循环流动，连续地进行反应和再生过程。由于重整反应始终在近似新鲜催化剂的条件下进行，可使装置在更低的压力和氢油比下操作。

连续重整的工艺流程除反应部分之外，其余各部分均和半再生式的相同。反应部分实际上包括重整反应和催化剂再生两个过程。反应过程与前面介绍的固定床半再生式相同，经预处理后的重整原料与重整反应产物换热并加热后，依次通过三个或四个反应器，各反应器间用加热炉供热，反应产物经与原料换热、油气分离和冷却后去后处理部分（稳定塔或脱戊烷塔、芳烃抽提和芳烃精馏）。再生过程随工艺的不同而有所差别。目前我国引进的催化剂连续再生工艺有美国环球油品公司（UOP）和法国石油研究院（IFP）两种。

图 2-46 为 UOP 的连续重整催化剂再生流程。反应器重叠布置，催化剂从第一个反应器依靠重力依次流经重叠的三或四个反应器，从最下面一个反应器底出来，经收集料斗至 1 号闭锁料斗。在闭锁料斗内用氮气置换后进入 1 号提升器。在提升器内用循环氮气将催化剂提升到再生器顶上的分离料斗，经淘析器除去粉尘后落入再生器。催化剂在再生器内自上而下依次经过烧焦、氯化和干燥三个再生区，然后经流量控制料斗、缓冲罐进入 2 号闭锁料斗，用氮气置换后入 2 号提升器，再用氢气提升到反应器顶上的还原段，催化剂被氢还原后再进入第一反应器，构成一个循环。催化剂循环系统的各设备之间，均各有一组程序控制的阀门，通过阀门的开关使催化剂在各设备内脉冲式地移动，循环一周约一星期。

该装置在 0.7～1.0MPa 及 500℃下操作，与半再生式重整相比，催化剂装入量较少，氢油

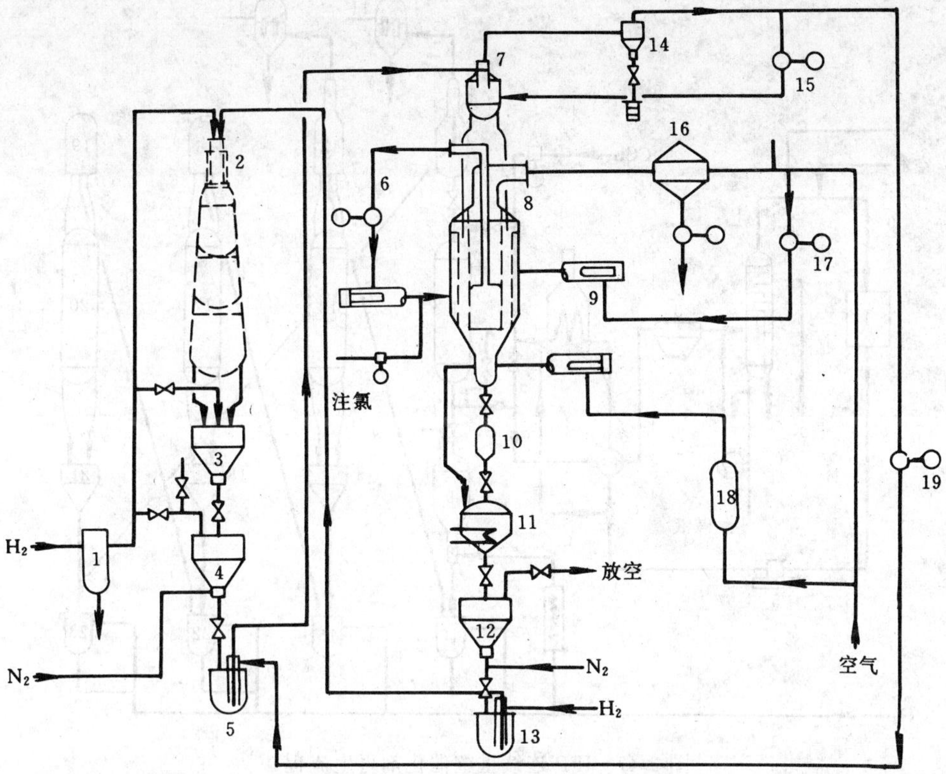

图 2-46　UOP 连续重整催化剂再生流程

1—分液器；2—反应器；3—催化剂收集料斗；4、12—1 号、2 号闭镇料斗；5、13—1 号、2 号提升管；6—氯化鼓风机
7—分离料斗；8—再生器；9—电加热器；10—流量控制料斗；11—缓冲罐；14—过滤器；15—除尘鼓风机
16—空冷器；17—再生鼓风机；18—干燥器；19—提升器鼓风机

(摩尔)比较低，空速高 1 倍以上，液体产品收率和氢纯度都有所提高。

图 2-47 为 IFP 的连续重整催化剂再生流程。反应器并列布置，各反应器底下均设有下部料斗和提升器，顶上设有上部料斗，催化剂从第一反应器依次至最后一个反应器，都是通过气体输送进行的。从最后一个反应器底下出来的催化剂在提升器内用气体提升到再生器上部的缓冲料斗，定期通过阀门开关分批进入再生器。在再生器内催化剂在固定不动的情况下依次经过烧焦、氯化和焙烧等几个阶段。再生气体通过换热器、冷却器、碱洗罐、干燥器、压缩机、换热器和加热炉构成一个再生系统回路进行循环。再生后的催化剂放入下部缓冲料斗，用氢还原，最后通过提升器送往第一反应器的顶上，吹出细粉后进入反应器。催化剂的再生与输送动作用计算机控制，再生一批催化剂约需 12 小时，催化剂循环一周约一星期。

三、重整反应器

重整反应器是催化重整装置的关键设备，它的设计和操作的优劣对整个生产过程起着决定性的作用。目前工业用重整反应器有轴向和径向两种结构形式，它们的主要差别是气体流动方式不同和床层压降不同。

（一）轴向式重整反应器

图 2-48 是轴向式重整反应器的结构示意图。反应器为圆筒形，壳体为普通钢，内衬有耐热水泥层，里面另有一层合金钢衬套，其作用是防止碳钢壳体受高温氢气的腐蚀。头盖和底盖也加内衬。

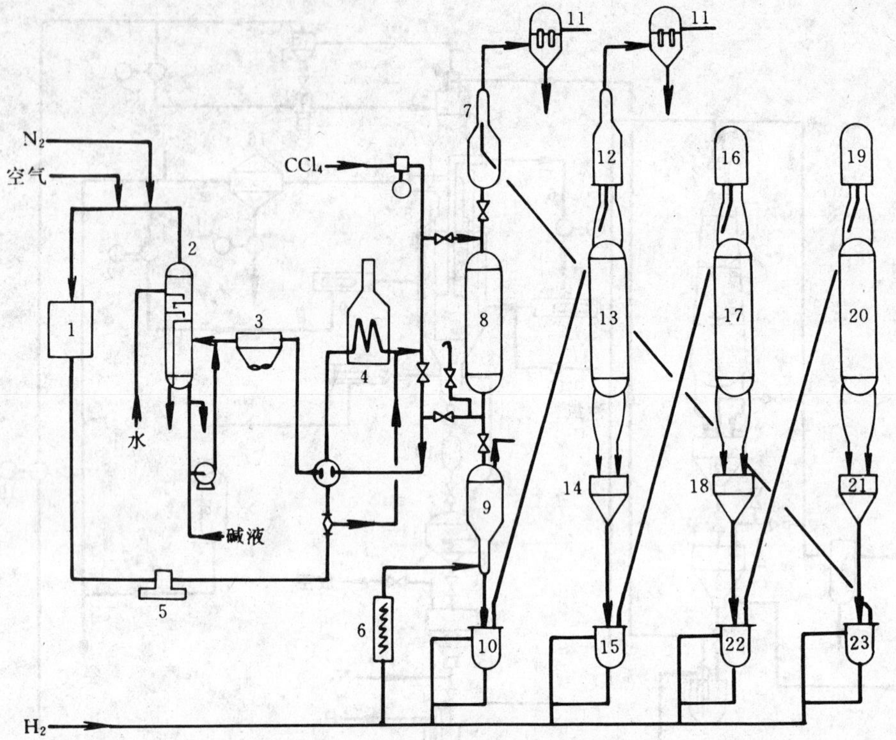

图 2-47　IFP 连续重整催化剂再生流程

1—干燥器；2—碱洗罐；3—空冷器；4—加热炉；5—压缩机；6—电加热器

7、9—上部、下部缓冲料斗；8—再生器；10、15、22、23—提升器；11—过滤器

12、16、19—上部料斗；13、17、20—第一、第二、第三反应器；14、18、21—下部料斗

油气自上而下地通过反应器床层。为了使原料气沿整个床截面分配均匀，在反应器入口处设有一个原料分配头，出口处装有反应产物收集器。为了防止催化剂细粉被带出，在接近产物收集器前装有钢丝网。

反应器的中部放置重整催化剂，上、下装有惰性瓷球，以防止操作波动时催化剂床层跳动而引起催化剂破碎。瓷球是惰性的，而且不含使催化剂中毒的杂质。催化剂的床层中还设有呈螺旋形分布的若干测温点，以便掌握整个床层的温度分布情况。

这种轴向式反应器结构简单，制造方便，进料分布比较均匀，装卸催化剂比较容易，目前应用较为广泛。但是催化剂床层厚，物料通过时压力降较大。

2. 径向式重整反应器

图 2-49 为一径向式重整反应器的结构示意图。反应器壳体也为圆筒形，内部装有罩帽、扇形筒、中心管等部件。进料经过分配器后，受罩帽阻碍而进入扇形筒。扇形筒上开有多个长形小孔，气流经过小孔以径向通过催化剂床层，反应后进入中心管，然后导出反应器。

与轴向反应器相比，径向反应器的突出特点是床层压降低，这主要是由于气流以较低的流速沿径向通过较薄的催化剂床层。另外，由于气流在进入和引出反应器时比较均匀，床层温度较均匀，因此反应也充分。

径向反应器是一种新型的重整反应器，由于压降较低，所以多用于双金属、多金属重整和连续重整工艺中，但缺点是结构复杂。

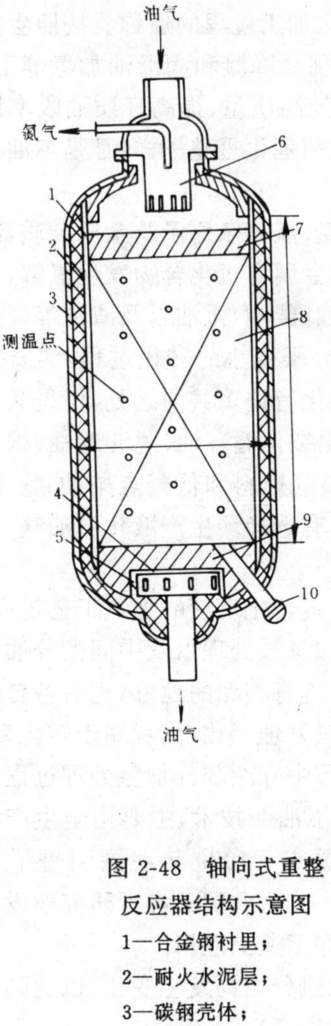

图 2-48　轴向式重整反应器结构示意图

1—合金钢衬里；
2—耐火水泥层；
3—碳钢壳体；
4—钢丝网；
5—油气出口集合管；
6—分配头；
7、9—惰性小球；
8—催化剂；
10—催化剂卸出口

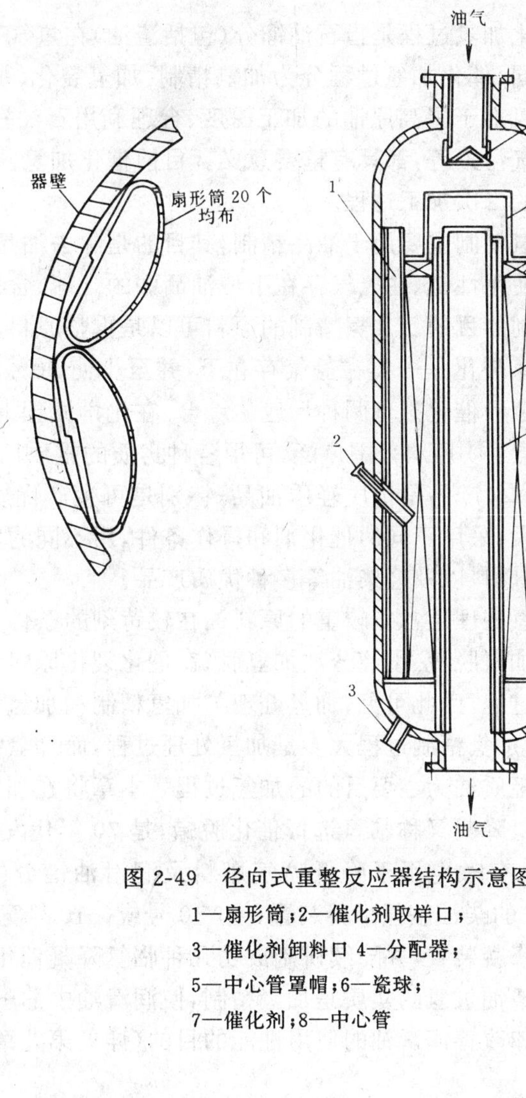

图 2-49　径向式重整反应器结构示意图

1—扇形筒；2—催化剂取样口；
3—催化剂卸料口 4—分配器；
5—中心管罩帽；6—瓷球；
7—催化剂；8—中心管

第五章　催化加氢

催化加氢过程是指石油馏分(包括渣油)在氢气存在下催化加工过程的通称。按照生产目的的不同,催化加氢过程分为加氢精制、加氢裂化、加氢处理、临氢降凝和润滑油加氢等工艺。催化加氢对于提高原油的加工深度、合理利用石油资源、改善产品质量、提高轻质油收率以及减少大气污染等,都具有重要意义。目前催化加氢同催化裂化和催化重整一样,都是炼油工业中重要的二次加工过程。

加氢精制主要用于油品精制,其目的是除去油品中的硫、氮、氧等杂原子及金属杂质,改善油品的使用性能。在氢气存在下使油品中的含硫、含氮、含氧和金属有机化合物发生氢解,从而达到精制的目的。加氢精制的原料可以是重整原料、汽油、煤油、柴油、重油以及渣油等。

加氢裂化是一类在氢气存在下,并至少使50%的反应物分子变小的转化过程,实质上是催化加氢和催化裂化两种反应的综合。在化学原理上与催化裂化有许多共同之处,但是又有自己的特点:① 原料范围广泛,可用各种劣质的重质原料,如催化裂化循环油、脱沥青油、减压馏分油等;② 产品是优质轻质油品,特别是可生产优质低冰点喷气燃料和低凝点柴油;③ 操作灵活性大,采用不同的催化剂和操作条件,用不同的原料,可以有选择地生产液化石油气、石脑油、喷气燃料以及轻柴油等多种优质产品。

加氢处理通常指较重的原料油在较苛刻的条件下,发生一定转化反应的加氢工艺过程,包括渣油加氢脱硫、重馏分油加氢脱硫、催化裂化原料和循环油加氢预处理以及中间馏分油加氢处理等过程。由此可见,加氢处理与加氢精制和加氢裂化之间,既有相似的地方,也有各自的特点。深度加氢精制过程大多是加氢处理过程,而加氢裂化和加氢处理相比,前者属于转化率高、以生产轻质油为主要目的的加氢过程。本章将在加氢裂化一节中介绍部分加氢处理过程。

临氢降凝又称临氢选择催化脱蜡,是70年代发展起来的炼油新技术,主要用于生产低凝点柴油,有时也用于降低喷气燃料及润滑油馏分的冰点或凝点。1979年我国引进了一套200kt/a的柴油临氢降凝装置,生产0号或-10号宽馏分柴油。此后我国又自行研究建设了柴油临氢降凝装置,并陆续研制成功几种临氢降凝催化剂,均已在工业上应用。

润滑油加氢的实质是加氢精制,使润滑油中的一些非理想组分结构发生变化,以达到脱除杂原子和改善润滑油的使用性能的目的(详见第九章的润滑油生产)。

第一节　加氢精制

加氢精制能有效地使原料油中的硫、氮、氧等非烃化合物氢解,使烯烃、芳烃加氢饱和并能脱除金属和沥青质等杂质,具有处理原料范围广、液体产品收率高、产品质量好等优点。因此,加氢精制在许多炼油过程中是必不可少的过程,也正在逐步取代其它类型的油品精制方法。

目前我国的加氢精制技术主要用于二次加工汽油和柴油的精制,例如用于改善焦化柴油的颜色和安定性;提高渣油催化裂化柴油的安定性和十六烷值;从焦化汽油制取乙烯原料或催化重整原料;用于某些原油直馏产品的改质,如通过加氢精制提高直馏喷气燃料的烟点;还可用于劣质渣油的预处理,脱除大部分的沥青质和金属,直接作为催化裂化的原料。

一、加氢精制的基本原理

(一) 加氢精制的主要化学反应

在加氢精制过程中发生的主要反应有:加氢脱硫、加氢脱氮、加氢脱氧、烯烃和芳烃的加氢饱和及加氢脱金属等。

1. 加氢脱硫、脱氮和脱氧

含硫、氮和氧的有机化合的与氢发生氢解反应,分别生成相应的烃和硫化氢、氨和水后,很容易从油品中除去。

2. 烯烃和芳烃的加氢饱和

在加氢精制的条件下,大部分的烯烃与氢反应生成烷烃;单环芳烃很少发生反应,多环芳烃可部分加氢饱和。

3. 加氢脱金属

几乎所有的金属有机化合的在加氢精制条件下都被加氢和分解,生成的金属沉积在催化剂表面上,造成催化剂活性下降,并导致反应床层压降升高。所以加氢精制催化剂要周期性地进行更换。

(二) 操作参数对加氢精制反应的影响

加氢精制过程中发生的各种氢解反应都是放热反应,大部分反应的平衡常数都较大,少数反应存在着热力学平衡问题。因此,操作参数的选择须根据具体情况而定。

1. 反应压力

压力是影响加氢精制反应速度的重要操作参数。对轻质油品的气相反应,压力增加,催化剂表面反应物和氢浓度增加,反应速度随之增加。对于重质油的加氢精制,压力增加,一方面有利于提高反应速度,另一方面由于混合物中液相比例的增加,相应增加了催化剂表面液膜对反应物的扩散阻力,降低了反应速度,因此其最终影响需根据表面反应与扩散的相对速度而定。稠环芳烃加氢时,转化深度受化学平衡的限制,在一定的温度范围内,压力增加有利于提高反应速度。对于重质馏分油的加氢精制,压力的选择不仅要考虑反应速度的需要,更应考虑对催化剂表面积炭的作用,选择合理的催化剂使用寿命。

对于目前常用的Mo(W)-Ni系催化剂,汽油馏分加氢精制的压力一般为3~4MPa,二次加工柴油的压力是4~8MPa,减压馏分油及渣油的加氢压力一般在15MPa以上。

2. 反应温度

温度对加氢精制反应的影响比较复杂。对不受热力学平衡限制的硫、氮化合物的氢解反应,反应速度随温度的提高而增加;对减压馏分油的加氢精制,由于气、液、固三相同时存在于系统中,所以提高温度,液相比例相对减少,扩散速度加快,有利于提高反应速度。但是,对于硫、氮杂环化合物,受环加氢平衡的限制,超过一定的温度,脱硫或脱氮转化率随温度的提高而下降;另外,当温度达到430℃以上时,裂化反应增加,催化剂表面积炭速度会显著加快。因此,加氢精制一般控制在较低的反应温度下操作,不应超过430℃。

3. 空速

空速是控制加氢精制深度的一个重要参数。空速降低,反应物与催化剂的接触时间加长,精制深度增加,但空速过低,反应器容积的利用率太低。空速提高,要保持一定的精制深度,则必须相应地提高反应温度。所以空速的大小需根据原料性质、精制深度等因素来确定。

不同的馏分，硫化物、氮化物和烯烃的加氢反应速度差别很大。表 2-25 列出了硫化物、氮化物和烯烃在汽油和煤、柴油馏分中的加氢比反应速度。

表 2-25　硫化物、氮化物、烯烃的加氢比反应速度

	粗汽油馏分	煤油、柴油馏分
硫化物	100	70
烯　烃	80	4
氮化物	20	1

因此，对轻质油来说，即使在 3MPa 的压力下，加氢脱硫、脱氮及烯烃饱和也可以采用较高的空速，一般可达 $2.0 \sim 4.0h^{-1}$。对于柴油馏分的精制，压力提高到 4～8MPa，一般空速只能在 $1.0 \sim 2.0h^{-1}$之间。

对于含氮量高的重质油加氢精制，空速对加氢脱氮的影响更为重要。图 2-50 为加氢深度对各组分反应物的影响，由图可见：脱金属、脱硫反应进行的最快，多环芳烃加氢反应次之，而脱氮反应和单环芳烃加氢反应的速度最慢。因此对于含氮量高的重质油的加氢处理，考虑加氢脱氮反应深度的要求，在高压下，一般空速也只能控制在 $1.0h^{-1}$左右。

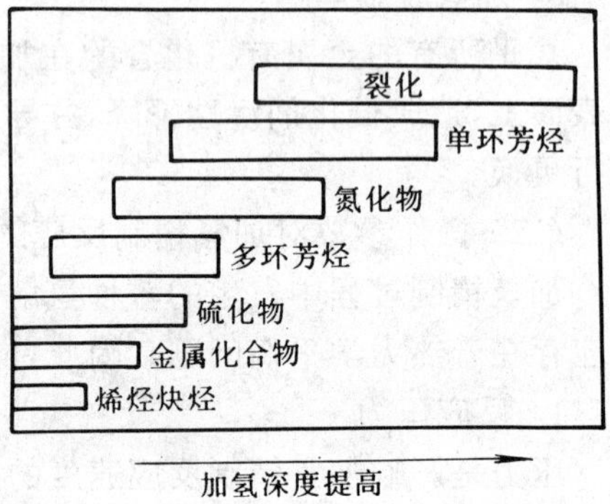

图 2-50　加氢深度对各组分反应的影响

4. 氢油比

在压力和空速一定时，氢油比的大小影响着反应物与生成物的气化率、氢分压以及反应物与催化剂的接触时间，其中每一项都与转化率有关。一方面氢油比增加，反应物的气化率与氢分压增加，两者都能增加反应速度；但当反应物完全气化后，如继续增加氢油比，则会降低反应物的分压，最终使转化率降低。另一方面，增加氢油比，有利于减缓催化剂表面的积炭速度，延长催化剂寿命；但是增加氢油比，循环氢量增加，将增加氢耗与能耗。因此需要综合分析才能选择合适的氢油比。一般汽油馏分加氢精制，氢油比为 300～500(体积)，柴油馏分为 500～800，减压馏分则为 800～1000。

二、加氢精制催化剂

在加氢精制反应中，主要是碳-硫、碳-氮、碳-氧和碳-金属键的断裂，碳-碳键断裂一般在10%以下。因此，加氢精制催化剂主要起加氢作用，载体的酸性极弱，基本不起裂化作用。

加氢精制催化剂中常用的加氢组分是钼(Mo)、钨(W)、镍(Ni)、钴(Co)的混合硫化物，其中 Mo 和 W 为主金属，Ni 和 Co 为助金属。载体是氧化铝或氧化铝-氧化硅。目前广泛采用的加氢精制催化剂有：氧化铝为载体的钼酸钴(Co-Mo-γAl_2O_3)、钼酸镍(Ni-Mo-γAl_2O_3)、钴钼镍(Co-Ni-Mo-γAl_2O_3)、氧化铝-氧化硅为载体的钼酸镍(Ni-Mo-γAl_2O_3-SiO_2)以及新开发的钨-镍(W-Ni)系列等。

不同的加氢精制催化剂对各种化学反应有不同的活性，适用于不同原料的精制。Co-Mo 系列催化剂的加氢脱硫活性较高，对烯烃饱和及加氢脱氮也有一定的活性，而对裂化反应活性很低，具有寿命长、稳定性好、液体产品收率高、积炭速度慢等特点。因此，这一系列的催化剂在油品脱硫精制中，得到广泛的应用。近年来由于重油深度加工，加氢精制的原料逐渐变重，加氢

脱氮变得十分重要。Ni-Mo 系列催化剂的加氢脱氮活性高于 Co-Mo 系列，所以目前在许多原料的加氢精制过程中，出现了以 Ni-Mo 系列取代 Co-Mo 系列催化剂的趋势。新开发的 Ni-W 系列催化剂，其脱硫活性比 Co-Mo 系列的还要高，对烯烃饱和及芳烃加氢活性也很高，这种催化剂在喷气燃料脱芳烃改善烟点及其它中间馏分油的加氢精制中得到广泛应用。

各种加氢精制催化剂，除了金属活性组分对催化剂的活性有影响外，研究结果和生产实践还表明，在催化剂中加入助剂或改变载体组成都会改善其使用性能。如在 Ni-Mo 系列催化剂中加入助剂磷(P)可以提高催化剂的脱氮活性；在加氢精制催化剂的载体中，加入一定量的二氧化硅(含量在 5%～15%)，可以提高催化剂的脱氮活性和稳定性；在载体中加入少量的无定形硅酸铝或分子筛，可以提高催化剂的活性，降低精制过程的反应温度。

加氢精制催化剂必须经历：① 使用前预硫化，以提高催化剂的活性，延长其使用寿命；② 使用一个周期后进行再生，在严格的再生条件下，烧去催化剂表面焦炭，使其恢复活性。

目前在我国，除了渣油加氢精制外，已成功地研制和生产出可供各种原料加氢精制采用的催化剂，并均在工业上得到应用。表 2-26 列出的是部分加氢精制催化剂的品种与牌号。

表 2-26　几种加氢精制催化剂的品种与牌号

牌　号	金属组分	载　　体	应用范围
3641	$CoO-MoO_3$	$\gamma-Al_2O_3$	直馏或二次加工汽油
3665	$NiO-MoO_3$	$\gamma-Al_2O_3$	直馏或二次加工汽油、煤油
3761	$CoO-NiO-MoO_3$	$\gamma-Al_2O_3$	直馏或二次加工汽油、煤油、柴油
3822	$NiO-MoO_3$	$\gamma-Al_2O_3/SiO_2$	减压馏分油
481	$NiO-MoO_3$	$\gamma-Al_2O_3/SiO_2$	直馏或二次加工汽油、煤油、柴油
481-2	$NiO-MoO_3$	$\gamma-Al_2O_3/SiO_2-P$	56～58 号粗石蜡
FH-5	$NiO-MoO_3-WO_3$-助剂	$\gamma-Al_2O_3/SiO$	渣油催化裂化柴油
CH-2	$CoO-MoO_3$	$\gamma-Al_2O_3$	直馏汽油
RN-1	$NiO-WO_3$/助剂	$\gamma-Al_2O_3$	二次加工煤油、柴油、减压蜡油

三、加氢精制工艺流程

加氢精制的原料包括直馏和二次加工(如焦化、催化裂化等)的汽油、煤油、柴油及润滑油等各种石油馏分，还有重油和渣油的加氢处理。在此，主要讨论轻质油品的加氢精制工艺流程，关于减压馏分油和渣油的加氢过程将在下一节中加以介绍。

石油馏分加氢精制的工艺流程因原料不同而有所区别，但基本原理相同，都采用固定床绝热反应器。精制所用氢气大多为催化重整的副产氢气，少数另建有制氢装置。图 2-51 为一典型的加氢精制工艺流程，包括反应系统、生成油换热、冷却、分离系统和循环氢系统三部分。

(一) 反应系统

原料油与新氢、循环氢混合，与反应产物换热后，以气液混相状态进入加热炉(这种方式称炉前混氢，加热炉后混氢称炉后混氢)，加热到一定温度进入反应器。反应器进料可能是气相(精制汽油时)，也可能是气液混相(精制柴油或更重的馏分油)，反应器内部设有专门的进料分布器。反应器内的催化剂一般是分层填装，以利于注冷氢来控制反应温度，原料油和循环氢通过每段催化剂床层进行加氢反应。加氢精制反应器可以是一个(一段加氢法)，也可以是两个(两段加氢法)，依原料油的性质而定。

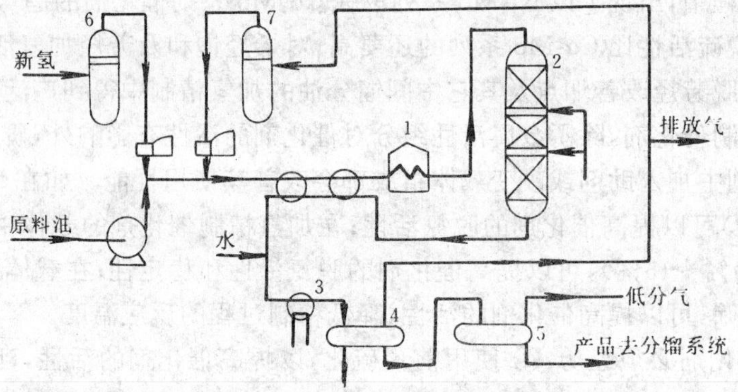

图 2-51　加氢精制典型工艺流程图

1—加热炉；2—反应器；3—冷却器；4—高压分离器；5—低压分离器；6—新氢储罐；7—循环氢储罐

（二）生成油换热、冷却、分离系统

反应产物从反应器底部导出，经过换热和冷却后进入高压分离器。在冷却器前注入高压洗涤水，以溶解反应生成的氨和部分硫化氢。反应产物在高压分离器中进行分离，分出的气体是循环氢，其中除了主要组分氢以外，还有少量气态烃和未溶于水的硫化氢；分出的液体产物是加氢生成油，其中也溶有少量气态烃和硫化氢，所以生成油经过减压再进入低压分离器进一步分离出轻烃等组分后，去分馏系统分离成合格产品。

（三）循环氢系统

从高压分离器分出的循环氢经储罐及压缩机后，大部分（约 70%）送去与原料油混合，小部分（即其余部分）不经加热直接送入反应器作冷氢，在装置中循环使用。为了保证循环氢的纯度，避免硫化氢在系统中积累，常用硫化氢回收系统，一般用乙醇胺吸收除去硫化氢，富液再生循环使用，解吸出来的硫化氢送到制硫装置，净化后的氢气循环使用，流程如图 2-52 所示。

为了保证循环氢中氢的浓度，需要不断地向系统中补充新氢。

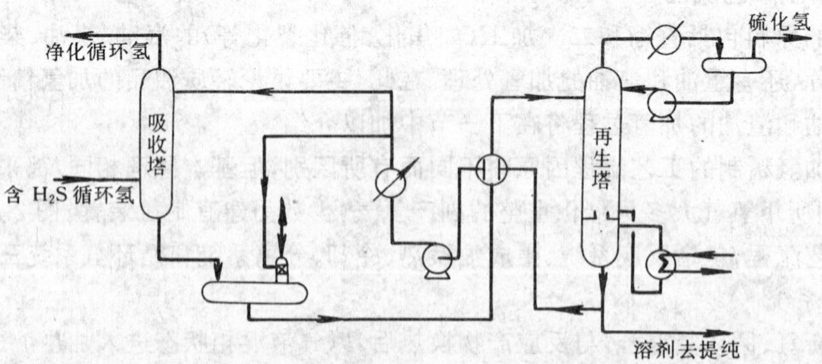

图 2-52　循环氢脱 H_2S 工艺流程

石油馏分加氢精制的操作条件因原料的不同而异。一般直馏馏分加氢精制条件比较缓和，重馏分和二次加工油品（如焦化柴油）的精制则要求比较苛刻的操作条件。表 2-27 列出了我国几种原料加氢精制的主要操作条件及精制结果。

表 2-27 我国几种原料加氢精制的主要操作条件及精制结果

原 料 油	大庆焦化汽油	胜利直馏煤油	胜利焦化柴油	胜利催化裂化柴油
催化剂	$Co\text{-}Ni\text{-}Mo/Al_2O_3$	$Ni\text{-}W/Al_2O_3$	$Ni\text{-}Mo/Al_2O_3$	$Ni\text{-}W/Al_2O_3$
反应条件				
压力,MPa	3.0	4.0	5.9	4.2
温度,℃	320	325	332	286.5
液时空速,h^{-1}	1.5	1.65	1.0	2.0
氢油比,(体)	500	473～516	650～750	690
精制油收率,m%	99.5	>99	>99	99.4
氢耗(对原料),m%	0.4	～0.5	0.72	0.68
脱硫率,m%	88.9	99.97	99.5	74.3
脱氮率,m%	99.4	>96.75	95	21.7
烯烃饱和率,m%	98.2	—	97	—
无烟火焰高度,mm	—	原料 22,产品 26	—	—

加氢精制的主要设备与加氢裂化基本相同,这将在下一节中加以讨论。

第二节 加氢裂化

重油轻质化最基本的工艺原理就是改变重质原料油的分子量和氢碳比,而改变分子量和氢碳比往往是同时进行的。改变氢碳比有两个途径:一是脱碳,二是加氢。热加工过程如热裂化和焦化、以及催化裂化都属于脱碳过程,它们的共同特点是要减小一部分油料的氢碳比,因此不可避免地要产生一部分气体烃和氢碳比较小的缩合产物——渣油和焦炭。所以,脱碳过程的轻质油收率不可能很高。

加氢裂化属于加氢过程,是在催化剂存在下从外界补入氢气以提高油品的氢碳比。加氢裂化实质上是加氢和催化裂化过程的有机结合,一方面能使重质原料油通过裂化反应转化为汽油、煤油和柴油等轻质油品;另一方面又可以防止如催化裂化过程中大量积炭的生成,而且还可以将原料油中的硫、氮、氧等杂原子通过加氢除去,使反应过程中生成的不饱和烃饱和。所以说,加氢裂化可以将劣质的重质原料油转化成优质的轻质油。

加氢裂化工艺具有原料适应性强、产品质量好且收率高、产品灵活性大等优点,不仅可以生产多种优质的轻质油产品,而且加氢裂化尾油又是优质润滑油料和裂解制烯烃的原料。但是加氢裂化又有某些主要缺点:即过程要求在较高的压力和温度下进行,所以设备投资费用大,过程中要耗氢使得操作费用也较高,这些都阻碍了加氢裂化工艺的广泛应用。尽管如此,随着原油深度加工和资源合理利用、轻质油品需要量增大和质量提高,都将促使加氢裂化在炼油工业中发挥更重要的作用。

据统计,截止到 1989 年,全世界加氢裂化装置共 113 套,总加工能力为 126Mt/a,占原油一次加工能力的 4.45%。我国于 1979 年引进 4 套加氢裂化装置,1986 年增加到 8 套,到 1990 年我国共有加氢裂化装置 12 套,总加工能力提高到 5.48Mt/a,占原油一次加工能力的 5.1%。80 年代末,我国(齐鲁石化总公司胜利炼油厂)从美国雪弗隆(Chevron)公司引进了一套渣油加氢处理(VRDS)装置,处理能力为 840kt/a,同时还有单段一次通过的加氢裂化(SSOT)装置,处理能力为 560kt/a,分别用于处理孤岛原油的减压渣油和减压馏分油。

一、加氢裂化的主要化学反应

加氢裂化采用具有裂化和加氢两种作用的双功能催化剂。原料中各种烃类在加氢裂化过程中发生一系列的化学反应,其中除了两个主要的加氢和裂化反应以外,还有异构化、环化、非烃类氢解和缩合等多种反应。

(一) 烷烃

烷烃反应包括两个步骤:烷烃分子在碳-碳键上断裂和生成的不饱和烃的加氢饱和。例如

$$C_{16}H_{34} \xrightarrow{H_2} C_8H_{18} + C_8H_{16}$$
$$C_8H_{16} \xrightarrow{H_2} C_8H_{18}$$

除此之外,还有烷烃分子和反应中生成的烯烃分子的异构化反应(烯烃先进行异构化随即被加氢成异构烷烃)、少量烷烃的环化反应等。烷烃的加氢反应速度随着烷烃分子量的增大而加快,异构化反应的速度也随着分子量的增大而加快。

同催化裂化的反应结果一样,烷烃加氢裂化时,产品中小于 C_3 的分子含量很少,而 C_4 和 C_5 分子中异构烃的含量很高。

烷烃的加氢裂化反应及产品的组成取决于所用催化剂酸性功能和加氢功能两者之间的比例关系,改变这个比例关系就能够使所希望的产品组成达到最佳。

(二) 烯烃

烷烃裂化和带侧链环状烃的断链都生成烯烃,在加氢裂化的条件下,烯烃可进行加氢、异构化、环化和聚合等反应,其中加氢和异构化反应速度明显地大于环化和聚合反应速度。大分子的烯烃在加氢裂化条件下还可以进一步发生分解,生成分子量更小的烯烃分子,这些不饱和碎片随即被加氢饱和。所以加氢裂化产品中烯烃含量很少,产品的安定性很好。

(三) 环烷烃

单环环烷烃发生异构化、烷基侧链断裂和加氢反应,而环本身很少断开。例如

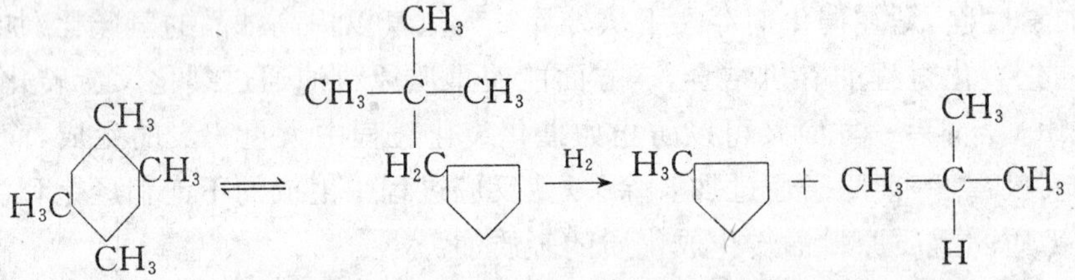

双环环烷烃和多环环烷烃在加氢裂化过程中,首先异构化生成五元环的衍生物,然后再断链,同时使生成的不饱和烃进行加氢。所以反应产物主要是环戊烷、环已烷和烷烃。多环环烷烃的断环是依次进行的。例如

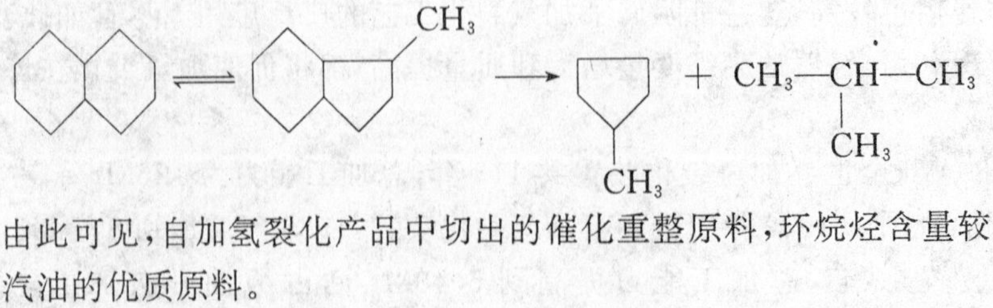

由此可见,自加氢裂化产品中切出的催化重整原料,环烷烃含量较高,是制取芳烃和高辛烷值汽油的优质原料。

(四) 芳烃

单环芳烃的加氢裂化不同于单环环烷烃，若侧链上有三个以上的碳原子时，首先不是异构化而是断侧链，生成相应的烷烃和芳烃。芳香环本身断环的可能性很小，只有少部分的芳烃有可能发生加氢反应生成环烷烃，然后再按照环烷烃的反应规律继续反应下去。芳烃加氢裂化产品中异构烷烃的含量大于正构烷烃。

双环和多环芳烃的加氢裂化是分步进行的，一般先进行一个芳香环的加氢变成环烷芳烃，然后环烷芳烃的环烷环断开变成单烷基芳烃，再按单环芳烃加氢裂化过程进行反应。例如 C_{10}～C_{13}双环芳烃加氢裂化时，产品中 C_8～C_9 芳烃含量占 50%以上，说明了芳香环逐步加氢机理的正确性。

双环和多环芳烃以及环烷芳烃大都在重质油中，如渣油、催化裂化循环油等。它们在加氢裂化过程中，由于芳香烃加氢和环烷环的断裂，另外在氢气存在下稠环芳烃的缩合反应得到抑制，所以不象催化裂化那样产生大量的干气和焦炭。因此，其它装置难处理的原料，在加氢裂化装置中都可以进行加工。

重质石油馏分中各族烃类的转化倾向顺序为：三环以上稠环芳烃＞四环环烷烃、二烷基苯、萘类以及 1～3 环稠环芳烃＞烷烃、1～3 环环烷烃、烷基苯。

（五）非烃化合物

非烃化合物系指原料油中含硫、氮、氧及金属等杂原子的化合物。同加氢精制过程一样，在加氢裂化条件下，这些非烃化合物发生氢解反应，最终将以上杂原子从原料油中除去。因此，加氢裂化产品无需另行精制。

概括地说，加氢裂化反应的特点是：

1. 稠环芳烃加氢裂化是通过逐环加氢裂化，生成较小分子的芳烃及芳烃-环烷烃。

2. 双环以上环烷烃在加氢裂化条件下，发生异构、裂环反应，生成较小分子的环烷烃，随着转化深度增加，最终生成单环环烷烃。

3. 单环芳烃和环烷烃比较稳定，不易裂开，主要是侧链断裂或生成异构体。

4. 烷烃异构化与裂化同时进行，反应产物中异构烃含量一般超过热力学平衡值。

5. 烷烃裂化很少生成 C_3 以下的小分子烃。

6. 非烃基本上完全转化，烯烃也基本上全部饱和。

在加氢裂化的主要反应中，加氢反应是强放热反应，而裂化反应是吸热反应，二者部分抵消，最终结果仍为放热过程。

二、加氢裂化反应的主要影响因素

除了原料油和催化剂之外，加氢裂化反应的主要影响因素有：反应压力、反应温度、空速和氢油比。

（一）反应压力

反应压力对加氢裂化的影响主要表现在氢分压和氢油比的影响，氢分压又决定了操作压力、循环氢的浓度和原料的气化率。对于气相加氢裂化反应，压力高氢分压也高，使反应速度提高；另外，压力提高使单位反应器体积内原料浓度增加，延长了实际反应时间，因而使转化率增加。对于气液相反应，显然压力升高使原料气化率下降，液膜厚度增加，使氢向催化剂表面的扩散阻力增加，但压力升高同时也使扩散的推动力增加，总的转化率提高。

一般来说，原料油越重，含多环芳烃越多，所需的反应压力越高；反之，原料越轻，则反应压力越低。氮化物含量高的原料，要求采用较高的反应压力，例如，当原料中含氮量为 0.01%时，为了保证催化剂的稳定性，反应压力必须维持在 15.0MPa 的水平上。提高反应压力，对加氢裂化产品的产率和质量都有好的作用，生成油中的硫、氮含量明显降低，催化剂的寿命可以延长。

在工业加氢过程中，反应压力关系到整个装置的设备投资和能量消耗，因此必须综合地考虑反应压力的影响。

（二）反应温度

反应温度是加氢裂化过程必须严格控制的操作参数之一。提高温度会加快加氢裂化的反应速度，但温度过高，加氢平衡转化率下降。因此，为了充分发挥催化剂的效能和维持适当的反应速度，加氢裂化需要保持一定的反应温度。

加氢裂化反应温度是根据原料的性质、产品要求和催化剂性能来确定的：原料中含氮量高则需要较高的反应温度；而提高反应温度会使产物中低沸点组分含量增加，异构烷烃/正构烷烃的比值下降。催化裂化过程是放热反应，温度提高，反应速度加快，从而使反应释放的热量增加，如果不及时地将反应热从系统中导出，就会引起床层温度骤升，催化剂超温、活性降低、寿命缩短。所以在实际生产中用注冷氢的方法来控制反应器内床层的温升不要太大，一般控制每段床层的温升不大于10～20℃。另一方面，由于催化剂上的积炭会使活性逐渐降低，为了维持一定的反应深度，必须采用逐步提温的方法来弥补催化剂活性的下降。

一般重馏分油的加氢裂化温度控制在370～440℃，运转初期取低值，随催化剂活性的降低而逐步提高反应温度。

（三）空速和氢油比

工业上希望采用较高的空速，因为空速反映了装置的处理能力。但是空速的提高受到反应速度和催化剂活性的制约。提高空速，一次转化深度降低，轻质油品收率下降；降低空速，加氢裂化深度提高，烯烃饱和率、脱硫和脱氮率都会提高。所以在实际生产中，改变空速也和改变反应温度一样是调节原料转化率和产品分布的一种手段。一般地，原料中稠环芳烃含量是影响选定空速的主要因素，常用的空速范围是1.0～2.0h^{-1}。

如前所述，在加氢裂化过程中需要维持较高的氢分压，因为高的氢分压对加氢反应，特别是对稠环芳烃的加氢饱和有利，提高氢分压可抑制积炭的生成。维持较高的氢分压是通过大量的氢气循环来实现的，因此提高氢油比可提高氢分压，在许多方面对反应都是有利的。但是却增大了动力消耗，使操作费用增加，因此要根据具体条件来选择氢油比。大量的循环氢还可以提高反应系统的热容量，减小反应温度的波动幅度。在加氢裂化过程中，热效应大，氢耗量大，气体生成量也较大，所以为了保证系统内有足够的氢分压，需采用较大的氢油比，一般是1000～2000：1（体积）。

三、加氢裂化催化剂

加氢裂化催化剂属双功能催化剂，即由具有加氢功能的金属组分和具有裂化功能的酸性载体两部分组成。根据不同的原料和产品要求，对这两种组分的功能进行适当的选择和匹配。

加氢裂化催化剂中加氢组分的作用主要是使原料中的芳烃（尤其是多环芳烃）和烯烃（主要是反应生成的烯烃）加氢饱和。常用的加氢组分其加氢活性强弱的顺序如下：

铂、钯＞钨-镍＞钼-镍＞钼-钴＞钨-钴

由于铂、钯对硫的敏感性很强，所以实际当中用的较少。

加氢裂化催化剂中裂化组分的作用是促进碳-碳键的断裂和异构化反应。常用的裂化组分是无定形硅酸铝和沸石，通称为固体酸载体。

无定形硅酸铝以氧化铝为主要成分，其中含氧化硅20～50%。这种载体适合于生产中间馏分油的加氢裂化催化剂。近年来把沸石作为加氢裂化催化剂的酸性组分之一，对加氢工艺的发展起了促进作用。含沸石加氢裂化催化剂的特点是：其酸性中心在强度和类型方面与无定形硅酸铝的类似，但酸性中心的数量为无定形硅酸铝的十多倍；并且可以调节阳离子组成和骨架中的硅、铝组成以控制其酸性。沸石加氢裂化催化剂不仅裂化活性高，而且稳定性好、抗氨性强。含沸石的加氢裂化催化剂的再生周期在两年以上，再生后活性可恢复到原来水平，其总寿命可达 6 年之久。通过不同的制备手段，可以制造适应不同原料性质和生产目的的催化剂。

加氢裂化催化剂中常用的沸石按孔道大小分为大孔沸石，如 Y 型沸石、β 型沸石等；中孔沸石，如 ZSM 型沸石；小孔沸石，如毛沸石。按硅铝相对含量分，有高硅沸石（SiO_2/Al_2O_3 摩尔比在 10 以上）和低硅沸石两类。可以根据不同的要求，选择其中一种或几种组合使用，能够产生某些特殊效果。

表 2-28 列出了我国各种工业加氢裂化催化剂的牌号。

表 2-28　加氢裂化催化剂品种

牌　号	金属组分	载　体	应用范围
3901	WO_3-NiO	大孔 $SiO_2 \cdot Al_2O_3$+β-沸石	生产中间馏分油
3903	WO_3-NiO	USY · $SiO_2 \cdot Al_2O_3$	生产中间馏分油
3912	WO_3-Ni	Al_2O_3	生产石脑油、喷气燃料和柴油
3812	WO_3-NiO	高硅大孔沸石+SiO_2-Al_2O_3	减压重馏分油为原料
3821	WO_3-NiO	高硅大孔沸石+SiO_2-Al_2O_3	焦化轻柴油为原料
3824 3825	MoO_3-NiO	Y 沸石+Al_2O_3	减压馏分油为原料
3843	WO_3-NiO	高硅大孔沸石+SiO_2-Al_2O_3	焦化轻馏分油为原料
3863	WO_3-NiO	高硅大孔、小孔沸石+SiO_2-Al_2O_3	焦化轻馏分油为原料
HC-F（美国）	MoO_3-NiO	SiO_2-Al_2O_3-P	减压馏分油、焦化轻馏分油为原料

加氢裂化催化剂的使用性能有四项指标：活性、选择性、稳定性和机械强度。

加氢裂化催化剂的活性用一定条件下反应达到的转化率或目的产品收率来表示。

$$转化率 = \frac{原料油量 - 生成油中高于原料油初馏点的馏分量}{原料油量} \times 100\% \tag{2-21}$$

$$收率 = \frac{目的产品量(t/h)}{原料油量(t/h)} \times 100\% \tag{2-22}$$

通常，随着催化剂使用时间的延长，活性有所降低，一般要采用提高反应温度的办法来维持一定的转化率，所以也可以用初期的反应温度来表示催化剂的活性。

加氢裂化催化剂的选择性可用目的产品产率与非目的产品产率之比来表示。稳定性是表示催化剂运转周期和使用期限的一种标志，通常以在规定时间内维持催化剂的活性和选择性必须升高的反应温度表示。

加氢裂化催化剂还必须具有一定的机械强度，以避免在装卸和使用过程中粉碎，引起管线堵塞，使床层压力降增加而造成事故。

同加氢精制催化剂一样，加氢裂化催化剂也必须进行预硫化和再生。

四、加氢裂化工业装置

加氢裂化工业装置，根据原料性质、目的产品、处理量大小及催化剂性能等的不同，分为一段流程、两段流程和串联流程三种。

(一) 一段加氢裂化流程

一段加氢裂化流程中只有一个反应器，原料油的加氢精制和加氢裂化在同一反应器中进行。反应器上部为精制段，内装加氢活性高的催化剂(如金属含量较高的硅铝载体催化剂)进行原料预处理；下部为裂化段，装入裂化活性较高的催化剂(如金属含量较低的硅铝载体催化剂)进行裂化和异构化反应，最大限度生产汽油和中间馏分。这种流程主要用于由粗汽油生产液化气、由减压蜡油或脱沥青油生产喷气燃料或柴油，有时在生产燃料的同时也生产润滑油料。

图 2-53 为某一减压馏分油(330～490℃)一段加氢裂化的工艺流程图。

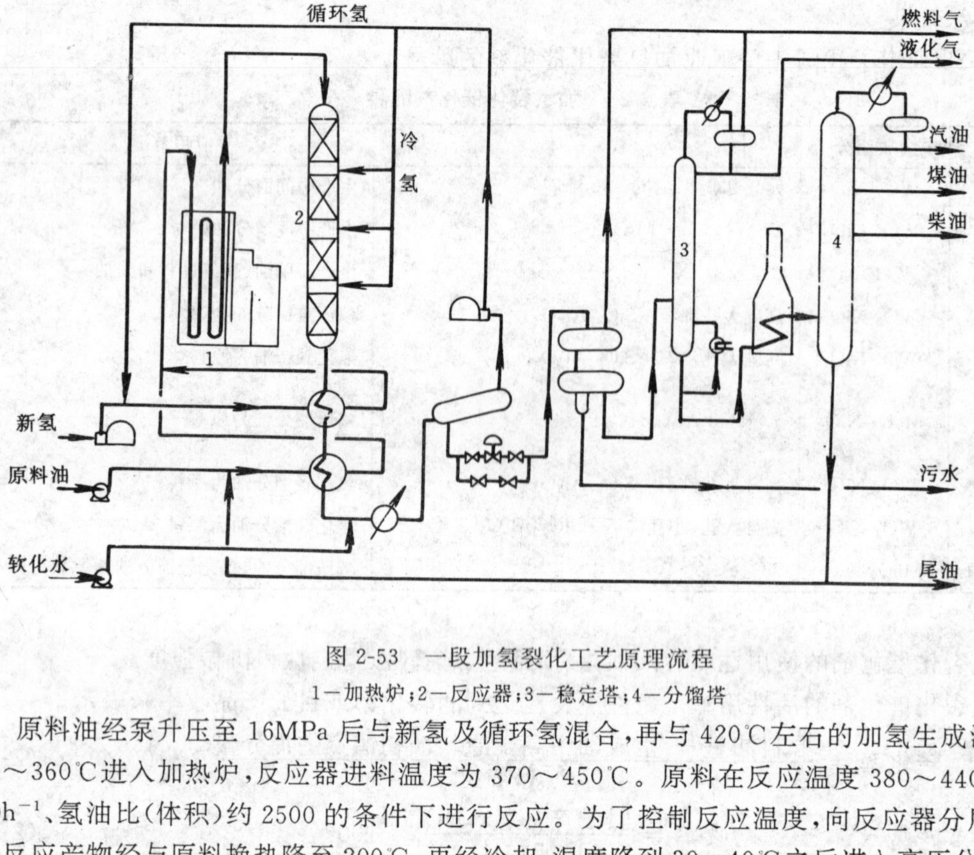

图 2-53　一段加氢裂化工艺原理流程

1—加热炉；2—反应器；3—稳定塔；4—分馏塔

原料油经泵升压至 16MPa 后与新氢及循环氢混合，再与 420℃左右的加氢生成油换热至 320～360℃进入加热炉，反应器进料温度为 370～450℃。原料在反应温度 380～440℃、空速 1.0h^{-1}、氢油比(体积)约 2500 的条件下进行反应。为了控制反应温度，向反应器分层注入冷氢。反应产物经与原料换热降至 200℃，再经冷却，温度降到 30～40℃之后进入高压分离器。反应产物在进入空冷器之前注入软化水，溶解其中的 NH_3、H_2S 等，以防止水合物析出而堵塞管道。自高压分离器顶部分出循环氢，经循环氢压缩机升压至反应器入口压力后，返回反应系统循环使用。自高压分离器底部分出加氢生成油，经减压系统减压至 0.5MPa，进入低压分离器，在此将水脱出，并释放出溶解气体，作为富气送出装置，可作燃料气使用。生成油经加热送入稳定塔，在 1.0～2.0MPa 下分出液化气，塔底液体经加热炉加热送至分馏塔，最后分离出轻汽油、喷气燃料、低凝柴油和塔底尾油。尾油一部分或全部可作为循环油，与原料混合后返回反应系统，或送出装置作为燃料油。

一段加氢裂化有三种操作方案：原料一次通过、尾油部分或全部循环。大庆减压馏分油按三种不同方案操作所得的产品收率和产品质量见表 2-29。

表 2-29　一段加氢裂化不同操作方案的产品收率和性质

操作方案		一次通过			尾油部分循环			尾油全部循环		
指　标	原料	汽油	喷气燃料	柴油	汽油	喷气燃料	柴油	汽油	喷气燃料	柴油
收率,%(m)		24.1	32.9	42.4	25.3	34.1	50.2	35.0	43.5	59.8
密度(20℃),g/cm³	0.8823		0.7856	0.8016		0.7820	0.8060		0.7748	0.7930
沸程,℃　初馏点	333	60	153	192.5	63	156.3	196		153	194
干点	474(95%)	172	243 (98%)	324	182	245	326		245.5	324.5
冰点,℃			−65			−65			−65	
凝点,℃	40			−36			−40			−48.5
总氮,ppm	470									

由表中数据可见,采用尾油循环方案可以增产喷气燃料和柴油,特别是喷气燃料收率从一次通过的 32.9%,提高到尾油全部循环时的 43.5%,而且对冰点并无影响。

(二) 两段加氢裂化流程

两段加氢裂化流程中有两个反应器,分别装有不同性能的催化剂,第一个反应器中主要进行加氢精制反应,第二个反应器中主要进行加氢裂化反应,形成了独立的两段流程体系。两段加氢裂化流程的特点是:对原料的适应性强,改变第一段催化剂可以处理多种原料,例如高氮高芳烃的重质原料油;操作灵活性大,采用不同的操作条件可改变生成油的产品分布。

图 2-54 为两段裂化工艺流程。原料油经高压泵升压并与循环氢和新氢混合后先与第一段

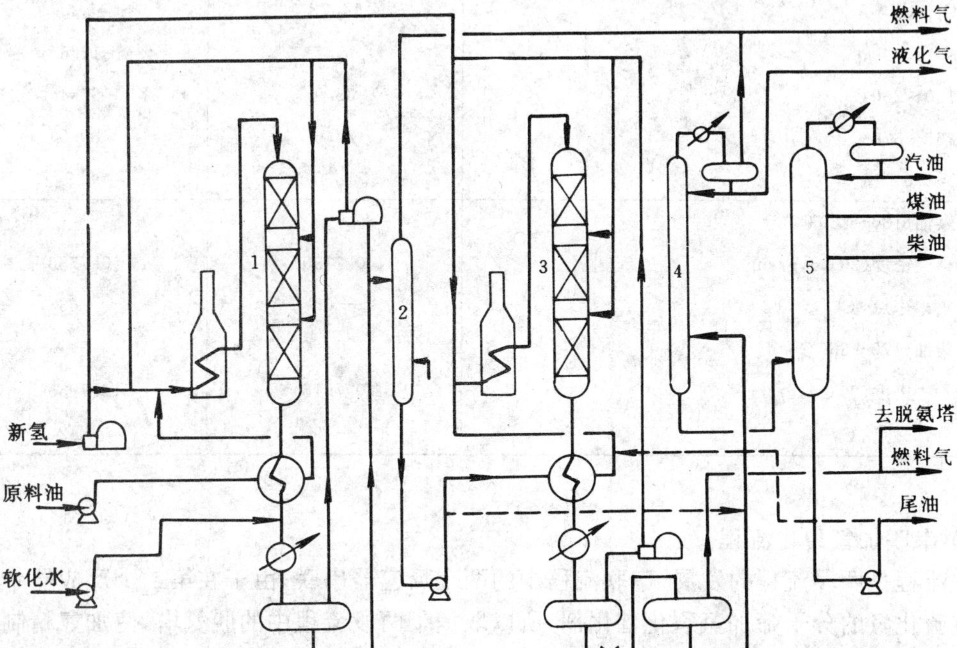

图 2-54　两段加氢裂化原理流程

1、3—反应器;2—脱氢塔;3—稳定塔;5—分馏塔

生成油换热，再在加热炉中加热至反应温度，进入第一段加氢精制反应器，在加氢活性高的催化剂上进行脱硫、脱氮反应，微量重金属也被脱掉。反应生成物经换热、冷却后进入高压分离器，分出循环氢。生成油进入脱氨(硫)塔，脱去 NH_3 和 H_2S 后，作为第二段加氢裂化反应器的进料。在脱氨塔中用氢气吹掉溶解气、氨和硫化氢。第二段进料与循环氢混合后进入第二加热炉，加热至反应温度，在装有高酸性催化剂的第二段加氢裂化反应器内进行加氢、裂化和异构化等反应。反应生成物经换热、冷却、分离，分出溶解气和循环氢后送至稳定分馏系统。

两段加氢有两种操作方案：一种是第一段加氢精制，第二段加氢裂化；另一种是第一段除进行精制外还进行部分裂化，第二段进行加氢裂化。表 2-30 列出了大庆蜡油两段加氢裂化两种操作方案所得产品性质的比较。由表中数据可见：采用第一段精制并部分裂化操作时，汽油、煤油、柴油的收率都有所增加，而尾油明显减少了；对产品质量没有影响。两种操作方案的主要差别是第二种方案的裂化深度较大。

表 2-30　两段加氢裂化操作数据比较

项　目		一段只有精制		一段精制及部分裂化	
		第一段	第二段	第一段	第二段
反应条件	反应压力，MPa	16.0	16.0	16.0	16.0
	氢分压，MPa	11.0	11.0	11.0	11.0
	反应温度，℃	370	395	395	395
	空速，h^{-1}	2.5	1.2	1.2	1.6
	氢油比(体)	1500	1500	1500	1500
产品产率，%(m)	液体收率	99.2	93.8	97.0	93.4
	C_1～C_4	14.78		15.56	
	<130℃	15.7		17.6	
	130～260℃	33.9		37.4	
	260～370℃	25.6		30.0	
	>370℃	18.0		8.9	
产品性质	煤油(130～260℃)				
	密度(20℃)，g/cm^3	0.7730		0.7786	
	冰点，℃	−63		−63	
	柴油(170～350℃)				
	密度(20℃)，g/cm^3	0.7918		0.7955	
	凝点，℃	−49		−42	

(三) 串联加氢裂化流程

串联流程是两段流程的发展。串联流程中的两个反应器串联，由于在第二个反应器中装入了抗氨抗硫化氢的分子筛加氢裂化催化剂，所以取消了两段流程中的脱氨塔，使加氢精制和加氢裂化两个反应器直接串联起来，省掉了一套换热、加热、加压、冷却、减压和分离设备。串联的原理流程如图 2-55 所示。

表 2-31 为我国抚顺石油三厂(串联)加氢裂化工业装置的操作数据。

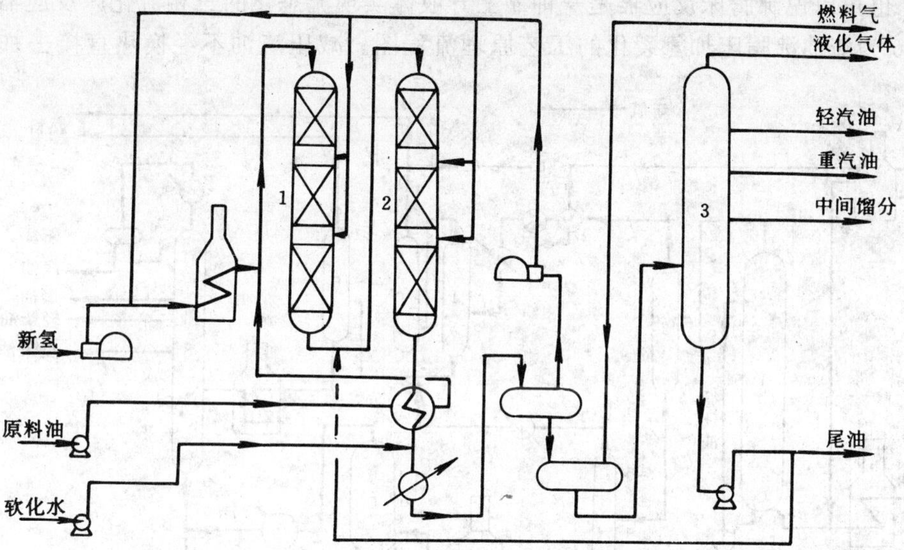

图 2-55　串联加氢裂化的工艺原理流程

1—加氢精制反应器；2—加氢裂化反应器；3—分馏塔

表 2-31　抚顺石油三厂加氢裂化装置操作数据

生产方案		柴　油	喷气燃料
原料油性质	密度(20℃),g/cm³	0.8572	
	初馏点,℃	263	
	干点,℃	545	
	总氮,ppm	570	
	硫,%(m)	0.0796	
操作条件	反应压力,MPa	17.6	
	氢油比(体)	1800	
	反应器出口温度,℃	405	
	空速,h^{-1}	1.0	
产品收率,%(m)	石脑油	27.33	27.22
	喷气燃料		22.13
	柴油	33.55	
	尾油	16.19	23.81

注：原料为大庆减压馏分油，催化剂为 3822 和 3812

(四) 其它类型的加氢裂化工业装置

以上介绍的几种加氢裂化工业装置，反应器均采用固定床的形式。随着渣油加氢裂化技术的发展，根据渣油的组成特性，除固定床之外，还研究开发了沸腾床(或膨胀床)、移动床和悬浮床渣油加氢裂化工艺。

沸腾床加氢裂化工艺采用的是沸腾床反应器。所谓沸腾床反应器是一种并流向上的气-液反应器，在此反应器中有一股强劲的向上流动的液体使粗的固体催化剂床层体积膨胀 100%，甚至更多。也可以说沸腾床反应器是一种靠上升液体实现流态化的三相流化床反应器。

图 2-56 为渣油沸腾床加氢裂化的工艺原理流程图。减压渣油不经换热直接去加热炉加

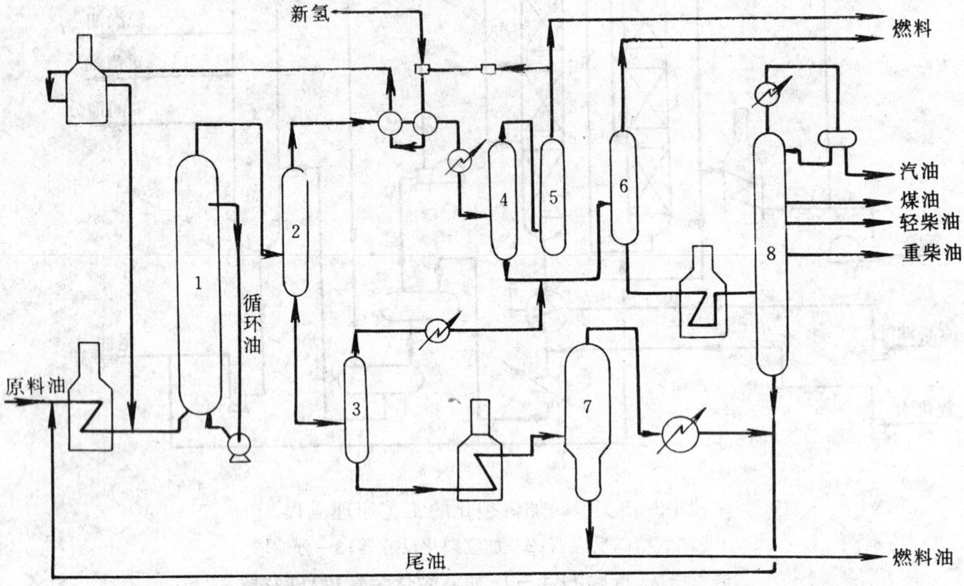

图 2-56　渣油沸腾床加氢裂化工艺流程

1—沸腾床反应器；2—热分离器；3—汽提塔；4—高压分离器；

5—油洗；6—低压分离器；7—减压塔；8—分馏塔

热，然后和经过单独加热炉加热的新氢混合，进入三相沸腾床反应器的底部，在流化状态下使氢气、渣油和催化剂充分接触而进行加氢反应。通过控制流体的流速，就可维持催化剂床层膨胀到一定高度，即形成明显的床层界面。反应产物自反应器顶部流出进入高温分离器，分出的液体产品进入汽提塔，把轻组分蒸掉，重的部分经减压加热炉加热后进减压塔，分出尾油作燃料油的调合组分。热分离器上部的气相产物经换热、冷却后进入高压分离器及油洗塔，分出循环氢返回装置。液体产物进入低压分离器，分出富气作燃料气送出装置，液体产品和汽提塔顶部的轻组分混合后经加热炉加热，再经分馏塔分出粗汽油、粗煤油和柴油等中间产物，塔底尾油与减压塔顶部得到的粗柴油混合，送回原料系统进行尾油循环。

反应系统内流化状态依靠循环泵输送循环油来维持，循环泵将一部分生成油从反应器内的中心管抽出，通过分配盘均匀地进行分配，造成流化状态。为维持催化剂的活性，装置上设有催化剂更换系统，根据生产需要定期从反应器下部排出部分催化剂，顶部补充新鲜催化剂。

表 2-32 列出的是一个典型的渣油沸腾床加氢裂化的操作条件和产品分布。

沸腾床加氢裂化工艺比较复杂，目前国外已有数套工业装置，而国内尚未工业化。抚顺石油化工研究院在小型试验装置上对孤岛常压渣油进行了深入的研究，结果表明：在操作温度 400～430℃、压力 10～15MPa、液时空速 1.0～2.0h^{-1}的条件下，>524℃渣油转化率为20%～40%、脱硫率 70%～80%、脱氮率 10%～30%、脱金属率 80%～90%、耗氢 70～100Nm^3/m^3；产品分布为：<180℃馏分 1.8%、<350℃馏分 10%、<520℃馏分为 52.8%。

表 2-32　渣油沸腾床加氢裂化的操作条件和产品分布

操作条件		产品分布,m%	
反应温度,℃	432	粗汽油	11
反应压力,MPa	18.0	煤油	12.1
尾油循环量(对进料),%	14	轻柴油	13.4
体积空速(对新鲜料),h^{-1}	1.09	重柴油	0.2
氢油比(体)	1000∶1	尾油	55.0
化学耗氢量,Nm^3/m^3	275		

移动床加氢裂化是为了处理金属含量较高的渣油原料,该工艺中采用了称为料仓式(或料斗式)的加氢反应器(见图 2-57)。新鲜催化剂由顶部装入,废催化剂连续地或间断地从底部排出;原料与新鲜催化剂接触并进行反应,产物与催化剂在反应塔底部进行分离。由于料仓式反应器的结构复杂,使得渣油移动床加氢过程至今尚未在工业上获得广泛的应用。

悬浮床加氢裂化又叫浆液床加氢裂化,该工艺自 80 年代以来发展得相当迅速,适于处理非常劣质的原料,采用的是悬浮床反应器。悬浮床反应器也是一种非均相的气-液反应器,在此类反应器中添加物细粉或催化剂细颗粒分散地悬浮于液相中,或者是在连续搅拌罐式反应器中靠剧烈的机械搅伴作用,或者是如在淤浆鼓泡反应器中靠上升的气泡、或者是如在沸腾床反应器中靠上升的液体使催化剂处于悬浮状态。

悬浮床加氢裂化工艺已开发出多种过程,并有各自的工业示范装置,在国外即将工业化。

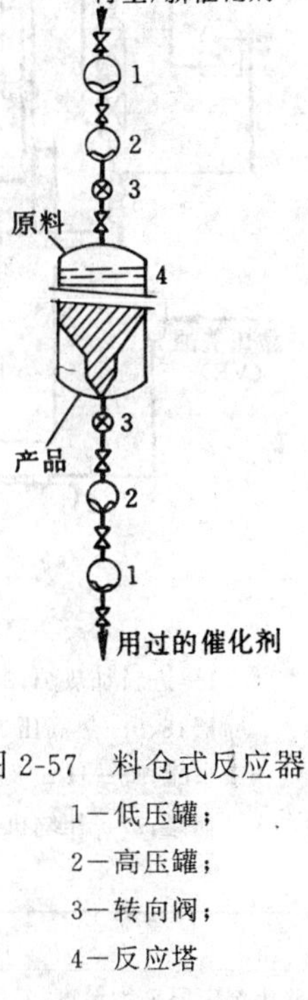

图 2-57　料仓式反应器

1—低压罐;
2—高压罐;
3—转向阀;
4—反应塔

五、加氢处理工业装置

加氢处理过程包含脱硫、脱氮、脱金属、脱氧等化学反应,也包含多环芳烃加氢饱和、加氢裂解等化学反应,主要用于加工含硫、氮、氧、金属和稠环芳烃较多的重油和渣油。研究试验和工业实践证明:重油加氢脱硫过程中伴随有脱金属、脱氮和多环芳烃加氢;脱硫率超过 85~90%时,产生明显的加氢裂解反应。由此可见,重油加氢脱硫、脱氮、脱金属和加氢裂解之间存在着内在的联系。

渣油加氢脱硫是最早出现的重油加氢处理过程,当时主要是为了提供工业上应用的低硫燃料油,现在渣油加氢脱硫还可用于生产催化裂化原料或焦化原料油。继渣油加氢脱硫之后,又相继开发了渣油加氢脱金属和加氢脱氮等重油加氢处理技术。在此仅以渣油加氢脱硫为例简要地阐述加氢处理的工艺流程。

目前已经实现工业化的渣油加氢脱硫工艺有 7 种,其中绝大多数是固定床渣油加氢脱硫过程,其主要特点是:

(1) 操作条件　压力较高,一般为 10.5~18.0MPa,温度为 340~430℃,体积空速为 0.1~1.0h^{-1},化学氢耗为 100~230Nm^3/m^3;

(2) 操作性能　转化率一般为 10%~50%,脱硫率 82%~95%,脱氮率 40%~70%,脱金属率 70%~95%,残炭脱除率 40%~70%。

(3) 产品分布　<343℃馏分收率为 5%~20%,主要产物可作为低硫燃料油、二次加工装

置原料。

图 2-58 是我国齐鲁石油化工公司胜利炼油厂引进的英国雪弗龙(chevron)公司的渣油加氢脱硫(VRDS)装置的工艺流程示意图。该装置的原料是我国劣质的孤岛原油减压渣油,处理量为 840ht/a,主要产品有:石脑油(作为重整原料或乙烯原料)、优质柴油、减压馏分油(催化裂化原料)和减压渣油(低硫燃料油调合料或催化裂化掺合料)。表 2-33 列出了该装置的主要操作条件和产品分布。

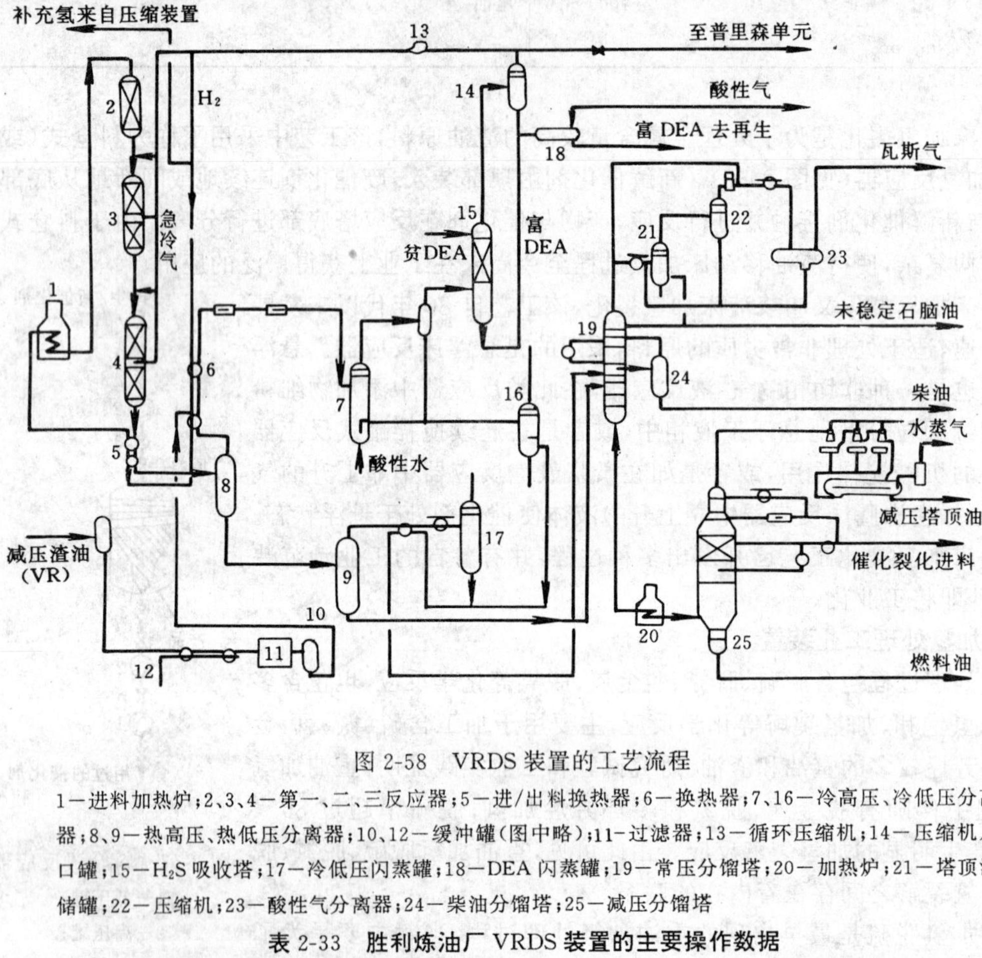

图 2-58 VRDS 装置的工艺流程

1—进料加热炉;2、3、4—第一、二、三反应器;5—进/出料换热器;6—换热器;7、16—冷高压、冷低压分离器;8、9—热高压、热低压分离器;10、12—缓冲罐(图中略);11—过滤器;13—循环压缩机;14—压缩机入口罐;15—H_2S 吸收塔;17—冷低压闪蒸罐;18—DEA 闪蒸罐;19—常压分馏塔;20—加热炉;21—塔顶油储罐;22—压缩机;23—酸性气分离器;24—柴油分馏塔;25—减压分馏塔

表 2-33 胜利炼油厂 VRDS 装置的主要操作数据

操作条件		产品分布 m%	
催化剂床层平均温度,℃	399~413	C_5~160℃	2.0~2.11
平均氢分压,MPa	14.53~13.92	160~350℃	11.0~12.95
液时空速,h^{-1}	0.22	350~538℃	32.0~38.2
化学氢耗,Nm^3/m^3	235~221	>538℃	48.59~44.89
转化率,%	50		

六、加氢裂化反应器

反应器是加氢裂化装置的关键设备,其工作条件苛刻,要求耐高温、耐高压、耐腐蚀,制造困难,价格昂贵,在整个装置的投资中占较大的比例。

从工艺技术特点上看，大部分的加氢裂化反应器属于气-液-固三相滴流床反应器，因为在反应条件下部分石油馏分呈液相，部分已气化的馏分和氢气呈气相，与固定床上的催化剂一起，形成气-液-固三相系统。

加氢裂化反应器由筒体和内部构件两部分组成，根据介质是否直接接触金属器壁，分为冷壁反应器和热壁反应器两种结构。

（一）反应器筒体

冷壁反应器内壁衬有隔热衬里，因此，筒体工作条件缓和，设计制造简单，价格较低，早期使用较多。由于隔热衬里大大降低了容积利用系数，一般只有 50%～60%，故单位催化剂容积平均用钢量较高。同时，尽管筒体外壁涂示温漆监视，因衬里损坏而影响生产的事故还是时有发生。随着冶金技术和焊接制造技术的发展，热壁反应器已逐渐取代冷壁反应器。图2-59为热壁反应器的结构示意图。

热壁反应器也是由带大法兰的上头盖、筒体和下封头组成。所不同的是热壁筒内没有隔热衬里（内保温），而是采用双层堆焊衬里。目前使用的反应器的最大尺寸为 ϕ4285，厚 234mm，材质为 12CrMo9、$2\frac{1}{4}$Cr-1Mo，质量在 500t 以上。

（二）反应器内部构件

加氢裂化反应器的特点是多层绝热、中间氢冷、挥发组分携热和大量氢气循环的三相反应器。此类反应器应保证：① 具有良好的反应性能：液固两相有充分良好的接触，保持催化剂内外表面有足够的润湿效率，以使催化剂活性得到充分发挥；系统反应热能及时有效地导出反应区，尽量降低温升幅度与保持反应器径向床层温度的均匀，尽量减少二次裂化反应。② 内部的压力降不能过大，以减少循环压缩机的负荷，节省能源。为此，反应器内部结构以达到气液均匀分布为主要目标。典型的反应器内部构件有：入口扩散器、气液分配器、去垢篮筐、催化剂支持盘、急冷氢箱及再分配器、出口集合器等（见图2-59）。

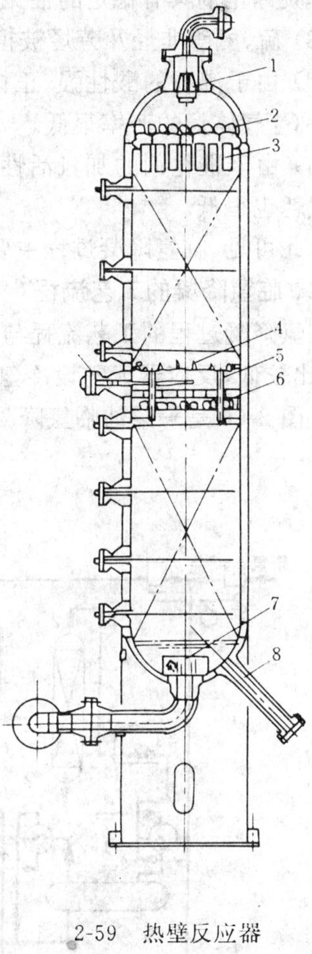

2-59　热壁反应器

1—入口扩散器；2—气液分配盘；3—去垢篮筐；4—催化剂支持盘；5—催化剂连通管；6— 急冷氢箱及再分配盘；7—出口收集器；8—卸催化剂口；9—急冷氢管

第三节　临氢降凝

我国原油多为石蜡基或含蜡中间基原油，馏分油含蜡较多，凝点较高。因此直馏柴油增产受凝点限制，收率较低。应用临氢（在氢气气氛下）降凝技术，是增产柴油的一条有效途径。

一、临氢降凝过程的特点

临氢降凝的反应机理与催化裂化有相同之处，是一典型的择形催化裂化反应。临氢降凝催化剂以 ZSM 型沸石为主体，由于受沸石特殊孔道的限制，只允许小于 0.55nm 的直链烷烃或带甲基侧链的异构烷烃进入孔道内进行反应；另外，催化剂的表面还载有活性加氢组分（如 NiO），所以使得临氢降凝过程具有以下几个特点：

（1）受催化剂孔道直径的限制，裂解产物不再发生环化、缩合等二次反应，防止了积炭前身物的生成；又因为催化剂对加氢反应的催化作用，延缓了催化剂表面积炭反应的发生。所以临氢降凝催化剂具有稳定的催化活性。

（2）硫、氮等非烃及芳烃被拒于孔道之外，既不参与反应，也不对活性中心产生阻抑作用。

（3）由于沸石的酸性强，正构烷烃在较低温度下进行裂化反应，因此排除了热裂化反应，使 C_1～C_2 气体烃的产率很低。

（4）由于催化剂的加氢活性较弱，产品中保留了一定的烯烃含量，使汽油辛烷值较高，过程的氢耗也很低。

由此可见，临氢降凝过程主要是直链烷烃的选择裂解。

二、临氢降凝的工艺流程

临氢降凝过程的工艺流程与馏分油加氢精制基本相同。但是，由于整个过程是吸热反应，氢/油比较低，反应器无需设冷氢盘管，而且尾气中无 H_2S 积累，因此工艺流程比加氢精制的简单。图 2-60 是一柴油临氢降凝的原理流程图。

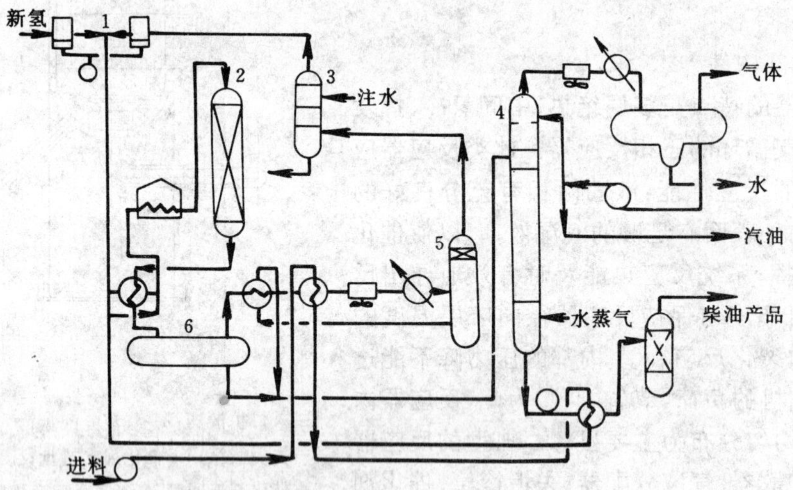

图 2-60　柴油临氢降凝的原理流程图

1—新氢和循环氢压机；2—反应器；3—胺洗塔；4—产品汽提塔；5—冷高压分离器；6—热高压分离器

表 2-34 和 2-35 分别列出的是用胜利原油直馏的 220～440℃馏分、采用引进催化剂进行临氢降凝的操作条件、产品收率和产品性质。

表 2-34 操作条件和产品收率

操作条件		产品分布,%(m)	
循环氢纯度(体),%	96		
反应器入口压力,MPa	4.5		
反应器入口温度,℃	426	C_4 以下	7.05
反应器出口温度,℃	398	汽油	21.60
液时空速,h^{-1}	1.13	柴油	71.35
氢油比(体)	460～480		
氢耗,Nm^3/m^3	19.3		

表 2-35 原料油和产品性质

项　　目	原料油	产　品	
		柴　油	汽　油
密度(15℃),g/cm^3	0.8430	0.8564	0.6820
凝点,℃	21	−13	—
硫,m%	0.40	0.35	0.054
氮,ppm	381	479	—
闪点,℃	—	85	—
溴值,gI/100g	3.2	9.0	120
十六烷指数	69	62	
马达法辛烷值	—	—	82.7
馏程,℃　初馏点	222	151	25
10%	295	277	41
50%	336	327	84
90%	395	388	—
95%	420	412	—
干点	443	444	196

第六章 热加工过程

石油炼制中的热加工技术，是指利用热的作用，使油料起化学反应达到加工目的的工艺方法。其主要技术手段，有别于催化加工和溶剂加工等。由于它是利用热的作用，所以对原料的适应性较大。可处理馏分油，也可处理残渣油；可处理杂质（硫、氮、氧、重金属、沥青质等）少的原料，也可处理杂质多的原料。在工艺过程中，不需使用催化剂或溶剂之类的辅助材料，所以热加工过程的工艺技术简单、操作方便、装置灵活性大、能耗和加工费用低、投资一般也低。

热加工所得的产品，其质量往往不够理想。液体产品中不饱和烃较多，安定性差；汽油的辛烷值虽高于原油直馏汽油，但远低于催化裂化汽油，且不稳定、胶质含量高；柴油也需经过加氢等精制过程才能符合质量要求。

但是，热加工的意义在于，使原油中的重质部分（包括减压馏分油和减压渣油）转化成合乎使用需要的石油产品，如把高粘度、高倾点的减压渣油加工成合格的燃料油，但更重要的是重油的轻质化，使低价值的重油转化为高价值的轻质油品。

在炼油工艺中，主要有以下三种热加工方法：

① 以减压馏分油为原料，生产汽油、柴油和燃料油的热裂化；

② 以减压渣油为原料，生产汽油、柴油、馏分油和焦炭的焦炭化；

③ 以常压重油或减压渣油为原料，生产以燃料油为主的减粘裂化。

到目前为止，热加工过程在炼油工业中仍占有重要的地位，虽然由于催化裂化的发展，热裂化逐渐被取代。但是，随着对轻质油品和优质燃料油需求量的增加，减粘裂化和延迟焦化又有了新的发展，其作用在不断扩大。

第一节 热加工过程的基本原理

热裂化、焦（炭）化和减粘裂化等热加工过程的共同特点是：原料在高温下进行一系列化学反应。在这些反应中有两类反应是主要的：一类是分解反应（吸热过程），大分子烃类裂解成较小分子的烃类，因此，从重质油可以得到比原料分子小的分子，例如汽油馏分、中间馏分、甚至更小的分子——裂化气体；另一类是缩合反应（放热过程），即原料中的以及反应生成的中间产物中的不饱和烃和某些芳烃缩合成比原料分子还大的重质产物——沸点比原料高的裂化残油甚至焦炭。而分子大小不变，只改变其内部结构的异构化反应，和分子量成倍增加的烯烃叠合反应，在没有催化剂参加的热反应中是很少发生的。

利用这个原理，热加工过程主要用于加工重质原料，生产轻质石油产品以提高轻质油收率，也可以用来改善油品的某些使用性能。

石油馏分的热反应过程是一个十分复杂的过程，原料的各个组分能发生各种反应，反应速度也有所不同。对反应方向和速度有直接影响的主要因素是温度。

由于石油馏分是由多种烃类组成的混合物，为研究石油馏分在热加工条件下的反应结果，首先研究各单体烃的化学反应，然后再根据单体烃在高温作用下的反应行为，考虑到各组分间的互相影响及其它的因素，就可以对某一原料在一定条件下所得的结果作出科学判断。

一、各族烃类的热反应

烃类在高温作用下主要发生两类反应：一类是分解反应，它是吸热反应；另一类是缩合反应，是放热反应。

（一）烷烃　烷烃在高温作用下的主要反应是裂解反应。裂解首先表现为C－C 键的断裂，反应产物是分子量比原料分子小的烷烃和烯烃。

$$C_nH_{2n+2} \longrightarrow C_mH_{2m} + C_qH_{2q+2}$$

以十六烷为例

$$C_{16}H_{34} \longrightarrow C_7H_{14} + C_9H_{20}$$

生成的分子碎片还会进一步反应，生成分子量更小的烷烃和烯烃，直至生成低分子气态烃。

在相同的反应条件下，随着烷烃分子量的增大，裂解反应更容易发生。例如，在427℃下裂化1小时，$C_{10}H_{22}$的转化率为27.5％，而$C_{32}H_{66}$的转化率则可达84％。

温度和压力条件对烷烃的分解反应影响很大，当温度＜500℃、压力很高时，烷烃断键的位置一般发生在分子中间的C－C 键，这时气体产率低；而反应温度＞500℃、压力较低时，断键位置移到碳链的一端，气体产率增加，且气体中甲烷含量增加，这是焦化气体组成的特征。

随着裂化时间的延长，低分子烷烃和烯烃的一次裂解产物进一步发生二次反应，产物中不饱和烃和氢气含量增加，产物组成也变得更复杂，例如，高温裂解过程在750～900℃、压力接近大气压条件下进行，产品中除生成乙烯、丙烯、丁烯等低分子烯烃外，还有芳烃生成。

根据大家公认的热加工过程的反应机理，正构烷烃裂解时，容易生成甲烷、乙烷、乙烯、丙烯等低分子烃，很难生成异构烃。

（二）环烷烃　环烷烃的热稳定性较高，在高温作用下发生下列反应：

1. 单环环烷烃在高温（500～600℃）下，裂解为两个烯烃分子：

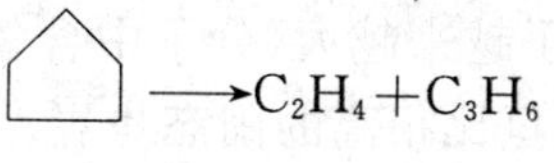

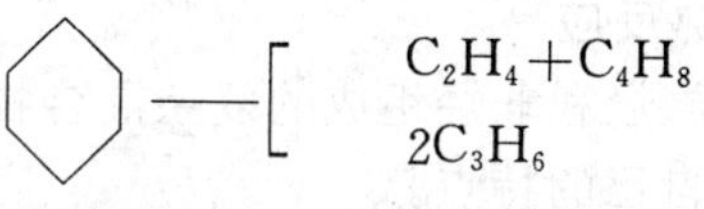

在700～800℃条件下，环己烷分解生成烯烃和二烯烃：

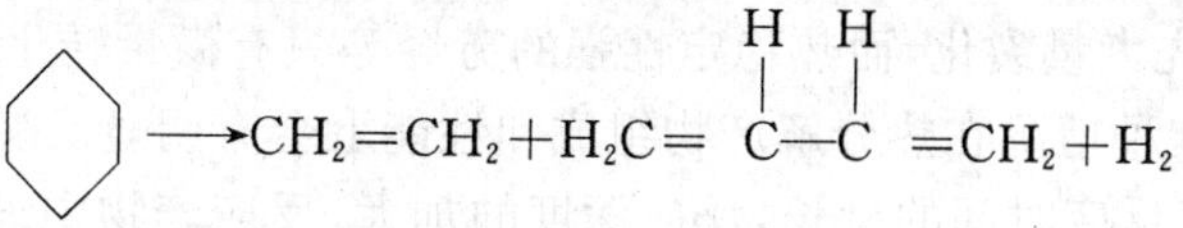

2. 环烷烃在较高温度下发生脱氢反应生成芳烃：

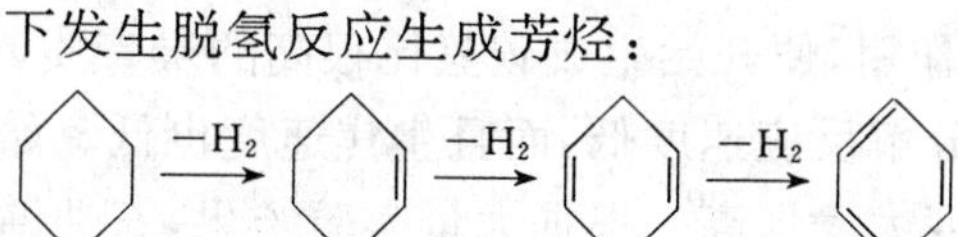

低压对反应有利，双环环烷烃脱氢生成萘和四氢萘。

3. 带长侧链的环烷烃在裂化条件下，首先是在环上的侧链断裂，然后才是环断开。侧链越长越容易断裂，断裂后的长侧链，其裂解趋势和烷烃的相似。例如：

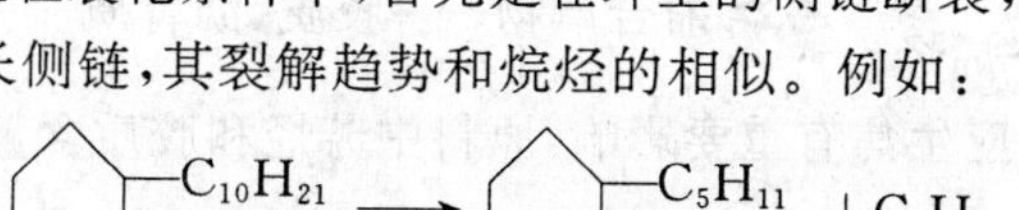

（三）芳烃　芳烃是对热非常稳定的组分，在高温条件下生成以氢气为主的气体、高分子

缩合物和焦炭。低分子芳烃，如苯和甲苯对热极为稳定，温度超过550℃时，苯开始发生缩合反应，产物主要为联苯、气体和焦炭，当温度达到800℃以上时，主要方向是苯裂解为焦炭。带侧链的芳烃在高温下主要发生断侧链反应。多环芳烃的热反应和苯相似，对热非常稳定，主要发生缩合反应，生成大分子的多环或稠环芳烃，最终导致焦炭和气体的生成。

（四）烯烃　原油及其直馏馏分和渣油中几乎不含烯烃，但是石油馏分的热反应中都可能产生烯烃。这些烯烃在加热的条件下进一步裂解，同时也与其它烃类进行反应，使烯烃的反应变得较为复杂。

在温度不很高而压力较高的条件下，低分子烯烃主要发生聚合反应：

$$nC_nH_{2n} \longrightarrow (C_nH_{2n})_n$$

压力越高，聚合反应越深。当温度超过400℃时，裂解反应变得重要，烯烃分子断裂的规律与烷烃相似。温度超过600℃时，烯烃缩合成芳烃。例如：

$$2CH_2=CH_2 \longrightarrow CH_2=CH-CH=CH_2+H_2$$

$CH_2=CH-CH=CH_2+CH_2=CH_2 \longrightarrow$ 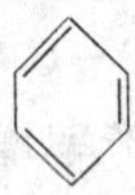 $+2H_2$

（五）胶质和沥青质　由于热加工原料中都含有较多的胶质和沥青质，因此，这些组分的转化对过程的结果有一定的影响。实践表明：胶质和沥青质在高温条件下与稠环芳烃具有相同的反应倾向，即发生缩合反应，最后生成焦炭。

由以上讨论可知，烃类在热加工的高温条件下，主要发生两类反应，即裂解反应与缩合反应。裂解反应产生较小的分子，而缩合生成较大的分子。同时也证明，烃类的热反应也是一种复杂的平行顺序反应，这些反应不会停留在某一阶段上，而是继续不断地进行下去。随着反应时间的延长，一方面由于裂解反应，生成分子越来越小、沸点越来越低的烃类，直到生成气体烃；另一方面由于缩合反应生成分子越来越大、分子中含氢越来越贫的稠环芳烃，高度缩合的结果产生胶质、沥青质，最后生成碳氢比很高的固态焦炭。

二、石油馏分及重、残油的热反应

石油馏分和重、残油是由各族烃和非烃组成的复杂混合物，它们的热反应除了遵循前述的单体烃的反应规律以外，还有其自已的特点。

由于石油馏分是各族烃类和非烃类的复杂混合物，在受热分解时，热稳定性差的烷烃和环状烃的长烷基侧链首先大量裂化，而热稳定性强的芳烃等只有微量转化，仅在反应深度进一步增加时才大量转化。这种情况在热分解产物组成和性能上会有明显反映。例如，在某石油馏分的热裂化过程中，随着反应时间的延长，反应深度的加大，反应产物中缩合稠环芳烃的含量越来越多。经过一系列的缩合作用，便开始生成碳氢比很高的炭青质，也就是通称的焦炭。但是，芳烃单独进行裂化时，不仅分解反应速度低，而且生焦速度也低。如果将芳烃和烷烃或烯烃混合后再进行反应，则生焦速度大大提高。根据大量实验结果，石油馏分热反应中焦炭的生成过程大致可描述如下：

芳烃——
　　　　　　➤缩合产物——→胶质、沥青质——→炭青质
烷烃——→烯烃

可见原料的化学组成对反应生焦有重要影响，原料中芳烃和胶质含量越多越易生焦。

第二节　热裂化

热裂化是以常压重油、减压馏分油、焦化馏出油等为原料，在高温和较高的压力下裂化生产裂化汽油、柴油和燃料油的热加工过程。

一、热裂化过程的工艺流程

根据原料的性质和生产目的，热裂化装置有单炉裂化和双炉裂化两种型式。单炉裂化的柴油收率较高，汽油和汽、柴油的总收率较低；而双炉裂化的汽油收率和汽、柴油总收率均较高。所以，以生产汽油为目的、以重油为原料的热裂化装置多采用双炉裂化流程，我国多数热裂化装置曾经以增加柴油为目的，一般都采用单炉裂化流程。

单炉热裂化的原理流程如图 2-61 所示。该装置由三个系统组成：① 加热反应系统；② 分离系统；③ 吸收稳定系统（图中未画出）。

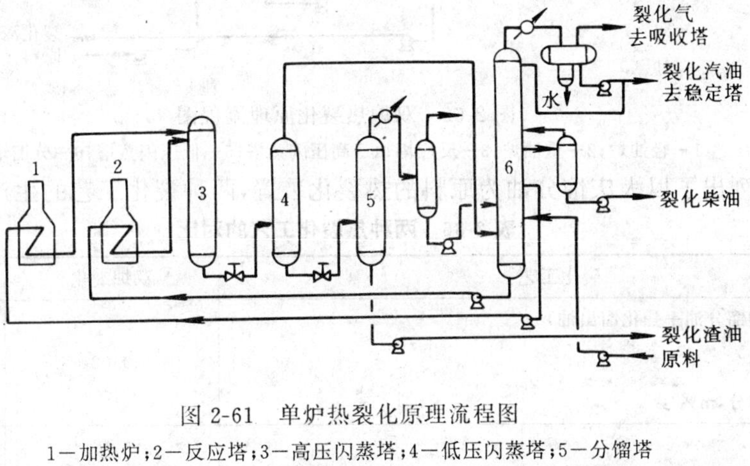

图 2-61　单炉热裂化原理流程图

1—加热炉；2—反应塔；3—高压闪蒸塔；4—低压闪蒸塔；5—分馏塔

原料油进入分馏塔的下段，在塔中与高温的反应油气直接进行换热，汇合分馏塔底循环油，一起用泵送入加热炉加热至反应温度并开始反应，加热炉出口温度约 490～500℃。为了提高裂化深度使裂化反应继续进行，原料油出炉后再进入反应塔的上部。反应塔内维持约 2.0MPa 和 490℃的反应条件，原料油在此条件下停留一段时间，继续进行裂化反应。反应产物经减压后进入高压闪蒸塔，在压力为 0.7MPa 和温度约 450℃的条件下进行油气的初次分离，进塔前打入急冷油降低温度，中止裂化和缩合反应。分离后的塔底油中还含有大量的轻组分，需要经过 0.1～0.2MPa 的低压闪蒸塔进一步分出轻组分，在塔底得到热裂化渣油。从高压闪蒸塔顶部出来的反应产物进入裂化分馏塔，经过与原料油进行直接换热后，在约 0.7MPa 的压力下进行分馏。塔顶馏出裂化气和裂化粗汽油，经过吸收稳定后便可出装置送入产品罐。塔中部抽出裂化轻柴油、部分未能转化的原料油以及沸点范围与原料相同的裂化产物作为循环油与换热后的新鲜原料一起，从分馏塔底抽出送入加热炉和反应塔，进行裂化反应。

图 2-62 是双炉热裂化的原理流程图。与单炉热裂化不同的是用分馏塔把原料油和循环油分成轻、重两股油料，根据轻油和重油裂化性能的不同，分别进入裂化苛刻程度不同的轻油炉和重油炉加热进行裂化。由于双炉热裂化轻、重加热炉的操作条件是按油料性质确定的，所以有利于防止设备结焦，延长开工周期和选择较高的单程转化率，以提高汽油收率。而在单炉热裂化中，由于轻、重油混合加热，裂化苛刻度既要照顾轻油难裂化的性质，又要照顾到重油易结

焦的特点，故须选用适当的单程转化率，炉管要适量注水或加大冷油线速，以防止设备结焦，延长操作周期。就装置的处理能力而言，单炉热裂化高于双炉热裂化许多，如一套 400kt/a 的双炉热裂化装置，经适当改造成单炉热裂化装置后，其处理能力可达 700kt/a 左右。

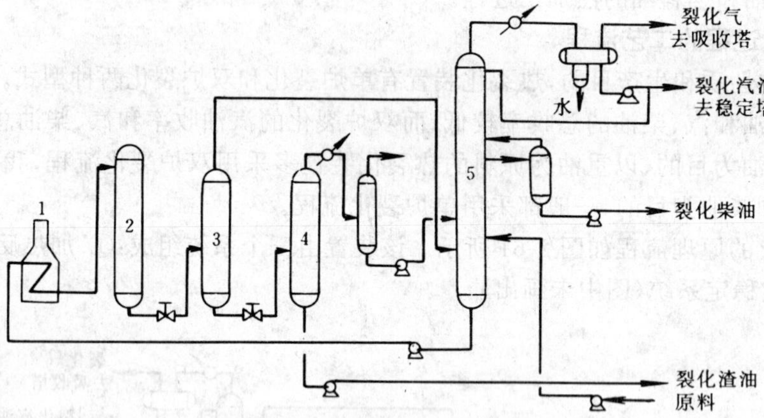

图 2-62　双炉热裂化原理流程图

1—轻油炉；2—重油炉；3—反应塔；4—高压闪蒸塔；5—低压闪蒸塔；6—分馏塔

表 2-36 列出了以大庆馏分油为原料的热裂化装置，两种裂化工艺的生产数据比较。

表 2-36　两种热裂化工艺的对比

裂化工艺	双炉裂化	单炉裂化
裂化原料（直馏馏分油＋焦化馏出油）		
残炭，m%	0.02	0.02
<350℃馏分，m%	13	12
裂化条件		
炉管出口温度（重油炉/轻油炉），℃	490/500	496
炉管冷油线速（重油炉/轻油炉），m/s	2.0/2.0	2.0
炉管注水量，m%	0	1.3
反应塔压力，MPa	1.6	2.0
循环比	2.6	2.0
产品收率，m%		
气体	9	8
汽油	35	27
柴油	29	34
裂化渣油	27	31

二、热裂化原料的性质和产品质量

裂化原料油的性质对热裂化的操作和产率有直接的影响。一般残炭高、密度大的原料，需加大炉管线速，适当注水，以防止炉管短期结焦；其裂化汽油、柴油的收率减少，而气体和渣油的收率增加。例如：在操作条件基本相近的情况下，鲁宁管输油和新疆油的单炉热裂化，其汽、柴油收率只有56%，比大庆油少5%左右。

单炉和双炉热裂化工艺的产品质量几乎没有明显的差异。裂化气中含有较多的C_1、C_2烃和少量丙烯和丁烯，可作为燃料或化工原料。裂化汽油和柴油都含有一定量的烯烃和双烯烃，安定性较差，都需要进行加氢精制或在限制的比例下与直馏或催化汽、柴油调合使用。热裂化汽油的辛烷值较低，一般在60(马达法)左右，经过加氢精制后辛烷值更低。柴油的十六烷值较高，一般高于50，经过加氢精制还可提高几个单位。表2-37列出几种原油的馏分油单炉热裂化汽油和柴油的部分性质。

表2-37　不同原油馏分油热裂化汽油和柴油的性质

原　　料	大庆油	鲁宁管输油	新疆油
汽油性质			
密度(20℃)，g/cm^3	0.716	0.725	0.732
硫含量，%	0.02	0.04	
实际胶质，mg/100ml	1.0	0.5	
感应期，min	155	270	95
辛烷值(马达法)	60	60	65
柴油性质			
密度(20℃)，g/cm^3	0.824	0.831	0.836
硫含量，%	0.04	0.38	
实际胶质，mg/100ml	30	70	
凝点，℃	−11	−12	−25
粘度(20℃)，mm^2/s	3.17		3.57
十六烷值	60	52	50

第三节　减粘裂化

减粘裂化(简称减粘)是由热裂化演变而成，实质上是浅度热裂化。减粘的主要目的是将重质高粘度石油原料通过浅度的热裂化转化为较低粘度和较低倾点的燃料油，以达到燃料油的规格要求；或者虽然还未能直接达到燃料油的规格要求，但是可以减少掺合馏分油的量。

减粘只是处理渣油的手段之一，特别适合于原油浅度加工和大量需要燃料油的情况。减粘的原料可用减压渣油、常压重油、全馏分重质原油或拔头重质原油。减粘裂化在450～490℃、0.4～0.5MPa条件下进行，反应产物除减粘渣油外，还有少量的裂化气体和汽、柴油馏分。

根据热加工过程的原理，减粘裂化是将重质原料转化为轻质产品，从而降低粘度；但同时又发生缩合反应，生成焦炭。焦炭会沉积在炉管上，影响开工周期；另外，过多的裂化会使燃料油的安定性变差。因此必须控制一定的转化率，为此，可以采用低温长反应时间，也可以采用高温短反应时间。

减粘裂化工艺近年来有很大的改进。早期减粘裂化的工艺流程与热裂化相似，反应物料在反应塔内自上而下流动，称下流式减粘，是一种主要在反应器内进行的混相反应。它的反应温度高，停留时间长，因而开工周期短。后来发展的炉管式减粘裂化，是下流式减粘的改进，反应在加热炉的炉管内完成，反应温度高，但停留时间很短，故开工周期稍长。近年开发的上流式减粘裂化，主要反应也是在反应器内进行。不过这是一种液相反应，停留时间长，且反应器内设有开孔率自下而上逐渐加大的筛板，可减少返混，使反应均匀；同时它的反应温度低，反应器及炉管均很少结焦，开工周期长。图 2-63 就是上流式减粘裂化的工艺原理流程图。

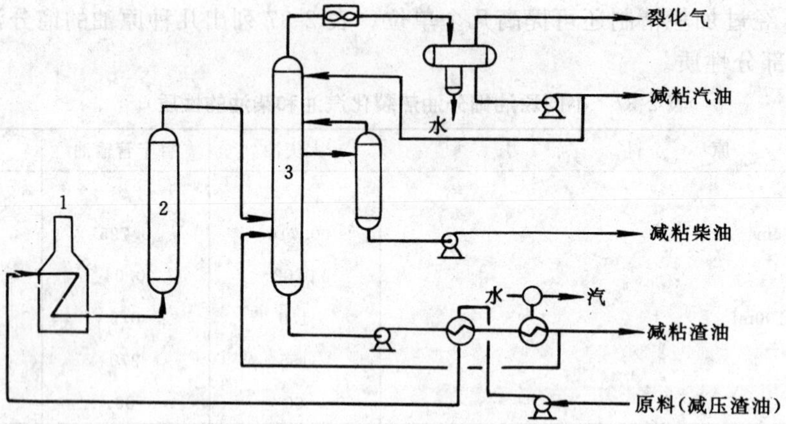

图 2-63　减粘裂化工艺原理流程图

1—加热炉；2—反应塔；3—分馏塔

原料油(减压渣油)经换热后进入加热炉，加热至 450℃左右进入反应塔，减粘裂化反应主要在反应塔中进行。反应产物在进分馏塔之前注水并从分馏塔底打入急冷油，以尽快终止反应，避免结焦。产物在分馏塔中分成气体、汽油、柴油和减粘渣油。

目前，国内减粘裂化装置的主要任务是降低燃料油粘度，所以对反应深度要求不高，适宜采用上流反应塔式减粘工艺。

表 2-38 为两套上流式减粘裂化装置的操作数据。

表 2-38　两套减粘裂化装置的操作数据

项　　目	新建装置	热裂化装置改造
原料油	胜利辽河混合减压渣油	胜利减压渣油
工艺条件		
加热炉出口温度，℃	450	440
炉管线速(冷油)，m/s	2.1	1.7
注水量，m%	0.25	0.48
反应器出口温度，℃	430	418
反应器出口压力，MPa	0.8	0.5
反应停留时间(冷油)，min	27	48
产品收率，m%		
气体	1.4	0.9
汽油	3.5	1.9
柴油	4.1	
减粘渣油	91.0	97.2

第四节 焦炭化

焦炭化(简称焦化)过程是提高原油加工深度、促进重质油轻质化的重要热加工手段,也是唯一能生产石油焦的工艺过程。欲从原油中得到更多的轻质油,炼油工业采用的是加氢和脱碳两类工艺过程,加氢过程如加氢裂化,而焦化过程则属于脱碳过程。

焦化是以贫氢的重质油料(如减压渣油、裂化渣油等)为原料,在高温下进行深度热裂化反应。在此过程中使渣油的一部分转化为焦化气体、汽油、柴油和蜡油,另一部分热缩合反应生成工业上大量需求的石油焦。也正是由于这个原因,在现代炼油工业中,当有些热加工过程被催化过程所代替时,焦化过程仍然占有相当重要的地位。另外,焦化过程工艺简单,对设备要求不是很高;焦化技术不断改进,也是促进其继续发展的原因之一。

几十年来,炼油工业中曾经采用过的焦化方法主要有:釜式焦化、平炉焦化、延迟焦化、接触焦化、流化焦化和灵活焦化等。

釜式焦化和平炉焦化分别在釜内和平炉内进行焦化反应,均为间歇式操作,由于技术落后早已被淘汰。接触焦化和流化焦化分别与催化裂化中的移动床和流化床相似,最根本的区别是前者以焦粒作为热载体在两器(即裂化反应器和燃烧反应器)之间循环,而后者是催化剂颗粒在两器(即反应器和再生器)之间循环。接触焦化由于设备结构复杂,维持费用高,没有在工业上得到发展;而流化焦化在一些国家中采用得较多。灵活焦化是为解决低质量石油焦的销路问题而出现的一种焦化过程,它除生产焦化气体和液体外,还生产低热值的空气煤气或水煤气,但不生产石油焦。改进后的灵活焦化过程还同时生产热值较高的水煤气。

由于种种原因,只有延迟焦化得到广泛应用,据文献统计,目前延迟焦化装置占全世界焦化装置的85%以上。延迟焦化的特点是:将重质渣油以很高的流速,在高热强度条件下通过加热炉管,在短时间内达到反应温度后,迅速离开加热炉,进入焦炭塔的反应空间,使裂化缩合反应"延迟"到焦炭塔内进行,由此得名"延迟焦化"。本节主要对延迟焦化进行讨论。

一、延迟焦化的原料和产品

延迟焦化的原料来源比较广泛,大致分为两类:一类是减压渣油,另一类是二次加工渣油,如裂化渣油、裂解焦油等。我国大庆和胜利两种原油的延迟焦化原料性质如表 2-39 所示。

表 2-39 延迟焦化原料主要性质

原料 \ 性质	密度(20℃) g/cm³	凝点 ℃	残炭 m%	含硫 m%	H/C 原子比	饱和烃 m%	芳香烃 m%	胶质 沥青质 m%
大庆减压渣油(>500℃)	0.992	40 (软化点)	7.2	0.17	1.7	36.7	33.4	29.9
胜利减压渣油(>500℃)	0.9698	>51	13.9	1.26	1.6	21.4	31.3	47.3

处理不同的原料,焦化过程的产品分布也不相同。表 2-40 列出了上述两种原料的延迟焦化产品产率。

表 2-40 延迟焦化的产品分布

项目	大庆减压渣油	胜利减压渣油
主要工艺条件		
炉出口温度,℃	500	500
联合循环比	1.30	1.45
产品分布,m%		
气体	8.3	6.8
汽油	15.7	14.7
柴油	36.3	35.6
馏出油(蜡油)	25.7	19.0
焦炭	14.0	23.9
液体收率	77.7	69.3

焦化气体的组成特点是甲烷的含量较高,一般在30%左右。在我国,焦化气体常常作为炼油厂的自用燃料,也有精制后作为制氢原料的。表 2-41 列出了两种焦化气体的组成。

表 2-41 焦化气体的组成分析(m%)

原料油	H_2S	H_2	CH_4	C_2H_6	C_2H_4	C_3H_8	C_3H_6	C_4H_{10}	C_4H_8	合计
大庆减压渣油	0.58	0.66	26.61	21.23	3.97	18.09	10.55	10.78	7.53	100.00
胜利减压渣油	6.66	0.74	30.39	19.00	3.31	15.12	8.21	8.85	7.72	100.00

焦化汽油和柴油,因为都是热分解产物,所以含烯烃较多,安定性较差,不能直接作为产品,必须经过加氢精制以后,才能得到合格产品,但是所得汽油的辛烷值较低。没有加氢精制的炼油厂,可以通过催化改质来提高其使用性能。

焦化蜡油主要作为催化裂化或加氢裂化装置的原料,其烃类组成与直馏馏分比较接近,含烷烃30%以上,重金属含量较低,但硫和氮的含量较高。

石油焦是焦化装置的独有产品。过去石油焦只作为焦化装置的一种副产品,不为人们重视。后来,由于冶金工业,特别是炼铝业的大力发展,需要大量的优质石油焦,因此,石油焦才成为焦化装置的重要产品。

石油焦是黑色或暗灰色的坚硬固体石油产品,带有金属光泽,呈多孔性,是由微小的石墨结晶形成粒状、柱状或针状构成的炭体物。石油焦的组分是炭青质,含碳90～97%,含氢1.5～8%,也含少量氮、氯、硫及重金属化合物。

石油焦的用途不同,对其质量的要求也不同。我国现行的石油焦产品质量标准为SH0527,见第一篇第三章第六节。

石油焦按其外形和性质可以分为海绵状焦、蜂窝状焦和针状焦。

石油焦的质量和性质与延迟焦化原料的组成有很大关系。例如:海绵状焦(即无定形焦),是由高胶质-沥青质含量的原料生成的石油焦。这种焦从外观上看,如海绵状,焦块内有很多小孔,孔隙之间的焦壁很薄,孔隙之间几乎没有内部连接,当转化为石墨时,具有较高的膨胀系数,由于杂质含量较多和导电率低,这种焦不宜作制造电极焦的原料。又如蜂窝状焦,是由低或中等胶质-沥青质含量的原料生成的石油焦。焦内小孔呈椭圆形,焦孔内部互相连接,分布均匀，并且是定向的。当沿着焦块边部切去时，可以看到蜂窝状的结构，这种石油焦经锻烧和石墨化后，可以生产合格的电极。针状焦是优质石油焦，是由含芳烃多的热裂化渣油或催化裂化澄清油作为原料生成的石油焦。外观有明显的条纹，焦块内孔隙是均匀定向的，并呈细长椭圆形，当碰撞时，焦块破裂成针状的焦片。针状焦经石墨化后可制作高级电极，具有结晶度高，热膨胀系数低，导电率高等特性。针状焦可用于炼铝、炼钢工业制取低电阻电极、制造原子反应堆的减速剂和宇宙飞行设备中的高级石墨制品等。

延迟焦化在一般条件下主要生产普通焦，如生产优质焦需要对原料油和工艺操作条件作适当的调整。

二、影响延迟焦化过程的主要工艺参数

1. 反应温度

焦化过程的反应温度一般指的是加热炉出口温度，它是焦化装置的重要操作指标。这一温度的变化直接影响到焦炭塔内的温度和反应深度，从而影响焦化产品的分布和质量。温度太低，焦化反应不足，焦炭成熟不够，其挥发分太高，除焦困难。温度太高，焦化反应过深，气体、汽油的产率增大，蜡油产率减少，焦炭中的挥发分降低使焦炭变软，也会造成除焦困难。另外，温度过高，炉管容易结焦，开工周期缩短。因此，加热炉出口温度通常为 495～505℃。

2. 反应压力

反应压力指的是焦炭塔顶的操作压力。反应压力直接影响油品在焦炭塔内的停留时间，从而对焦化的产品分布也有一定的影响。压力高，油品在塔中的停留时间长，反应深度加大，气体和焦炭产率增加，液体收率下降，焦炭中的挥发分也会有所增加；压力太低，反应时间缩短，反应深度不够，更重要的是不能克服后路分馏塔及其它系统的阻力。因此，在保证一定的反应深度和克服系统阻力的前提下，采用较低的反应压力较好，通常为 0.15～0.17MPa。

3. 循环比

焦化过程的循环比是指焦化分馏塔中比焦化蜡油重的（塔底）循环油与新鲜原料油量的比值；也有用加热炉进料量与原料油量的比值称作联合循环比来表示循环量的大小。循环比或联合循环比对焦化装置的加工量、产量、焦化产品的分布和性质都有较大的影响。一般循环比增加，焦化汽、柴油的收率也增加，而焦化蜡油的收率减少，焦炭和焦化气体的收率增加。另外，提高循环比，会使焦化装置的加工能力下降。因此采用小循环比操作，减少汽、柴油馏分的收率，提高焦化蜡油的产量以增加催化裂化或加氢裂化的原料，同时扩大装置的处理能力，已成为我国近年来焦化工艺的发展方向。值得一提的是：小循环比操作的汽油、柴油馏分收率虽然较低，但由于处理量的提高，汽油、柴油馏分的产量非但不减少，而且还会有所增加。

延迟焦化的主要操作条件列于表 2-42 中。

表 2-42　延迟焦化的主要操作条件

操作条件	普通焦
操作温度，℃	
加热炉出口	495～505
焦炭塔顶	420～440
分馏塔顶	110～120
分馏塔底	380～400
焦炭塔顶操作压力，MPa	0.15～0.17
联合循环比	1.3～1.5

三、延迟焦化的工艺流程及主要设备

（一）工艺流程

延迟焦化装置的生产工艺分为焦化和除焦两部分，焦化为连续式操作，除焦为间断式操作，但是整个装置的生产过程仍为连续操作。按照装置处理量的不同，有一炉两塔和两炉四塔两种类型的焦化工艺流程，前者的处理能力较小（约 300kt/a），后者的处理能力在 600～1200kt/a。图 2-64 为一炉两塔型延迟焦化的工艺流程示意图。

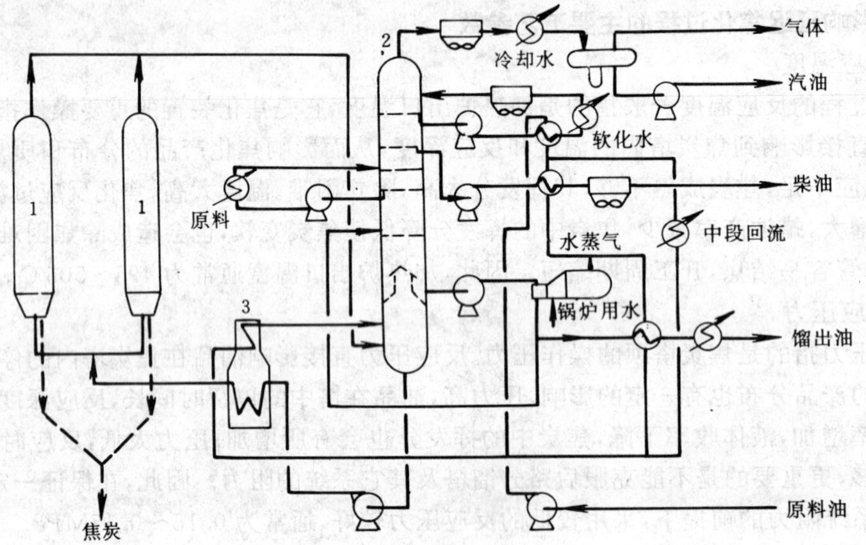

图 2-64　延迟焦化流程示意图

1—焦炭塔；2—分馏塔；3—加热炉

原料油用泵从原料罐中抽出，经过一系列的换热，进入加热炉的对流室，加热到 350℃左右，进入分馏塔下部，与来自焦炭塔顶部的高温反应油气（420～440℃）直接进行换热，把原料中的轻组分蒸发出来，原料油本身被加热，同时将过热的焦化油气降温到可进行分馏的温度。原料和循环油一起从分馏塔底抽出，打入加热炉辐射室，快速加热升温到 500℃左右，通过四通阀从底部进入焦炭塔，进行焦化反应。为了防止油在炉管内结焦，需向炉管内注水，以加大管内流速（一般在 2m/s 以上），缩短油在炉管内的停留时间。焦化反应生成的焦炭聚结在焦炭塔内，而油气自焦炭塔顶逸出，进入分馏塔与原料换热，然后分成气体、汽油、柴油、蜡油和循环油。气体经压缩后与汽油一起去吸收稳定部分，经分离得到干气、液化气和稳定汽油。

焦炭塔是轮换使用的，即当一个塔内的焦炭聚结到一定高度时，用四通阀进行切换，将加热炉出来的原料切换至另一个塔内进行反应，已充满焦的塔则进行除焦。每个焦炭塔的切换周期包括生焦、除焦及辅助操作所需的时间，一般是 24 小时或 48 小时。

目前广泛采用的除焦方法是水力除焦，将已充焦的焦炭塔经吹汽、水冷后，利用 10～12MPa 的高压水通过水龙带从一个可以升降的焦炭切割器喷出，把塔内的焦炭切碎，使之与水一起由塔底流入焦炭池中，送出装置。

（二）主要设备

延迟焦化装置主要设备包括：加热炉、焦炭塔、水力除焦系统、焦化分馏塔等。焦化分馏塔的特点与催化裂化分馏塔的很相似，在此仅对其它设备作一简单介绍。

1. 加热炉　焦化加热炉是延迟焦化装置的核心设备，它为整个装置提供热量。由于要把重质渣油加热至500℃左右的高温，必须使油料在炉管内具有较高的线速，缩短在炉管内的停留时间；同时要提供均匀的热场，消除局部过热，以防止炉管短期结焦，保证稳定操作和长周期运转。采用在加热炉辐射段入口处，注入1%左右水的措施可提高流速和改善流体的传热性能。目前延迟焦化装置常采用立式炉和无焰燃烧炉。图2-65为无焰燃烧炉的结构示意图。

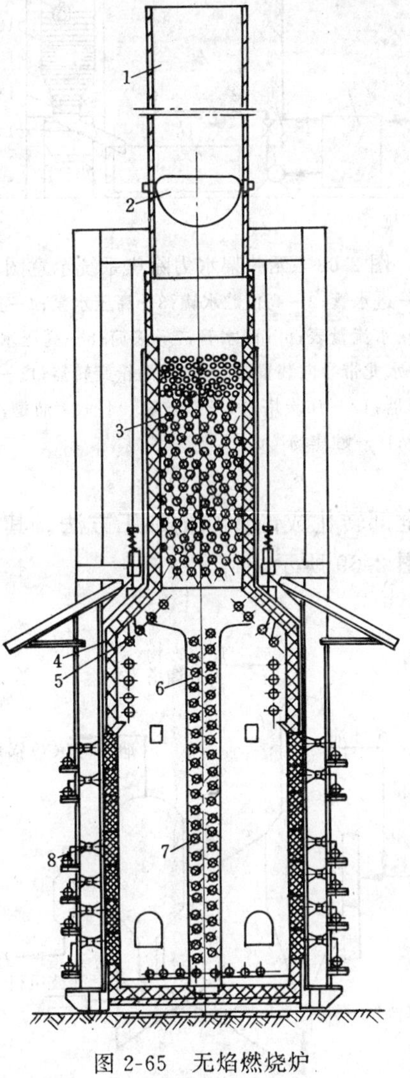

图2-65　无焰燃烧炉

1—烟囱；2—烟道挡板；3—对流管；4—炉墙；5—吊架；6—花板；7—辐射管；8—无焰燃烧器

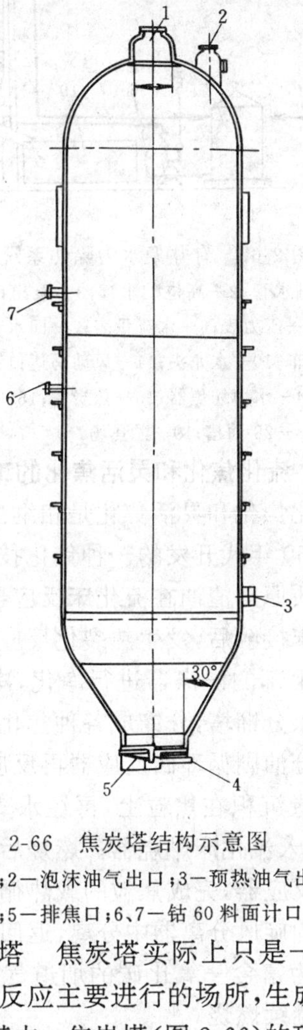

图2-66　焦炭塔结构示意图

1—除焦口；2—泡沫油气出口；3—预热油气出口；4—进料管；5—排焦口；6、7—钴60料面计口

2. 焦炭塔　焦炭塔实际上只是一个空的容器，是焦化反应主要进行的场所，生成的焦炭也积存在此塔内。焦炭塔(图2-66)的顶部设有油气出口、除焦口、放空口；塔侧的不同高度装有料位计，监测焦炭的高度；塔的底部为锥形，底端有进料口和排焦口，正常生产时用法兰盖封死，排焦时打开。

3. 水力除焦系统　水力除焦系统有两种型式，即有井架水力除焦和无井架水力除焦，如图2-67和2-68所示。有井架除焦装置钢材用量较多，投资较大，但设备固定在钢架上，结构坚固，操作稳便，水龙带等材料消耗少，操作费用较低。无井架除焦因省去了井架，钢材用量较少，减少了投资，但高压水胶管容易破裂，而且在焦质硬时，除焦时间长。因此两种方法各有利弊。

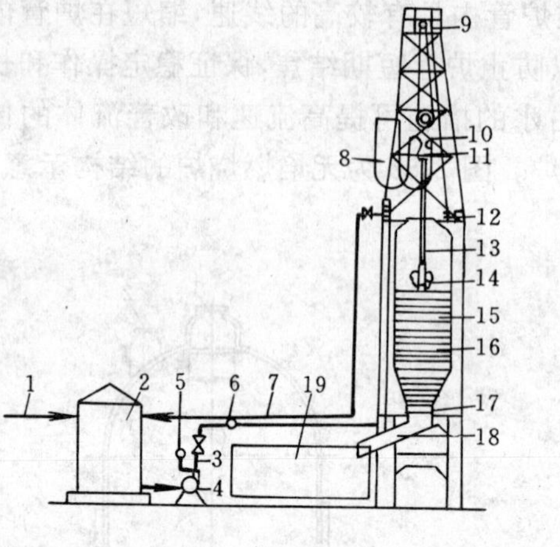

图 2-67　有井架水力除焦系统示意图

1—进水管；2—高位贮水罐；3—泵出口管；4—高压水泵；5—压力表；6—水流量表；7—回水管；8—水龙带；9—天车；10—水龙头；11—风动马达；12—绞车；13—钻杆；14—水力切焦器；15—焦炭塔；16—焦炭；17—保护筒；18—28°溜槽；19—贮焦场

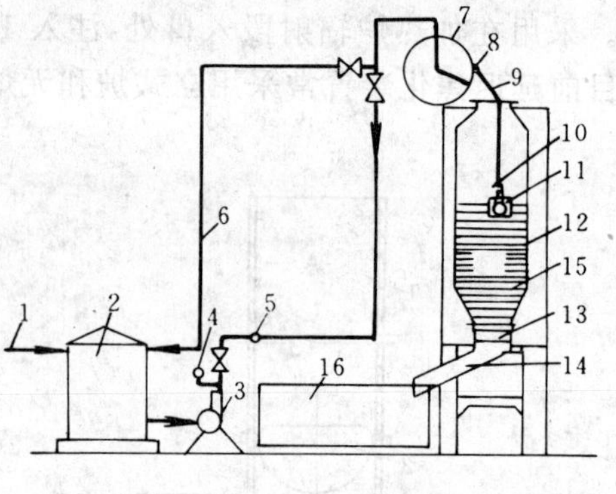

图 2-68　无井架水力除焦系统示意图

1—进水管；2—高位贮水罐；3—高压水泵；4—压力表；5—水流量表；6—回水管；7—滚筒；8—高压水龙带；9—水龙带导向装置；10—水力涡轮旋转器；11—水力切焦器；12—焦炭塔；13—保护筒；14—28°溜槽；15—焦炭；16—贮焦场

四、流化焦化和灵活焦化的工艺流程

流化焦化和灵活焦化是相继出现的使减压渣油全部转化成馏分油的加工方法。其中流化焦化是 50 年代开发的一种焦化技术，原理流程图如图 2-69 所示。

重质原料渣油在流化床反应器中与高温的焦炭粉末接触后，发生热裂化反应。反应物进入反应器上部的洗涤器进行净化，净化后的轻馏分油进入分馏塔，分馏成各种焦化产品。带焦粉的重馏分油则循环回反应器再反应。裂化时生成的焦炭沉积在焦粒上，再经水蒸气脱除挥发分后，送入流化床燃烧器。燃烧后的高温焦粒，再送入反应器，完成焦粒的载热循环。焦粉在燃烧器内的旋风分离器中分离，返回焦炭床层中。燃烧气为富含一氧化碳的烟道气，可送一氧化碳锅炉继续燃烧。

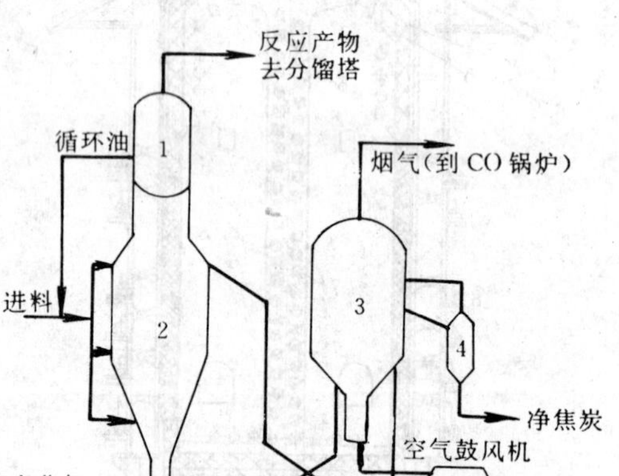

图 2-69　流化焦化的原理流程图

1—洗涤器；2—反应器；3—燃烧器；4—除尘器

一般来说，流化焦化的反应温度高、反应停留时间短，因而焦化气体和焦炭的收率都比延迟焦化的低，液体收率则较高；但是所得重馏分油质量较差，生成的焦炭也没有合适的用途；同时，由于流化焦化装置的投资和加工费用都比较高；所以，尽管在世界上有一些国家采用了这种焦化技术，但是没能象延迟焦化那样得到普遍的推广和应用。

灵活焦化是由流化焦化工艺进一步发展而来。该方法主要是在流化焦化装置中增加了一套使焦炭气化的水煤气化设施，因而可以不生产用途不大的流化焦。另外，对于一些很重的、含硫量很高的劣质渣油，延迟焦化是难以加工或者生成的焦炭因含硫太多而找不到合适的用途时，采用灵活焦化来加以处理，未尝不是一条很好的途径。所以在原油不断重质化和渣油日趋劣质化的今日，灵活焦化在不断得到重视。

图 2-70 为灵活焦化的原理流程示意图。该流程是在流化焦化装置上增加了用空气和水蒸气使焦炭气化的气化器，并用加热器来代替流化焦化的燃烧器。来自反应器的焦炭先在加热器内被来自气化器的焦炭和气体加热；一部分焦炭返回反应器；另一部分则进入气化器，并在800～1000℃的高温下与空气和水蒸气反应。反应后的水煤气经过换热、气体除尘、回收残留的焦粉后进行脱硫，便成为低热值水煤气气体。由于其热值低、氮含量太高，只能供炼油厂加热炉用，不能作为制造氢气或合成氨的原料。

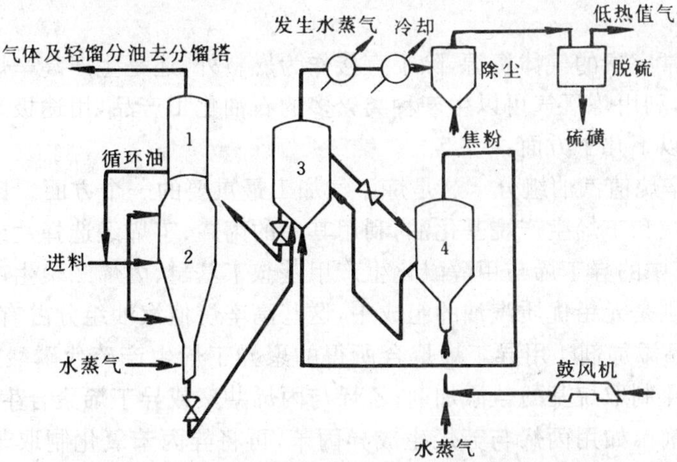

图 2-70　灵活焦化的原理流程示意图

1—洗涤器；2—流化焦化反应器；3—加热器；4—气化器

灵活焦化的另一种趋势是发展双路气化的工艺。该工艺增加了一个气化器，可使空气和水蒸气分成两个反应系统，使由水蒸气气化的气体成为不含氮气的热值较高的水煤气或进一步转化成工业氢气。其流程如图 2-71 所示。这种工艺可使低热值气体减少 20%，水蒸气气化生成的氢气可达液体产品加氢精制时需要的两倍。但是这一技术还有待于进一步开发。

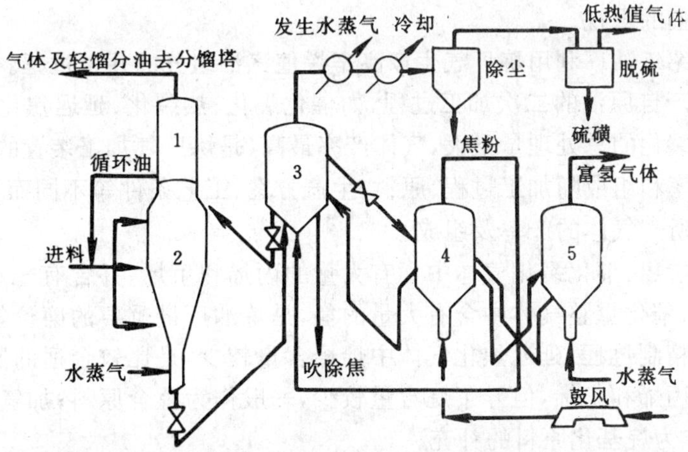

图 2-71　生产氢气或合成气的灵活焦化流程示意图

1—洗涤器；2—流化焦化反应器；3—加热器；4—空气气化器；5—蒸气气化器

第七章　炼厂气加工

炼厂气是指在原油加工过程中产生的气体。炼厂气中包括氢气、$C_1 \sim C_4$ 烷烃、$C_2 \sim C_4$ 烯烃、少量 C_5 烃以及 H_2S、CO、CO_2 等杂质。随着催化加工的发展和原油加工深度的提高，炼厂气的产量还会相应增加，所以搞好炼厂气的加工和利用，是提高炼油厂经济效益和综合利用石油资源的重要环节

炼厂气是非常宝贵的气体资源，除了直接作为燃料外，还是生产高辛烷值汽油组分和石油化工产品的原料，利用炼厂气可以生产种类繁多的石油化工产品，用途极其广泛。目前对炼厂气的加工大致有以下几个方面：

(1) 生产高辛烷值汽油组分　这是炼厂气加工最重要的一个方面。比较普遍的是用炼厂气中所含的异丁烷和丁烯生产烷基化油；利用其中的丙烯、丁烯经选择性或非选择性叠合生产叠合汽油；利用其中的异丁烯与甲醇醚化生产甲基叔丁基醚、丙烯二聚生产异已烯等。在各国的汽油组成中特别是无铅优质汽油的组成中，这些高辛烷值汽油组分占有相当大的比例。

(2) 生产油品添加剂　用异丁烯聚合所得的聚异丁烯生产硫代磷酸盐和无灰添加剂；苯酚与聚烯烃烷基化制取烷基酚盐添加剂；乙烯与丙烯共聚或异丁烯聚合生产粘度添加剂等。

(3) 生产溶剂　如用丙烯与芳烃生成异丙苯，再将异丙苯氧化制取苯酚、丙酮；用丁烯生产甲乙酮，用丙烯生产异丙醇等。

(4) 生产合成材料和有机化工原料　如用丙烯生产聚丙烯、丙烯腈、环氧丙烷；用丁烯氧化脱氢制丁二烯生产顺丁橡胶等。

(5) 作为生产烯烃、氨或制氢的原料　如用炼厂气中的 $C_2 \sim C_4$ 烷烃作为蒸气裂解的原料制取乙烯，用焦化干气制造氨或氢气等。

除此之外，进一步利用炼厂气中的烷烃、提高炼厂气中乙烯和氢气的回收率并加以利用，也越来越受到人们的重视。

本章主要介绍炼油厂利用炼厂气生产高辛烷值汽油组分的几个过程。

炼厂气主要产自原油的二次加工过程，如催化裂化、热裂化、延迟焦化、催化重整、加氢裂化等。其中催化裂化的总处理量最大，气体产率最高，是炼厂气加工装置的主要原料来源。

炼厂气的产率和组成随加工过程、原料、生产方案、工艺条件等不同而异。表 2-43 列出几个主要加工过程所产气体的产率及组成。

由表中数据看出：催化裂化气体中含有大量的丙烯和丁烯，并含有一定量的异丁烷，是烷基化的主要原料；催化重整气体中含有大量的氢，是炼油厂最重要的廉价氢源，不经提纯即可用于油品的加氢精制过程；延迟焦化气体中烯烃含量较少，是比较合适的制氢原料；热裂化气体含有一定量的丙烯和丁烯，但异丁烷含量较少，一般作为叠合原料；加氢裂化气体中含有大量的异丁烷，可作为烷基化原料的补充。

炼厂气是各种 $C_1 \sim C_5$ 烃类的混合物，并且含有少量的非烃气体。所以，在加工之前必须将其中对加工过程和产品使用性能有害的气体除去，并根据需要将炼厂气分离成不同的单体烃或馏分。这些过程分别称为气体精制和气体分馏。

表 2-43　某些炼厂气的产率和组成

原料及加工过程	大庆馏分油催化裂化		大庆石脑油催化重整	大庆减渣延迟焦化	胜利减渣延迟焦化	大庆馏分油热裂化		胜利馏分油加氢裂化	
气体	干气	液化气	重整气	富气	富气	干气	液化气	富气	液化气
产率，m%	3.75	11.15	8.63	7.46	10.69	1.7	6.7	4.9	3.2
组成，v%									
氢	13.2		83.62	6.1	6.2	6.2		3.64	
甲烷	31.6		8.55	31.9	40.56	24.3		4.65	0.38
乙烷	26.2	1.0	3.76	26.8	18.24	28.8	7.7	6.28	0.98
丙烷	1.0	9.0	2.37	13.1	9.74	15.6	33.6	29.4	20.13
丙烯	2.9	30.9		7.4	5.69	13.2	16.5		
正丁烷 异丁烷	0.7	25.9	0.68 0.48	6.0	5.36	11.9(C_4^+)	23.0	15.44 34.17	26.19 46.22
丁烯	1.0	30.7		4.1	4.57		16.8		
C_5 以上		2.5	0.54	2.1	2.69		2.4	3.79	6.1
硫化氢	3148ppm			1.6	3.88			1.63	
氮＋氧	18.5								
一氧化碳	0.8								
二氧化碳	4.1								

第一节　气体精制

加工含硫原油时，炼厂气体中常含有硫化氢和其它有机硫化物。在以这样的含硫气体作为石油化工原料或作燃料时，会引起设备腐蚀、催化剂中毒、污染大气等，还会影响产品的质量。因此需将含硫气体进行脱硫后才能使用。气体精制的主要目的是脱硫。下面对干气脱硫和液化气脱硫分别加以介绍。

一、干气脱硫

气体脱硫的方法很多，可以分为两大类别：一类是干法脱硫，另一类是湿法脱硫。干法脱硫是将气体通过固体吸附剂床层，使硫化氢和其它硫化物吸附在吸附剂上，以达到脱硫的目的。常用的固体吸附剂有氧化锌、活性炭、分子筛等。这类方法适用于处理含微量硫化氢的气体，以及需要较高脱硫率的场合。干法脱硫是间歇操作，设备复杂，操作不便，投资较高。湿法脱硫是用液体吸收剂洗涤气体，以除去气体中的硫化物，其中最普遍使用的是醇胺法脱硫。我国炼厂干气脱硫绝大多数采用这种方法。

(一) 醇胺法脱硫的原理和工艺流程

醇胺法脱硫的基本原理是：以弱碱性水溶液(醇胺类)为吸收剂，吸收干气中的酸性气体硫化氢，同时也吸收二氧化碳和其它含硫杂质，使干气得到精制。典型的反应如下：

对硫化氢：

$$2RNH_2 + H_2S \rightleftharpoons (RNH_3)_2S \qquad 硫化胺盐$$

$$(RNH_3)_2S + H_2S \rightleftharpoons 2RNH_3HS \qquad 酸式硫化胺盐$$

对二氧化碳：

$$2RNH_2 + H_2O + CO_2 \rightleftharpoons (RNH_3)_2CO_3 \qquad 碳酸盐$$

$$(RNH_3)_2CO_3 + H_2O + CO_2 \rightleftharpoons 2RNH_2HCO_3 \qquad 酸式碳酸盐$$

由于醇胺类溶剂的碱性随温度的升高而减弱，所以可控制操作温度使上述可逆反应向不同的方向进行。在较低温度(20～40℃)下，反应由左向右进行(即吸收)，吸收气体中的硫化氢等。在较高温度(>105℃)下，反应由右向左进行(即解吸)，此时生成的硫化胺盐和碳酸盐发生分解，逸出原来吸收的硫化氢和二氧化碳，醇胺恢复原状重复使用。

图 2-72 为醇胺法脱硫的流程示意图，是一种典型的吸收-再生反应过程，主要由吸收和溶液再生两部分组成：

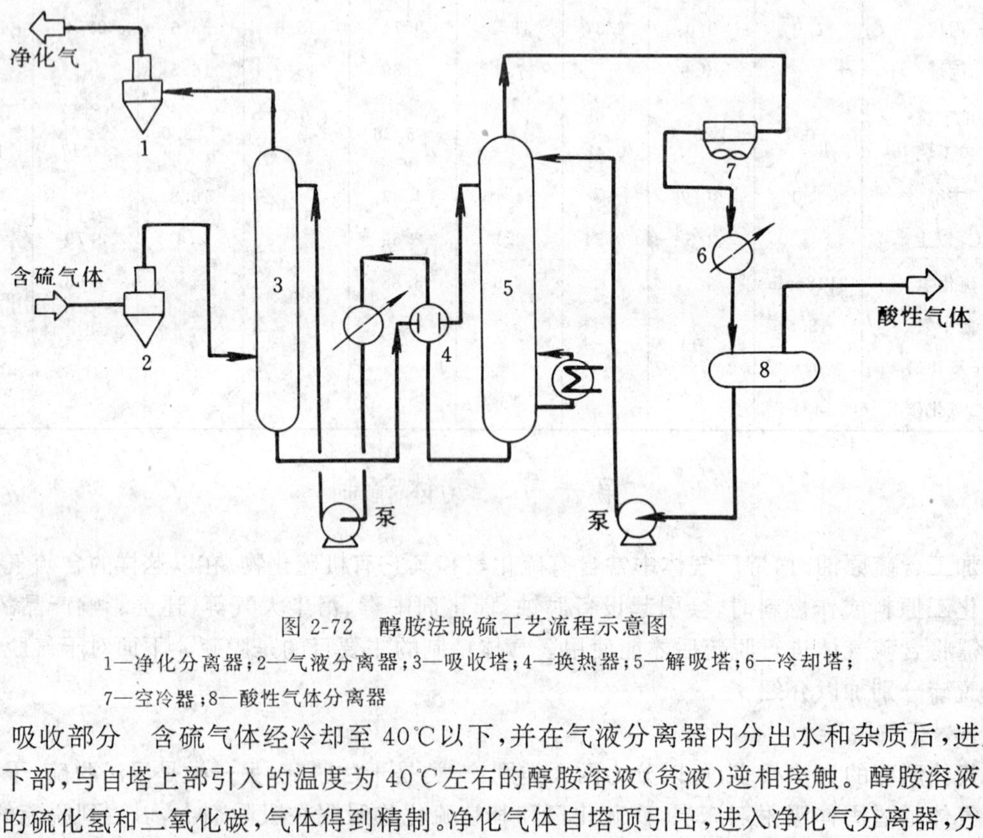

图 2-72 醇胺法脱硫工艺流程示意图

1—净化分离器；2—气液分离器；3—吸收塔；4—换热器；5—解吸塔；6—冷却塔；7—空冷器；8—酸性气体分离器

1. 吸收部分　含硫气体经冷却至 40℃以下，并在气液分离器内分出水和杂质后，进入吸收塔的下部，与自塔上部引入的温度为 40℃左右的醇胺溶液(贫液)逆相接触。醇胺溶液吸收气体中的硫化氢和二氧化碳，气体得到精制。净化气体自塔顶引出，进入净化气分离器，分出携带的胺液后出装置。

2. 溶液再生部分　吸收塔底出来的醇胺溶液(富液)经换热后进入解吸塔(或再生塔)上部，在塔内与下部上来的蒸气(由重沸器提供)直接接触，将吸收的硫化氢和二氧化碳以及存在于气体中的少量烃类大部分解吸出来，从塔顶排出。再生后的醇胺溶液从塔底引出，部分进入重沸器被水蒸气加热气化后返回解吸塔，部分经换热、冷却后返回到吸收塔上部循环使用。解吸塔顶出来的酸性气体经冷凝、冷却、分液后送往硫磺回收装置。

干气脱硫装置中的吸收塔和解吸塔大多采用填料塔，而液化气脱硫则多用板式塔。

干气脱硫所采用的醇胺溶液目前主要有一乙醇胺、二乙醇胺和二异丙醇胺三种。其中一乙醇胺用得最多，它的主要优点是：活性高、吸收能力强，是醇胺类中最强的碱；使用范围广，不论装置操作压力的高低、原料气中酸性气含量的多少，或者原料气中硫化氢与二氧化碳比值的大小，均能有效使用；化学稳定性好，不易降解变质；溶剂价廉易得等。

（二）乙醇胺法脱硫的主要操作参数及控制指标

1．溶液浓度及酸气负荷　为了抑制醇胺在酸气存在下的腐蚀性，一乙醇胺的溶液浓度控制在15%(m)以下，二乙醇胺的溶液浓度为20%～25%。酸气负荷均控制在0.35～0.4mol酸性气/moL胺。

2．吸收条件　吸收压力取决于原料气压力和净化后输气压力。为阻止烃类冷凝和溶解，贫液进吸收塔温度应比原料气高5～6℃，一般控制在40℃以下，以减少溶剂损失。

3．再生条件　再生条件主要取决于满足净化气精制要求所需的贫液再生度（贫液中残留的酸气量）及下游硫磺回收装置对硫化氢气体的压力要求。采用一乙醇胺溶剂，塔底温度不宜超过127℃，否则一乙醇胺的降解速度增加很快：对二乙醇胺溶剂，塔底温度取125～130℃。进再生塔的富液温度不宜超过90℃，以减轻系统腐蚀。为减轻再生塔和重沸器的腐蚀，尽可能采用较低的再生温度和再生压力。

4．重沸器的水蒸气温度　为了减轻腐蚀和受溶剂降解温度的限制，再生塔底重沸器的热源尽可能采用低压饱和水蒸气，水蒸气的压力一般为0.4～0.5MPa（表），温度为150℃左右。

我国以一乙醇胺为溶剂的干气脱硫操作条件和净化气质量见表2-44。

表2-44　干气脱硫操作条件及净化气质量

吸收塔压力，MPa	0.6～0.8	溶剂浓度，m%	9～10
吸收塔顶温度，℃	28～35	贫溶剂中酸气量，g/l	
吸收塔底温度，℃	35～40	H_2S	0.5～1.2
溶剂进吸收塔温度，℃	30～35	CO_2	1～3.8
再生塔压力，MPa	0.06～0.08	富溶剂中酸气量，g/l	
再生塔顶温度，℃	105～110	H_2S	8～10
再生塔底温度，℃	112～118	CO_2	7～13
溶剂进再生塔温度，℃	85～90	净化气中H_2S含量，mg/m³	<5

注：国内普遍控制净化气中H_2S含量不大于20mg/Nm³

二、液化气脱硫

液化气中的硫化物主要是硫醇，可用化学或吸附方法予以除去。目前我国广泛采用的是催化氧化脱硫醇的方法，即把催化剂分散到碱液（氢氧化钠）中，将含硫醇的液化气与碱液接触，其中的硫醇(RSH)与碱反应生成硫醇钠盐(RSNa)，然后将其分出并氧化成烷基二硫化物。反应如下：

$$RSH + NaOH \rightleftharpoons RSNa + H_2O$$

$$2RSNa + \frac{1}{2}O_2 + H_2O \rightarrow RSSR + 2NaOH$$

所用的催化剂为磺化钛菁钴或聚钛菁钴。

由于液化气中的硫醇分子量较小，易溶于碱液中，因此液化气的脱硫一般采用液-液抽提法。此法工艺流程简单，且脱硫率很高，一般能在95%左右，操作好的能达98%以上。

液化气脱硫醇典型的工艺流程如图2-73所示。包括抽提、氧化和分离三个部分。

（一）抽提　经碱或乙醇胺洗涤脱除硫化氢后的液化气进入抽提塔下部，在塔内与带催化剂的碱液逆流接触，在小于 40℃和 1.37MPa 的条件下，硫醇被碱液抽提。脱去硫醇的液化气与新鲜水在混合器内混合，洗去残存碱液并至沉降罐与水分离后出装置。所用碱液的浓度一般为 10%～15%(m)，催化剂的浓度为 100～200ppm。

（二）氧化　从抽提塔底出来的碱液，经加热器被水蒸气加热到 65℃左右，与一定比例的压缩空气混合后，进入氧化塔的下部，该塔为填料塔。混合物与填料表面充分接触，在0.6MPa压力下反应一定的时间，硫醇钠盐氧化成烷基二硫化物。

（三）分离　氧化后的气液混合物进入卧式分离器的分离柱中部，气体通过上部的破沫网除去雾滴，由废气管去火炬。液体在卧式分离器中分为两相，上层为二硫化物，用泵定期送出，下层的再生碱液用泵抽出送往抽提塔循环使用。

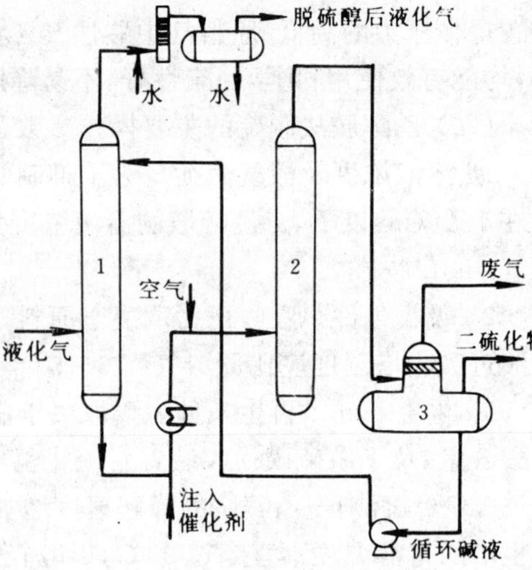

图 2-73　液化气脱硫醇工艺流程图

1—抽提塔；2—氧化塔；3—二硫化物分离器

液化气中的硫醇较容易溶于碱液中，只要经过充分的混合就可达到脱硫的要求。静态混合器为充分混合提供了条件，因此少数炼油厂将上述流程中的筛板抽提塔改为静态混合器，使液化气中硫醇含量由 1000～2000mg/m³ 降至 20mg/m³ 以下。此外，静态混合器还有压降低(为原筛板抽提塔的 30%左右)、设备结构简单、操作维修方便等优点。

第二节　气体分馏

炼厂气体分馏的任务，是按后续气体加工装置(如烷基化、叠合，作为石油化工原料等)的要求，将气体切割成各种馏分。炼厂气体分馏主要是液化气的分离。

炼厂液化气的主要成分是 C_3,C_4 的烷烃和烯烃，即丙烷、丙烯、丁烷、丁烯等。这些烃的沸点很低，如丙烷为－42.07℃，丁烷为－0.5℃，异丁烯为－6.9℃等，在常温常压下均为气体，但在一定的压力下(2.0MPa 以上)可变成液态。各种烃的沸点不同，可利用精馏的方法进行分离，气体分馏就是在几个精馏塔中进行的。由于各种气体烃之间的沸点差别很小，如丙烯沸点比丙烷低 4.6℃，所以要达到一定的分离要求，精馏塔的塔板数必须很多，一般需几十甚至上百块。精馏塔的个数视分离要求而定，一般为三个或四个，少数为五个。

图 2-74 是一个由五个精馏塔组成的气体分馏工艺流程。原料先进入脱丙烷塔，从塔顶分出 C_2、C_3 馏分，经冷凝冷却后，部分作为塔顶回流，其余进入脱乙烷塔。乙烷从塔顶分出，塔底物料进入脱丙烯塔。丙烯从塔顶分出，塔底为丙烷馏分。脱丙烷塔底物料进入脱异丁烷塔，从该塔顶分出轻 C_4 馏分(主要是异丁烷、异丁烯、丁烯-1 组分)，塔底物料进入脱戊烷塔，塔底则为戊烷，塔顶为重 C_4 馏分(主要是丁烯-2 和正丁烷)。

以上流程中，每个精馏塔底都有重沸器供给热量，塔顶有冷回流，因此都是完整的精馏塔。塔内一般采用浮阀塔板。操作温度均不高，一般在 55～110℃之间；操作压力视塔不同而异，确定压力的原则是使各个烃在一定温度下呈液态，一般脱丙烷塔、脱乙烷塔和脱丙烯塔的压力为 2.0～2.2MPa，脱丁烷塔和脱戊塔的为 0.5～0.7MPa。

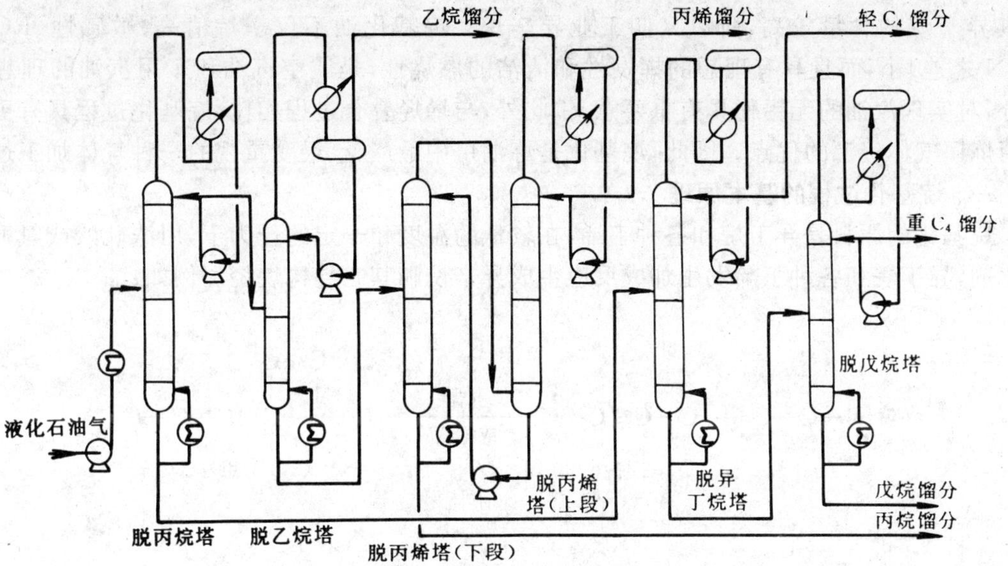

图 2-74　气体分馏装置工艺流程图

由上述流程分出的丙烯馏分可以生产聚合级丙烯；轻 C_4 馏分可先作为甲基叔丁基醚装置的原料，然后再与重 C_4 馏分一起作为烷基化装置的原料；戊烷馏分可掺入车用汽油等。气体分馏原料及产品组成列于表 2-45。

表 2-45　气体分馏原料及产品组成(v%)

组成	原料	C_2 馏分	丙烯馏分	丙烷馏分	轻 C_4 馏分	重 C_4 馏分	戊烷馏分
$C_2^=$	0.35	11.56					
C_2^0	0.50	16.15	0.01				
$C_3^=$	36.41	66.22	99.54	5.81	0.12		
C_3^0	11.17	6.07	0.45	93.26	0.23		
i-C_4^0	13.73			0.69	50.71	0.06	
i-$C_4^=$	8.32			0.12	25.98	6.00	0.02
1-$C_4^=$	7.70			0.09	21.16	8.89	0.04
n—C_4^0	4.55			0.01	0.42	19.15	0.82
反-2-$C_4^=$	8.70			0.01	1.11	36.32	1.37
顺-2-C_4^-	6.80			0.01	0.27	29.00	1.84
C_5	1.76					0.04	95.91

第三节　烷基化

烷基化反应是指异构烷烃和烯烃的化学加成反应。在燃料生产中烷基化指的是异丁烷和烯轻在酸催化剂的作用下反应生成烷基化油的气体加工过程。烷基化油是高辛烷值汽油组分，因其异辛烷的含量较高，所以又叫工业异辛烷。烷基化油不仅辛烷值高、敏感性（RON 与 MON 之差）小，而且具有理想的挥发性和清洁的燃烧性，是航空汽油和车用汽油的理想调合组分，对实现汽油的无铅化具有重要意义。此外，与烯烃叠合过程相比，烷基化过程具有更充分利用炼厂气体资源的优点。因此，烷基化是炼油厂中最广泛、最受重视的一种气体加工过程。

一、烷基化过程的基本原理

烷基化的原料是异丁烷和各种丁烯，在较低的温度和一定的压力下，用浓硫酸或氢氟酸作催化剂，异丁烷和各种丁烯发生加成反应生成异辛烷和其它异构烷烃。例如：

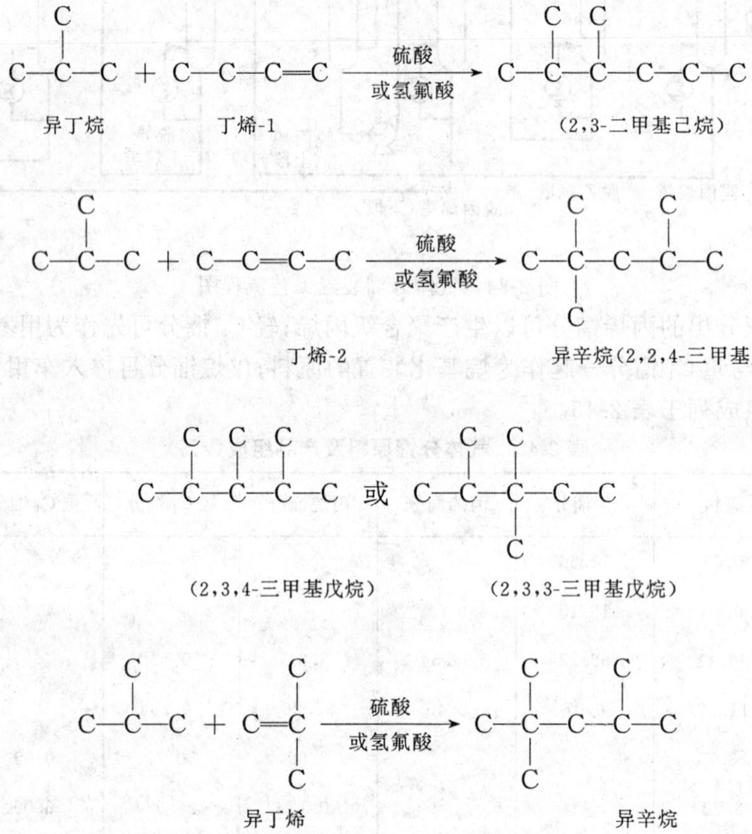

但是在实际生产中，原料并非是纯的异丁烷和丁烯，而是异丁烷-丁烯馏分，其中可能含有少量的丙烯和戊烯，也能与异丁烷发生加成反应。除此之外，原料和产品还可以发生分解、叠合、氢转移等副反应，生成低沸点和高沸点的副产物以及酯类和酸油等。因此，烷基化产物——烷基化油是由异辛烷和其它烃类组成的复杂混合物。如将此混合物进行分离，沸点范围在 50～180℃的馏分叫轻烷基化油，其 MON 在 90 以上；沸点范围在 180～300℃的馏分叫重烷基化油，可作为柴油组分。

烷基化反应是放热反应，低温对反应有利。因此在工业上烷基化反应都是在较低的温度下进行的。

二、烷基化的工艺流程

目前工业上广泛采用的烷基化催化剂是硫酸和氢氟酸，与之相应的工艺分别称为硫酸法烷基化和氢氟酸法烷基化。由于在工艺上虽各具特点，但在基建投资、生产成本、产品收率和产品质量等方面相差不大，因此这两种方法均被广泛采用。

(一) 硫酸法烷基化

硫酸法烷基化装置的工艺流程，除反应部分因反应器型式及为取走反应热的致冷方式不同而有所区别外，其它如原料预处理、反应产物 的处理和分离，分馏等，均基本类似。

我国硫酸法烷基化装置所采用的反应器型式主要有两种：一种是阶梯式反应器，靠反应物异丁烷自蒸发致冷；另一种是斯特拉科式反应器，分立式氨闭路循环致冷和卧式反应流出物致冷两类。现以阶梯式反应器为例阐述硫酸法烷基化的工艺流程(图 2-75)。该流程主要由反应和产物分馏两大部分组成。

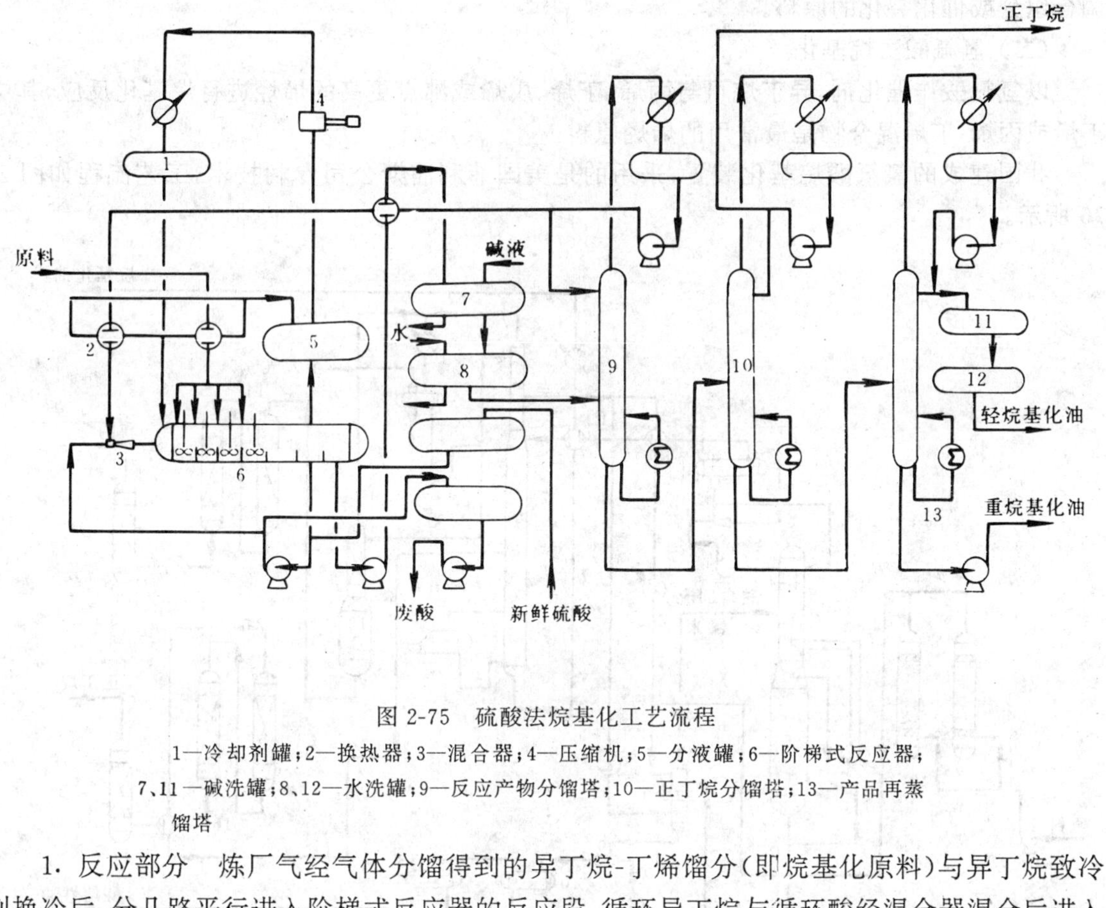

图 2-75　硫酸法烷基化工艺流程

1—冷却剂罐；2—换热器；3—混合器；4—压缩机；5—分液罐；6—阶梯式反应器；7、11—碱洗罐；8、12—水洗罐；9—反应产物分馏塔；10—正丁烷分馏塔；13—产品再蒸馏塔

1. 反应部分　炼厂气经气体分馏得到的异丁烷-丁烯馏分(即烷基化原料)与异丁烷致冷剂换冷后，分几路平行进入阶梯式反应器的反应段，循环异丁烷与循环酸经混合器混合后进入反应器的第一反应段。反应器由若干个反应段、一个沉降段和一个产物流出段组成，各段间用溢流挡板隔开。为保证原料与硫酸充分混合，使反应进行完全，每一反应段均设有搅拌器。

异丁烷和丁烯在硫酸催化剂的作用下，在各反应段进行烷基化反应。反应系统中循环异丁烷的作用是抑制烯烃的叠合等副反应，使反应向有利于生成理想 C_8 烷基化油的方向进行。

烷基化反应是放热反应，为了维持较低的反应温度，流程中用部分异丁烷在反应器中气化以除去反应热。气化的异丁烷在分液罐中分离出携带的液体后进入压缩机。压缩后的气体经冷凝后流入冷却剂罐，然后再回到反应器。

在反应器内，反应产物和硫酸自流到沉降段进行液相分离，分出的硫酸用酸循环泵送入反应段循环使用。在反应过程中，由于被原料中所含的水和副反应生成的水所稀释，以及硫酸酯的生成，使酸在使用过程中浓度逐渐降低，当酸浓度降到88%时，就需要排出废酸并更换新酸，新酸的浓度为98%～99.5%。从沉降段分出的反应产物溢流到最后一段，然后用泵抽出并升压，经碱洗、水洗脱除酸酯和中和掉带出的微量酸以后，送至产物分馏部分。

2. 产物分馏部分　这部分由三个塔组成，反应产物首先进入产物分馏塔(也叫脱异丁烷塔)，塔顶分出未反应的异丁烷，经冷凝冷却后部分作为塔顶回流，部分送到反应器作循环异丁烷用；塔底物料进入正丁烷塔，塔顶分出的正丁烷经冷凝冷却后，部分作为塔顶回流，其余全部送出装置；塔底物料进入再蒸馏塔，塔顶分出轻烷基化油，经冷凝冷却后，部分作为塔顶回流，部分再经碱洗、水洗，作为高辛烷值汽油的调合组分送出装置；塔底为重烷基化油，可作为柴油调合组分或催化裂化的原料。

(二) 氢氟酸法烷基化

以氢氟酸作催化剂，异丁烷可与丙烯、丁烯、戊烯或沸点更高的烯烃进行烷基化反应，其中丁烯或丙烯-丁烯混合物是最常用的烯烃原料。

我国建成的氢氟酸烷基化装置，采用的是美国菲利浦斯公司专利技术，工艺流程如图2-76所示。

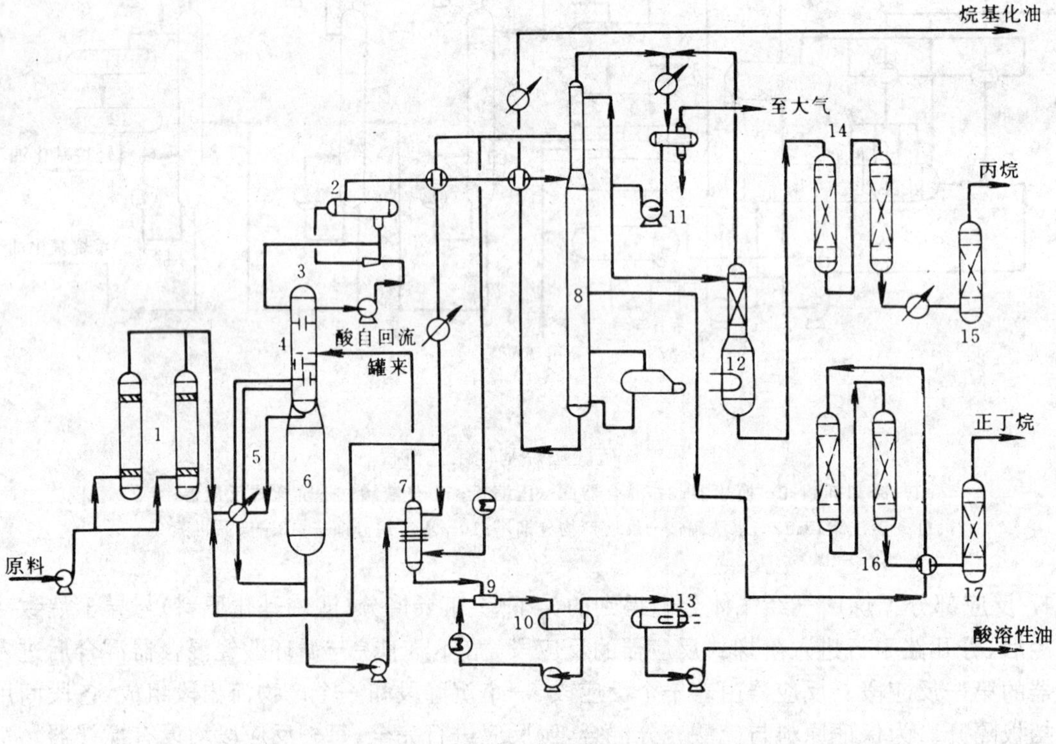

图 2-76　氢氟酸烷基化工艺流程

1—进料干燥器；2—酸再接触器；3—酸混合器；4—酸沉降罐；5—反应管；6—酸贮罐；7—酸再生塔；8—主分馏塔；9—酸溶性混合器；10—酸溶性油碱洗罐；11—至酸沉降罐；12—丙烷汽提塔；13—贮罐；14—丙烷脱氟器；15—丙烷 KOH 处理器；16—丁烷脱氟器；17—丁烷 KOH 处理器

新鲜原料进装置后用泵升压送经装有活性氧化铝的干燥器，使原料中的水分降至 20ppm 以下。干燥器有两台，一台干燥，一台再生，轮换操作，采用加热后的原料 作为再生介质。

干燥后的原料与来自主分馏塔的循环异丁烷在管道内混合后，经高效喷嘴分散在反应管的酸相中，烷基化反应即在垂直上升的管道反应器内进行。反应后的物流进入酸沉降罐，依靠密度差进行分离，酸沉集在罐底，利用位差进入酸冷却器，除去反应热后又进入反应管循环使用。沉降罐上部的烃相（包括反应产品和未反应烃类）经过三层筛板，除去有机氟化物后，与来自主分馏塔顶回流罐酸包的酸混合，再用泵送入酸喷射混合器，与从酸再接触器抽入的大量氢氟酸相混合，然后进入酸再接触器，使酸和烃充分接触，副反应生成的有机氟化物重新分解为氢氟酸和烯烃。烯烃再与异丁烷反应生成烷基化油。因此，酸再接触器可视为一个辅助反应器，可使酸耗大为减少。

反应物从酸再接触器出来经换热后进入主分馏塔。主分馏塔为一多侧线复杂塔，塔顶馏出物为丙烷并带有少量酸，经冷凝冷却后进入回流罐。分出的丙烷部分作为塔顶回流，部分进入丙烷汽提塔。酸与丙烷的共沸物自汽提塔顶出去，经冷凝冷却后返回主分馏塔顶回流罐，塔底丙烷至丙烷脱氟器除去有机氟化物，然后再用氢氧化钾处理脱除微量的氢氟酸后送出装置。

循环异丁烷从主分馏塔的上部侧线以液相抽出，经与塔进料换热、冷却后返回反应系统。正丁烷从塔下部侧线以气相抽出，经脱氟和碱处理后送出装置。塔底为烷基化油，经换热、冷却后出装置。

为了使循环酸的浓度保持在一定水平，必须对酸进行再生，以除去在操作过程中逐渐积累的酸溶性油和水分。再生酸量约为循环酸量的 0.12%～0.13%(v)。从酸冷却器来的待生氢氟酸加热气化后进入酸再生塔，塔底用过热异丁烷（来自主分馏塔）蒸气汽提，塔顶用循环异丁烷打回流。汽提出的氢氟酸和异丁烷从塔顶出去，进入酸沉降罐的烃相被冷凝，塔底的酸溶性油和水一般含氢氟酸 2%～3%，可定期排入酸溶性油碱洗罐，用 5%浓度的碱进行碱洗，以中和除去残余的氢氟酸。碱洗后的酸溶性油从碱洗罐上部溢流至储罐，定期用泵送出装置。

表 2-46 和 2-47 分别列出硫酸法和氢氟酸法烷基化的主要反应条件和烷基化油性质。从工艺流程和表中数据看出：氢氟酸法烷基化的反应温度高于室温，不必象硫酸法那样采用冷冻的办法来维持反应温度，从而使流程有所简化。两种方法得到的烷基化油性质相差不大。

表 2-46　烷基化过程的主要反应条件

项　目	硫酸法	氢氟酸法
反应温度，℃	8～12	30～40
反应压力，MPa	0.3～0.8	0.5～0.6
反应器进料中烷烯比(v)	7～9：1	12～16
酸烃比(v)	1～1.5：1	4～5：1
酸浓度，m%	98～99.5(新鲜) 88～90(废酸)	90(循环酸)
反应时间	20～30min	20s(反应管)

表 2-47 烷基化油性质

项 目	硫酸法烷基化油	氢氟酸法烷基化油
密度(20℃),g/cm³	0.6876～0.6950	0.6892～0.6945
馏程,℃		
初馏点	39～48	45～52
10%	76～80	82～88
50%	104～108	103～107
90%	148～178	119～127
干点	190～201	190～195
蒸汽压,kPa	54～61	40～41
胶质 mg/100ml	0.8～1.3	～1.8
研究法辛烷值	93.5～95	92.9～94.4
马达法辛烷值	92～93	91.5～93

第四节 叠合

两个或两个以上的烯烃分子在一定的温度和压力下结合成较大烯烃分子的反应,称为叠合反应。以炼厂气中的烯烃为原料,在催化剂作用下进行叠合反应,生产高辛烷值汽油组分或作为石油化工原料,这一过程叫做催化叠合。

叠合过程所用的原料是含有丙烯和丁烯的炼厂气(或液化气)。按照原料组成和目的产品的不同,将叠合工艺分为两类:一类是非选择性叠合,即用未经分离的炼厂气(主要含丙烯和丁烯,也有少量乙烯、戊烯等)作原料,在叠合过程中不仅生成二聚物、三聚物,而且各类烯烃之间还能互相叠合生成共聚物,因此叠合产物是一个很宽的馏分,其辛烷值较高(马达法辛烷值 82～85,研究法辛烷值 93～96),调合性很好,但稳定性不好,只能作为高辛烷值汽油的调合组分。另一类是选择性叠合,即用组成比较单一的丙烯或丁烯馏分作原料,选择适宜的操作条件进行特定的叠合反应,生产某种特定的产品或高辛烷值汽油组分,如丙烯选择性叠合生产四聚丙烯作洗涤剂或增塑剂原料,异丁烯选择性叠合生产高辛烷值汽油组分等。

一、叠合过程的基本原理

叠合的主要原料是丙烯和丁烯,在一定的温度和压力条件下,在酸性催化剂上发生叠合反应,如:

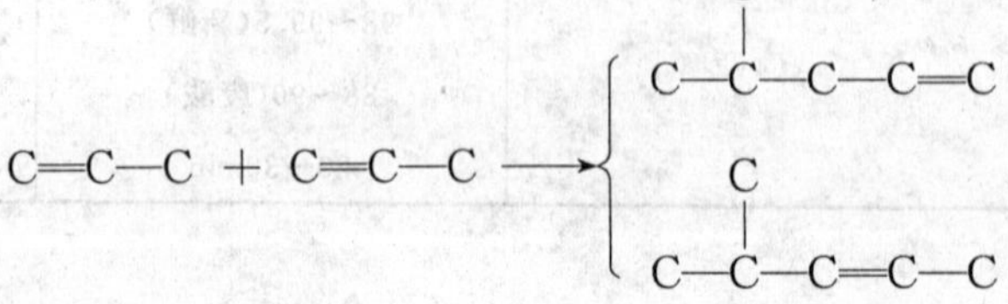

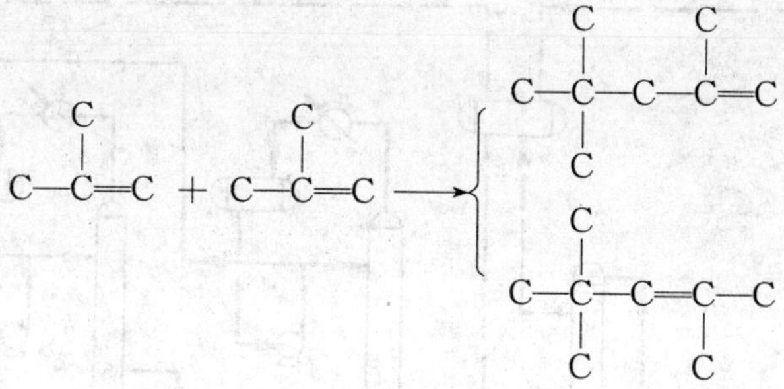

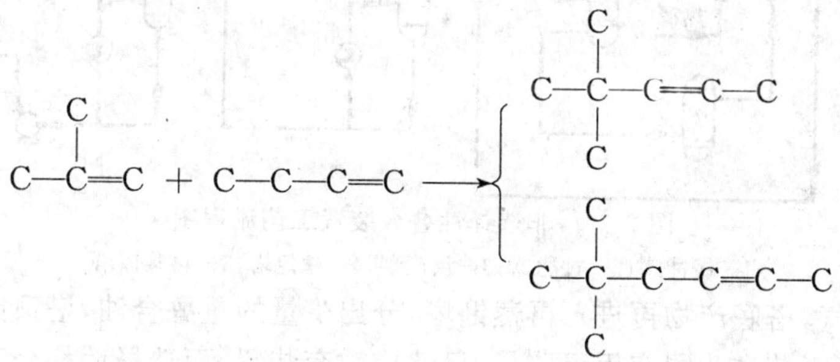

在催化叠合中异丁烯最易反应，其次是正丁烯和丙烯，乙烯最不易反应。叠合过程中生成的二聚物仍为烯烃，还会继续进行叠合生成多聚物；原料中的不同烯烃也能叠合生成共聚物。在生产叠合汽油时，希望只得到二聚物和三聚物，不希望有过多的高聚物产生，因此要控制适当的反应条件。

在催化叠合过程中，除叠合反应之外，还伴随有一些副反应发生，如异构化、环化、脱氢、加氢、分解(即高聚物的解叠)等反应。

目前应用最广泛的催化剂是固体磷酸催化剂(简称 SPA 催化剂)，即将硅藻土用磷酸溶液浸渍，经成型后再在 300～400℃下焙烧而成，主要用于非选择性叠合过程。近些年我国开发了硅铝小球和高硅沸石叠合催化剂，这些催化剂活性高、寿命长、反应条件缓和，主要用于选择性叠合过程。

叠合反应是一个放热和体积缩小的反应，因此降低温度和提高压力对反应有利。温度过低(低于 130℃)，叠合反应速度很慢；温度太高，则副反应加剧，目的产物产率降低，不饱和生胶物质增多，催化剂活性降低。工业生产中根据原料不同采用不同的温度条件，非选择性叠合采用 190～220℃，选择性叠合采用 80～130℃；反应压力一般在 3～5MPa。

二、叠合过程的工艺流程

图 2-77 是非选择性叠合工艺生产叠合汽油的典型工艺流程。

脱硫后的液化气经原料缓冲罐用泵抽出，先与反应器出来的物料进行换热，再经加热器加热到反应温度，然后进入反应器进行叠合反应。为了防止磷酸催化剂失水失活，在原料中要注入适量的水。

叠合反应器如同一个立式管壳式换热器，管内装有催化剂。由于叠合反应是放热反应，所以壳程通入软化水以除去反应热并产生水蒸气，用控制壳程水蒸气的压力来控制反应温度。

反应产物从反应器底部出来，经过过滤器除去携带的催化剂粉末，与原料换热后进入稳定

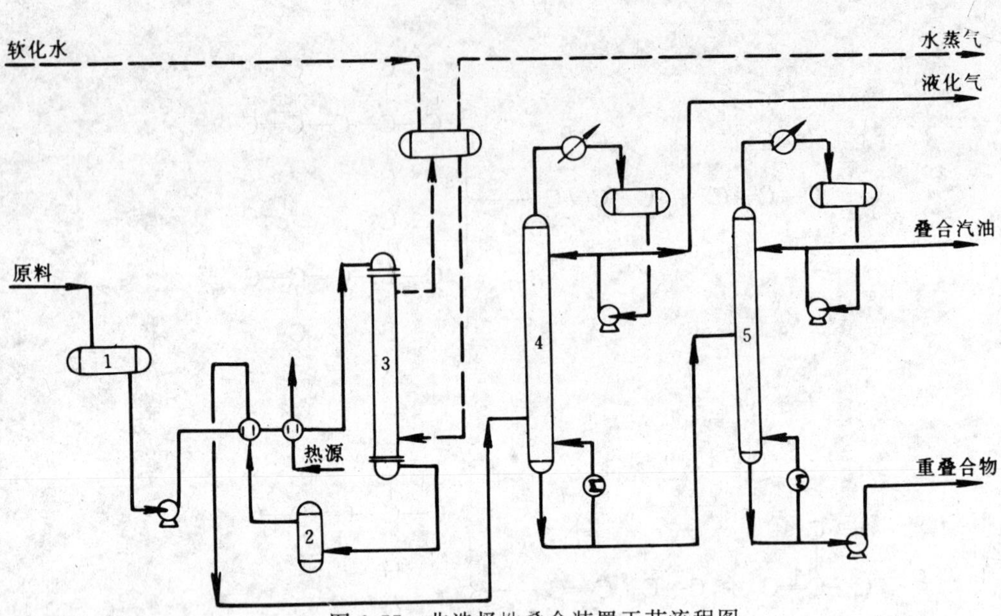

图 2-77　非选择性叠合装置工艺流程图

1—缓冲罐；2—过滤器；3—反应器；4—稳定塔；5—再蒸馏塔

塔，塔顶分出液化气，塔底产物再进入再蒸馏塔，分出少量的重叠合油，塔顶则得到叠合汽油。

非选择性叠合工艺在我国应用得较早，已建成数套装置。而选择性叠合工艺是八十年代才开始在我国应用的。

法国石油科学研究院(IFP)研究开发了异丁烯选择性叠合新工艺。在烷基化原料中异丁烷不足的炼油厂，将这一工艺与烷基化工艺相结合，可形成生产高辛烷值汽油组分独具特色的工艺路线。我国采用的选择性叠合工艺，使用国产硅铝小球催化剂，可使 C_4 馏分中的异丁烯几乎全部转化为二聚物或三聚物，而正丁烯的转化率较少，可通过改变反应温度的方法来控制。因此，这一工艺还可用来生产高纯度的丁烯-1。

引进选择性叠合装置的工艺流程见图 2-78。

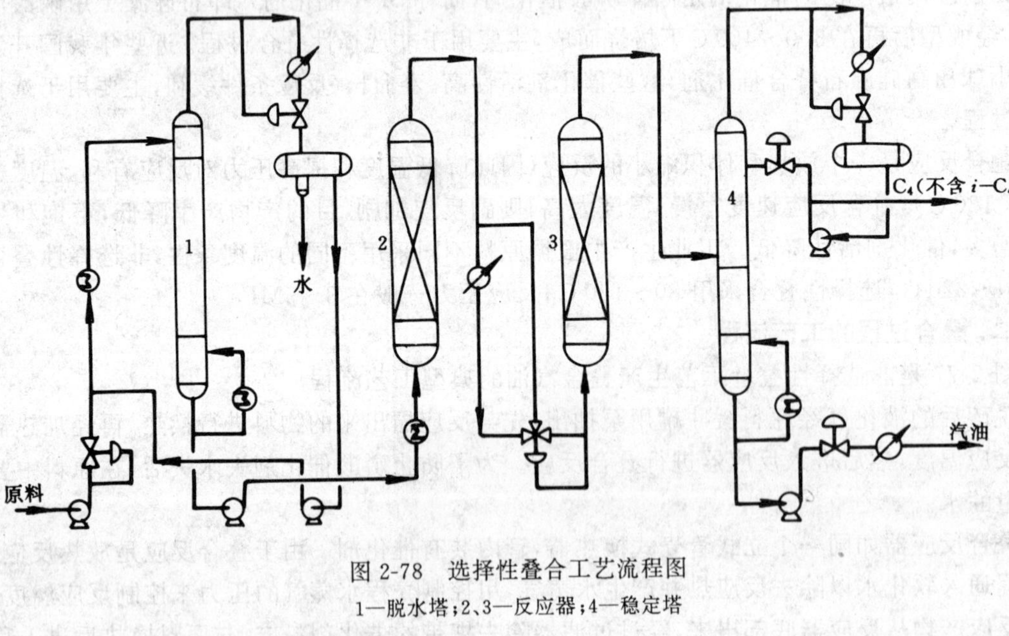

图 2-78　选择性叠合工艺流程图

1—脱水塔；2、3—反应器；4—稳定塔

由于在选择性叠合工艺中对原料中的杂质和水的含量要求较严格，所以原料要先经过脱水塔，使含水量降至 10ppm 以下，然后进入反应器。装置中设有两个筒式固定床反应器，由于进料中的异丁烯含量不高，反应温升不大，因此不必采取反应器内冷却措施，只需在两个反应器之间设一冷却器以调节反应温度。反应物料从反应器顶部出来进入稳定塔，塔顶分出不含异丁烯的 C_4 馏分，塔底得到叠合产物。此叠合产物的干点较高（约 280℃），一般要经过再蒸馏以得到终馏点合格的汽油。在引进装置中未设再蒸馏塔，而将叠合汽油送往催化裂化分馏塔。叠合汽油的研究法辛烷值为 97，马达法辛烷值为 82。

表 2-48 列出了非选择性叠合和选择性叠合的主要操作条件。

表 2-48　叠合的主要操作条件

项目	非选择性叠合	选择性叠合
反应温度，℃	190～220	一反：入口 82，出口 130 二反：入口 124，出口 130
反应压力，MPa	3～5	一反入口 4 二反入口 3.9
反应进料烯烃浓度，v%	35～40	
空速(v)，h^{-1}	1～3	0.65～1.3

第五节　甲基叔丁基醚生产工艺

合成甲基叔丁基醚是生产高辛烷值汽油调合组分的工艺过程，近年来在车用汽油无铅化、减少环境污染等方面起了较大的作用，预计在未来将会得到更大的发展。

甲基叔丁基醚（MTBE）具有良好的调合效果、理化性能和使用性能。如 MTBE 对各种汽油都具有良好的调合效应，加入少量即可使汽油的辛烷值提高好几个单位，如加入 10%（体）的 MTBE，可使直馏汽油的研究法辛烷值由 56.0 提高到 64.7、烷基化油由 93.4 提高至 97.1、催化裂化汽油由 88.3 提高至 91.6 等；MTBE 的沸点较低（55℃），汽油中加入一定量的 MTBE 会使汽油的 10% 和 50% 馏出温度略有降低，对改善汽油的暖机性能有利；MTBE 具有良好的化学安定性，加入到汽油中可提高汽油的安定性；含 MTBE 汽油有助于降低汽车排放废气中污染物含量，改善环境污染等等。

一、MTBE 合成反应

合成 MTBE 的原料主要是甲醇和炼厂气中的异丁烯。处于液相状态的异丁烯与甲醇在催化剂作用下生成 MTBE，反应式如下：

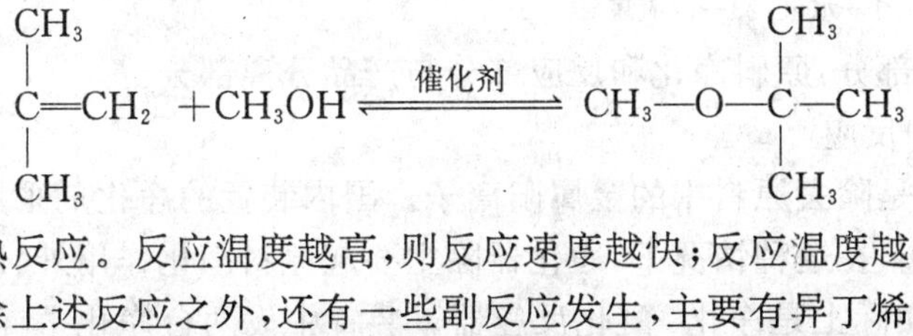

此反应为可逆的放热反应。反应温度越高，则反应速度越快；反应温度越低，平衡常数越高，平衡转化率也越高。除上述反应之外，还有一些副反应发生，主要有异丁烯与原料中的水反应生成叔丁醇、甲醇脱水缩合生成二甲醚、异丁烯聚合生成二聚物或三聚物等。副反应生成的产物会影响最终产品的纯度和质量，因此要控制合适的反应条件，减少副反应的发生。

合成 MTBE 装置所用催化剂为大孔磺酸阳离子交换树脂（或叫强酸离子交换树脂）。我国使用的催化剂有S型、D72型等型号。由于这类离子交换树脂催化剂中的H^+离子会被异丁烯和甲醇原料中所含金属阳离子所置换而使催化剂失活，因此要求反应进料中的金属阳离子含量最好小于1ppm，同时要求原料中不含碱性物质和游离水。

二、MTBE工业装置

按照异丁烯在MTBE装置中达到的转化率及下游配套工艺的不同，合成MTBE技术分为三种类型(见表2-49)。在此，以标准转化型(即炼油型)为例阐述MTBE的工艺流程，如图2-79所示，即以炼厂C_4馏分为原料合成MTBE，未反应的C_4作为下游烷基化装置的进料。

表2-49 MTBE技术的三种类型

类 型	异丁烯转化率，%	残余异丁烯含量，%	下游用户	备注
标准转化型	95～98	2～5	烷基化	炼油型
高转化型	99	0.5～	丁烯氧化脱氢	化工型
超高转化型	99.9	0.1	聚乙烯共聚单体1-聚丁烯	化工型

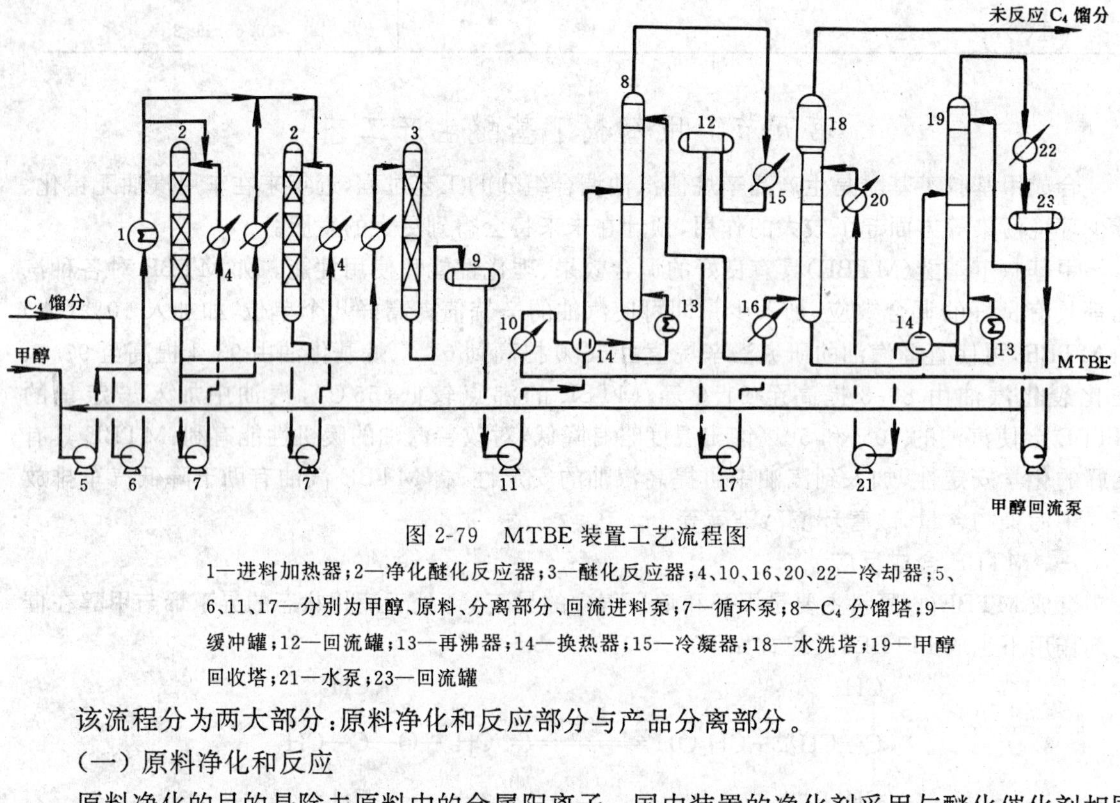

图2-79 MTBE装置工艺流程图

1—进料加热器；2—净化醚化反应器；3—醚化反应器；4、10、16、20、22—冷却器；5、6、11、17—分别为甲醇、原料、分离部分、回流进料泵；7—循环泵；8—C_4分馏塔；9—缓冲罐；12—回流罐；13—再沸器；14—换热器；15—冷凝器；18—水洗塔；19—甲醇回收塔；21—水泵；23—回流罐

该流程分为两大部分：原料净化和反应部分与产品分离部分。

(一) 原料净化和反应

原料净化的目的是除去原料中的金属阳离子。国内装置的净化剂采用与醚化催化剂相同型号的离子交换树脂。在这种情况下，净化器除主要起原料净化作用外，还可起一定的醚化反应作用，所以净化器实际上是净化- 醚化反应器。装置中设两台净化-醚化反应器，切换使用。C_4馏分和甲醇按比例混合，经加热器加热到40～50℃后从上部进入净化-醚化反应器，反应压力一般为1～1.5MPa。由于醚化为放热反应，为了控制反应温度，设有打冷循环液的设施。

由于该装置要求异丁烯的转化深度为90%～92%，因此只设一个反应器，并在较低温度

(40～45℃)下操作，甲醇和异丁烯比约为1～1.05∶1(摩尔比)。如果要求异丁烯的转化率大于92%，则需增设第二反应器，并在两个反应器之间设有蒸馏塔，用来除去第一反应器出口反应物中的MTBE，以减少第二反应器中逆反应的发生，有利于提高异丁烯的转化率。

(二) 产品分离

从醚化反应器出来的反应物料中含有未反应的C_4馏分、剩余甲醇、MTBE以及少量的副反应产物，需进行分离。由于甲醇在水中的溶解度大，在一定条件下能与C_4馏分或MTBE形成共沸物，以及反应时醇烯比的不同，因而有两种分离流程：

1. 前水洗流程　反应产物先经甲醇水洗塔除去甲醇，然后再经分馏塔分出C_4馏分和MTBE。从甲醇水洗塔底出来的甲醇水溶液送往甲醇回收塔进行甲醇与水的分离。

2. 后水洗流程(如图2-79所示)　当装置采用的醇烯比不大(约1～1.05∶1)，反应流出物中残余的甲醇在一定压力下可全部与未反应的C_4馏分形成共沸物时，可采用后水洗分离流程，即反应流出物先经C_4分离塔进行MTBE与甲醇-C_4馏分共沸物的分离，塔底为MTBE产品，塔顶出来的共沸物进入水洗塔，用水抽提出甲醇，使甲醇与C_4馏分得到分离。从水洗塔底出来的甲醇水溶液再进入甲醇回收塔，塔顶分出的甲醇、送往反应部分再使用，从塔底出来的含微量甲醇的水，大部分送往水洗塔循环使用，少部分排出装置以免水中所含甲醇积累。

从上述流程中得到MTBE含量大于98%产品，其RON为117，MON为101。

MTBE装置的主要设备是反应器。国内采用的有三种型式：① 列管式反应器　其结构类似管壳式换热器，管内填装催化剂，管外通冷却水以控制反应温度，反应物料自上而下通过催化剂床层。这种型式的反应器操作简单，床层轴向温差小，但结构复杂，制造及维修较麻烦，且催化剂装卸比较困难。② 筒式反应器　即固定床筒式反应器，反应器内催化剂可一段或多段填装，每段可根据需要设置打冷循环液的设施，反应物料自上而下通过反应器，通过调节新鲜原料与循环液的入口温度和循环比，可达到所需的异丁烯转化率。这种反应器结构简单，投资较少，装卸催化剂容易，能适应各种异丁烯浓度的原料，但操作稍复杂，床层的轴向温差较大。③ 膨胀床反应器　反应物料自下而上通过反应器，造成催化剂床层25～30%的膨胀量，因此传热较好，避免催化剂结块。这种反应器结构简单，投资少，装卸催化剂容易，但要求催化剂具有一定的强度和抗磨能力。三种型式的反应器各有利弊，其中列管式反应器技术陈旧。目前后两种型式的反应器在工业上应用最多。

将催化蒸馏新技术用于MTBE的生产，是近几年来MTBE生产工艺的一大发展。这种新技术与常规流程相比，有以下几个特点：① 催化反应与蒸馏同时进行，使反应物中MTBE的浓度在反应段中自下而上地逐渐降低，从而使反应段上部的逆反应降至最小，异丁烯转化率得以提高。② 反应热在蒸馏过程中得到利用，节约了能量。③ 简化了工艺流程，投资显著下降。我国某厂的MTBE装置已成功地应用了催化蒸馏技术。

图2-80为一MTBE装置催化蒸馏部分的流程图。按照设计，反应物料先经固定床反应器，使异丁烯转化率达到80～90%，再经催化蒸馏塔使异丁烯最终转化率达到98%以上。

催化蒸馏塔由上、下两部分组成，下部塔有若干块塔板作为提馏段，上部塔的顶部装有若干块塔板作为精馏段，其下部则分段装填有包装好的催化剂。下部塔的塔顶蒸气被送到上部塔的底部，上部塔的塔底液体通过中间泵被送到下部塔的顶部。MTBE产品从下部塔的底部导出，其纯度大于98%；未反应的C_4馏分与甲醇从上部塔的顶部引出，经冷凝后，部分作为上部塔顶回流，其余的送往水洗塔回收甲醇。

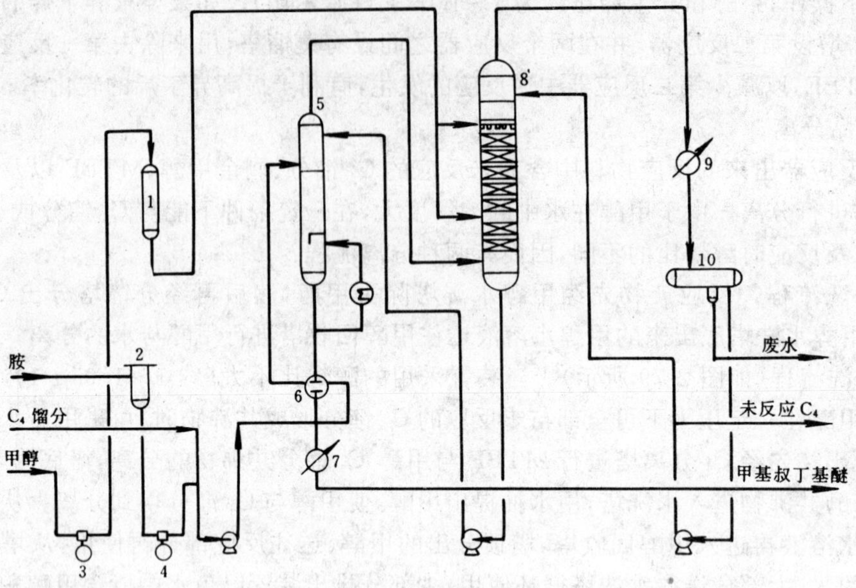

图 2-80　MTBE 装置催化蒸馏部分工艺流程图

1—保护反应器；2—胺罐；3—进料泵；4—胺计量泵；5—催化蒸馏塔（下部）；6—换热器；7—冷却器；8—催化蒸馏塔（上部）；9—冷凝器；10—回流罐

第八章 燃料产品的精制、调合及添加剂

从原油蒸馏及二次加工得到的汽油、煤油、喷气燃料和柴油等各种燃料，其性能通常难以全面符合产品质量标准要求，不能作为合格产品出厂。例如，含硫多的原油生产的汽油、喷气燃料和煤油等需通过精制除去硫和硫化物等；含烯烃和二烯烃多的焦化汽油，需除去这些不安定组分；辛烷值低的直馏汽油需调入高辛烷值的汽油组分和加入抗爆剂，以提高汽油辛烷值；直馏柴油需除去环烷酸等，使酸值合格；含蜡高的直馏柴油还需进行脱蜡以免凝点不合格；二次加工柴油则需精制，改善其安定性和抗腐蚀性等。

因此，必须将各加工过程得到的燃料半成品通过不同精制方法，除去其中某些非理想组分和杂质，然后将不同质量的油品，按适当比例进行调合并加入使油品某些性质得到明显改善的添加剂，才能得到合乎相应产品质量标准的石油商品。

常用的石油燃料油品精制方法很多，如化学精制（酸碱精制、脱硫醇等）、溶剂精制、吸附精制、加氢精制、柴油脱蜡（尿素脱蜡、冷榨脱蜡，分子筛脱蜡等）等。加氢精制在第五章中已作介绍，本章中仅讨论其它几种常用的精制方法。

第一节 酸碱精制

直馏和二次加工的汽油、煤油、柴油，不同程度地含有硫化物、氮化物、有机酸、烯烃、二烯烃和胶质等，严重影响产品安定性和其它性质，必须通过精制除去。酸碱精制是最古老而现在仍然普遍采用的一种方法，它的工艺简单，设备投资和操作费用较低。我国将酸碱精制与高压电场加速沉降分离相结合，取得很好效果。称为电化学精制。

一、基本原理

（一）碱洗

用 10%～30%（m）浓度的氢氧化钠水溶液与油品混合，氢氧化钠溶液与油品中的烃类几乎不起作用，它只与酸性的非烃化合物反应，生成溶于碱液中的盐类而从油中除去。碱洗可以除去油品中的环烷酸和酚类等含氧化合物、H_2S 和低分子硫醇等含硫化合物以及酸洗后残留的磺酸、硫酸酯等酸性化合物。

硫化氢与氢氧化钠溶液的反应如下：

$$H_2S + 2NaOH \rightarrow Na_2S + 2H_2O$$

$$H_2S + NaOH \rightarrow NaSH + H_2O$$

$$Na_2S + NaOH \rightarrow 2NaSH$$

当碱用量大时反应生成 Na_2S，用量小时生成 NaSH。Na_2S 和 NaSH 均溶于水，所以，H_2S 可用碱洗除去。

环烷酸、酚和低分子硫醇等与碱液反应是一种可逆反应，生成的盐类发生水解反应。随其分子量增大，相应盐类的水解程度也加大，而且其本身在油品中的溶解度也相对增加，在水中

溶解度相对下降。因此用碱洗方法，不能完全除去这些物质。其反应如下：

$$RCOOH + NaOH \rightleftharpoons RCOONa + H_2O$$

$$RSH + NaOH \rightleftharpoons RSNa + H_2O$$

这些盐类的水解程度随碱浓度加大和温度降低而下降，因此必须采用较高碱浓度和较低的操作温度，以便较彻底地除去环烷酸及硫醇等非烃化合物。

由于碱洗只能除去 H_2S 和大部分环烷酸和硫醇，所以碱洗过程通常与硫酸洗涤联合应用，统称为“酸碱精制”。在硫酸洗涤前的碱洗，称为预碱洗，主要除去 H_2S；在硫酸洗涤后的碱洗，其目的是除去酸洗后油品中残余的酸渣。因为这两类反应完全，所以为降低操作费用，生产中采用稀碱液在常温下操作。

（二）硫酸洗涤

在精制条件下，浓硫酸与油品中某些非烃类和烃进行化学反应，或以催化剂形式参加化学反应，而且对各种烃类和非烃类有不同溶解作用。

在一般的精制条件下，硫酸微量溶解各种烃类，与正构烷烃和环烷烃基本不反应；硫酸能与异构烷烃和芳香烃发生一定程度的磺化反应，反应产物溶于酸渣中而被除去。烯烃和硫酸在不同条件可进行酯化反应或叠合反应，酯化反应为：

当硫酸用量多，反应温度＜30℃时，生成酸性酯：

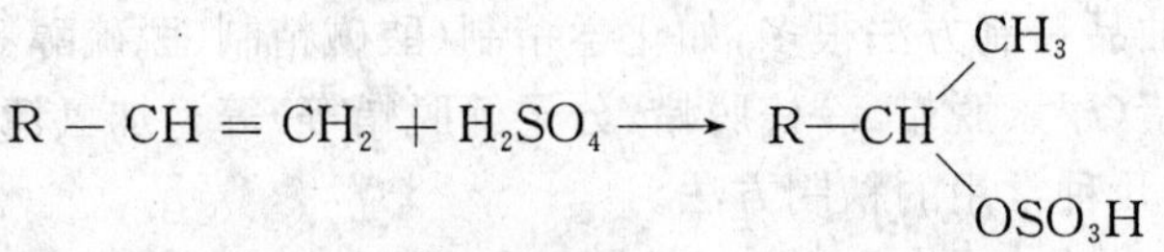

当硫酸用量少、温度＞30℃时，生成中性酯：

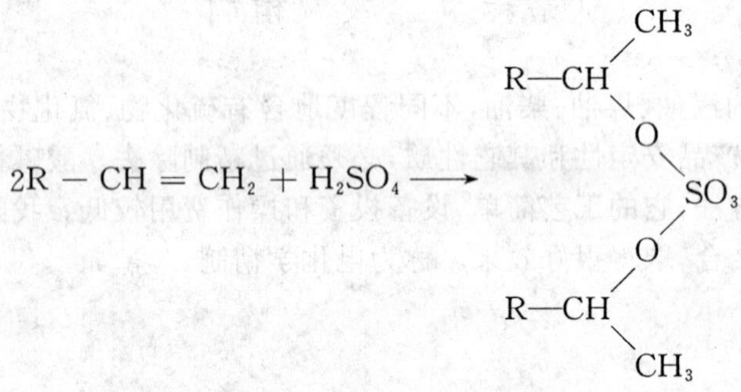

酸性酯大部分溶于酸渣而被除去，中性酯大都溶于油中，影响油品质量，需进一步用再蒸馏方法除去。

烯烃与浓硫酸的叠合反应是在较高的温度下，通过生成酸性酯进而生成二分子或多分子叠合物，大部分溶于油中，使油品的终馏点升高，须用再蒸馏法除去油中叠合物。二烯烃在硫酸作用下，能进行剧烈的叠合反应，反应生成胶质而溶于酸渣中。

硫酸对非烃类的作用有两种，一为溶解，二为化学反应。

硫化物在硫酸中大都借溶解和化学反应而被除去。只有 H_2S 被硫酸氧化成硫，仍溶于油中，因此含 H_2S 多的油品，需先用预碱洗除去 H_2S。

胶质部分溶于硫酸中，部分缩合成沥青质，进一步与硫酸反应而溶于酸中，部分磺化后溶于酸中，总之，胶质均能进入酸渣而被除去。

碱性氮化物可以全部被硫酸除去。

在酸洗中，环烷酸和酚类部分溶解，部分起磺化反应，可以基本除去。

总之，硫酸洗涤可以很好地除去胶质、碱性氮化物和大部分环烷酸、硫化物等非烃化合物以及烯烃和二烯烃，但同时也除去了部分良好的异构烷烃和芳香烃。

二、工艺流程

酸碱精制的工艺流程包括预碱洗→酸洗→水洗→碱洗→水洗等步骤。根据需精制油品的类别、杂质含量、产品要求，决定所需要的精制步骤。例如只有含 H_2S 多的油品才需要预碱洗；酸洗后的水洗是为了除去剩余酸渣，减少碱洗时用碱量。对于直馏汽油和催化裂化汽油、柴油，通常只需要碱洗。

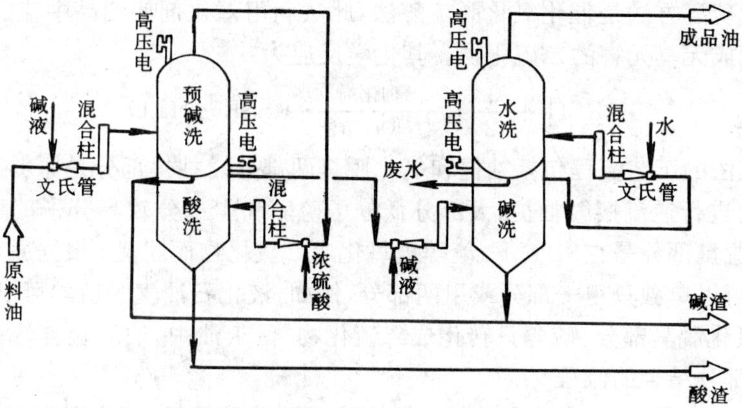

图 2-81　酸碱精制-电沉降分离过程原理流程

酸碱精制-电沉降分离过程原理流程见图 2-81：需精制的油品与碱液在混合器（文氏管和混合柱）中混合反应，进入预碱洗的电分离器，在高压电场作用下，碱渣聚结沉降分离，由底部排出；经预碱洗的油品由预碱洗罐顶部流出，与硫酸在第二组混合器中混合反应后，进入酸洗电分离器，酸渣由底部排出，酸洗后油品由酸洗罐顶部流出，与碱液在第三组混合器中混合反应，进入碱洗电分离器，分出碱液；碱洗后油品再与水在第四组混合器中混合后、进入水洗沉降罐，除去剩余碱液和钠盐水溶液，精制后油品由罐顶部导出。

三、操作条件

酸洗一般用浓度为 93%～98%的硫酸，用量约 1%，在 20～35℃常温下，油品与硫酸接触数秒到数分钟（接触时间为混合后到进入电场前的时间），然后在电场内停留约十数分钟，以利于分离。对于含硫量高的油品，应采用 98%的浓硫酸，用量也需适当增大，并应在低温下，尽量缩短接触时间，以减少硫酸与烃类的反应，提高脱硫效果和酸洗油收率。

碱洗时为增加液体体积，提高混合程度大和减少钠离子带出，一般采用 10%～30%（m）的低浓度碱液。碱用量约为需精制油品的 0.02%～0.2%（m），在常温下操作。

分离罐中的电场梯度，一般为 1600～3000V/cm。电场梯度过低，起不到均匀和快速分离的作用；过高则不利于酸渣的集聚和沉积。

酸碱精制过程，一方面除去油中有害物质，一方面也会损失部分有用组分，甚至影响油品的某些性质，因此必须选择合理的精制条件，才能既保证精制油质量，又提高精制油收率。选择太苛刻的条件，如温度高、硫酸浓度大和用量多、接触时间长，会引起副反应增加，产品收率降低，汽油因过多的芳香烃和异构烷烃溶于酸中，而使辛烷值下降；反之则产品质量得不到保证。

酸、碱精制过程技术简单、设备投资少、见效快，但因精制产品收率低，产生的大量酸、碱渣不易处理而严重污染环境，因此已逐渐被加氢精制等方法所取代。

第二节 轻质燃料脱硫醇

汽油、煤油、喷气燃料等轻质燃料中的硫化物，大都为硫醇。硫醇不仅有恶臭，对铜、铅及其合金有强腐蚀性，还影响油品对抗爆剂、抗氧剂、金属钝化剂的感受性，而且是一种氧化引发剂，能促使油品中不安定组分氧化变质，生成胶质沉渣。因此油品中的硫醇必须脱除。因硫醇有恶臭，所以脱硫醇过程又称为脱臭过程。下面介绍两种脱硫醇方法。

一、催化氧化脱硫醇

最常用的脱硫醇方法是催化氧化脱硫醇法，此法利用催化剂使油品中硫醇在 NaOH 溶液中被空气氧化生成无臭无害的二硫化物。其化学反应为：

$$2RSH + \frac{1}{2}O_2 \xrightarrow[\text{NaOH 溶液}]{\text{催化剂}} RSSR + H_2O$$

催化氧化脱硫醇法的工艺流程包括抽提和氧化脱臭两部分。抽提部分是原料油与含催化剂的碱液在抽提塔内进行逆流接触抽提，大部分低分子硫醇和少部分较高分子硫醇被碱液抽出而进入水相；氧化脱臭部分是在 40℃下，硫醇被氧化成二硫化物而脱臭。根据原料油的沸程和硫醇分子量不同，可以单独只用一部分或用两部分，例如，液化石油气脱硫醇可以只用抽提部分，精制煤油只用氧化脱臭部分(硫醇只转化成二硫化物，留于油中，油的硫含量并未减少)，而精制汽油，则用两部分结合的流程。

原料油中如含有硫化氢、酚类和环烷酸等会降低脱硫醇效果、缩短催化剂的寿命。因此，脱硫醇前需用 5%～10%浓度的 NaOH 溶液进行预碱洗，以除去这些酸性物质。

最常用的催化剂有磺化酞菁钴和聚酞菁钴，此法也称为梅洛克斯法(Merox Process)。碱液浓度为 2%～25%，催化剂在碱液中浓度为 10～125ppm。除了氧化在 40℃下进行外，其它均在室温下操作。其工艺流程与液化气脱硫醇(图 2-73)相类似，此法工艺和操作简单，投资和操作费用低，脱硫醇效果好。

这种脱臭方法的缺点是需要消耗碱，并排放废碱。苏贻勋等提出无碱脱臭法，使用一种碱性活化剂和醇类助溶剂，同催化剂一起与油品形成均相体系，通入空气就可以使硫醇氧化而脱臭。此方法不仅完全不用碱液，并使原来难以氧化的非水溶性硫醇氧化，大大提高了脱臭效率，已被广泛采用。

二、铜-13X 分子筛脱硫醇

此方法也是一种将硫醇转化为无臭无害的二硫化合物的催化氧化脱硫醇方法。用于大庆原油生产的喷气燃料馏分，可使硫醇性硫含量由 40ppm 降到 10ppm 以下，满足 3 号喷气燃料质量标准要求，其化学反应式为：

$$4RSH + O_2 \xrightarrow{\text{铜 -13X 分子筛}} 2RSSR + 2H_2O$$

一般采用固定床反应器，空气与油品混合后进入反应器，在 125～128℃下进行反应，反应后油品经过活性炭脱色罐脱色，即可得到脱硫醇油品。

第三节 吸附精制

用分子筛吸附油品中的含硫、氮、氧等极性化合物是另一类直馏产品的精制方法。所用吸附剂是 CaY（Ⅱ）型分子筛，进行气相吸附，脱附剂是水蒸气。

此精制方法主要应用CaY(Ⅱ)型分子筛的极性进行吸附。当油品中各种分子的极性基团或可极化基团通过分子筛时,阳离子给出一个强的局部正电场,吸引极性分子的负极中心;或通过静电诱导,使可极化分子极化而被吸附。所以极性愈强或越易被极化的分子,愈易被Y型分子筛吸附。

分子筛随吸附的物质数量增加,吸附能力逐渐下降,降到一定程度后,需用水蒸气脱附,使分子筛恢复吸附能力。长期使用后,需进行烧焦,以恢复分子筛活性。

从分子筛吸附精制流程图2-82中可以看到,通常采用三个吸附塔,操作时两个塔处于吸附状态,一个塔处于脱附状态,轮流切换,达到连续操作的目的。吸附温度一般为250~280℃,脱附温度约为285~295℃。烧焦是在460~480℃(不高于500℃)条件下,以水蒸气为稀释剂,空气为助燃剂进行高温氧化来完成的。

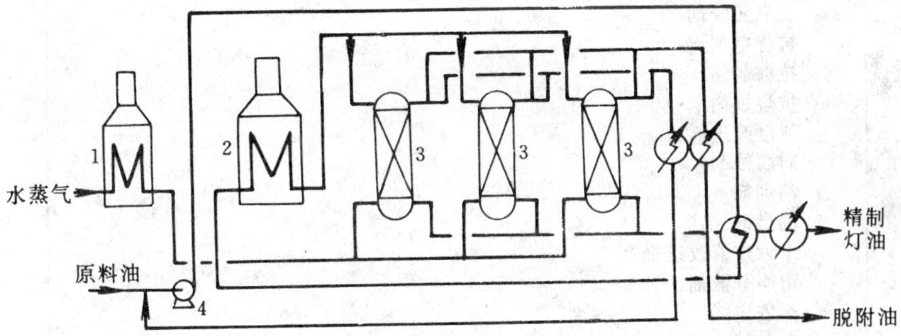

图2-82 分子筛吸附精制流程图

1—水蒸气加热炉;2—油加热炉;3—吸附塔;4—原料油泵

第四节 燃料添加剂

随着发动机工作条件的强化,只依靠选择原油类型、改进加工方法已无法满足对油品越来越高的要求。采用添加剂改善油品性能,是一种经济有效的方法。

所谓添加剂是一种只需要在油品中添加微量,即可有效地显著改善油品某种或数种性质的物质。这样就可以利用含硫原油或重质原油等质量较差的原油,通过较简单和经济的加工过程,生产不同的馏分油,然后加入适当数量相应品种的添加剂,即可生产出符合质量要求的产品。使用添加剂可显著提高油品质量,改进加工工艺,降低成本,减少油耗,有时还可以改善某些仅依靠改进加工工艺难以达到的性能。

石油燃料添加剂应具备以下条件:(1)在油中添加浓度小而效果显著;(2)燃烧完全,不产生沉渣;(3)对油品的其它性质无反作用;(4)溶于油品而不溶于水;(5)在不同温度的油品中,均具有良好安定性;(6)价廉且易得到。

石油添加剂根据使用场合分为燃料添加剂、润滑油添加剂、复合添加剂和其它添加剂四部分,见表2-50,一剂多用的添加剂按其主要作用或应用场合来划分。

表 2-50 国内石油添加剂的分组和组号

类别	组别	组号
润滑剂添加剂	清净剂和分散剂	1
	抗氧抗腐剂	2
	极压抗磨剂	3
	油性剂和极压改进剂	4
	抗氧剂和金属减活性	5
	粘度指数改进剂	6
	防锈剂	7
	降凝剂	8
	抗泡沫剂	9
燃料添加剂	抗爆剂	11
	金属钝化剂	12
	防冰剂	13
	抗氧防胶剂	14
	抗静电剂	15
	抗磨剂	16
	抗烧蚀剂	17
	流动改进剂	18
	防腐蚀剂	19
	消烟剂	20
	助燃剂	21
	十六烷值改进剂	22
	清净分散剂	23
	热安定剂	24
	染色剂	25
复合添加剂	汽油机油复合剂	30
	柴油机油复合剂	31
	通用汽车发动机油复合剂	32
	二冲程汽油机油复合剂	33
	铁路机车油复合剂	34
	船用发动机油复合剂	35
	工业齿轮油复合剂	40
	车辆齿轮油复合剂	41
	通用齿轮油复合剂	42
	液压油复合剂	50
	工业润滑油复合剂	60
	防锈油复合剂	70
其它添加剂		80

石油添加剂品种的表示形式为：

例 1. T102

T ——石油添加剂类

102 ——品种，表示润滑油添加剂中清净剂和分散剂组(1)中的中碱性石油磺酸钙

例 2. T1201

T ——石油添加剂类

1201 ——品种，表示燃料添加剂中金属钝化剂组(12)中的 N,N′－二亚水杨丙二胺

燃料添加剂按作用分为抗爆剂、金属钝化剂、防冰剂、抗氧防胶剂、抗静电剂、抗磨剂、抗烧蚀剂、流动改进剂、防腐蚀剂，消烟剂、十六烷值改进剂、清净分散剂、热安定剂和染色剂等 15 个组。组号依次为 11～25。

润滑油添加剂按作用分为清净分散剂、抗氧抗腐剂、极压抗磨剂、油性剂和摩擦改进剂、抗

氧剂和金属减活剂、粘度指数改进剂、防锈剂、降凝剂和抗泡沫剂等九个组。组号依次为1～9。

复合添加剂按油品分为各种复合剂组。

石油添加剂按作用分组，同一组内根据组成或特性不同分为若干品种。

石油添加剂名称一般用符号T××××表示，其中T表示石油添加剂类，后面的第1或第1、2两个数字表示组别，后面数字表示品种。见表2-50下面的例子。

添加剂的添加量一般极少，仅为油品的百万分之几到百分之几。每种添加剂对某种油品都有一个合适的添加量范围，超过此范围增大添加量并无明显效果，有时甚至有相反作用。因此必须注意选择合适添加剂量，以达到降低成本和效果最佳的目的。

油品本身的化学组成对添加剂添加效果影响很大，即各种燃料对添加剂的感受性不同。油品中的含氮化含物、氧化物和硫化物等杂质也会影响添加剂的作用。所以使用添加剂并不能取消油品精制，只能降低精制深度。因此油品生产中，应根据产品质量要求，用经济合理的加工工艺，适度精制，然后加入相应添加剂，使产品符合质量标准要求。

本节只讨论几种主要的燃料添加剂，润滑油添加剂将在第九章第六节中讨论。

不同品种燃料所使用的添加剂类别不同，表2-51中列出各种燃料使用的添加剂组别、代号和添加量等。

表2-51　各种燃料使用的添加剂组别和添加量

添加剂组别	代号	航空汽油	车用汽油	喷气燃料	柴油	添加量
抗爆剂	T11	*	*			微量
金属钝化剂	T12	*	*	*	*	极微量
防冰剂	T13	*		*		极微量
抗氧防胶剂	T14	*	*	*	*	极微量
抗静电剂	T15			*		超微量
抗磨剂	T16			*	*	极微量
抗烧蚀剂	T17			*		极微量
流动改进剂	T18				*	极微量
防腐蚀剂	T19	*	*	*	*	极微量
消烟剂	T20					极微量
助燃剂	T21					
十六烷值改进剂	T22				*	极微量
清净分散剂	T23		*			极微量
热安定剂	T24					
染色剂	T25	*	*			超微量

一、抗爆剂

采用抗爆剂是提高车用汽油和航空汽油辛烷值的重要手段。抗爆剂主要是有机金属化合物和胺类化合物。胺类化合物尚未形成商品。四乙基铅、四甲基铅及其化学混合物等烷基铅类是使用最广泛而经济有效的抗爆剂，具有工艺简单、成本低廉、效果突出的优势。

随着对汽车废气排放的控制和环境保护的需要，国外已限制向汽油内加铅，以防含铅废气污染环境，逐渐实现汽油低铅化和无铅化。

人们对非铅抗爆剂进行大量研究，芳香胺类及其它含氮化合物虽具有一定改进辛烷值的效果，但由于加入量大，毒性、排放等问题而尚未形成商品。1959 年美国曾推出甲基环戊二烯三羰基锰(简称 MMT)，作为汽油抗爆剂，它能有效地提高汽油辛烷值，特别是烷烃组成的汽油。但因对其使用中问题有争论而被美国国会于 1978 年决定停用。

从使用性能和经济效果全面来看，目前还没有一种比得上烷基铅的抗爆剂。

烷基铅抗爆剂与铅携带剂、染料调制成烷基液(乙基液、甲基液)作为商品出售。烷基铅燃烧过程中形成难以挥发的铅氧化物，铅携带剂二溴乙烷或二氯乙烷与二溴乙烷的混合物，将铅的氧化物转化成铅的卤化物，从发动机表面挥发排出气缸，以保证发动机正常工作。

我国使用的四乙基铅抗爆剂代号为 T1101，我国 90 号车用汽油中抗爆剂用量为铅含量不大于 0.35gPb/l，其抗爆指数为 85。93 号和 97 号车用汽油中用量要求小于 0.45gPb/l，抗爆指数分别为 89 和 92。

二、抗氧防胶剂和金属钝化剂

燃料中的烯烃、二烯烃等在光、温度及多种金属(如铜、铁、铅等)等的影响下，会产生活泼的自由基，易与氧作用生成一系列氧化中间产物、经聚合最后生成胶状物质沉淀。开始氧化时，因自由基较少，反应速度慢，生成的中间产物可溶于燃料中，燃料的外观变化不大。随着时间延长，反应的中间产物逐渐变成胶质，燃料颜色变深，胶状沉淀物增加。而且胶质本身也具有氧化催化作用，加速燃料氧化。

汽油中加入的四乙基铅，在常温下不稳定，易分解产生自由基，引发烃类的氧化链反应。烃类的过氧化物与四乙基铅的分解产物作用，生成氧化铅等灰白色沉淀。

总之，为了延缓燃料的氧化变质，通常需加入抗氧防胶剂和金属钝化剂。抗氧防胶剂能减少因燃料自动氧化产生的胶质数量，金属钝化剂抑制金属对烃类氧化反应的催化作用。通常二者复合使用，加入汽油、喷气燃料和柴油等燃料中，提高其氧化安定性。

(一) 抗氧防胶剂

抗氧防胶剂的作用机理是抑制烃类的氧化链反应，在燃料氧化初期，抗氧防胶剂中的活泼氢原子与燃料中氧化产生的自由基结合，最后转化成为稳定化合物，从而中断了燃料中烃分子氧化链反应。因此只需加入极少量的抗氧防胶剂，就能大大提高燃料安定性，延长诱导期。

国内外常用的抗氧防胶剂有烷基酚型和胺型两类。目前我国使用的酚型抗氧防胶剂有 2,6-叔丁基对甲酚(T501)，广泛用于燃料与润滑油中。在燃料中加入量一般为 0.002%～0.005% (m)。胺型抗氧防胶剂有 N-苯 基-N′-仲丁基对苯二胺，主要用于含烯烃较多的车用汽油，具有良好抗氧防胶性能，加入量约为 0.002%～0.004% (m)。需注意的是加抗氧防胶剂的时间应在油品尚未与氧接触时加入，否则因氧化链反应已进行，则需大大增加添加量，方能有效提高油品安定性。

(二) 金属钝化剂

金属钝化剂本身不起抗氧化作用，因此必须与抗氧防胶剂一起使用，它不仅能提高抗氧防胶剂的抗氧化效果，而且还能降低其用量。金属钝化剂与金属作用，生成一种螯形化合物，此螯形化合物没有氧化催化作用，从而使金属离子失去原来的催化活性。因此在燃料中同时加入抗氧防胶剂和金属钝化剂，是使含烯烃燃料不易氧化变质的最有效方法。

我国目前主要使用的金属钝化剂为 N、N′-二亚水杨丙二胺(T1201)，它抑制铜的催化作用最为有效，与铜反应生成如下螯形化合物：

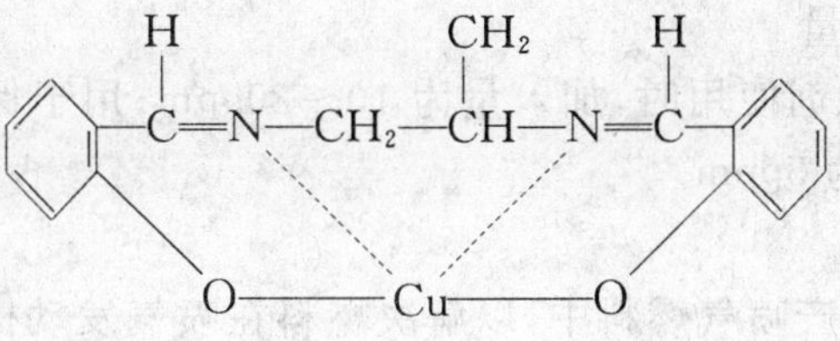

T1201一般与抗氧防胶剂复合使用，在车用汽油中添加量约为0.0005%。

三、防冰剂

为解决因气温下降燃料中析出冰晶的问题，目前喷气燃料中采用加入防冰剂的办法。常用的防冰剂为醇类及醇醚类化合物。

醇类和醇醚类化合物具有良好的溶解性能，有效地增加燃料对水的溶解能力，在燃料中形成低结晶点溶液，对已形成的冰晶有一定溶解能力。当燃料中析出水时，防冰剂很快从油中进入水相，防止冰晶析出，保证了燃料系统在低温下正常工作。

目前国际上广泛应用的防冰剂有乙二醇乙醚和乙二醇甲醚。在喷气燃料中的添加量一般前者为0.1%～0.3%（m），后者为0.1%～0.15%（m）。我国生产和使用的防冰剂为乙二醇甲醚（T1301），使用效果良好。

由于这类防冰剂具有较高吸水性，加有防冰剂的燃料在储存、使用中，因吸水会降低其浓度，影响防冰效果，因此防冰剂通常应在临使用前（如在机场加油站）才加入油中。

四、抗静电添加剂

燃料在运输、过滤、混合、泵送、飞溅、冲刷、加油等过程中，因液体流动，摩擦产生静电。油品是一种绝缘体，其比电阻达10^{12}～$10^{14}\Omega/cm$，油品内所带电荷不能及时导出而聚集，当电荷聚集到一定程度后就会放电，引起着火爆炸事故。国内外都发生过因静电引起的严重事故。

抗静电添加剂的作用是提高燃料的电导率、防止电荷聚集，消除静电危害，保证安全使用燃料。

抗静电添加剂一般是具有强吸附性、离子性、表面活性等的有机化合物。我国生产和使用的抗静电添加剂T1501是由烷基水杨酸铬、丁二酸双辛酯磺酸钙与含氮的甲基丙烯酸酯共聚物三部分组成，称为脂肪酸铬钙盐混合物。广泛用于汽油、喷气燃料、柴油及其它可燃溶剂内，一般用量为1～3mg/l。

五、抗磨防锈剂

深度精制特别是经加氢精制的喷气燃料，随着不安定组分的脱除，也脱除了油品中的天然微量极性物质，使燃料的抗磨性能变坏，将会引起燃料油泵柱塞头的磨损，影响其使用寿命。抗磨添加剂是含极性基团的有机化合物，可吸附在摩擦表面，避免金属表面间的干摩擦，改善燃料的润滑性能。

燃料在储存、使用过程中，因环境温度变化，燃料中的溶解水会析出形成游离水，引起金属生锈腐蚀，因此发展了抗磨防锈添加剂。

国外的抗磨防锈添加剂有含磷及不含磷的品种，对喷气燃料的水分离指数、热安定性及抗静电性均无不良影响。国产的抗磨防锈添加剂T1601由以下三部分组成：

二聚亚油酸	70%～75%（m）
酸性磷酸酯	6.2%～7.5%（m）
酚型抗氧剂	0.7%～0.75%（m）

稀释剂　　　　　　余量

作为喷气燃料抗腐蚀剂使用时,加入量为10～20ppm;用于保护黄铜、铝、碳钢及铝青铜材料免受锈蚀时,加入量为5ppm。

六、抗烧蚀添加剂

抗烧蚀添加剂用于国产喷气燃料中,以解决燃料在喷气发动机内燃烧时引起的镍铬耐热合金的高温气相腐蚀(烧蚀)。

喷气发动机的火焰筒由耐高温的镍铬合金制成,在燃料高温燃烧时,合金中铬受碳化气氛影响,形成碳化铬,造成局部富镍基体,烃类在镍晶面上,脱氢环化形成石墨炭从合金表面脱落造成凹坑。在石墨炭形成过程中,镍不断被夹带,从金属表面脱落,使烧蚀坑点逐渐扩大,甚至烧穿,大大缩短了发动机使用寿命。

我国使用的T1733抗烧蚀添加剂,在喷气燃料中用量为0.09～0.15%,效果较好,经济合理。其作用是与火焰筒中镍铬合金中的镍,在高温下形成硫化膜,附在金属表面,有效地防止了金属烧蚀。

七、流动改进剂

流动改进剂又称为低温流动性改进剂。

燃料油的低温流动性改进剂与改善润滑油质量,或增加原油采收率所用的降凝剂不同,前者要同时降低燃料油倾点和改善低温析出的蜡结晶大小和形状,是兼有改善燃料油倾点和过滤性的添加剂。

未加低温流动性改进剂的柴油,在温度低于浊点时,开始析出蜡,其大小约为200μm。蜡结晶迅速长大,形成三维网状结构骨架,在结构骨架表面上吸附大量油分子而使柴油失去流动性。柴油在约有2%的石蜡析出时就会凝固。当加入添加剂后,在浊点附近时,添加剂浸入蜡结晶核中,蜡晶析出时,形成很多比原来细小的晶核。添加剂同时吸附在蜡结晶表面,通过极性基团作用,蜡结晶维持微细分散状态。因此添加剂几乎不影响蜡析出温度和析出量,只影响其蜡结晶的形状和分散状态。流动改进剂还具有削弱蜡结晶结构强度的作用,可提高泵送性和过滤性。

我国主要生产和使用T1804聚乙烯-醋酸乙烯酯共聚物柴油低温流动性改进剂,加入量一般为0.01%～0.1%(m)。曾用－10号柴油加入T1804 0.06%(m),生产－20号柴油获得成功,取得良好经济效益。低温流动性改进剂的使用效果与柴油的馏分组成、化学组成和加工工艺有密切关系。实践表明,馏分越宽的柴油,对添加剂感受性越好;不同化学组成的柴油,以环烷基的感受性最好,中间基次之,石蜡基最差;各种加工工艺所得柴油,其中催化裂化、分子筛脱蜡、尿素脱蜡和临氢降凝柴油感受性较好,而直馏和加氢精制柴油的感受性较差。

八、十六烷值改进剂

十六烷值改进剂用于催化裂化柴油,特别是环烷基原料和渣油催化裂化柴油,以提高其十六烷值。

十六烷值改进剂的作用是这些化合物本身易分解成自由基或过氧化合物,这些分解产物成为柴油中烃类氧化自由基链反应的引发剂,从而降低了柴油的自燃点,改善了柴油的着火性能。

我国近年来开发的T2201柴油十六烷值改进剂为硝酸异辛酯,每添加0.1%～0.3%(m),十六烷值增加2～9个单位。

添加剂的组成和燃料的化学组成影响加入添加剂的效果。柴油的芳香烃含量越高,十六烷值越低，对添加剂感受性越差。而且添加剂在低加入量时效果比高加入量时好。同时十六烷值改进剂对燃料的闪点和残炭也有不同影响，因此使用时应注意它对发动机的适应性及对发动机的排烟、油耗等其它性能的影响。

九、清净分散剂

为了防止大气污染，保护环境卫生，要求控制发动机排气中的一氧化碳和未燃烧烃的浓度。气化器污染是增大排气中一氧化碳和未燃烧烃浓度的重要原因之一。特别是在发动机空转时，气化器节流阀的上下，空气流动角度急剧变化，使吸入的混合气中的固体物质，成为粘着在节流阀下面的沉积物，造成发动机运转不正常。此外，近年来为减少大气污染，广泛采用曲轴箱强制换气装置，将从活塞环漏入曲轴箱的燃烧废气送回吸进气缸的空气中重新燃烧。燃烧废气中，70%～80%是未燃烧的混合气，其余是燃烧生成物，采用曲轴箱强制换气装置增加了气化器的沉积物。为了保持气化器、吸气阀和曲轴箱换气装置阀门的清洁、减少沉积物，应使用加有有清净分散剂的汽油。

清净分散剂是一种表面活性剂类型的有机化合物，其非极性基团延伸到燃料油中，增加燃料的油溶性，防止其沉积；其极性基团整齐地排列在金属表面上，增加其表面活性。因此清净分散剂能减少油中的沉积物，保持燃料系统清洁，分散燃料中已形成的沉渣，使其微小颗粒保持悬浮状态。

有些表面活性剂同时兼有清净分散剂、防腐剂和防冰剂的作用，通常又称为多效添加剂。例如，酸性磷酸酯的胺盐、烯烃和硼酸生成物、丁二酸亚胺、聚丁烯基多胺等。

十、重油添加剂

近年来，除对汽油、喷气燃料和柴油等轻质燃料使用添加剂外，对重质燃料如锅炉燃料油、燃气轮机燃料油、船用内燃机燃料油等也使用添加剂，以改善其燃烧性能和储存性能、防止大气污染等。主要有以下几种：

（一）助燃剂

为了使含有大量胶质、沥青质的重质燃料油燃烧完全，少生积炭，减少耗油量，防止设备腐蚀和大气污染，可在燃料中添加助燃剂。

助燃剂主要是溶于燃料的皂化脂肪酸铜和环烷酸铜等。为了改善燃料雾化质量，可添加降低燃料表面张力的烷基苯磺酸钡或脂肪酸钡。用于锅炉燃料的助燃剂由5%～25%（m）芳烃含氮加成物、2%～25%（m）酮酯和15%～50%（m）氢化萘组成。燃气轮机燃料油的添加剂为甲基环戊二烯基三羰基锰。

（二）安定-分散剂

含有大量不饱和烃、含硫、含氮化合物的馏分燃料油，在储存中生成大量不溶性有机沉积物。沉积物同燃料、油泥和水混合时，沉积物会分成沉淀物和稳定的水-油乳状液。燃料中的硫醇与发动机中的铜质零件反应，也会生成胶状沉淀，严重影响使用性能。

为防止上述问题的产生，可加入特殊的安定-分散添加剂，既可以防止生成沉淀，又能使已生成的沉淀分散，不再沉积下来。

安定-分散剂分为有灰添加剂和无灰添加剂两类。有灰添加剂应用较广的是不同金属的石油磺酸盐，首先是钡盐。无灰添加剂广泛使用极性聚合物和烷基胺，其中甲基丙烯酸十二烷基酯(80%)和二乙基氨基甲基丙烯酸乙基酯(20%)的共聚物是有效的安定-分散剂。

（三）减少生成三氧化硫添加剂

燃料油特别是残渣型燃料油中含硫量较高，燃烧后生成二氧化硫和三氧化硫，当有水存在时，分别变成亚硫酸和硫酸，导致严重腐蚀。为防止残渣燃料燃烧生成三氧化硫，可加入甲基环戊二烯基三羰基锰或含二氧化铅添加剂。PbO_2 与 SO_3 反应生成磺酸铅，减少了 SO_3 含量，延长了发动机寿命。

(四) 防止钒腐蚀添加剂

残渣燃料中的钒化合物燃烧后生成低熔点(约 650℃)的五氧化二钒，是一种腐蚀性极强的粘稠物质，沉积在燃烧室及锅炉的蒸气过热器上。如燃料中同时还含有钠盐，则会生成低熔点的钒酸钠。都会严重影响锅炉使用及寿命。为防止钒腐蚀，需添加氢氧化镁、氢氧化铝或锌化物等添加剂，它们可以使低熔点的五氧化二钒和钒酸钠转变为高熔点物质，从而避免了钒的腐蚀。

第五节　油品调合

炼油厂中很难从某些加工过程中直接得到完全符合质量标准的石油产品，因此大多数燃料和润滑油等石油产品都是由不同组分调合而成的调制品。油品调合的目的是：(1) 使油品全面达到产品质量标准的要求，并保持产品质量的稳定性；(2) 改善油品使用性能，提高产品质量等级，增加经济效益；(3) 合理使用各种组分，提高产品收率和产量；(4) 加入必需的添加剂。

油品调合可以分为两类，一是将各种油品基础组分，按一定比例调合成基础油或合格的成品油；另一类是基础油与添加剂的调合。

油品调合是炼油厂生产各种石油产品的最后一道生产工序。本节主要阐述调合工艺和调合比例(包括润滑油)的确定方法，润滑油生产中不再讨论调合问题。

一、调合工艺

各种油品的调合，除了个别添加剂外，大部分都是液-液互溶体系，可以用任何比例进行调合。调合油的性质与调合组分的性质和比例有关，与调合过程的顺序无关。

调合后油品的不同特性与调合组分间存在着线性或非线性关系。某一特性等于其中每个组分特性按其浓度比例叠加的称为线性调合，亦即有加和性；反之称为非线性调合，即没有加和性。调合后的数值高于线性估算值的为正偏差，低于线性估算值的为负偏差。出现这些偏差原因是与油品化学组成和该物性间关系不同有很大关系。例如车用汽油，当用几种组分调合后，其燃烧的中间产物既可能使其自燃点降低，也可能使自燃点升高，结果车用汽油的调合辛烷值不再和所含组分的辛烷值成线性关系；一般烷烃和环烷烃的辛烷值基本上是线性调合，而烯烃和芳香烃表现为非线性调合。因此直馏汽油、催化裂化汽油、烷基化汽油和重整汽油之间调合比例或组分改变时，调合辛烷值也随之改变。在多组分调合时，各种正负偏差相互抵销，可近似按线性关系估算不同辛烷值组分的调合比例或调合汽油的辛烷值。又例如油品的闪点与油品中所含最轻部分组成有关，当闪点较高的重组分中调入很少量(如 0.5%m)的低沸组分时，调合油的闪点就会大大下降到接近纯低沸组分的闪点而远远偏离线性调合，呈严重的偏差。

(一) 调合步骤

油品调合的大致步骤为：

1. 根据成品油的质量要求，选择合适的调合组分，并计算调合组分的比例和用量；

2. 在实验室调制小样，经检验小样质量合格；

3. 准备各种调合组分，如配制添加剂等；

4. 按调合比例将各调合组分混合均匀；

5. 检验调合油的均匀程度及质量标准。

应特别注意的是必须经小样调合试验，经检验调合油的各项指标必须全部合格后，才能进行大量调合，以免出现调合后虽改善了某些性能，而使其它个别性能不合格的问题。

（二）调合方法

炼油厂中通常采用油罐调合和管道调合的方法，以便使各调合组分混合均匀。

1. 油罐调合

对于调合比例变化大、批量较大的中、低粘度油品，采用泵循环喷咀油罐调合，即将调合组分和添加剂用泵送入油罐中，不断用泵抽出部分油品，通过装在罐内的一个或多个喷嘴射流喷散，达到混合均匀的目的。这个方法设备简单、操作方便，效率较高。

对于批量不大的成品油调合，特别是润滑油的调合，可在装有搅拌器的油罐内，用机械搅拌的方式进行调合。搅拌器有两类：① 罐侧壁伸入式，一个或数个搅拌器从油罐侧壁伸入罐内，搅拌器叶轮是船用推进式螺旋桨型；② 罐顶中央伸入式，只适用于油罐容积小于 $20m^3$ 的立式调合罐，用于小批量但质量、配比等要求严格的特种油品调合，如为便于小包装的灌桶作业的特种润滑油或稀释添加剂的基础液等。搅拌器有桨式和推进式两种。

2. 管道调合

管道调合适用于大批量调合，它是将各调合组分和添加剂按预定比例同时送入管道混合器，进行均匀调合的方法。管道混合器常用的是管式静态混合器，其作用是流体逐次流过混合器内每一混合元件前缘时，即被分割一次，并被交替变换，最后由分子扩散达到均匀混合的状态。管道调合具有以下优点：

（1）成品油随用随调，可取消调合油罐，减少基础油和成品油的非生产性储存，减少油罐数量和容积；

（2）可提高一次调合合格率；

（3）减少中间取样分析、取消多次油泵转送和混合搅拌，从而节省了人力、时间、降低了能耗；

（4）全部过程密闭操作，减少油品蒸发、氧化，减少损耗。

（5）可实现自动化操作。既可在计算机控制下进行自动化调合；也可使用常规自控仪表，人工给定调合比例，实行手动调合操作；或用微机监测、监控的半自动调合系统。

图 2-83 给出闭环质量控制，三组分和两种添加剂共五个管道的润滑油调合系统的流程与控制示意图。

调合控制系统主要由微处理机、在线粘度和凝点分析仪、混合器及其它常规设备与仪表组成，进行轻、中、重三种基础油、复合添加剂、降凝剂共五种管道来料的自动调合。微处理机根据输入的程序自动完成调合比例计算、纯滞后补偿、流量调节与凝点数值控制等。添加剂按比例自动跟踪加入闭环质量控制系统中。

图中 A、B、C 表示三种基础油管道，均分别装有流量计和在线粘度分析仪各一台，三种基础油可同时进入混合器。混合器前有总流量计，混合器后设粘度和凝点在线分析仪各一台。D 表示复合添加剂管道，实行总流量跟踪控制。E 表示降凝剂管道，实行凝点闭环控制。

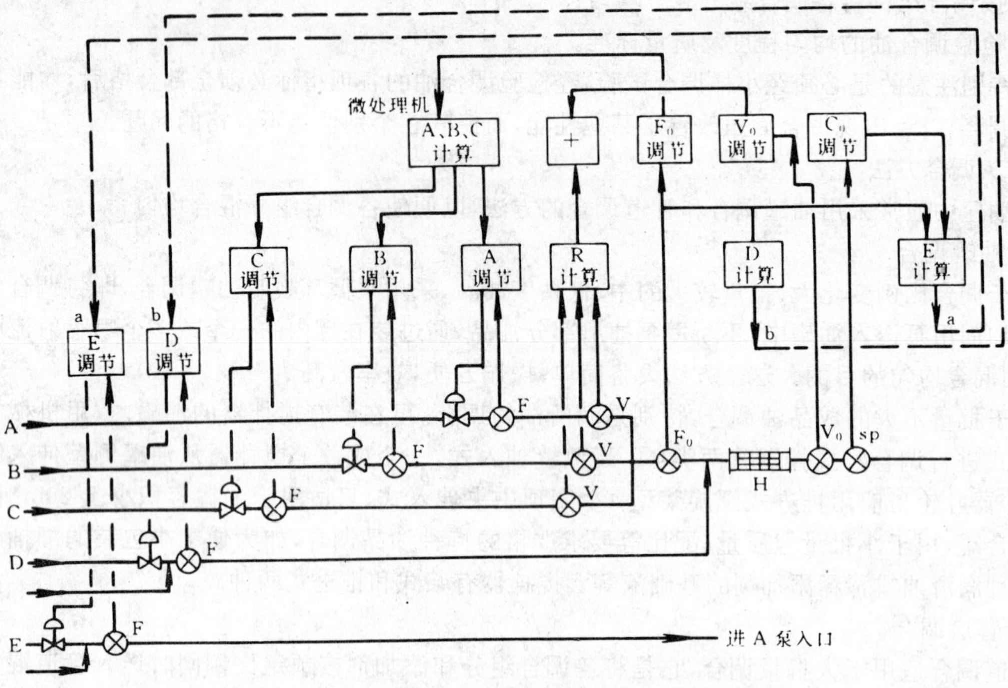

图 2-83　管道自动调合流程示意图

A、B、C、D、E—组分油或添加剂；F—分路流量计；

F_0—总流量计；V—各路粘度计；V_0—总粘度计；

SP—凝点在线分析仪；H—混合器；R—目标调合比

二、调合比例的确定

不同油品的各项质量指标，根据其调合后特性与调合组分性质间的关系分为线性和非线性加和两类，即具有加和性和无加和性两类。属于第一类，具有质量加和性的油品性质有硫含量、酸值、残炭、灰分等；具有体积加和性的油品性质有馏程（初馏点和干点无加和性）、密度、酸度、实际胶质等。

第二类无加和性的质量指标包括辛烷值、粘度、闪点、蒸气压、倾点、凝点和十六烷值等。这些指标的调合值或调合比例计算方法各不相同，没有严格的普遍化的数学关系可以遵循，主要依靠经验或半经验计算式或经验图表，求取调合比或调合后成品油性质的近似值，准确性有限。因此大批量调合前，必须在实验室进行小样调合试验，以小样的实测性质数据和调合比为准，如不合格，则需进行必要的调整，直到调合油完全符合质量标准要求。有关调合比和调合油性质计算方法和图表较多，本节只介绍闪点、粘度和凝点的调合计算方法，其它的可参考有关资料。

不同油品常需调合的性质不同，如车用汽油常用直馏汽油、催化裂化汽油、重整汽油和烷基化汽油以及抗爆剂或含氧化合物（甲基叔丁基醚或醇类等）、正丁烷等组分中的某些组分调合汽油的抗爆性和蒸气压；柴油主要由直馏柴油和催化裂化柴油以及柴油流动改进剂等调合其十六烷值和凝点，有时还需调合柴油的闪点；润滑油则需调合粘度、闪点、凝点或倾点等，并需加入各种添加剂。

（一）闪点调合

1. 柴油闪点调合

(1) 多组分闪点可按下式计算，此式适用于闪点在 30～150℃范围，所得计算值与实测值的绝对偏差不大于 2℃，准确性较好。

$$0.929^{t} = 0.929^{t_1} \cdot V_1 + 0.929^{t_2} V_2 \cdots\cdots + 0.929^{t_n} V_n \tag{2-23}$$

式中 t ——调合油闪点，℃；

t_1、t_2……t_n ——组分 1、2……n 的闪点，℃；

V_1、V_2……V_n ——组分 1、2……n 的体积百分数。

(2) 当两个调合组分馏程相近时，柴油闪点也可以用下式近似计算：

$$t = \frac{V_1 t_1 + V_2 t_2 - f(t_1 - t_2)}{100} \tag{2-24}$$

式中 t、t_1、t_2 ——同式(2-23)，$t_1 > t_2$；

V_1、V_2 ——同式(2-3)；

f ——系数，见表 2-52。

表 2-52 式(2-24)中之系数 f

V_1	5	10	15	20	25	30	35	40	45	50
V_2	95	90	85	80	75	70	65	60	55	50
f	3.3	6.5	9.2	11.9	14.5	17.0	19.4	21.7	23.9	25.9

V_1	55	60	65	70	75	80	85	90	95
V_2	45	40	35	30	25	20	15	10	5
f	27.6	29.2	30.0	30.3	30.0	29.2	26.0	21.0	12.0

(3) 当闪点在 35～150℃范围内的两个组分调合时，可用图 2-84 油品闪点调合图。已知甲、乙两种油的闪点及调合比，就可在图上求得混合油的闪点。此图计算值与实测值的绝对偏差小于 2℃，是相当准确的。

2. 润滑油闪点的调合计算

(1) 双组分调合可采用润滑油闪点调合图进行计算[4]，见图 2-85。

此图用法是先将各调合组分的闪点及调合比例(V%)标在相应座标上，调合比的垂线与调合组分闪点连线的交点，即为调合后产品的闪点。

(2) 对于多组分调合，可采用闪点指数计算法

$$I = I_1 V_1 + I_2 V_2 + \cdots\cdots I_n V_n \tag{2-25}$$

式中 I ——调合油的闪点指数；

I_1，I_2…I_n ——调合组分的闪点指数；

V_1，V_2…V_n ——调合组分的体积分率。

闪点指数用下式计算或可查表。

$$\log I = -6.1188 + \frac{4345.2}{T + 383} \tag{2-26}$$

式中 T ——闪点，°F。

调合前先将调合组分的闪点用上式计算其闪点指数 I_i，按 I_i 体积可加性计算得到调合油的闪点指数 I，再计算其闪点 T，注意计算中闪点是用华氏温度。

上述闪点计算方法适用于开口杯闪点或闭口杯闪点，但不能用开口杯闪点计算调合油的闭口杯闪点，反之亦然。

调合油闪点比按可加性计算的结果低，由于调合油闪点主要受轻组分闪点的影响，因此计算闪点相差悬殊的几种油品所组成调合油的闪点是没有实际意义的，其结果与实际相差很大。上述方法适用于闪点相差不大的油品间调合计算。

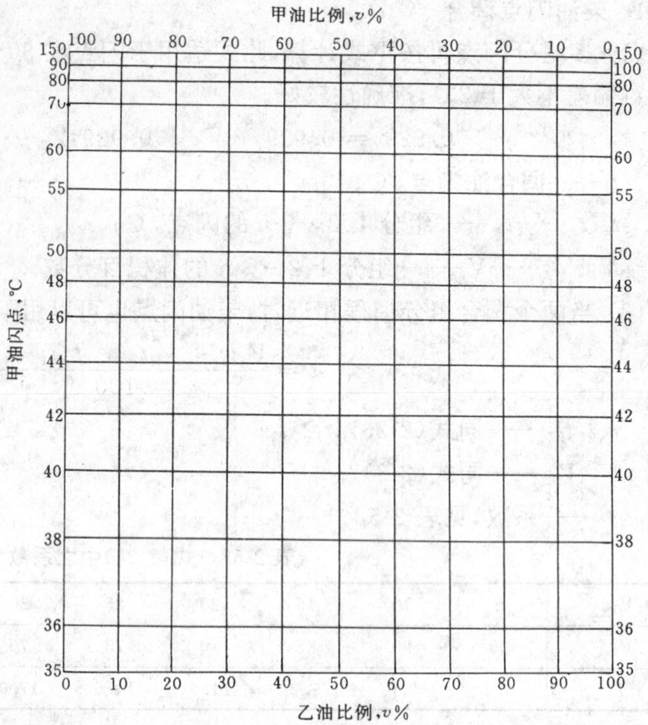

图 2-84　油品闪点调合图

（二）粘度调合

调合油的粘度小于按可加性计算的结果。

粘度调合主要用于润滑油调合，常用的有图表型[1,2]和经验式法，现介绍后者。

国际通用的粘度调合计算法是按粘度对数值与体积呈线性关系进行计算的，在国内应用中，用质量分率代替体积分率，也能得到满意结果，调合油的粘度计算值与实测值间偏差为±0.1mm²/s。

另一经验方法是粘度系数法，即粘度系数 C 与体积呈线性关系，即：

$$C = V_1C_1 + V_2C_2 + \cdots V_nC_n \quad (2\text{-}27)$$

式中　C ——调合油的粘度系数；

C_1、$C_2\cdots C_n$ ——调合组分的粘度系数；

V_1、$V_2\cdots V_n$ ——调合组分的体积分率。

粘度系数可按下式计算或查有关数据表[4]

$$C = 1000\log\log(\upsilon + 0.8) \quad (2\text{-}28)$$

式中　υ ——油品运动粘度，mm^2/s。

（三）凝点、倾点的调合

石油产品的凝点和倾点与含蜡量有密切关系，调合油的凝点和倾点比按加和法计算结果高。当两个调合组分油的凝点和倾点相差不大时，可按加和法计算。由于凝点同倾点相差不大，近似计算时，两者的计算方法和图表可以相互通用。

凝点和倾点均可采用调合指数法进行调合计算。凝点是用调合指数质量分率加和计算，倾

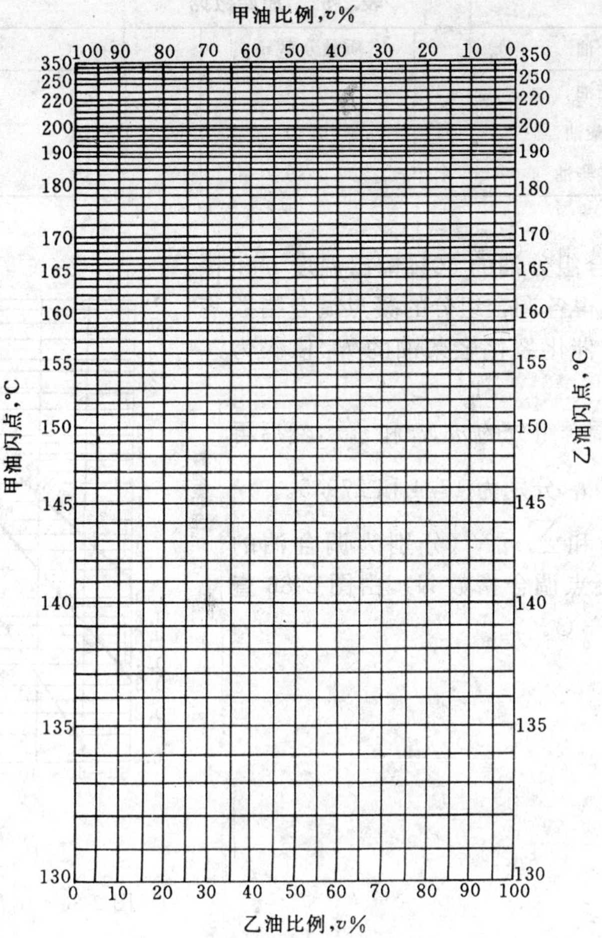

图 2-85　润滑油闪点调合计算图

点用调合指数体积分率加和计算得到,倾点的调合指数可查文献[2]。

凝点调合根据调合组分的凝点、馏程的 50%馏出温度和质量分率由图 2-86 进行如下计算:

1. 根据调合组分油的凝点和馏程 50%馏出温度查图得各组油的调合指数 N_i;

2. 按质量加和性,计算调合油的调合指数 N,即 $N=\sum m_iN_i$,式中 m_i 为各组分的质量分率;

3. 按质量加和性,计算调合油的 50%馏出温度 t,即 $t=\sum m_it_i$,式中 t_i 为各组分的 50%馏出温度;

4. 根据调合油的 N 和 t,由图 2-86 查得调合油的凝点。

例:用直馏、热裂化和催化裂化三种轻柴油依次按 0.25、0.40、0.35 的质量分率调合制取轻柴油,求调合油的凝点。各调合组分的凝点、50%馏出温度,质量分率 m_i 列于下表中。计算步骤如下:

1. 列出原始数据

表 2-52　原始数据

调合组分油	质量分率 m_i	凝点，℃	50%馏出温度 t，℃
直馏轻柴油	0.25	5	280
热裂化轻柴油	0.40	−10	270
催化裂化轻柴油	0.35	−15	290

2. 根据各个调合组分油的50%馏出温度 t_i 和凝点，从图 2-86 中查得各调合组分的凝点调合指数 N_i。直馏、热裂化和催化裂化轻柴油的 N_i 依次为 39、13 和 7。

3. 分别计算各调合组分的 m_iN_i 和 m_it_i，然后再计算 $\sum m_iN_i$ 和 $\sum m_it_i$，分别为 17.4 和 279.5。

4. 根据 $\sum m_it_i$ 和 $\sum m_iN_i$（分别为调合油的50%馏出温度 t 和凝点调合指数 N），由图 2-86 查得调合油的凝点为−3℃。

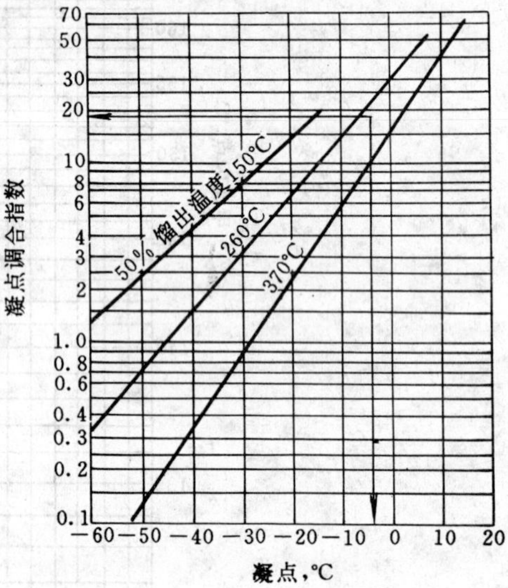

图 2-86　调合油的凝点计算图

第九章　润滑油生产

润滑油的产量约占石油产品总量的2%～3%，数量不大，但品种繁多，数以百计。现代的石油润滑油产品，几乎都是由润滑油基础油和用以改善各种使用性能的添加剂调制而成。目前我国生产的各种润滑油基础油的质量已达到或接近国际同类产品质量的水平。内燃机油、轻、重负荷工业齿轮油、液压油、特种工业润滑油等，已基本满足国内汽车、运输、钢铁及其它工业部门的发展需要。

我国从1980年开始建立并不断完善润滑油基础油的质量标准。润滑油基础油的生产过程包括：① 常减压蒸馏切割得到粘度基本合适的润滑油馏分和减压渣油；② 减压渣油溶剂脱沥青，得到残渣润滑油组分；③ 溶剂精制除去各种润滑油馏分和组分中的非理想组分；④ 溶剂脱蜡以除去高凝点组分，降低其凝点；⑤ 白土或加氢补充精制。

根据润滑油质量标准要求，将一种或数种润滑油基础油与各种添加剂调合，即可得到合格产品。本章阐述除常减压蒸馏以外的其它各个润滑油基础油加工过程及润滑油添加剂，调合过程在第八章第五节中已述，不再重复。

第一节　渣油丙烷脱沥青

减压渣油中含有高粘度润滑油组分，是生产航空润滑油、过热汽缸油等的宝贵原料。同时渣油中集中了原油中绝大部分的沥青质、胶质、硫、氮、氧等非烃化合物以及微量金属化合物，这些物质构成复杂的胶状物质，称为沥青。沥青是润滑油的非理想组分，必须除去。所谓丙烷脱沥青，就是以丙烷为溶剂，脱除减压渣油中的沥青，得到重质润滑油以及催化裂化、加氢裂化和氧化沥青等加工装置的原料。

近年来，随着对轻质燃料需求的急剧增长，重油深度加工技术得到迅速发展，已建立专门生产催化裂化原料的丁烷或戊烷脱沥青生产装置，可以提高全厂轻油收率，并能生产各种道路沥青和建筑沥青。

一、丙烷脱沥青的基本原理和影响因素

丙烷脱沥青是根据丙烷对减压渣油中不同组分的溶解度差别悬殊，来达到脱除沥青的目的。在一定温度范围内，丙烷对渣油中的烷烃、环烷烃和单环芳烃等溶解能力很强，对多环和稠环芳烃溶解能力较弱，而对胶质和沥青质则很难溶解甚至基本不溶。利用丙烷的这一性质，可脱除渣油中的胶质和沥青质，从而得到残炭、重金属、硫和氮含量均较低的脱沥青油。

影响丙烷脱沥青的主要因素如下：

（一）溶剂比

丙烷与渣油的体积比称为溶剂比，它影响丙烷对渣油中各组分的选择性溶解能力。图2-87表明丙烷脱沥青过程中溶剂比与脱沥青油收率以及脱沥青油质量（用残炭值描述）间的关系。在一定温度下，溶剂比很小（小于1.0）时，渣油与丙烷几乎完全互溶；逐渐增大溶剂比至一定值时，即有部分不溶物（沥青）析出，溶液分为脱沥青油和沥青两相，随着溶剂比增大，脱出的

沥青量增加，油收率下降，油的残炭值降低，质量变好；当溶剂比增大到一定值(图中为溶剂比接近 5∶1)后，如再增加溶剂比，由于溶剂量大，溶剂溶解部分胶质而使油收率开始缓慢回升，此时脱沥青油因含部分胶质，其残炭值随油收率增加而增大，油质量下降。图 2-87 表明了在某个温度下，当溶剂比接近 5∶1 时，油收率达到最低点。与此相应，在此点脱出的胶状物质最多，油品质量最好，油品残炭最低。曲线中最低点的位置因残油拔出深度而异。

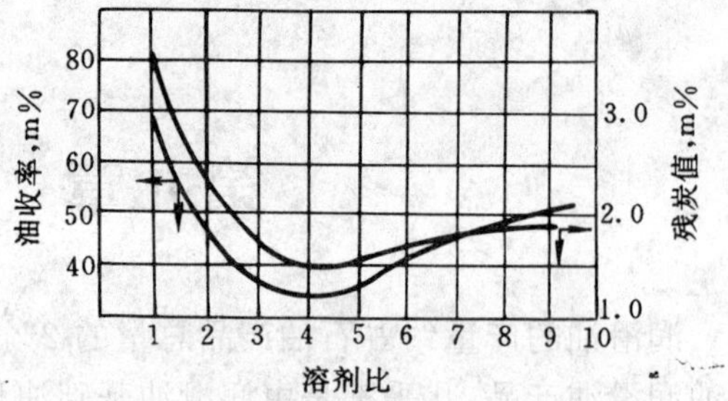

图 2-87　溶剂比-油收率-油的残炭值之间的关系

工业生产时，在保证脱沥青油的残炭要求下，有一个最佳溶剂比。溶剂比过小，影响脱沥青油的质量，过大则影响装置生产能力，增加能耗。

（二）温度和温度梯度

温度是丙烷脱沥青过程最重要和最敏感的因素，它直接影响产品的质量、收率和操作。

图 2-88 是较低溶剂比(2∶1)下，丙烷对渣油的溶解度受温度的影响情况。可以看到，从－60℃到约 23℃ 温度区内，体系呈两相，分离出的不溶物随温度增高而减少，即溶解度增大；当温度在约 23℃ 到 40℃ 左右时，两相完全互溶成为均相溶液；温度高于 40℃ 后，又开始分为两相，有不溶物析出，随温度升高，析出物增加；当达到丙烷的临界温度(97℃)时，析出的不溶物为 100%，溶解度为零，渣油与丙烷完全分离成两相。

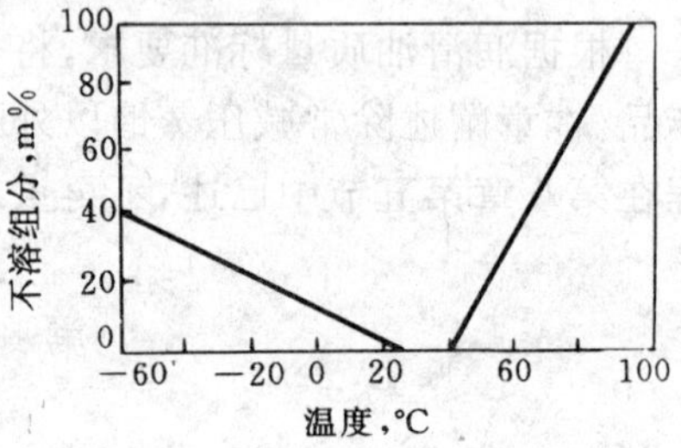

图 2-88　丙烷-渣油体系在不同温度下的溶解度变化

丙烷∶渣油＝2∶1(v/v)

由于在第一个两相区的温度范围内，固体烃仅稍溶于丙烷，所以丙烷脱沥青过程是在第二个两相区，即 40℃～97℃ 温度范围内操作，其溶解度随温度的变化规律与第一个两相区相反，这时丙烷对渣油的溶解度随温度升高而下降，这是讨论丙烷脱沥青时必须记住的。

在第二个两相区内操作时，随温度升高，不溶组分量增加，脱沥青油收率下降，反映在脱沥青油的质量上是残炭值下降，质量提高。从图 2-89 可见，温度由 38℃ 升到 72℃ 时，残炭值随之下降，改善了脱沥青油质量。由此可见，在丙烷脱沥青时，温度是控制产品质量的最灵敏因素。

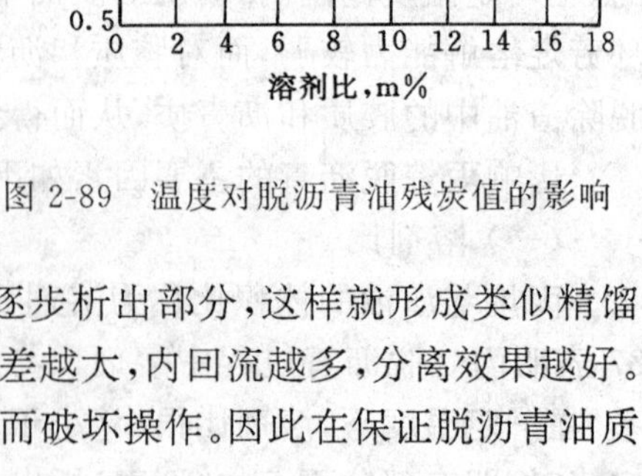

图 2-89　温度对脱沥青油残炭值的影响

在丙烷脱沥青装置中，大多采用逆流抽提塔，高温原料从塔上部进入，低温溶剂丙烷从塔下部进入，塔顶部用加热盘管加热，使塔内形成上高下低的温度梯度。在塔下部已溶于丙烷内的物质，在上升过程中，随着温度升高又逐步析出部分，这样就形成类似精馏塔的内回流，有利于改善抽提的分离效率。抽提塔上下温差越大，内回流越多，分离效果越好。但过大的内回流会影响抽提塔的生产能力，甚至产生液泛而破坏操作。因此在保证脱沥青油质量的前提下，必须选择一个适当的温度梯度。

通常情况下，用丙烷作溶剂时的抽提塔温度梯度为50～90℃，用丁烷时为100～140℃，用戊烷时为150～190℃。

（三）溶剂组成

一般乙烷、丙烷、丁烷等低分子烷烃都具有脱沥青的性能。分子量越小的烷烃，其选择性越好，但溶解能力越小。选择那种溶剂应根据脱沥青油用途而定，用于制取润滑油原料的脱沥青溶剂主要是丙烷，如用作催化裂化和加氢裂解原料时，则可用选择性较低而溶解度较大的丁烷、戊烷或丙-丁烷、丁/戊烷混合溶剂，混合溶剂对原料多变有较大适应性。

用以制取润滑油料的脱沥青溶剂丙烷，大都来自催化裂化的气体分馏装置，因此，除含丙烷外，常含有乙烷、丙烯、丁烷等，这些组分对丙烷脱沥青的效果有很大影响。丙烷中含有乙烷，因其选择性好，溶解度下降，虽提高了脱沥青油质量，但大大影响了脱沥青油收率。如含乙烷过多，使系统压力增高，为降低压力，需在丙烷罐顶部放空，从而增大溶剂损耗。溶剂中含丙烯过多时，选择性不好，在保证得到合格脱沥青油前提下，收率下降很多。溶剂中的丁烷以上低分子烷烃，会增加溶解能力，但选择性差，会使脱沥青油的残炭增大，给溶剂精制造成困难。

丙烷脱沥青生产润滑油料时，由于丙烷的纯度十分重要，对丙烷纯度规定乙烷含量不大于3%，丁烷含量不大于4%，丙烷含量不小于80%的要求。

（四）原料油性质

脱沥青原料对脱沥青过程有很大影响。

沥青从油中析出是因为加入溶剂丙烷，降低了油对沥青的溶解能力而引起的。减压渣油中含油量多时，为了使胶质、沥青质分离所需丙烷的最低用量就多。因此希望能深拔减压渣油，减少其中的含油量，这样可以少用丙烷，提高装置处理量，并较容易使沥青脱除。有些装置采取将已脱出的沥青部分调回渣油中，以降低原料中油的比例，取得很好的效果。

拔出深度不同的渣油在脱沥青时，丙烷用量不同，抽提温度也不相同。例如大庆原油的一级减压渣油和二级减压渣油，在丙烷脱沥青得到相同残炭值的脱沥青油时所用抽提温度可相差近20℃。

二、丙烷脱沥青的工艺流程

丙烷脱沥青的工艺流程有多种，现仅讨论二次抽提脱沥青工艺，其原理流程如图2-90所示。

丙烷脱沥青的工艺流程主要分为抽提和溶剂回收两部分。提高产品质量和收率的关键是提高抽提系统的效率，影响装置投资和消耗指标的关键是溶剂回收系统。

（一）抽提系统

图2-90是一个以生产润滑油原料为主的工艺流程图。丙烷脱沥青是在内设转盘的抽提塔1中进行，抽提塔的顶部为沉降段，中下部为抽提段。减压渣油经换热冷却或加热到适宜温度后进入一次抽提塔中上部，经分散管进入抽提段，较低温度的溶剂丙烷从抽提塔下部分三路进入。因渣油与丙烷的密度差较大（渣油为0.9～1.0g/cm^3，丙烷为0.35～0.40g/cm^3），在抽提塔内逆流接触，在转盘搅拌下进行抽提。脱出的沥青从抽提塔底部引出。抽提出来的润滑油组分和丙烷称为抽出液，经上升管进入下部设有集油箱的沉降段。沉降段中设有加热管以提高温度，使抽出液又析出部分沉降物，称为二段油而被引出。二段油中含有较重的润滑油料，同时含有较多胶质，将二段油送入二次抽提塔3的中上部，塔底送入溶剂丙烷，在塔内进行二次抽提。二次抽出液在塔3上部的沉降段内加热沉降，然后从塔顶出塔，经回收溶剂丙烷后得到重脱沥青油。

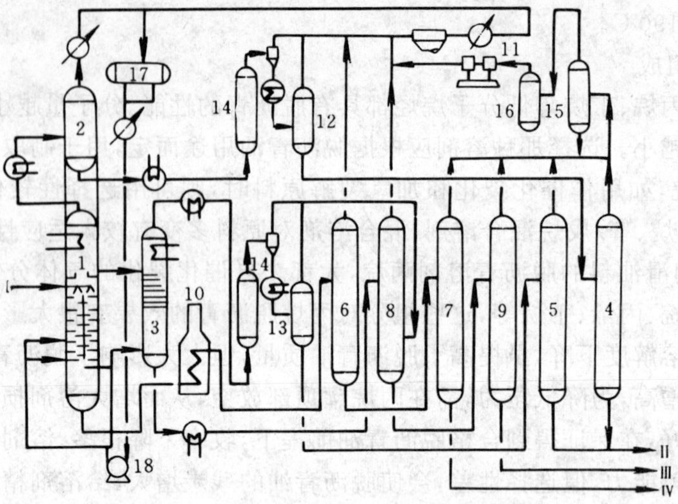

图 2-90　二次抽提丙烷脱沥青工艺流程图

Ⅰ－减压渣油；Ⅱ－脱沥青油；Ⅲ－残脱沥青油；Ⅳ－沥青

1－转盘抽提塔；2－临界分离塔；3－二次抽提塔；4－轻脱沥青油汽提塔；5－重脱沥青油汽提塔；6－沥青蒸发塔；7－沥青汽提塔；8－残脱沥青油蒸发塔；9－残脱沥青油汽提塔；10－沥青加热炉；11－丙烷压缩机；12－轻脱沥青油闪蒸罐；13－重沥青油闪蒸罐；14－升膜加热器；15－混合冷却器；16－丙烷气接受罐；17－丙烷罐；18－丙烷泵

二次抽提塔底的抽余物经蒸发和气提，脱除丙烷后得到残脱沥青油。

从转盘抽提塔 1 顶部引出经升温沉降后的抽出液，在回收丙烷后得到轻脱沥青油。

丙烷分三路进入抽提塔 1，从临界分离塔 2 回收的主丙烷进入抽提塔最下部转盘处，起主要抽提作用；另一部分量较少的副丙烷从主丙烷入口的下部进入沥青界面之下，以抽提沥青中所含的少量润滑油，从而提高脱沥青油的收率和沥青的质量；第三路丙烷用以推动转盘主轴下端的水力涡轮。

抽提塔的操作条件应保证丙烷处于液态，通常低于丙烷的临界温度，一般约为 50～90℃，压力约为 3.2～4.0MPa。

近年来发展了超临界抽提工艺，即在高于溶剂的临界温度和临界压力的条件下进行抽提，此时溶剂在抽提塔中以密相气态存在。此法的依据是超临界流体仍具有溶解能力，其溶解能力取决于流体的密度，随着密度增加，流体的溶解能力增大。超临界抽提工艺利用接近临界温度 T_r=1.0～1.2 的超临界流体，具有很大压缩性，在超过临界压力时，适当增加压力，使流体密度增大到接近普通液体，则流体具有普通液体溶解能力的特性来进行抽提。因为超临界流体比液态溶剂的粘度小、扩散系数大，对传质和相间分离十分有利，因此超临界流体作为抽提溶剂很有吸引力。通常的操作条件是 T_r 为 1.0～1.3，P_r 为 1.0～3.0。

（二）溶剂回收系统

溶剂回收系统的任务就是从抽提塔中引出的轻、重脱沥青油溶液和沥青液中回收丙烷，以便循环使用。

从图 2-90 流程图中可见，轻脱沥青油溶液经换热升温到稍低于溶剂临界温度（约低 1～2℃）后，进入临界分离塔，利用在临界点附近溶剂对油的溶解度锐减的特性，油和丙烷分离，轻脱沥青油沉于塔底，大部分丙烷从塔顶导出，经冷却后进入丙烷罐，以便用泵送回抽提塔循环使用。

重脱沥青油溶液和从临界分离塔底得到的轻脱沥青油溶液中仍含有丙烷，分别经过两段加热闪蒸和汽提，脱出丙烷后得到轻、重脱沥青油。

为防止沥青液加热时产生泡沫，因此采用加热炉加热沥青液，在 220～250℃ 和 1.8～2.2MPa 条件下，蒸出绝大部分丙烷，然后用汽提回收剩余丙烷，并得到沥青。

溶剂的临界分离回收法分为超临界和准临界分离回收两种。前者是将含有 90%左右轻脱沥青油溶液加热到高于丙烷临界温度，约在 100℃ 条件下回收丙烷，可得到含油很少的密相气态丙烷。准临界分离回收法是在低于丙烷临界温度 1～2℃ 条件下进行分离回收，它比超临界法回收每公斤溶剂可节能 75kJ，比蒸发回收法节能 100kJ，并可节约冷却水和换热面积，国内目前大都采用准临界分离回收法。

三、主要设备

（一）抽提设备

抽提设备是溶剂脱沥青装置的核心设备，有挡板塔、转盘塔和混合沉降器等型式，目前炼油厂中应用最广泛的是前两种型式。

档板塔结构简单，维修方便，没有活动部件，适用于大型装置。以增产轻油为目的脱沥青装置，宜用挡板塔。转盘塔的抽提效率高，但大型化时轴密封困难，适用于较小装置，我国大都采用转盘塔。

从图 2-90 中图例 1 转盘抽提塔示意图可以看到转盘抽提塔的结构示意。塔的主要部分是原料减压渣油 I 入口到下部丙烷入口之间的抽提段，抽提段由转盘和塔壁上的固定环构成，或由百页窗或档板构成。抽提塔底部有一定空间，保证沥青有足够停留时间（一般为 23～30min），以防因界面太低造成沥青液携带丙烷。塔上部的沉降段高约 4～5m，内设有立式翅片的加热管束，沉降段底部有集油箱，以便从中引出二段油。转盘由其主轴下端的水力涡轮带动旋转，水力涡轮则由丙烷推动。

（二）丙烷回收设备

丙烷回收设备十分简单，所用汽提塔和蒸发器都是普通设备。主要的临界分离塔 3，实际上是个沉降塔（空塔），可在入塔前将轻脱沥青油溶液加热到所需温度，亦可在塔内装设加热盘管加热。临界分离回收塔可以在相当宽的条件范围内工作，停留时间可相差近十倍，均可正常操作。

四、典型参数

表 2-53 中列出转盘抽提塔的结构参数；表 2-54 中列出大庆原油减压渣油二次抽提丙烷脱沥青工艺条件、产品产率及产品性质；表 2-55 中给出大庆原油减压渣油丙烷脱沥青生产润滑油料装置的消耗指标以资参考。

表 2-53　转盘抽提塔结构参数

项　目		东　炼	兰　炼	七　厂	上　炼
塔径	mm	3000	2800	2800	3000
转盘数		11	8	8	12
转盘直径	mm	1500	1400	1400	1500
固定环内径	mm	2400	2200	2400	2400
转盘间距	mm	450	450	450	450

续表 2-53

项　　目		东　炼	兰　炼	七　厂	上　炼
转速	r/min	11	10～15	12～18	—
抽提段高度	mm	5800	4488	5100	4815
抽提段停留时间	min	8.8	4.47	9.55	9.8
沉降段停留时间	min	23	5.2		20
塔底沥青液停留时间	min	31.6	23	—	22
塔总高	m	17.45	14	18	16

表 2-54　大庆原油减压渣油二次抽提脱沥青工艺条件、产品收率、原料及产品性质

工艺条件

项　　目		转盘抽提塔	二次抽提塔
处理量	m^3/h	18	—
总溶剂比	(v/v)	8∶1	—
顶部温度	℃	78	68
中部温度	℃	50	55
底部温度	℃	42	47
压力	MPa(表)	4.1	2.8
副丙烷量	m^2/h	45	25

产品收率、原料及产品性质

项　　目		原料油	轻和重脱沥青油	残脱沥青油	沥青
密度,20℃	g/cm^3	0.9246	—	—	—
残炭	%	9.12	0.71	4.59	—
粘度,100℃	mm^2/s	130	25.9	—	—
软化点	℃	—	—	—	46.9
针入度	1/10mm	—	—	—	61
延度	cm	—	—	—	>103
收率	%	—	49.8	13.5	36.7

表 2-55　丙烷脱沥青装置加工每吨原料的消耗指标

丙烷,kg	水蒸气,t	新鲜水,t	循环水,t	电,kW·h	燃料,kg	能耗,MJ
2.1	0.285	0.06	0.31	17.3	8.37	1475

第二节 润滑油的溶剂精制

一、溶剂精制的目的和原理

从原油中得到的馏分润滑油料和残渣润滑油料，含有不同数量的胶质、沥青质、短侧链的中芳和重芳烃、多环和杂环化合物、环烷酸和其它含硫、氮、氧等非烃化合物，必须通过精制方法除去，才能使润滑油的抗氧化安定性、粘温性能、残炭值、颜色等达到产品质量标准的要求。从润滑油料中需要除掉的组分统称为非理想组分，保留在润滑油料中的少环长侧链环状烃及部分烷烃是润滑油的理想组分。

常用的精制方法有多种，如酸碱精制、溶剂精制、吸附精制和加氢精制等。

酸碱精制处理量小，操作不连续，油品损失大，并生成大量难以处理的酸渣，一般只有在小规模生产特殊用途油品时才采用。

溶剂精制是国内外大多数炼油厂采用的方法。其原理是利用某些对润滑油料中所含理想组分和非理想组分溶解度不同的有机溶剂，对润滑油料进行抽提。一般把非理想组分抽提出来，形成单独一相，称为提取液；而把理想组分留在油中，形成提余液。然后分别脱除溶剂，即可得到精制油(即提余油)和抽出油(非理想组分)。

溶剂精制是润滑油生产的重要步骤，润滑油的粘温性能和抗氧化安定性等重要使用性能，除受原油性质制约外，主要取决于溶剂精制的深度。

二、影响溶剂精制的主要因素

影响溶剂精制的因素主要有溶剂性质、溶剂比、抽提温度、抽提塔的温度梯度和抽提塔的理论板数等。

(一) 溶剂性质

选择适宜的溶剂是溶剂精制的关键因素之一。理想的溶剂应具有良好的选择性，又具有较大的溶解能力，对热稳定，不易氧化，与精制油的沸点差别大，毒性和腐蚀性小，价廉易得等特点。

溶剂的选择性是很重要的，选择性好的溶剂能很好溶解润滑油料中的非理想组分，对理想组分的溶解能力较小，这样才能将非理想组分和理想组分分开。

选择性好的溶剂在精制润滑油时，可以增加产品收率，如果产品收率一定，则可以提高产品质量。

溶剂的溶解能力也是很重要的性质，如果使用选择性很好而溶解能力很差的溶剂，虽然理想组分几乎不溶于溶剂，但单位溶剂溶解的非理想组分也不多，生产中必须增大溶剂用量，这是很不经济的。

溶剂的选择性和溶解能力常常是矛盾的。选择性强的溶剂，其溶解能力往往较小。烃类的结构、分子量以及温度等参数也会影响溶剂的选择性和溶解能力。

烃类在极性溶剂中溶解能力的顺序大致为：烷烃＜环烷烃＜少环芳烃＜多环芳烃＜胶质。烃类的碳原子数增加，芳环上侧链数增多，在溶剂中的溶解度变小。

同一溶剂，在低于溶剂临界温度 15～20℃ 情况下，随温度升高，其溶解能力增加，但选择性变差。

完全符合理想溶剂要求的溶剂几乎没有，只能选择相对较好的溶剂。目前工业上常用的溶剂有糠醛、苯酚和N-甲基吡咯烷酮。几种常用溶剂性质见表2-56。

表2-56 几种常用溶剂的性质

项　　目	糠醛	苯酚	N-甲基吡咯烷酮
分子式	$C_5H_4O_2$	C_6H_5OH	C_5H_9NO
分子量	96.09	94.11	99.13
密度，25℃，g/cm^3	1.159	1.071	1.029
熔点，℃	−39	+41	−24
沸点，℃	161.7	181.2	202
在水中溶解度，%(m)			
20℃	5.9	8.2	—
40℃	6.8	9.6	—
气化热，kJ/kg	450	481.2	439
比热容，60℃，kJ/kg	1.7165	2.156	1.758(30℃)
选择性	极好	好	很好
溶解能力	好	很好	极好
稳定性	好	很好	极好
腐蚀性	有	有	无
毒性	中	大	小
适用性	极好	好	很好
精制温度	中等	中等	低
精制油收率	较高	高	较高

由于糠醛具有毒性较低、适用的原料范围较宽、价廉易得等优点，是目前应用最广的润滑油精制溶剂。糠醛是无色液体，有微毒，吸入过多会引起头晕、恶心、食欲不振和走路不稳等。糠醛对氧和热的稳定性较差，在空气中易迅速氧化变色，使用中必须与空气隔绝。

（二）温度和温度梯度

温度是影响溶剂精制的最敏感因素。欲使润滑油料中的非理想组分和理想组分分离的必要条件是油和溶剂必须分成两相，即精制过程的温度必须低于临界溶解温度。

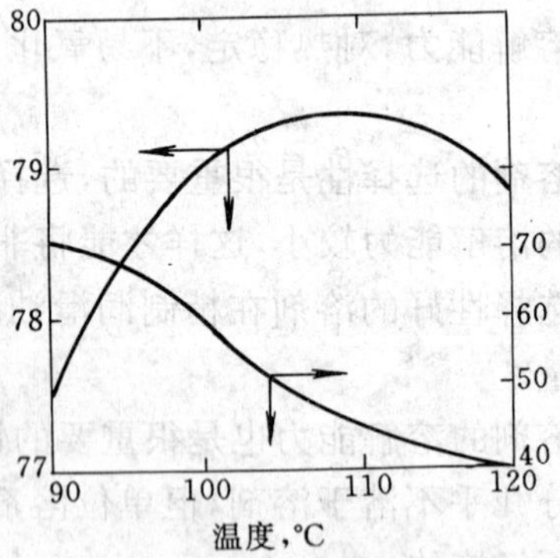

图2-91 温度对精制油质量和收率的影响

温度对溶剂的选择性和溶解能力具有相反作用，温度升高时，溶剂的溶解能力增大，但选择性变差。图2-91表明温度对精制油质量（以粘度指数衡量）和收率的影响。在溶剂比不变的情况下提高温度，随着温度提高，溶解度增加，所以精制油收率下降。精制油的粘度指数先随温度升高而增大，到一定程度后，由于温度升高，溶剂的选择性降低，以致粘度指数反而下降。曲线中出现一个最高点，在此温度下抽提，可保证最大限度地溶解非理想组分，同时又具有较高的选择性，理想组分不致于因溶解度提高而过多地进入提取液。这个最高点虽然是最好的操作条件，但不一定是最合理的条件，应该根据对精制油质量的要求，选择最合理的操作温度，以保证最大限度地溶解非理想组分；同时又具有较高的选择性，使理想组分不致因溶解能力提高而过多进入提取液，影响精制油收率。这个温度一般比溶剂与润滑油料的临界互溶温度约低 20～30℃。

所精制的润滑油料不同，精制温度也需相应改变，通常馏分重、粘度大、含蜡量多的油，精制温度应高些。如变压器油精制，抽提塔顶温度为 55～65℃；10 号汽油机油为 75～85℃；15 号汽油机油为 110～120℃。

在抽提塔中进行抽提时，原料油进塔后，自下而上逐步得到抽提，塔顶的油料质量最好。塔顶温度高，溶解能力强，保证了提余液（精制油）的质量。溶剂入塔后，逐步溶解非理想组分，同时也会溶解部分理想组分，由于塔内温度自上而下逐渐降低，理想组分就会从溶液中逐渐析出，形成塔内回流。塔底的提取液在较低温度下排出，保证了精制油的收率。

因此抽提塔温度是上高下低，形成温度梯度，使塔内形成内回流。较高的塔顶温度可保证油料的精制深度，较低的塔底温度可保证精制油收率。改变温度梯度会改变塔内回流量，因此调节温度梯度是控制操作的一个重要手段。调节得当，在保证精制油质量前提下，用较小的溶剂比，可以得到较高的精制油收率。

酚精制时的温度梯度约为 20～25℃，糠醛精制时约为 20～50℃。

（三）溶剂比

溶剂比是一定时间内进入抽提塔的总溶剂量与原料油量之比，可以是体积比，也可以是重量比。

一定温度下，溶剂比大，可抽出更多非理想组分，提高精制油质量；但同时精制油收率降低，使装置处理量下降，增大溶剂回收系统的投资和操作费用。适宜的溶剂比应根据溶剂、原料油性质和产品质量要求，通过实验来确定。

精制重质润滑油料时，通常采用大溶剂比，精制轻质润滑油料时，采用较小的溶剂比。一般轻 质油料溶剂用量为 130%～150%，中质油料为 250%～350%，重质油料为 350%～600%。

（四）抽提塔理论段数

抽提塔的理论段数与溶剂选择性、溶剂比、产品质量、收率均有关系。在一定溶剂比下，不同产品所要求的理论段数不同。理论段数越多的抽提塔，其精制油收率越高，但达到六段以后，再增加理论段数，收率变化不明显。因此一般精制抽提塔采用 6～7 个理论段，即可适应不同原料油和产品质量的要求。

（五）提取物循环

采用提取液返回抽提塔下部循环的方法，可提高提取液中非理想组分的浓度，将提取液中理想组分和中间组分置换出来，提高了分离精确度，在质量一定的条件下，可增加精制油收率。但如循环量过大，则会影响精制油质量及抽提塔的处理量。

（六）原料油中的沥青质含量

原料油如果因分割不好夹带一些沥青质，会严重影响抽提塔正常操作。

原料油中的沥青质，几乎不溶于溶剂，其相对密度介于原料油与溶剂之间。因此，在抽提塔中，沥青质极易集聚在相界面处，增加了油和溶剂通过界面时的阻力，同时油和溶剂的细小颗粒表面被沥青质污染，使其不易集聚成大颗粒，这样造成沉降缓慢，破坏了抽提塔正常操作。因此必须严格控制原料油中的沥青质含量，以充分发挥抽提塔的能力。

三、溶剂精制的工艺流程

不同溶剂的精制过程均分为抽提和溶剂回收两大部分，但具体流程有所不同。现以糠醛精制为例说明之。图 2-92 为糠醛精制工艺原理流程图。

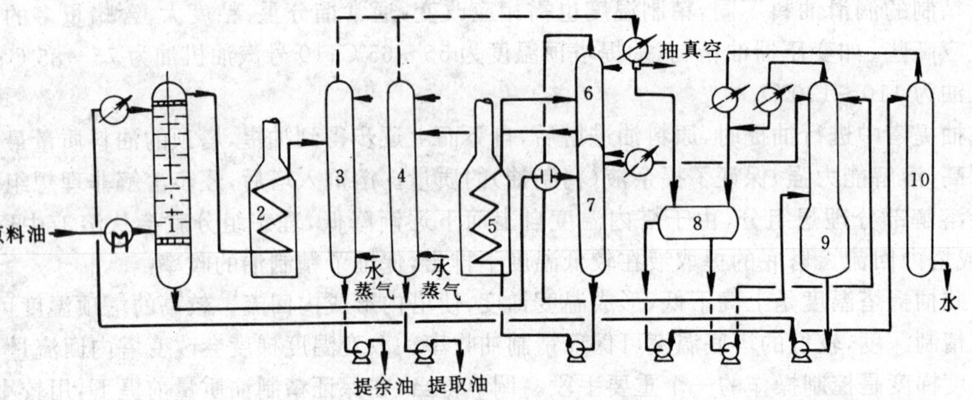

图 2-92 糠醛精制工艺原理流程图

1—抽提塔；2、5—加热炉；3—提余液汽提塔；4—提取液汽提塔；6—高压蒸发塔；7—低压蒸发塔；8—分层罐；9—糠醛脱水塔；10—糠醛蒸发塔

糠醛精制工艺流程包括原料油脱气、溶剂抽提、精制液和提取液的溶剂回收及溶剂脱水干燥等部分。

(一) 原料油脱气

一般原料油因无惰性气体保护，油中溶有 50～100ppm 氧气，这些微量氧气足以使糠醛氧化生成酸性物质，并进一步缩合成胶质，造成设备腐蚀与堵塞，严重影响装置生产。因此原料油进抽提塔前，必须先在脱气塔(图 2-92 中未画出)中用减压和汽提，脱除氧气。

脱气塔一般为筛板塔，在 13.3kPa 压力下操作，同时吹入少量水蒸气进行汽提，可以脱除 99%以上的氧气。

(二) 抽提部分

原料油从脱气塔底抽出，经换热或冷却到适当温度后，用泵打入转盘抽提塔 1 的中下部，回收的溶剂经换热或冷却到适当温度后从塔上部进入，进行逆流抽提。塔内保持一定温度梯度，并在 0.5MPa 下操作，使含少量溶剂的提余液(精制液)和含大量溶剂的提取液分别从塔顶和塔底自动流出，并进入各自的溶剂回收系统。

(三) 溶剂回收部分

含溶剂量少的提余液，从抽提塔顶流经换热器进入提余液加热炉 2，加热到 220℃ 后进入提余液汽提塔 3 进行减压闪蒸，塔内压力为 13kPa，少量水蒸气自塔底吹入进行汽提，脱除溶剂的精制油从塔底抽出送出装置。

含大量溶剂的提取液，采用二效或三效蒸发回收溶剂。从抽提塔底流出的提取液，与高压蒸发塔 6 来的糠醛蒸气换热后，进入低压蒸发塔 7。提取液经换热蒸发出其中 35%～45%的糠醛。糠醛蒸气从塔顶引出，经冷凝后进入糠醛脱水塔 9。其余提取液用泵从低压蒸发塔 7 底部抽出，经加热炉 5 进入高压蒸发塔 6。通常低压蒸发塔压力稍高于大气压，高压蒸发塔控制在 0.25MPa(绝)左右。塔顶的高压糠醛蒸气大部分与提取液换热后进入糠醛脱水塔 9 中部。提取液经两段蒸发后进入汽提塔 4，在 13kPa 的减压下汽提，脱除糠醛的提取油用泵送出装置。

回收提取液中溶剂所耗能量占全装置能耗的三分之二以上。采用双效(二级)或三效(三级)蒸发,能显著降低能耗。据计算,采用双效蒸发时,回收溶剂的加热炉负荷为单效蒸发时的61%左右;采用三效蒸发时,加热炉负荷进一步降到单效蒸发时的41%。

(四)溶剂脱水及干燥部分

水对糠醛溶解能力影响很大,当含水量大于1%时,显著影响精制效果,通常要求控制含水量在0.5%以下。

汽提塔3、4的含水糠醛蒸气从塔顶抽出,经冷凝器冷凝,冷凝液进入分层罐8。罐内糠醛层用泵打入糠醛脱水塔9脱水,脱水后糠醛从塔底抽出进入抽提塔循环使用。脱水塔顶出来的含水糠醛蒸气冷凝后又回到分层罐8。分层罐的水层进入糠醛蒸发塔10,塔底吹入水蒸气。糠醛-水共沸物从塔顶出塔,冷凝后进入分层罐。不含糠醛的水从塔底排出。

四、主要设备

溶剂精制的主要关键设备是抽提塔,溶剂回收及脱水干燥系统均为一般塔器,没有特殊要求,在此不作讨论。

抽提塔类型根据所用溶剂不同而异。例如糠醛精制,我国均采用处理能力较大、抽提效率高、操作稳定性好、适用范围广(适用于石蜡基和环烷基润滑油原料)的转盘抽提塔。酚精制时大都采用金属阶梯环或矩鞍型填料塔。以N-甲基吡咯烷酮为溶剂的抽提塔,采用金属阶梯环填料塔。

五、典型生产数据

以大庆原油减压馏分和脱沥青油糠醛精制为例,其原料油和精制油性质、收率列于表2-57中;抽提塔工艺条件列于表2-58;精制生产500SN中性油时的技术经济指标列于表2-59中。

表2-57 原料油性质、精制油性质与收率

项目		原料油			精制油		
		150SN	500SN	150BS	150SN	500SN	150BS
密度,20°C	g/cm^3	0.8528	0.8750	0.8849	0.8427	0.8579	0.8788
粘度,100°C	mm^2/s	4.61	8.01	26.8	4.13	7.23	21.2
比色,ASTM D-1500		2~2.5	3.5~4.0	8	0.5	1.0~1.5	6.0
闪点	°C	203	257	330	217	259	319
残炭	%	—	0.08	0.9	—	0.025	0.35
收率	%				86.8	86.7	83.1

表2-58 抽提塔工艺条件

项目	150SN	500SN	150BS
溶剂比(m)	2.0:1	2.4:1	4.8:1
塔顶温度,°C	105	110	138
塔底温度,°C	65	70	103

表2-59 生产500SN中性油每吨的消耗指标

溶剂,kg	新鲜水,t	水蒸气,t	电,kW·h	燃料,kg	循环水,t	能耗,MJ
0.68	0.17	0.04	6.7	20.26	12.4	1113

第三节　润滑油脱蜡

润滑油原料经过溶剂精制脱除非理想组分后，其中的固态烃（石蜡或地蜡）的含量明显提高。在较低温度下蜡会析出，形成结晶网，阻碍油品的流动，甚至使油品"凝固"，失去流动性。为了生产具有较好低温流动性的润滑油，必须将精制后的润滑油料进行脱蜡处理，同时可以得到石蜡或地蜡产品。

由于脱蜡的原料油轻重不同及对油品凝点要求不同，脱蜡方法有很多种。工业上应用的有冷榨脱蜡、分子筛脱蜡、尿素脱蜡、细菌脱蜡、催化脱蜡和溶剂脱蜡等加工过程。

冷榨脱蜡是将原料油冷至低温，然后通过压滤机将蜡结晶从油中分离出来。此法只适用于柴油和轻质润滑油如变压器油和10号机械油等，对于大多数较重的润滑油料不适用。因为较重的润滑油料粘度大，低温下粘度更大，使蜡结晶细小而难以过滤，达不到脱蜡目的。

分子筛脱蜡又称吸附脱蜡，利用孔径为0.5nm的分子筛只吸附润滑油料中的正构烷烃而不吸附异构烷烃和环烷烃的特性，将油品中高凝点的正构烷烃与非正构烷烃分离，达到降低油品凝点的目的。此方法也只适合柴油和轻质润滑油。

尿素脱蜡是利用尿素与蜡形成配合物，然后将配合物与油分离，从而降低了油品的凝点，配合物水解后回收尿素，可循环使用。此方法也只适合于低粘度油品，如喷气燃料和轻柴油等。

分子筛脱蜡和异丙醇尿素脱蜡过程，主要用于脱除油品中的C_9～C_{13}和C_{14}～C_{16}正构烷烃，以生产轻质和重质两种液体石蜡。

细菌脱蜡是利用一种称为解脂假丝酵母菌与含蜡油加水一起发酵，细菌吃掉蜡而繁殖，浮于液面，用离心机分出油品，得到脱蜡油，此法得不到蜡产品，也只适用于轻质油品。

催化脱蜡又称为临氢降凝过程，即油品在较高温度和高氢压下，通过催化剂作用与氢气发生加氢异构化和加氢裂化反应，使油中凝点较高的正构烷烃转化为凝点较低的异构烷烃和低分子烷烃，而保持其它烃类基本不发生变化，达到降低油品凝点的目的。此方法适用于喷气燃料、柴油和各种润滑油料，但也得不到蜡产品。

溶剂脱蜡是在润滑油料中加入溶剂稀释，使油的粘度下降，然后将混合物冷却到低温，使蜡结晶形成液-固两相，再将其分离，可得到脱蜡油和蜡两种产品。溶剂精制的适用性很广，能处理各种馏分润滑油和残渣润滑油。

本节主要讨论溶剂脱蜡过程，同时简单介绍实用的尿素脱蜡过程。

一、溶剂脱蜡的原理

蜡或固态烃是指在一定温度下以固态形式存在的烃类，它们不是纯化合物，也不是单一类别的烃类，而是一种复杂混合物。这些物质有一共同特点，就是都有一个或一个以上正构的或分枝少的长碳链。

固态烃中有正构或异构程度很低的烷烃，有单环长侧链的环烷烃和单环长侧链的芳香烃。一般它们的熔点随分子量增大而增加；随异构程度增加和环上碳在分子中所占百分数增加而降低。

通常，除减压塔最下面侧线产品以外的馏分润滑油，其所含的固态烃以正构烷烃为主，其结晶为较大的片状或带状结晶，称为石蜡。残渣润滑油（脱沥青）中的蜡，含有一定数量的少分枝异构烷烃和单环长侧链的环烷烃和芳香烃，其结晶是细小针状结晶，称为地蜡。减压塔最下面侧线的馏分油，同时含有石蜡和地蜡，低温下形成混合结晶。视石蜡和地蜡相对数量不同，石蜡可进入地蜡晶格按地蜡晶格结晶，地蜡也可以进入石蜡晶格按石蜡晶格结晶。

固态烃在温度较高时溶解在油中，其溶解度随温度下降而减小。当温度降到固态烃的熔点以下时，其溶解度变得很小，一旦溶解度降低到不能完全溶解固态烃时，蜡就从油中析出来，同时蜡从液相转为固相，并放出熔解热(约为 126～209kJ/kg)。

先析出来的蜡形成结晶核，分散在油中，随后析出的蜡向结晶核扩散，于是结晶颗粒逐渐长大。结晶颗粒长大的速度与冷却速度有关，如果冷却速度过快，析出固体蜡结晶的速度大于蜡结晶的扩散速度，这时来不及扩散到结晶核上的固体蜡，就会形成新的结晶核。致使结晶核增多，结晶颗粒变小，蜡结晶大小不一，所有这些都会造成过滤困难。所以在脱蜡过程中，必须控制冷却速度，特别是结晶初期的冷却速度不能过快。

当润滑油脱蜡时，由于降低温度会使油的粘度升高，不利于蜡结晶扩散形成大的结晶体。因此，中质和重质润滑油脱蜡时，常向油中加入溶剂，使蜡结晶所处的介质粘度有利于生成大颗粒和有规则的蜡结晶。所以脱蜡过程中加入溶剂的目的是起稀释作用，以降低油蜡混合物中液相的粘度。为此，要求加入的溶剂在脱蜡温度下对油应该几乎全部溶解，而很少溶解蜡。否则溶在溶剂中的油和蜡一起在滤液中，当蒸出溶剂后，留在油中的这部分蜡会使油的凝点升高。

为了得到一定凝点要求的润滑油，必须把溶剂和润滑油料混合物冷却到比所要求的凝点更低的温度，这样进行脱蜡，才能得到预期凝点的产品。脱蜡油的凝点与脱蜡温度之差称为脱蜡温差或脱蜡温度梯度，即：

脱蜡温差＝脱蜡油的凝点－脱蜡温度

如果溶剂选择不当，溶剂对蜡的溶解度大，脱蜡温差增大，这对脱蜡过程是极为不利的。为了得到相同凝点的润滑油，脱蜡温差增大就必须使脱蜡温度降得更低，这就大大增加了脱蜡过程的致冷量。例如，为制取凝点为－18℃的残渣润滑油，当脱蜡温差为 24℃时，脱蜡温度需降到－42℃，而脱蜡温差为 10℃时，脱蜡温度只需冷却到－28℃。为了避免脱蜡温差过大，要求溶剂对蜡的溶解度极小。

同时要求在脱蜡温度下，油必须全部溶解在溶剂中。否则在脱蜡过程中，未溶于溶剂的油呈第二液相出现，将会粘附在蜡结晶上，在过滤时，形成没有渗透性的蜡饼，使过滤无法进行，并造成有用的润滑油组分损失。

二、脱蜡溶剂的性质及组成

选择合适溶剂及适宜的组成是润滑油溶剂脱蜡过程的关键因素之一。理想的润滑油脱蜡溶剂应具有以下特征：

1. 具有较强的选择性和一定的溶解能力。在脱蜡温度下完全溶解润滑油料中的油，而不溶或极少溶解蜡。脱蜡温差小。

2. 溶剂在脱蜡温度下粘度小，使蜡易于形成大颗粒结晶，并易用机械方法(如过滤)将石蜡和地蜡结晶与油分离开来，很好地起到稀释作用。

3. 沸点较低，与润滑油料的沸点差大，热容量和蒸发潜热较低，便于用简单的闪蒸方法回收溶剂。但沸点不宜过低，以避免高压操作。

4. 溶剂本身凝点低，在脱蜡温度下不凝固。

此外，溶剂还应具有较好的化学和热稳定性，不易氧化、分解，不溶或稍溶于水，无腐蚀性，无毒性，来源充分，价格低廉等特性。

以上各项性质中，选择性和溶解能力是最重要的性能。

常用的脱蜡溶剂有两类，一为极性溶剂，如丙酮、甲基乙基酮、二氯乙烷；另一类为非极性溶剂，如苯、甲苯、丙烷、轻汽油等。由于烃类的选择性差，脱蜡温差高达20℃以上，所以不是理想的溶剂。常用溶剂性质列于表2-60中。

目前最常用的溶剂是酮-苯混合溶剂，如丙酮-苯-甲苯混合溶剂、甲基乙基酮-苯-甲苯混合溶剂和甲基乙基酮-甲苯溶剂。我国原来均采用丙酮-苯-甲苯混合溶剂，现已全部改为甲基乙基酮-甲苯混合溶剂。它既具有必要的选择性，又具有充分的溶解能力，且能满足其它各种性能的要求，因此在工业上获得广泛应用。

表2-60　常用脱蜡溶剂的性质

性　质		丙酮	甲基乙基酮	苯	甲苯
分子式或结构式		CH_3COCH_3	$CH_3COCH_2CH_3$	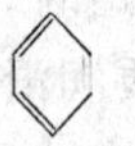	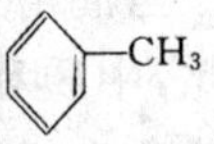
分子量		58.05	72.06	78.05	92.06
密度，20℃	g/cm^3	0.7915	0.8054	0.8790	0.8670
沸点	℃	56.1	79.6	80.1	110.6
熔点	℃	−95.5	−86.4	5.53	−94.99
临界温度	℃	235	262.5	288.5	320.6
临界压力	MPa	4.7	4.1	4.87	4.16
运动粘度，20℃	mm^2/s	0.41	0.53	0.735	0.68
闪点	℃	−16	−7	−12	6.5
蒸发潜热	kJ/kg	521.2	443.6	395.7	362.4
比热，20℃	kJ/kg·℃	2.156	2.297	1.700	1.666
溶解度，溶剂在水中	%(m)	无限大	22.6	0.175	0.037
水在溶剂中		无限大	9.9	0.041	0.034
爆炸界限	%(v)	2.15～12.4	1.97～10.1	1.4～8.0	6.3～6.75

甲基乙基酮为极性溶剂，具有很好的选择性，在脱蜡的低温下，不溶解蜡，对油却有一定溶解能力。甲苯是非极性溶剂，对油和蜡都有很好的溶解能力，但选择性差。因此酮类可视为蜡的"沉淀剂"，而苯类是润滑油的"溶解剂"。二者在溶剂中的比例不同，混合溶剂具有不同性质：

1. 溶剂中甲苯含量高，溶剂的溶解能力强，脱蜡油收率高；但溶剂选择性差，脱蜡温差大，过滤速度慢。

2. 溶剂中甲基乙基酮含量高，在一定范围内，溶剂选择性好，蜡结晶好，脱蜡温差小，过滤速度快。但溶剂中酮含量增加，降低了溶剂的溶解能力。当达到某一限度时，低温下会出现油与溶剂分层现象，反而引起过滤困难、蜡饼带大量油、脱蜡油收率大幅度下降等问题。

因此，根据润滑油原料的性质及对脱蜡深度的要求，正确选择溶剂中甲基乙基酮和甲苯的配比，使脱蜡油收率、脱蜡温差、过滤速度等之间达到综合最佳值，是溶剂脱蜡的关键。

一般对于粘度大、难以溶解的重质馏分油，采用含酮量较少、溶解能力较大的混合溶剂；反之，对于粘度小、较易溶解的轻质馏分油，采用含酮量较大，溶解能力不太大的混合溶剂。对于不同原料油，含蜡量高的原料油应使用含酮量较高的溶剂。大庆原油不同润滑油原料脱蜡时所用溶剂组成列于表 2-61 中。

表 2-61 大庆原油不同润滑油原料脱蜡时所用溶剂组成

原料油	甲基乙基酮,%	甲苯,%
150SN	60～65	35～40
350SN	58～62	38～42
650SN	50～55	45～50
150BS	35～40	60～65

三、酮苯脱蜡的工艺流程

酮苯脱蜡工艺过程由结晶系统、制冷系统、过滤系统、溶剂回收系统和安全气系统五部分组成,其相互间关系见图 2-93 的工艺流程示意图。

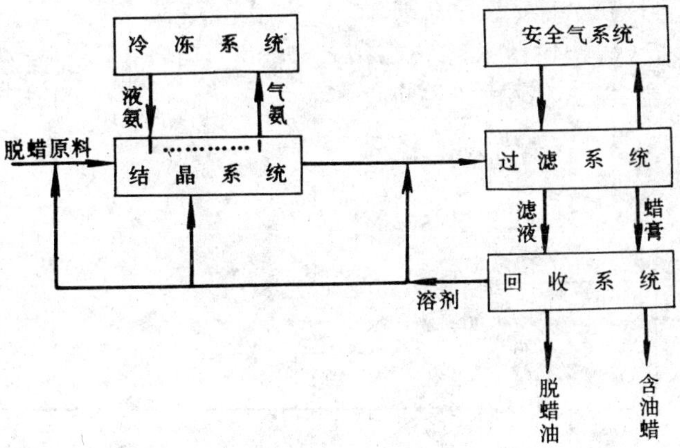

图 2-93 酮苯脱蜡工艺原理流程示意图

(一) 结晶系统

结晶系统由刮刀式结晶器和管壳式换热设备组成,图 2-94 是结晶系统流程图。

原料油用泵送经蒸气加热器进行热处理,使原料油中原来已存在的蜡结晶全部熔化,然后控制在有利条件下重新结晶。通常残渣润滑油料在热处理前先加入一次稀释溶剂;馏分润滑油料则采用"冷点稀释工艺",即将一次稀释剂打入第一台套管结晶器的中部。

经热处理的原料油(或已加入溶剂)经水冷却后进入换冷套结晶器 1,与冷滤液换冷,使原料油冷却到冷点,馏分润滑油料在此时加入经预冷的一次稀释溶剂。第一台结晶器通常用滤液作冷源,以回收滤液的冷量。从第一台结晶器出来的混合物与二次稀释溶剂混合后,进入氨冷结晶器冷却,然后与经冷却的三次稀释溶剂混合后进入过滤机的进料罐。

由于从蜡系统回收的溶剂含有水(湿溶剂),在冷冻时水在传热表面结冰,因此冷却湿溶剂时可用结晶器冷却,或用几个管壳式冷却器切换使用。

大型脱蜡装置为减少压力降,通常采用若干台换冷和氨冷结晶器多路并联工艺。

溶剂和原料油的混合溶液在冷滤液换冷套管结晶器中的冷却速度为 1～1.3℃/min,在氨冷套管结晶器中为 2～5℃/min。

(二) 过滤系统

过滤系统如图 2-95 所示。

过滤系统主要完成固态蜡与液态油溶液的分离。由数台并联的旋转式鼓形真空过滤机组成过滤系统，进行连续操作。

在过滤机进料罐中的已冷冻好的原料油-溶剂混合物，自动流入并联的各台过滤机底部。过滤机结构见图 2-98，其主要部分是外壳内的转鼓，转鼓上蒙有滤布，滤鼓分为多个格子，分别用管道与中心轴相连，轴则与不转动的分配头紧密相贴。分配头分为吸滤、冷洗、反吹等部分。当转鼓的某个格子转到底部浸入混合物时，接通分配头的吸滤部分，在 26.7～54.3kPa 的真空度下进行吸滤，脱蜡油及溶剂进入滤液罐；滤布上的蜡饼，经用冷剂冷洗，当转鼓转到刮刀部位时，接通惰性气体反吹，蜡饼落入输蜡器，用螺旋搅刀送到滤机一端，落入蜡罐，送去回收系统。

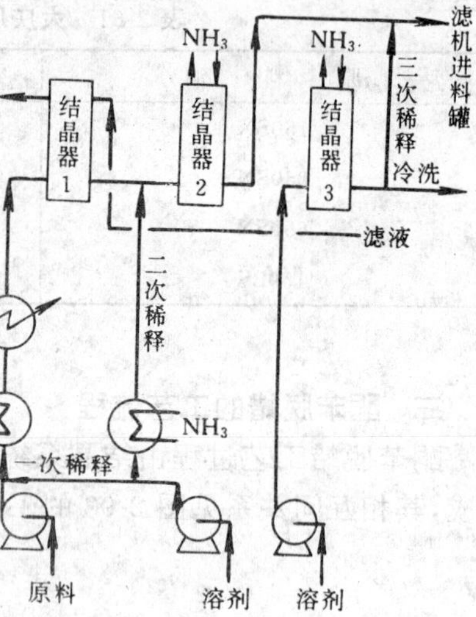

图 2-94　结晶系统流程图

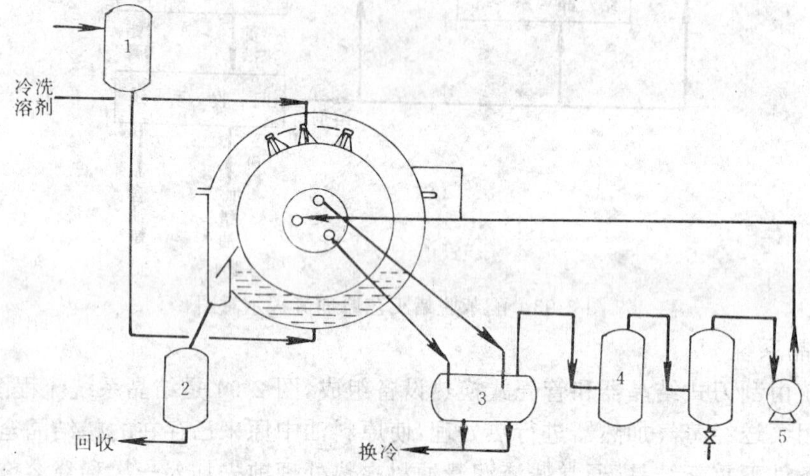

图 2-95　过滤系统原理流程图

1—进料罐；2—蜡罐；3—滤液罐；4—中间罐；5—真空泵

滤液和冷洗液分别抽入滤液罐中，因冷洗液中含油很少，可作为稀释溶剂，以降低回收系统负荷；滤液回结晶系统换冷后进入溶剂回收系统。

我国的润滑油料，特别是大庆原油的润滑油料脱蜡时，蜡膏含量高达 42%～52%；为减少蜡膏中的油含量，提高脱蜡油收率，在脱蜡工艺上采用多点稀释、控制冷点、两段过滤、滤液循环、脱蜡脱油联合及滤液三段逆流循环等工艺，取得良好效益。在不增加冷冻量和过滤机的情况下，一段脱蜡改为二段脱蜡后，脱油收率可提高 8%～10%，能耗可降低 37%～62%。

（三）溶剂回收和溶剂干燥系统

溶剂回收系统的流程示意如图 2-96 所示。滤液换冷后进行加热蒸发，为节约热量，采用多效蒸发原理，用几个塔分段蒸发。蒸发回收的溶剂，循环使用。

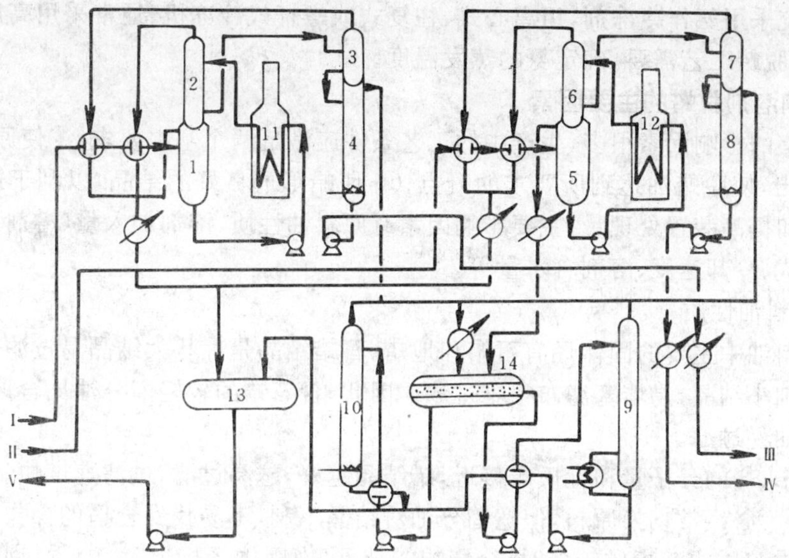

图 2-96　溶剂回收和溶剂干燥部分

Ⅰ—滤液；Ⅱ—蜡液；Ⅲ—溶剂；Ⅳ—脱蜡油；Ⅴ—含油蜡

1、3—滤液低压蒸发塔；2—滤液高压蒸发塔；4—脱蜡油汽提塔；5、7—蜡液低压蒸发塔；6—蜡液高压蒸发塔；8—含油蜡汽提塔；9—溶剂干燥塔；10—酮脱水塔；11—滤液加热炉；12—蜡液加热炉；13—溶剂罐；14—湿溶剂分水罐

一般采用双效或三效蒸发，图 2-96 为双效蒸发，第一蒸发塔 1、5 为低压操作，热量由与第二蒸发塔 2、6 顶溶剂蒸气换热提供；第二蒸发塔为高压蒸发塔，其热量由加热炉提供；第三蒸发塔 3、7 为降压闪蒸塔，最后在汽提塔 4、8 内用蒸气吹出残留溶剂，得到含溶剂量和闪点合格的脱蜡油和含油蜡（粗蜡）。低压蒸发塔操作温度为 90～100℃，高压蒸发塔在 180～210℃、0.3～0.35MPa 下操作。三效蒸发流程与双效蒸发基本相同，只是在低压蒸发塔和高压蒸发塔之间，增加了一个中压蒸发塔，使热量得到更充分利用。各蒸发塔顶回收的溶剂经换热、冷凝、冷却后进入干或湿溶剂罐。汽提塔顶含溶剂蒸气经冷凝、冷却后进入湿溶剂分水罐。

溶剂干燥系统是从含水湿溶剂中脱除水分，使溶剂干燥，以及从含溶剂水中回收溶剂，脱除装置系统的水份。湿溶剂罐分为两层，上层是饱和水的溶剂，下层是含少量溶剂（主要是酮）的水层。含水溶剂经换热后，送入干燥塔 9，塔底用重沸器加热，酮与水形成低沸点共沸物，由塔顶蒸出，干燥溶剂由塔底排出，冷却后进入干溶剂罐。湿溶剂罐下层含溶剂的水经换热后，进入酮脱水塔 10，用水蒸气直接吹脱溶剂，塔顶含溶剂水蒸气经冷凝冷却后，回到湿溶剂分水罐。水由塔底排出，含酮量控制在 0.1%以下。

（四）安全气系统

安全气系统是个真空密闭系统。它是为防止过滤机内由于溶剂蒸气和氧气的存在而形成爆炸性混合物。由过滤机外壳送入安全气，安全气是一种惰性气体，过滤机在安全气循环密封下操作。过滤机外壳内压力略高于壳外大气压，以防空气被抽入过滤机内。过滤机中安全气的氧含量控制在 5%以下。

（五）制冷系统

制冷系统是一个独立的系统。它只提供原料油、溶剂、安全气冷却时所需的冷量，使它们达到脱蜡所要求的温度，保证脱蜡油达到质量标准所要求的凝点。

制冷系统采用氨作冷冻剂，用离心式、往复式或螺杆式冷冻机。通常采用高压、低压两段蒸发操作，根据脱蜡工艺需要，确定氨的蒸发温度。

四、影响溶剂脱蜡的主要因素

溶剂脱蜡的影响因素很多，生产中的工艺条件应满足两个基本要求：①使原料油中应除去的蜡完全析出，使脱蜡油达到所要求的凝点；② 使蜡形成良好的结晶，以利于过滤分离，提高脱蜡油收率和提高装置处理量。主要影响因素有原料油性质、溶剂加入量(溶剂比)、溶剂组成、溶剂加入方式、冷却速度、溶剂含水量等。

(一) 原料油性质

脱蜡原料油中主要的固体烃有石蜡和地蜡。石蜡结晶是片状大结晶易过滤分离，而地蜡结晶是针状的细小结晶，易堵塞滤布很难过滤。因此，含石蜡的较轻馏分油比含地蜡的重馏分油和残渣润滑油易过滤。

馏分越窄，蜡的分子量和性质越接近，蜡结晶越好，越易过滤，过滤速度快。宽馏分油在操作时较简单，不必经常切换原料，但宽馏分油对结晶不利，不易找到合适的操作条件。

原料油中胶质或沥青质较多时，会影响蜡结晶，当固体烃析出时，胶质和沥青质使蜡结晶不易连接成大颗粒晶体而形成微粒晶体，易堵塞滤布，降低过滤速度，同时易粘连，使蜡饼中含油量增加。

(二) 溶剂加入量(溶剂比)

脱蜡过程所用的溶剂与脱蜡原料油之比称为溶剂比，它分为稀释比和冷洗比两部分。

溶剂的稀释比应满足以下要求：在过滤温度下，能够全部溶解润滑油，使溶液的粘度减小到利于蜡结晶、易于输送和过滤。

溶剂脱蜡中的稀释比主要决定于在套管结晶器中冷却和过滤时溶液的粘度大小，即输送和过滤的难易程度。因此，原料油粘度大，含蜡多、脱蜡深度大、温度低，所需稀释比大。适当增大稀释比，对结晶生长有利，利于过滤，使蜡饼中含油量降低，提高了脱蜡油收率。但是增大稀释比后，增加了溶解能力，将使脱蜡油中蜡含量增大，造成脱蜡油凝点提高，为了得到同样凝点的脱蜡油，就必须加大脱蜡温差。稀释比增大后，还会加大冷却、过滤回收等系统的负荷，增加操作费用和能耗。因此稀释比应在满足前述要求基础上，采用小稀释比为宜。

同一原油的不同润滑油馏分，因粘度和溶解度不同，稀释比也不相同。轻质润滑油料的粘度小，溶解度较大，溶剂用量可少些，一般稀释比为 1～1.5：1；重质润滑油料粘度大，溶解度较小，稀释比应较大，一般稀释比为 2.5～3：1。含蜡量高的原料在低温脱蜡时，因蜡结晶多，使溶液粘度增大，不易输送，稀释比应增大。

随着脱蜡温度降低，溶剂对油的溶解能力下降，而油的粘度相应增大，为了全部溶解油，保证过滤速度，应适当增大稀释比。

稀释比与过滤速度并非总成正比关系。加大稀释比可降低油料粘度，提高过滤速度。但稀释比增加后，降低了脱蜡油在滤液中的浓度，因此加大稀释比对脱蜡油而言的过滤速度，比对整个滤液而言的过滤速度增加得少。当已达到充分稀释时，油溶液的粘度实际上不再因加入溶剂而进一步下降，而由于大大降低了脱蜡油在滤液中的浓度，反而使油的实际过滤速度下降。

(三) 溶剂组成

油在酮苯混合溶液中的溶解度决定于溶剂的组成和温度。当溶剂中的沉降剂酮含量增加时，混合溶剂对油的溶解能力下降，同时对蜡的溶解能力也降低，即提高了溶剂的选择性。

混合溶剂中的甲基乙基酮和甲苯(或丙酮、苯和甲苯)的比例,应根据原料油粘度大小、含蜡量多少和脱蜡深度而定,不同润滑油料的适宜溶剂组成是不同的。馏分重的油料粘度大、溶解度小,需要用溶解能力大的混合溶剂,即酮含量小的溶剂;而轻馏分油料则用含酮量高的溶剂。如残渣润滑油料脱蜡时,混合溶剂中的甲基乙基酮含量为35%～40%左右,而像变压器油这类较轻馏分油料脱蜡溶剂中的酮含量可高达60%～65%。对于含蜡量少的原料油如新疆油,需用溶解能力大的混合溶剂,即含酮量小的混合溶剂;而对于含蜡量高的大庆油润滑油料,则溶解能力不需太大,混合溶剂中酮含量可相应增加。

当要求脱蜡温度低,即脱蜡深度要求深时,因低温下油粘度大,溶剂溶解能力小,此时为增加混合溶剂的溶解能力,应减少酮、增加甲苯的比例。而在浅度脱蜡时,应采用含酮量较大的混合溶剂。

溶剂组成不仅影响对油的溶解度,还影响蜡结晶的好坏。在含酮较多的溶剂中结晶时,蜡的结晶比较紧密,带油少,易于过滤。但含酮过多的溶剂,会产生第二个液相,不利于过滤。

(四) 溶剂加入方式

溶剂加入方式及加入时的工艺条件,对脱蜡过程有很大影响。工业上一般采用多次稀释法,也称为多点稀释。此法可以改善蜡的结晶,增加过滤速度,减小脱蜡温差,提高脱蜡油的收率。

原料油在冷却前加入部分溶剂进行预稀释,以降低原料油的粘度,有利于蜡结晶的生长。一般轻质原料油脱蜡时,不采用预稀释,重质原料油脱蜡时采用预稀释。预稀释的溶剂量不宜过大,否则蜡在溶液中浓度过小,也影响大颗粒蜡结晶的生成。

在原料油开始结晶前加入的溶剂称为一次稀释。试验证明在一定范围内降低一次稀释比、并增加一次稀释比中的酮含量,能使脱蜡温差减小,有利于结晶,并减少蜡中带油量。为了减小一次稀释比,根据我国原油特点,国内一些脱蜡装置,使用稀释点后移的"冷点稀释"操作方式,此法是把第一次加入稀释溶剂的位置从原料油泵出口处后移到原料油温度降到比它凝点低15～20℃的地方。

实践证明,"冷点稀释"工艺对轻馏分油效果好,而对重馏分油效果较差,对残渣润滑油料脱蜡几乎无效果。某厂采用"冷点稀释"工艺进行常压三线油脱蜡,其过滤速度从采用"冷点稀释"前的116kg/m^{2}提高到214kg/m^2,蜡的含油率从17.72%下降到5.51%～9.01%,说明效果是十分明显的。

第二次加入的溶剂称为二次稀释,一般在结晶过程中加入,加入位置在滤液换冷套管结晶器出口,或第一台氨冷套管结晶器的中部。

第三次加入的溶剂称为三次稀释,加入位置在第二台氨冷套管结晶器的出口,即结晶完成之后。

进行多点稀释时,加入的溶剂温度应与加入部位的油与溶剂混合物温度相同或低2～3℃,但决不能超过。温度过高会把已结晶的蜡晶体部分溶解或熔化;温度过低,油和溶剂混合物受到急冷,出现较多细小晶体,影响过滤。

实践证明,在结晶过程中,应采用高、低酮溶剂稀释方式。即一次稀释溶剂应用酮含量较高的溶剂,有利于形成良好的蜡结晶;而加在套管结晶器出口的三次或四次稀释溶剂及过滤机中的冷洗溶剂应用酮含量较低的溶剂,以利于油的溶解,从而降低蜡的含油量,提高脱蜡油收率。在低温下,溶剂对蜡的溶解度很小,对脱蜡油的凝点没有明显影响。

(五) 冷却速度的影响

冷却温度是单位时间内溶剂与脱蜡原料油混合物的温度降(℃/h)。即：

$$冷却速度=\frac{温度降}{停留时间}(℃/h) \quad (2\text{-}27)$$

$$停留时间=\frac{套管容积}{体积流量}(h) \quad (2\text{-}28)$$

溶液的冷却速度对蜡的结晶颗粒大小有一定影响。因此脱蜡过程必需控制冷却速度，特别是结晶初期的冷却速度。

在一般脱蜡条件下，油中的蜡开始呈不饱和状态或饱和状态，当温度降低到一定程度后，即呈过饱和状态，此时蜡开始析出，形成蜡的结晶核。如冷却过快，生成的晶核数目过多，结晶也就越细小，同时冷却速度越快，溶液粘度增加较快，对结晶也不利。

当晶核生成后，继续析出的蜡分子扩散到这些晶核上，在冷却速度不很快的条件下，蜡析出速度小于蜡扩散速度，就不会形成新晶核，此时可以适当提高冷却速度。表2-62列出冷却速度对过滤速度和脱蜡油收率的影响，表中数据是比较数据，以冷却速度为0.5℃/min时作为比较基准100，余为相对值。

表2-62　冷却速度的影响

冷却速度，℃/min	过滤速度（比较数据）	脱蜡油收率（比较数据）
420～480℃馏分油		
0.5	100	100
5.0	80	97
＞500℃脱沥青油		
0.5	100	100
5.0	54	87

对于套管结晶器，一般结晶初期冷却速度以60～80℃/h为宜，后期可提高到130～150℃/h，最大为300℃/h。若冷却速度过小，溶液在结晶器内停留时间长，就要求加大设备。所以提高冷却速度就可以增加处理量。

冷却速度也应视脱蜡原料油性质不同而异。在处理大庆原油的轻质馏分油时，因其含蜡量高，蜡由正构烷烃组成，结晶大，易过滤，因此结晶初期的冷却速度提高到150～250℃/h仍能正常操作。

(六) 溶液含水量

溶剂回收系统中汽提塔不断将水带入溶剂，原料油也可能带入少量水。

溶剂含水增加了制冷及回收系统负荷，增大能耗，更严重的是水在冷却面上结冰，影响传热，增大套管结晶器内的阻力；冰还会堵塞滤布，以致需定期中断生产，进行“热洗”，熔化冰的堵塞；同时溶剂含水降低了溶剂对油的溶解能力，影响脱蜡油收率；溶剂含水还会严重影响套管结晶器和过滤机寿命。因此必须设置溶剂干燥系统，使溶剂中水分含量不超过0.2～0.3%。

(七) 助滤剂

除了上述各影响因素外，很多研究证明，某些表面活性物质对蜡的结晶有显著影响。为了增大蜡的结晶颗粒、提高处理量和脱蜡油收率，可采用加入某些称为助滤剂的物质，以提高过滤速度。脱蜡助滤剂有萘的缩合物、无灰高聚物添加剂（丙烯酸酯、聚α-烯烃、乙丙共聚物等）、有灰润滑油添加剂(硫化烷基酚钡盐和烷基水杨酸钙盐等),其中多数是润滑油的降凝剂。

五、主要设备

溶剂脱蜡过程的主要设备为套管结晶器和真空过滤机,溶剂回收和干燥系统均为常用的塔、炉、罐等,在此不作讨论。

(一)套管结晶器

溶剂脱蜡过程中原料油和溶剂混合物的冷却和结晶过程都是在卧式套管结晶器中完成的。套管结晶器中套管结构如图 2-97 所示。

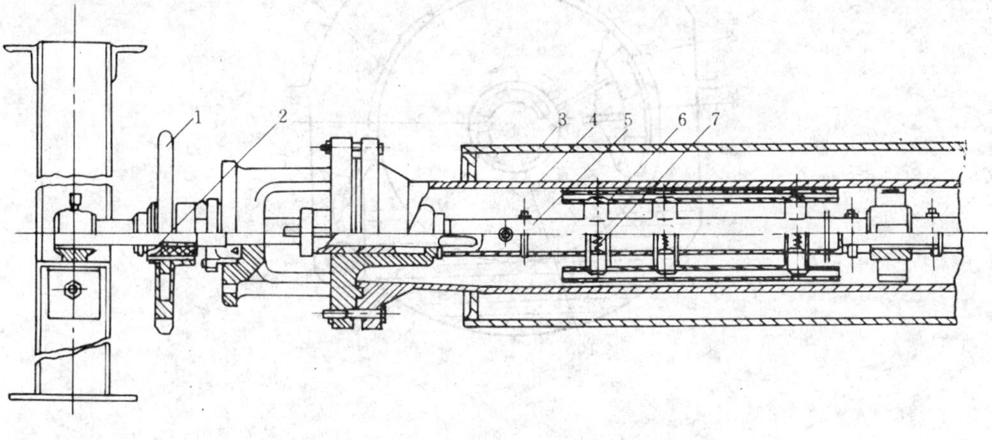

图 2-97 套管结晶器中套管结构图

1—链轮;2—安全销;3—外管;4—内管;5—传动轴;6—刮刀;7—弹簧

套管结晶器由直径不同的两根同心管组成。外壳直径为 200mm,内管直径为 150mm。原料从内管通过,冷冻剂走夹层空间。内管中心有一贯通全管的钢轴,上面装有刮刀用以刮去冷却表面上的蜡结晶,刮刀转速约为每分钟十几转。若干根套管组成一组。

套管结晶器主要作用是取走油品和溶剂冷却过程中放出的热量,并为混合物冷却提供一定的空间,以免冷却速度过快。

套管结晶器分为换冷和氨冷两种,前者的夹套内用冷滤液作冷却剂取热,后者夹套内用氨液为冷却剂取热,两者结构基本相同。氨冷套管结晶器上装有液氨罐和控制阀等,以调节结晶器夹套内的氨量、罐内压力和液氨蒸发温度等。

(二)真空过滤机

溶剂脱蜡过程采用转鼓式真空过滤机进行油和蜡的分离。真空过滤机是一种连续操作的设备,具有油蜡分离好、节省人力、安全可靠等优点。但结构复杂、价高、检修频繁。我国目前使用的转鼓式真空过滤机的过滤面积为 $50m^2$/台。

真空过滤机的结构示意图见图 2-98。

转鼓式真空过滤机结构主要由四个部分组成:①下部壳体,为已冷却的原料溶液之容器;② 顶盖,与下部壳体用法兰紧密连接,保证密封;③ 滤鼓,位于壳体内部,上面复盖一层滤布,部分浸于冷冻好的原料溶液中;④ 自动分配装置,包括分配头等,使滤鼓转动一周时,能顺序地进行吸滤、喷淋冷洗、反吹、刮下蜡饼等操作。

六、典型工艺数据

以大庆原油润滑油料为例,列出结晶系统和过滤系统主要工艺条件及脱蜡油收率与性质,供参考。

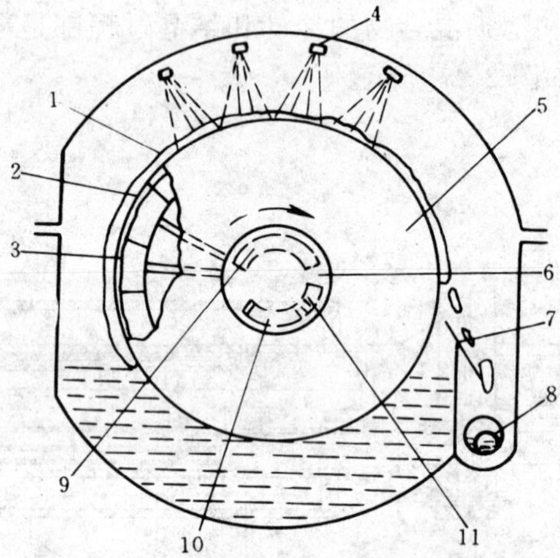

图 2-98　转鼓式真空过滤机示意图

1—蜡饼；2—滤布；3—钢丝网；4—洗液喷嘴；
5—转鼓；6—分配头；7—刮刀；8—输蜡器；
9—洗液；10—滤液；11—反吹

(一) 主要工艺条件　见表 2-63。

表 2-63　溶剂脱蜡结晶和过滤系统主要工艺条件

项　目		150SN	500SN	650SN	150BS
一次稀释比(m)		0.5～0.6	0.6～0.7	0.7～0.8	0.9～1.0
二次稀释比(m)		0.6～0.7	0.7～0.8	0.8～0.9	0.9～1.0
三次稀释比(m)		0.6～0.7	0.8～0.9	0.9～1.0	1.0～1.1
冷洗溶剂比(m)		0.8～0.9	1.0～1.1	1.1～1.2	1.2～1.3
总溶剂比(m)		2.5～2.9	3.1～3.4	3.5～3.9	4.0～4.4
一次溶剂加入温度	℃	22～26	26～30	26～30	26～30
二次溶剂加入温度	℃	10～14	10～15	10～15	10～15
三次溶剂加入温度	℃	−16～−24	−18～−22	−18～−22	−18～−22
过滤机进料温度	℃	−22～−28	−14～−16	−14～−16	−14～−16
去蜡油凝点	℃	−17～−20	−9～−10	−9～−10	−9～−10
脱蜡温差	℃	3～4	4～5	4～5	4～5
过滤机转速	r/min	0.01	0.01	0.01	0.01
过滤速度	kg/(m²)·h 原料	180～220	100～120	80～100	70～75

(二) 脱蜡油收率及性质　见表 2-64。

表 2-64　大庆原油润滑油料脱蜡油收率及性质

项　　目		150SN	500SN	650SN	150BS
溶剂脱蜡油收率	%	54.0	54.0	48.0	43.4
比色,号		1.5	2.5	3.5	7
粘度,50℃	mm^2/s	19.63	60.02	77.5	277.9
100℃	mm^2/s	5.03	11.01	13.24	35.0
粘度指数		98	97	97	103
闪点(开口)	℃	213	269	273	325
凝点	℃	−12	−12	−14	−12
残炭(康氏)	%	0.008	0.076	0.13	0.71
苯胺点	℃	100.5	110	113.5	129
硫含量	%	0.036	0.078	0.097	0.06
氮含量	ppm	107	383	458	—

七、脱蜡脱油联合工艺

我国润滑油原料中含量很高的蜡是生产石蜡的宝贵资源,因此在溶剂脱蜡装置上,多数增加了溶剂脱油部分,形成溶剂脱蜡-脱油联合工艺流程。在原料油脱蜡的同时进行蜡膏脱油,同时得到脱蜡油和脱油石蜡两种产品。

脱蜡-脱油联合工艺流程包括一段脱蜡、二段脱油和部分滤液循环的工艺。在改善蜡结晶的基础上,我国发展了滤液三段逆流循环工艺,即把二段脱油滤液全部作为一段脱油稀释溶剂,将一段脱油的滤液的大部分用作脱蜡稀释溶剂,小部分去蜡下油溶剂回收系统,从而降低了新鲜溶剂用量,减少溶剂回收系统负荷,节省能耗。使脱蜡油收率提高了 1.4%～1.8%,脱油蜡收率增加 1.3%～3.8%,含油蜡收率下降 4.8%～5.7%,总溶剂比下降 1.2～1.4,能耗降低约 10%,经济效益十分显著。

脱蜡-脱油联合及滤液三段逆流工艺流程示意见图 2-99。

八、尿素脱蜡

直链和带长侧链的烃类(如短侧链的长链异构烷烃、带长侧链的单环芳烃或环烷烃),能与尿素形成配合物。尿素分子呈螺旋形排列在烃链的周围,把链状烃分子包在中间,形成配合物。而这些长链烷烃或短分支侧链的长链异构烷烃等,正是引起油品凝点高的原因。因此可以利用尿素与其生成配合物的特性,将它们从油中除去,从而可以得到凝点很低的油,例如得到凝点低于−50℃的润滑油。

尿素脱蜡的应用范围很窄,只对轻质润滑油有效。馏分变重时,烃类异构程度增加,这时尿素脱蜡的效果很差,甚至无效。因此工业上只用尿素脱蜡来生产低凝点变压器油和稠化油的基础油等产品。

为促使配合物生成,常使用活化剂。活化剂是一些极性有机溶剂,常用的有甲醇、乙醇、丙酮、乙二醇等,水也可以作为活化剂。

尿素与烃类生成配合物是个可逆过程。配合物加热后可以分解,从而可以回收尿素和得到脱出的石蜡。用加水升温的方法可使配合物在 60～70℃ 时分解,但为了回收尿素,需进行浓缩脱水,使回收系统复杂化。

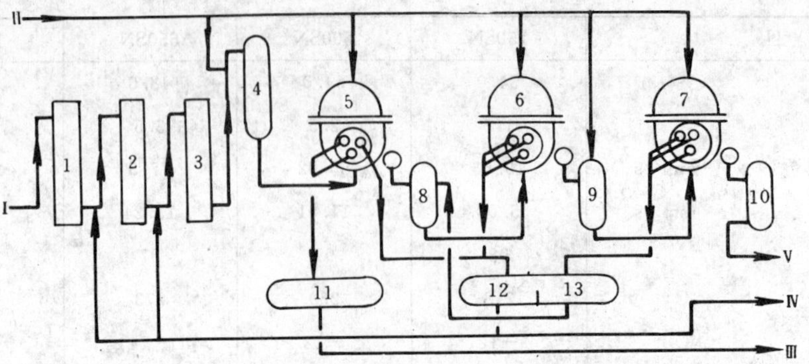

图 2-99 脱蜡-脱油联合及滤液三段逆流循环工艺流程示意图

Ⅰ—原料油；Ⅱ溶剂(回收溶剂)；Ⅲ—脱蜡油液；Ⅳ—蜡下油液；Ⅴ—脱油蜡液

1、2、3—换冷、一次氨冷、二次氨冷套管结晶器；4、8、9—脱蜡、一段脱油、二段脱油过滤机进料罐；

5、6、7—脱蜡、一段脱油、二段脱油过滤机；10—脱油蜡液罐；

11、12、13—脱蜡、一段脱油、二段脱油滤液罐。

工业上的尿素脱蜡过程采用两种方法：

(1) 干法尿素脱蜡　把固体尿素和活化剂乙醇加到脱蜡原料油中，在 30℃ 下搅拌反应若干小时后，形成络合物。

(2) 湿法尿素脱蜡　把 60℃ 的尿素饱和水溶液和活化剂异丙醇一起加入到脱蜡原料油中，在 30℃ 下反应。由于温度降低，尿素的溶解度下降，便从水中析出，与烷烃形成配合物。

尿素与烷烃形成配合物的过程是放热过程，而配合物加热后可以分解，因此在形成配合物的反应过程中应不断导出热量。其放出的热量与烃分子链上的碳原子数 n 有以下关系：

$$\Delta H = 27.2 + 9.92n \text{kJ/mol}$$

研究发现，原料油中如存在胶质和环烷酸等物质，会妨碍配合物的生成。因为这些物质被吸附在尿素表面，影响尿素与蜡接触；这些物质还能吸附在配合物表面，使配合物难以结晶而从溶液中析出。因此，应将脱蜡原料油先经精制后再进行尿素脱蜡。

需注意的是尿素在高于 100℃ 时就会分解，所以尿素回收应在 100℃ 以下进行。

第四节　白土补充精制

经过溶剂精制及溶剂脱蜡或硫酸精制后的润滑油组分中，残留有少量溶剂和胶质、环烷酸、酸渣、磺酸等有害物质。这些物质影响润滑油的颜色、安定性、抗乳化性、绝缘性和残炭等使用性能。必须采用白土补充精制或加氢补充精制，以改善润滑油组分的上述性质。

我国从 1970 年建成第一套加氢补充精制装置后，很多润滑油生产厂及新建厂多采用润滑油加氢补充精制。由于白土精制的脱氮能力强，凝点回升小，粘度下降少，光安定性远比加氢精制油好，因此，目前两种工艺共存，对某些特种油品则仍必须使用白土补充精制。

一、白土精制的原理

一种物质的分子或原子附着在另一种物质表面上的现象称为吸附。被吸附物质称为吸附质，能将吸附质吸附在自己表面上的物质称为吸附剂。吸附质可呈气相或液相而被吸附，分别称为气相吸附或液相吸附。

吸附过程分为物理吸附和化学吸附两类。吸附质与吸附剂两者之间靠分子间引力作用产生的吸附过程，称为物理吸附；两者之间靠形成吸附化学键的过程称为化学吸附。

吸附作用具有选择性，极性吸附剂优先吸附带极性基团的物质，如果已先吸附了非极性物质时，带极性基团的物质会把已吸附的非极性物质取代下来。显然，吸附剂的表面积越大，吸附能力越好。

利用白土这种吸附剂对极性物质吸附能力强的特点，可以除去润滑油料中残留的非理想组分。

二、白土的组成和性质

白土是一种结晶或无定形物质，它具有很多微孔，形成很大的表面积。白土分为天然白土和活化白土两种。天然白土就是风化长石。活性白土是将天然白土经预热、粉碎、用 8%～15% 的稀硫酸活化、水洗、干燥、磨细而制得的白色或米色粉末状物，其主要成分是 SiO_2 和 Al_2O_3，还含有 Fe_2O_3、MgO、CaO 等。活性白土的主要性能要求是颗粒度、外表面积、水分和活性度。

颗粒度表示白土的破碎程度。颗粒度愈小，白土的比表面(m^2/g)愈大，扩散半径愈小，其吸附能力愈强。我国目前所用颗粒度为 120 目筛通过量大于 90%。但颗粒度过于小的白土与油混合会形成糊状，造成过滤困难，也是不利的。

白土含水过多和过少都会影响其吸附能力。含水 6%～8%的白土吸附能力较好，因在高温接触精制中，所含水分蒸发，白土孔隙中不再含水，此时白土具有很强的吸附能力，很易吸附极性物质。此外，白土中逸出的水蒸气使白土与油混合更好，增加其接触机会。

活性度是白土吸附极性物质能力的量度，用 20～25℃ 下 100g 白土吸收0.1mol的 NaOH 溶液的 ml 数来表示。活性度愈大，吸附能力愈强。

活性白土比天然白土的活性度约大 4～10 倍，活性白土的比表面可达 $450m^2/g$。因此工业上均采用活性白土。

白土对不同物质的吸附能力各不相同，白土对油中各组分的吸附能力顺序为：胶质、沥青质＞氧化物、硫酸酯＞芳香烃＞环烷烃＞烷径。环数越多的烃类，越易被吸附。脱蜡后的润滑油料中，残留的少量物质有胶质、沥青质、环烷酸、氧化物、硫化物及选择性溶剂、水分、机械杂质等，这些物质大都为极性物质。因此利用白土对这些极性物质具有较强吸附能力，而对润滑油理想组分的吸附能力极其微弱的特性，借此使润滑油料得到精制。

三、影响白土补充精制的因素

白土补充精制的主要工艺条件为白土用量、白土精制时间和精制温度等，原料油的质量和白土性质也是重要影响因素。一般原料油馏分越重、精制油质量要求越高，精制的工艺条件越苛刻；而当白土活性高、粒度和含水量适当时，在同样工艺条件下，精制油质量将会更好。

（一）白土用量

一般白土用量越大，产品质量越好。但白土用量增大到一定程度后，产品质量的提高就不显著了。因此在保证油品精制要求的前提下，白土用量越少越好。否则除增加消耗费用外，还会使生产设备产生一系列问题。一般合适的白土用量为：机械油 2%～4%、中性油 2%～3%、汽轮机油 5%～8%、压缩机油基础油 5%～7%。

（二）精制温度

白土吸附原料油中有害组分的速度与原料油粘度有关。加热温度越高，油的粘度越小，越有利于吸附。生产中控制精制的温度以原料油不发生热分解为原则。因白土夹带空气及混合搅拌时接触空气，为防止油品氧化，特别是在白土作用下氧化，一般控制初始混合温度<80℃，精制反应温度为180～280℃，轻质油料的精制温度偏低些，重质油料可取较高温度，但不应超过320℃，以免产生白土催化分解反应，使油料变质。

（三）接触时间

接触时间指在高温下白土与原料油接触的时间，即白土与油品在蒸发塔内的停留时间。为了保证油品与白土的吸附和扩散的需要，一般在蒸发塔内的停留时间为20～40min。

四、工艺流程

白土精制的典型流程见图2-100。

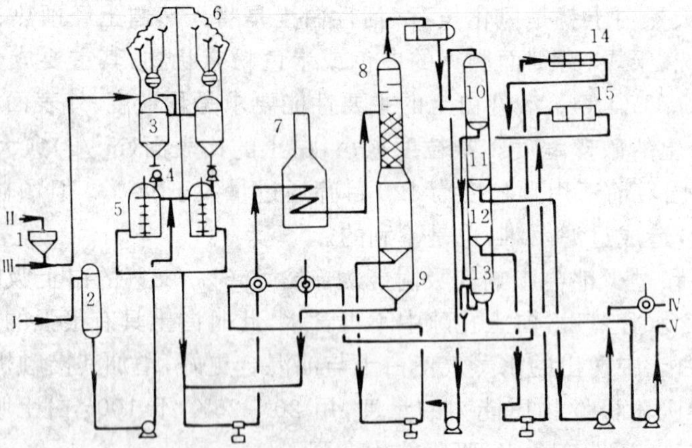

图2-100　白土精制的典型流程图

Ⅰ—原料油；Ⅱ—白土；Ⅲ—压缩空气；Ⅳ—精制油；Ⅴ—馏出油

1—白土地下储罐；2—原料油缓冲罐；3—白土料斗；4—叶轮给料器；5—白土混合罐；6—旋风分离器；7—加热炉；8—蒸发塔；9—扫线罐；10—真空罐；11—精制油罐；12—板框进料罐；13—馏出油分水罐；14—自动板框过滤机；15—板框过滤机

白土精制过程包括原料油与白土混合、加热反应和过滤分离三个主要部分。

原料油经缓冲罐2送入白土混合罐5，白土由叶轮给料器4送入混合罐5中，通过搅拌混合均匀，油和白土混合物用泵抽出与来自蒸发塔8的塔底油换热，再进入加热炉7加热到所需反应温度后，进入蒸发塔8。

蒸发塔8采用减压操作，塔顶的油气和水分经冷凝冷却后进入真空罐10，从罐底流入馏分油分水罐13，水和馏出油分别从罐底排出，馏出油出装置。蒸发塔底油与原料油和白土混合物换热后，冷到130℃左右进入自动板框过滤机14进行粗滤，滤液进入板框进料罐12，再用泵打入板框过滤机15，进行精滤，分出废白土，得到精制油进入精制油罐11，冷至40～50℃后出装置。

五、典型工艺条件及原料产品性质

以大庆原油四种脱蜡润滑油料为原料油，其白土补充精制的工艺条件、原料和产品性质、技术经济指标分别列于表2-65、表2-66和表2-67中。

表 2-65　白土补充精制工艺条件及精制油收率

项　目		150SN	500SN	650SN	150BS
白土加入量	%	2.5	3.0	3.0	10.0
白土与油混合温度	℃	70	80	80	80
加热炉出口温度	℃	210	230	240	265
蒸发塔内停留时间	min	～30	～30	～30	～30
精制油收率	%	93～98	96～97	96～97	89～92
废白土渣含油	%	20～25	25～30	5～30	25～30

表 2-66　原料油和精制油性质

性　质		150SN		500SN		650SN		150BS	
		原料油	精制油	原料油	精制油	原料油	精制油	原料油	精制油
比色，	号	1.5	1.0	2.5	2.5	3.5	3.5	7.0	5.5
残炭(康氏)，	%	0.008	0.008	0.076	0.065	0.13	0.13	0.71	0.57
酸值，	mgKOH/g	0.014	0.006	0.017	0.011	0.014	0.009	0.008	0.022
硫含量，	%	0.036	0.014	0.078	0.10	0.097	0.062	0.06	0.08
氮含量，	ppm	102	23	383	303	458	403	—	—

表 2-67　白土补充精制加工每吨原料油的消耗

燃料，kg	水蒸气，kg	电，kW·h	水，t	能耗，MJ
6～7	65～70	2.2～2.5	5～6	460～502

第五节　润滑油的加氢处理

到目前为止，润滑油生产仍主要用传统的溶剂脱蜡、溶剂精制和补充精制构成的“老三套”加工装置进行生产。由于这三种方法都是物理分离过程，并不改变润滑油中烃类分子的结构，所以润滑油的质量、收率决定于原料油中润滑油理想组分的含量和性质，使选择生产润滑油的原料受到相当大的限制。

改变润滑油组分中非理想的烃类结构成为理想结构的研究，一直受到人们的重视，其中在氢压和催化剂存在下进行润滑油中烃类转化取得实用性的成果。例如用加氢精制取代润滑油白土精制，可以提高产品收率约1%～4%，产品质量可以达到或超过白土精制油，同时使生产连续化，提高了劳动生产率，并且不需处理废白土，不存在环境污染问题。

润滑油中组分在氢压和催化剂存在下，可以产生各种反应，例如多环芳香烃加氢、继而开环变成少环化合物，裂化反应，异构化反应，含硫、含氮、含氧化合物的脱硫、脱氮和脱氧反应等。由于能起这些反应，加氢过程在润滑油生产中可用于以下三个方面。

1. 溶剂精制后的补充精制

溶剂精制后的补充精制是在缓和条件下进行的加氢过程，温度低、压力低、空速大。此过程基本上不改变烃类的结构，只去掉微量杂质、溶剂，可以改善油品色度，比白土精制过程简单，收率高，产品质量好，并避免了处理废白土的麻烦，已取代了许多白土精制过程。

润滑油白土精制在润滑油生产流程中，一般位于溶剂精制和溶剂脱蜡之后，而润滑油加氢补充精制，可以放在润滑油加工流程的任意部位，如图 2-101 所示。

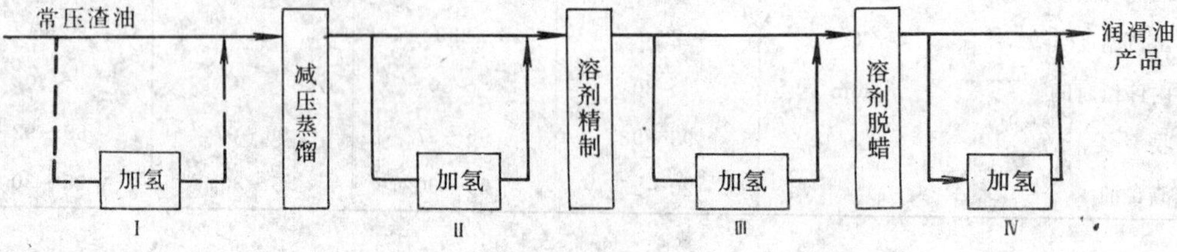

图 2-101　加氢补充精制在润滑加工过程中可能的位置

从图可以看出，润滑油加氢补充精制如放在润滑油溶剂脱蜡之前，即图中Ⅲ，油和蜡同时得到精制，生产石蜡时不必再建石蜡精制装置，简化了工艺，而且还解决了脱蜡后加氢导致脱蜡油凝点回升的问题。据报导，科威特原油的减压馏分，含硫 0.75%，先加氢后脱蜡，不仅油、蜡都得到精制，而且使溶剂脱蜡的温差减小，节省致冷量，降低了操作费用。

润滑油加氢补充精制如放在溶剂精制之前（如图中Ⅱ），可以降低溶剂精制深度，改进产品质量，提高产品收率。

2. 润滑油加氢裂化

润滑油加氢裂化是在比加氢补充精制条件苛刻得多的条件下进行的加氢精制过程，因此也称为润滑油深度加氢精制。一般在 15～20MPa 压力、近 400°C 温度、较大的氢油比和较小的空速下反应。在这种条件下，烃类结构发生很大变化，反应产物——润滑油的粘度指数可超过 130，而溶剂精制的润滑油很难超过 105，所以此过程与溶剂精制相当。世界上已建设多套用加氢裂化法精制润滑油的装置。

3. 加氢脱蜡

加氢脱蜡又称为加氢降凝或临氢降凝。这个过程是 60 年代发展起来的新工艺，其特点是采用具有选择性能的分子筛催化剂，此催化剂能选择性地使长链的正构烷烃和少侧链的异构烷烃产生裂化和异构化反应，从而达到降低润滑油凝点的目的。

加氢脱蜡所用的催化剂有两类，一类是含有贵金属（如钯）的，另一类是不含贵金属的复合催化剂。据报导，国外用 Zn/H-ZSM-5 催化剂进行临氢降凝，可使原料油的凝点从＋29°C 下降到－40°C。我国润滑油临氢降凝已工业化，用一段法以加氢尾油为原料油生产润滑油，将其凝点由＋20°C 降至－20°C。

加氢裂化及临氢降凝在本篇第五章中已作阐述，本节只讨论润滑油加氢精制过程。

一、加氢补充精制的化学反应

润滑油加氢补充精制是缓和加氢过程，主要是除去残存在润滑油料中的硫、氮、氧等杂质，以改善油品的安定性和颜色，其主要反应有以下几种：

（一）脱硫反应

杂环含硫化合物的脱硫反应，经过加氢开环等几个步骤，简化中间步骤后，可用下式表示：

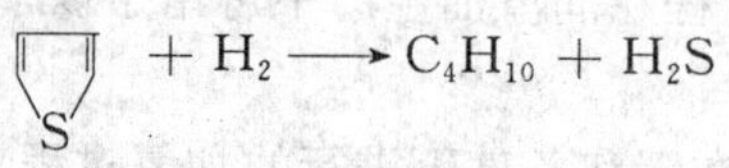

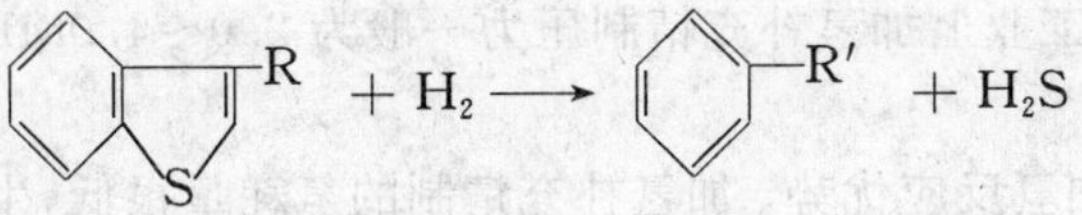

链状硫化物加氢得到烷烃和 H_2S，比杂环硫更易脱除。

（二）脱氧反应

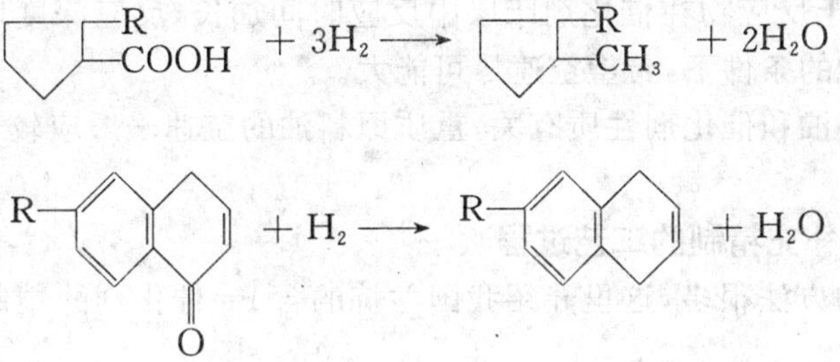

（三）脱氮反应

简化反应的中间步骤后，含氮化合物加氢反应如下：

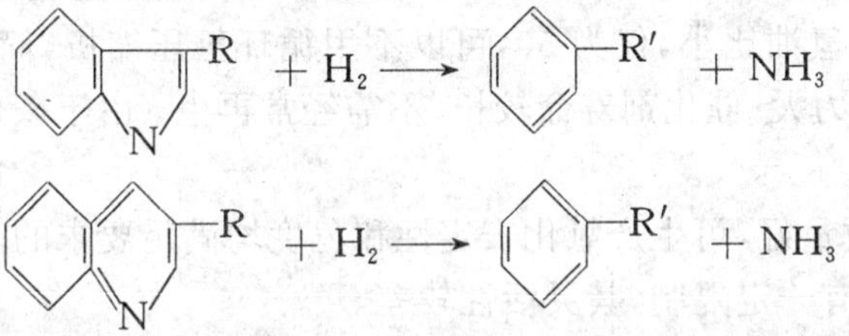

在润滑加氢补充精制的温和工艺条件下，主要进行脱硫、脱氧反应，脱氮反应进行缓慢，因此脱氮效率较差。此外还发生不饱和烃加氢饱和反应。

二、加氢补充精制的催化剂

在润滑油加氢补充精制过程中，我国目前使用的催化剂有 Fe-Mo 催化剂、Co-Mo 催化剂、Ni-Mo 催化剂等几种。这类催化剂有的是专为润滑油加氢补充精制所研制的，有的是由燃料加氢精制催化剂转用过来的。

所有加氢精制催化剂使用前都必须经过硫化过程。

三、影响加氢补充精制的因素

在一定催化剂上影响加氢补充精制效果的主要因素有反应温度、压力、氢油比和空速（通常用液体每小时在每立方米催化剂上通过的体积数表示，又称为液时空速）等。

（一）温度

加氢补充精制过程的工艺条件比较缓和，操作温度一般为 210～300℃。提高温度，加快反应速度，在其它条件不变的情况下，加深反应，结果使产品收率下降，产品粘度降低，而且容易生成焦炭。此时必须增加氢压以抑制焦炭生成，否则焦炭沉积在催化剂上，使催化剂失去活性。如果反应温度过低，则反应速度过慢，致使经济效益下降。

加氢反应是放热反应，反应器床层温度逐步增高，在反应器出口处温度最高，为防止在催化剂上发生裂化反应和结焦，加氢补充精制床层温度最高以不超过 320℃ 为宜。

（二）压力

因为加氢反应时，气相中存在其它物质，操作压力，更确切地说是氢分压对加氢反应有很大影响。加氢反应是分子数减少的反应，提高压力对提高反应速度，增加精制效果，延长催化剂寿命都是有利的。但提高压力，必须提高设备耐压等级，增加氢压机出口压力，所以在可能范围内一般采用较低压力。工业上加氢补充精制压力一般为 2.0～4.0MPa。

(三) 氢油比

加大氢油比，增加加氢反应优势。加氢补充精制的氢耗量很低，生产上一般氢油比为 50～150m^3/m^3。

(四) 空速

空速减小，相当于反应物在催化剂床层中反应时间加长，反应深度增加，但反应器的处理量下降。因此在可能的条件下，希望空速尽可能大。

空速主要与原料油和催化剂性质有关。重质原料油的空速一般应较低些，工业上采用的空速一般为 1.0～2.5h^{-1}。

四、润滑油加氢补充精制的工艺过程

加氢补充精制的方法很多，这里介绍我国兰炼的含 Fe 催化剂的精制工艺(又称铁精制工艺)。

润滑油铁精制所用催化剂组成为：Fe_2O_3(10.25%)、MoO_3(9.9%)、担体为 γ-氧化铝。

使用这种催化剂，具有流程简单，操作条件最缓和的优点。精制压力为 2.0～3.0MPa、反应温度为 275～310℃，氢油比小，仅为 50，可以不用循环氢压缩机，简化了流程，节约投资，空速可达 3.0h^{-1}，处理能力大；催化剂寿命较长，不需经常再生。由于条件缓和，设备耐压要求较低，投资费用相对便宜。

铁精制的生成油质量好，可生产氧化安定性和色度均满足要求的基础油。但铁精制过程的精制深度有限，对原料有一定限制，其灵活性较差。

兰炼的铁精制流程如图 2-102 所示。

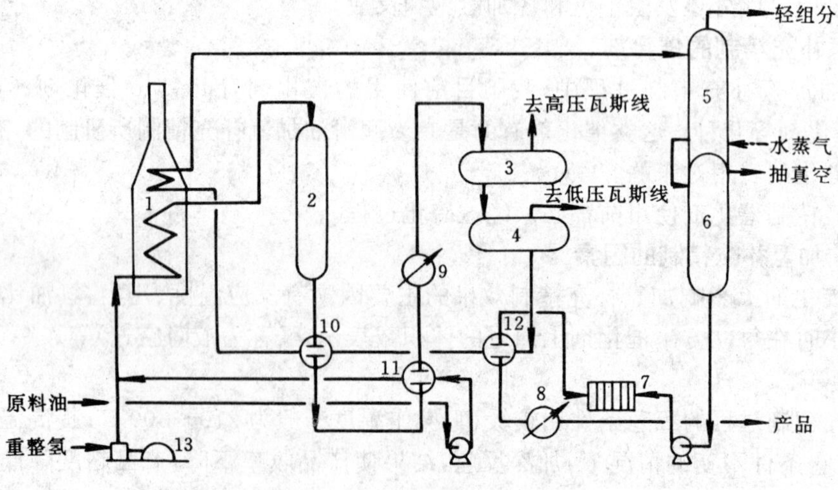

图 2-102 润滑油铁精制工艺流程图

1—加热炉；2—反应器；3—高压分离器；4—低压分离器；5—汽提塔；6—真空干燥塔；7—压滤机；8、9—冷却器；10、11、12—换热器；13—压缩机

加氢补充精制工艺流程由原料油制备、加氢反应及产品处理三部分组成。图 2-102 中没有原料油制备部分。原料油经过滤器除去杂质后进入脱气缓冲罐，油品在 60～70℃、0.8MPa 压力下，使油中的水分和空气蒸发出来。脱气后原料油与反应器 2 出来的油换热，并与经压缩机 13 增压后的重整氢混合，一起进入加热炉 1 辐射室加热后，进入反应器 2 顶部。反应温度为 280～310℃、空速为 2.0～3.2h^{-1}，氢油比约为 50∶1，压力为 2.0MPa。由于加氢反应放热，床

层升高温度约10℃左右。反应产物由反应器2底部引出，经换热器10、11给出热量，并经冷却器9冷却后进入高压分离器3，分出大部分剩余氢和反应产生的气体，然后进入低压分离器4，分出残留气体。由于此时油中尚有少量低沸点组分需要除去，油经换热器12、10和加热炉对流室加热后，进入汽提塔5经汽提脱除轻组分，然后在真空干燥塔6中除去微量水分。干燥后的油用泵从塔底抽出，经过压滤机7压滤，除去油中残存的催化剂粉末。最后经换热、冷却，送出装置。

由于铁精制的条件比较缓和，烃类结构没有明显变化，脱硫、脱氧效果显著，但几乎不能对氮化物起作用，脱氮效果很差。

五、加氢精制与白土精制的比较

表2-68中给出新疆原油减三线油（原料油）、加氢精制油和白土精制油的化学组成、主要理化指标和稳定性的数据。

表2-68　加氢精制和白土精制油的比较

项目		新疆减三线油		
		原料油	加氢精制油	白土精制油
族组成 m%	烷＋环烷	84.6	85.3	85.5
	单环芳香烃	9.0	8.4	8.7
	双环芳香烃	3.7	4.4	4.2
	多环芳香烃	1.7	1.0	1.1
	胶质	1.0	0.9	0.5
硫，ppm		560	460	470
总氮，ppm		241	259	—
碱性氮，ppm		113	100	30
粘度，100℃　mm^2/s		6.51	6.56	6.69
酸值，mgKOH/g		0.095	0.003	0.071
残炭，%		0.02	0.007	0.008
凝点，℃		−15	−12	−12
透光率，%		67.5	91	73
热老化试验	透光率，%		46	23.5
	酸值，mgKOH/g		0.057	0.096
紫外老化试验	透光率，%		54	59
	透光率变化率，%		50.4	19.2
	酸值，mgKOH/g		0.105	0.147

从表2-68中数据可以看出加氢精制后，加氢油的族组成没有明显变化，只有少部分多环芳香烃转化为双环芳香烃。加氢精制的脱硫能力比白土精制稍强，脱氮能力明显不如白土精制。酸值降低幅度比白土精制大。加氢油的透光率优于白土精制油。

但从经热老化试验和紫外光老化试验后透光率数据可见，加氢精制油的安定性，特别是紫外光照射下的安定性相当不好，其透光率的变化率① 达 50.4%，而白土精制油仅为 19.2%。

将经加氢精制和白土精制的基础油，分别调合并加入相应添加剂后调成 11 号柴油机油，以比较两种油的性质，结果表明加氢油的热安定性和紫外光安定性在透光率变化上比白土精制油差；但出现沉淀的时间、浮游性和 1105 单缸试验二者均相当；酸值增加幅度小于白土精制油。IP 氧化也优于白土精制油。因此铁加氢精制润滑油可以得到符合要求的各种润滑油基础油。

六、加氢补充精制的技术经济指标

用大庆原油生产 500SN 精制油为例，说明加氢补充精制装置加工每吨原料油的技术经济指标，详见表 2-69。

表 2-69　加氢补充精制加工每吨原料油的消耗

耗氢量 Nm^3/t	新鲜水 t	循环水 t	电 kW·h	蒸汽 t	燃料气 kg	能耗 MJ
20～30	0.17～0.28	5～6	8～12	0.05～0.06	6.4～8.2	628～670

第六节　润滑油添加剂

润滑油添加剂是生产润滑油的最重要因素，可以说没有添加剂就没有润滑油。到 80 年代末，我国已能生产近 60 个品种的润滑油添加剂，其中清净剂 46.7%，分散剂 15.0%，抗氧剂（包括抗氧抗腐剂）11.5%，粘度指数改进剂 13.5%，降凝剂 7.0%，其它剂（载荷剂、防腐剂等）6.3%；到 1992 年国产润滑油品种已增加到百余种，能基本适应对润滑油的需要。现代润滑剂的五大添加剂为清净剂、分散剂、粘度指数改进剂、抗磨剂和抗氧剂。表 2-70 列出我国基础油调制润滑油成品所加入的添加剂总量及其主要品种。

表 2-70　我国基础油调制润滑油成品所加入的添加剂总量和主要类别

润滑油品种	添加剂总加入量 m%	主要添加剂种类							
		清净分散剂	抗氧抗腐剂	抗氧剂	防锈剂	增粘剂	降凝剂	极压抗磨剂	抗泡剂
汽油机油									
普通	3.5	*	*				*		
QC 级	6.0	*	*				*		*
QC 级以上	10.5	*	*				*		*
多级油	19.0	*	*			*	*		*
柴油机油									
普通	4.0	*	*				*		
CC 级	8.0	*	*				*		*

① 紫外光老化试验条件为：50～70℃、紫外光灯为 250W，光照距离为 100～150mm，光照时间为 24h。

$$透光率变化率=\frac{原透光率-老化后透光率}{原透光率}。$$

润滑油品种	添加剂总加入量 m%	主要添加剂种类							
		清净分散剂	抗氧抗腐剂	抗氧剂	防锈剂	增粘剂	降凝剂	极压抗磨剂	抗泡剂
CD 级以上	13.5	*	*				*		*
多级油	22.0	*	*			*	*		*
铁路机车油	14.5	*	*				*		*
船用汽缸油	26.5	*	*				*		*
全损耗系统用油	0.8			*	*		*		*
电气绝缘油	0.3～0.5			*					*
齿轮油									
车用	8.5	*		*			*	*	*
工业用	5.0	*		*	*		*	*	*
汽轮机油	0.6		*	*					*
液压油									
抗磨	2.0	*						*	*
低温	12.5	*				*	*		*
冷冻机油	0.8		*				*		*
压缩机油	0.9	*	*						*

一、清净与分散添加剂

清净剂和分散剂是调制内燃机油的主要添加剂。它们通常与抗氧抗腐剂复合用于各种内燃机油(汽油机油、柴油机油、铁路机车用油、拖拉机发动油和船用发动机油等),具有酸中和、洗涤、分散和增溶等四方面作用。

(一) 酸中和作用　多数清净剂具有碱性,有的呈高碱性,这种碱值称为总碱值 (TBN),可以中和润滑油氧化生成的酸性物质,阻止其进一步氧化缩合成漆膜,并减少了酸性物质对金属的腐蚀作用。

(二) 洗涤作用　在油中呈胶束的清净剂对生成的胶质和积炭有很强的吸附能力,能将粘附在活塞上的漆膜和炭洗涤下来,分散在油中。

(三) 分散作用　清净剂能将已经生成的胶质和炭粒等固体小颗粒吸附并分散在油中,防止它们相互凝聚、形成大颗粒粘附在气缸上或沉降成为油泥。

(四) 增溶作用　增溶作用是将油中不溶解的液体溶质溶解到清净剂的胶束中。清净剂是表面活性剂,常以胶束状分散在油中,它可以溶解含羟基、羰基的含氧化合物、含硝基化合物和水分等,阻止这些物质进一步氧化缩合,减少了漆膜和积炭的生成。

清净剂主要有磺酸盐(钙、镁、钡盐)、烷基酚盐及硫化烷基酚盐、硫代磷酸盐、烷基水杨酸盐和环烷酸盐等品种。国产清净剂主要有 T101、T102、……T106,均为石油磺酸钙,还有 T107、……T114、T121、T122 等。

分散剂早期应用的即清净剂,它同时具有清净分散作用,后来发展了一种不含金属的分散剂，具有优异的分散、增溶性能，为与前者区分，称为无灰分散剂。主要的无灰分散剂是丁二酰亚胺类，其品种有单或双或多聚异丁烯丁二酰亚胺，适用场合有所不同，并具有一定的碱值。国产分散剂商品牌号有 T151、T152……T155，均为丁二酰胺型剂。

二、抗氧抗腐剂

润滑油在使用过程中不可避免地会发生氧化反应，对于内燃机油，燃料燃烧产物从气缸中窜入油中，燃气中的含氧、含氮化合物还会进一步催化氧化。氧化产生酸、油泥和沉淀。酸使金属部件腐蚀、磨损；油泥和沉淀会引起活塞环的粘结甚至堵塞油路，造成故障。在精制后的基础油中，加入抗氧抗腐剂，可以有效地延缓油品氧化，减少对金属部件的腐蚀和磨损，延长油品使用期。

抗氧剂的作用原理是它能与氧化反应过程中产生的自由基作用或使过氧化合物分解，从而中断了氧化自由基的链反应，达到抗氧化目的。

润滑油的抗氧剂主要有硫磷型的二烷基二硫代磷酸锌，是一种多效添加剂，具有抗氧抗磨抗腐作用，抑制内燃机油产生漆膜、油泥、粘稠物等。该剂中的烷基结构不同，产品性能有所差别。商品牌号有 T201、T202、T203、T204、T205。受阻酚型的 2.6-二叔丁基对甲酚(T501)适用于工作温度不太高的油品。芳胺型抗氧剂适用于较高温度的场所，如 T531 即 N-苯基一α 萘胺等。

为防止多硫、硫磷化极压抗磨添加剂在使用中产生活性硫，引起有色金属如铜等的腐蚀，需加入金属减活剂，主要有苯三唑胺盐 T406、噻二唑多硫化物 T561 等。

将不同抗氧剂复合使用，具有明显增效作用。如汽轮机油中加入 T501 后其氧化寿命为(ASTM D943)＜1500h，当补加少量芳胺型抗氧剂及金属减活剂后，氧化寿命可增加到 3000h 以上。

三、载荷添加剂

载荷添加剂的作用是改善油品润滑性，减少机械摩擦和磨损，可以节省能量，延长机械使用寿命。

载荷添加剂分为油性剂和极压抗磨剂两类。油性剂主要有脂肪酸及二聚酸、脂肪醇、脂肪酸皂和酯类等，商品牌号有 T401、T402、T404、T405、T405A、T406，用于润滑部位温度和载荷均较低的润滑油中，它们能在金属表面上形成一层吸附膜，防止金属表面直接接触。

润滑油的极压性能是指在摩擦面接触压力非常高、油膜易破裂的极高压(高温)润滑条件下，防止金属烧结、熔焊、咬合等损伤的性能。使润滑油具有上述性能的添加剂称为极压抗磨剂。极压抗磨剂主要是含有活性硫、氯和磷的有机化合物。当摩擦面接触压力很高时，两金属表面的凹凸点互相啮合，产生局部高压、高温，此时极压抗磨剂中的活性元素与金属发生化学反应，形成剪切强度低的固体保护膜，把两个金属表面隔开，从而防止了金属磨损和烧结。一般含磷添加剂在负荷较小时有明显抗磨性；含硫或氮添加剂在高负荷高温下可防止烧结和磨损。因极压剂与抗磨剂没有严格界限，多数添加剂兼有两种性质，所以统称极压抗磨剂。我国生产的极压抗磨剂主要有 T301、T302(氯化石蜡)、T321、T322、T404、T405(为含硫化物)以及 T304、T305、T306、T307(为含磷化合物)和 T351、T352、T353、T341(有机金属化合物)等。

四、粘度指数改进剂

粘度指数改进剂或粘度改进剂是一种油溶性链状高分子化合物，为便于使用，通常用润滑油稀释为 5～30%的浓缩物。在较低粘度的基础油中添加 1～10%的粘度指数改进剂，不仅可提高粘度而且能显著改善粘温性能。粘度改进剂的作用原理是它的链状高分子在高温下伸展成线状，明显增加了高温时油品粘度；在低温下链状高分子收缩成小团，对油品的粘度影响减小。因为一般采用粘度指数改进剂的是粘度和凝点都较低的基础油，因此在低温下加剂润滑油的粘度接近基础油的较低粘度，高温时润滑油的粘度却大于基础油在高温时的粘度，从而明显改善了油品的粘温性能。

粘度指数改进剂主要用于内燃机油，也可用于齿轮油、液压油、自动传动液、数控机械油、减震油等。使用粘度指数改进剂可以调制稠化型内燃机油、齿轮油等。这些具有良好粘温性能的油，可同时满足多粘度级别的要求，称为多级油，它具有很好的低温起动性和高温润滑能力，可四季通用，这就简化了油品级别，实现油品通用化，如多级内燃机油 SAE 5W/30，跨越了 6 个粘度级别。使用这类油比单级油可降低润滑油和燃料消耗，并能延长使用期。

粘度指数改进剂主要有聚烯烃类(聚异丁烯、乙烯-丙烯共聚物、氢化苯乙烯-双烯共聚物等)、聚酯类(聚甲基丙烯酸酯、苯乙烯聚酯)、含氮共聚物(分散型聚甲基丙烯酸酯、分散型乙烯-丙烯共聚物)等三类。

我国生产的粘度指数改进剂有聚异丁烯 T603、聚甲基丙烯酸酯 T602、乙丙共聚物 T611、T612、T613、T614 等。

五、防锈剂

油溶性防锈剂是防锈油脂的关键成分。大多数防锈油脂应用于金属机械加工制造过程中的防锈，也应用于金属制品的储存，运输过程中的封存防锈。部分防锈油应用于机械设备润滑系统中的防锈，如内燃机、液压设备、齿轮箱、汽轮机等运转过程中的润滑和防锈。

大多数油溶性防锈剂是一种油包水型表面活性剂，如磺酸盐、羧酸盐。通常以胶团或胶束形式分散在油品中，有以下三种作用：(1) 防锈剂分子与金属表面发生静电吸引而产生物理吸附，有的防锈剂极性基团还能与金属表面起化学反应，形成化学吸附。这些吸附层保护了金属表面不与空气、水分及酸性物质作用，从而达到防锈目的；(2) 防锈剂能置换金属表面的水膜和水滴，排除了金属表面的水分，起到脱水作用；(3) 防锈剂能在油中捕集、分散油中水和有机酸等极性物质，将它们包溶在胶束或胶团中，从而排除了它们对金属的侵蚀。

常用的防锈剂有磺酸盐 T701、T702、T705；羧酸 T704、T746；氧化石油脂 T743；有机酸胺盐、咪唑啉 T703、T708、T711 等。国内采用 T706 苯并三氮唑作为铜、铝机件的防锈剂。

六、降凝剂

从含蜡原油制取低凝点润滑油的合理途径是适当深度的脱蜡，再加以降凝剂。降凝剂是一种合成的高分子有机化合物，分子中具有类似固体烃的锯齿形链结构的烷基侧链，还可能含有极性基团或芳香核。

含蜡油品在低温下失去流动性是因高熔点固体烃分子定向排列，形成针状或片状结晶，相互粘接构成三维网状结构，将低凝点油包在其中。降凝剂主要通过分子上的烷基侧链和油中固体烃分子的共晶和吸附作用，改变蜡的生长方向和晶形，使其成为均匀松散的晶粒，防止形成导致油品凝固的三维网状结构，从而降低了油品凝点。显然，降凝剂只有在含蜡油品中才具有降凝作用。

降凝剂有三类：聚酯类、聚烯烃类和烷基萘。我国生产的主要降凝剂有烷基萘 T801、聚甲基丙烯酸酯 T602、聚 α-烯烃 T803、醋酸乙烯酯与反丁烯二酸酯共聚物等。

七、抗泡剂

润滑油特别是内燃机油、齿轮油等含有强极性添加剂的油品，受到振荡、搅拌作用时，空气会进入油中，同时油品氧化分解也会产生部分气体，在界面张力作用下形成稳定泡沫。泡沫促进油品氧化，降低油品冷却效果，使润滑系统产生气阻、断油和溢流等现象，加剧机件磨损，甚至出现烧结等严重事故。

加入抗泡剂是减少泡沫的有效措施，最常用的是 T901 二甲基硅油，它不溶于油，是一种强表面活性物质，以高度分散的胶体粒子状态分散在油中，抗泡剂粒子吸附在泡膜表面上，使泡膜的局部表面张力显著下降，泡膜因受力不均而破裂，从而消除了泡沫。

硅油具有用量少、使用范围广、抗氧抗热性能强等优点，但不溶于润滑油，在酸性介质中不稳定。硅油只有在油中呈分散状态时，才显示出抗泡性，因此对调合工艺要求高，需采用胶体磨法或喷雾法使其分散在油中。不同粘度的基础油应选用不同牌号的硅油，否则不仅不抗泡，反而引起发泡。

近年来发展了高分子量聚酯非硅抗泡剂，如丙烯酸酯醚共聚物 T911 和 T912，分子量约为 7000～15000，具有良好的抗泡效果和消泡持久性。其突出优点是溶于油，对各种调合工艺的适用性好，并适用于酸性介质，储存稳定性也好，但用量比硅抗泡剂多。主要适用于中、高粘度润滑油。用于汽轮机油和液压油中，比硅油具有更好的空气释放性，能有效地减少因油中气泡引起的液压系统噪声和振动。

硅和非硅抗泡剂也可以复合使用，以提高其消泡效果。

八、乳化剂和抗乳化剂

切削油、磨削油、压延油和拔丝油等金属加工油和不燃性工作液，都是油和水制成的乳状液。能使两种以上互不相溶的液体，如水和油形成稳定的分散体系（乳状液）的物质，称为乳化剂。乳化剂几乎均为表面活性剂。乳化剂能降低油-水之间的界面张力，表面活性剂的亲油基团和亲水基团分别吸附在油-水界面的油相和水相上，排列成界面膜，使分散相无法聚集，从而使乳状液稳定。

反之，在很多情况下，润滑油会受到水的污染，形成乳状液，从而降低了油品的润滑性，导致损坏机械，缩短了润滑油使用寿命。加入抗乳化剂可以加速油水分离，防止形成乳状液。抗乳化剂大都是水包油（O/W）型表面活性剂。抗乳化剂吸附在油-水界面上，改变界面张力，或吸附在乳化剂上破坏乳化剂亲水-亲油平衡，使乳状液从油包水型（W/O）转变为水包油（O/W）型，在转型过程中油水得以分离。

表面活性剂分子主要由亲油基和亲水基两部分构成。亲油基有长链烷基、芳基和烯基等，亲水基有羟基、羧基、胺基、醚基和磺酸基等。按表面活性剂在水溶液中的表面活性部分的组成大致可分为四类：阳离子表面活性剂、阴离子表面活性剂、两性表面活性剂和非离子表面活性剂。

乳化剂主要有烷基磺酸钠、烷基苯磺酸钙（或钠）、脂肪醇聚氧乙烯醚（平平加）、失水山梨醇单油酸酯（吐温-80）、聚氧乙烯胺等。抗乳化剂有 T1001、破乳剂-1910、破乳剂 SP169、Lubrizol5957、5951 和 5080 等。

第十章　石油蜡和沥青的生产

石油蜡和沥青是重要的石油产品，具有广泛的用途，本章简单讨论石油蜡和沥青的生产工艺。

第一节　石油蜡的生产

石油蜡包括液蜡、石蜡、微晶蜡及石油脂。我国原油多数为含蜡原油，几种主要原油含蜡量均达15%～30%，蜡的资源十分丰富。目前我国石蜡年产量超过70万吨，有相当数量的出口，液蜡也年产数十万吨。

从润滑油中得到的石蜡，具有良好的绝缘性和化学安定性，广泛用于国防、电器、化工、医药、纺织、日用化工等各领域。根据用途不同，石蜡又可分为皂用蜡、黄蜡和白蜡。皂用蜡可作洗衣粉和肥皂的原料；低熔点黄蜡可用于浸润火柴杆等，高熔点黄蜡可用于制造蜡烛、蜡纸和树脂制品的软化剂、药品包装等；经深度精制的高熔点白蜡，可作医用蜡及绝缘材料。

液蜡一般为C_9～C_{16}的正构烷烃，主要是由柴油等轻质馏分油经分子筛脱蜡或异丙醇尿素脱蜡工艺过程得到的。本节不讨论液蜡的生产。固态的石蜡和微晶蜡，是以润滑油脱蜡所得到的蜡饼为原料，经过蜡脱油和蜡精制两个过程加工得到的成品。下面分别讨论之。

一、蜡脱油工艺

蜡脱油工艺有多种，在发展溶剂脱蜡脱油、溶剂喷雾脱油等方法的同时。无溶剂的冷榨、发汗等老工艺仍继续存在，特别在燃料型炼油厂中，它们是与生产低凝柴油相结合的。

（一）甲基乙基酮-甲苯脱蜡脱油联合工艺

此工艺是我国润滑油型炼油厂生产石油蜡的主要方法。其特点是脱蜡所得的蜡膏不再经熔化结晶，直接加入溶剂再稀释，在一定工艺条件下过滤脱油得到脱油蜡。由于整个过程中省去了蜡膏熔化和再结晶步骤，简化了生产流程，降低了能耗。与其它生产石油蜡的工艺比较，此工艺技术较先进，原料适用范围广，适用于生产低含油蜡。

甲基乙基酮-甲苯脱蜡脱油联合工艺原理流程已在第九章第三节中讨论，流程图见图2-99，此处不再赘述。

（二）喷雾蜡脱油工艺

以丁烷为溶剂的喷雾蜡脱油工艺是我国自行开发的新工艺。多年生产表明此工艺是以蜡膏为原料生产商品石蜡的较好脱油方法。具有溶剂易得、价廉、无腐蚀、设备简单、连续生产、产品质量稳定等优点。但溶剂的选择性不如甲基乙基酮-甲苯。商品石蜡收率高于传统的发汗法30%～50%(m)。

喷雾蜡脱油工艺流程示意图见图2-103。

喷雾蜡脱油工艺是将原料加热，在压力下经喷头雾化，在冷气流中固化成细小蜡颗粒，用丁烷为溶剂与蜡粒进行逆流液固抽提，利用油和蜡在丁烷中的溶解度差别将蜡粒中的油和低熔点蜡溶解并被抽出，达到蜡脱油的目的。

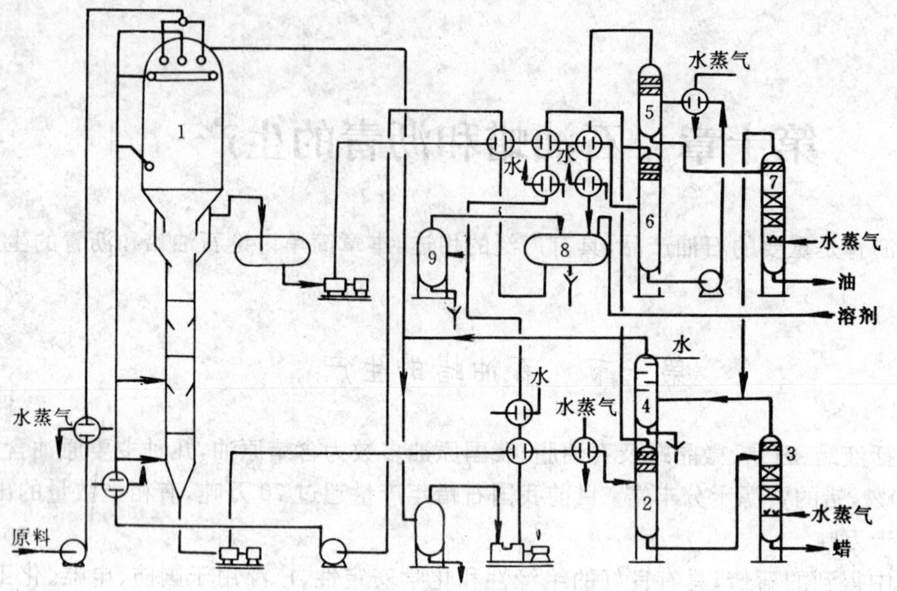

图 2-103　丁烷喷雾蜡脱油生产石蜡工艺流程图

1—喷雾-抽提塔；2—蜡溶剂蒸发塔；3—蜡汽提塔；4—溶剂水洗塔；5—油溶剂高压蒸发塔；6—油溶剂低压蒸发塔；7—油汽提塔；8—溶剂罐；9—脱水罐

从图 2-103 可见，喷雾-抽提塔上下直径不同。直径最大的上段为喷雾气化的空间，称为喷雾塔，中段的直径稍小，是下段抽提塔的膨胀段，下段细高的是抽提塔。原料用泵抽送，经蒸气加热器加热到高于原料熔点 10℃ 以上，进入喷雾-抽提塔顶部的喷头，在 0.7～1.0MPa 压力下雾化成细小液滴，落入雾化塔的气相空间内。丁烷溶剂经换冷和氨冷到 -3℃ 左右，分三路进入喷雾-抽提塔：一路从塔底进入作为抽提溶剂，一路从塔顶进入，作为致冷剂，第三路从抽提塔侧进入，作为冲洗塔壁以防挂蜡的溶剂。喷雾塔内压力为 0.1～0.12MPa，丁烷溶剂不断蒸发，使喷雾塔内充满了冷溶剂的气流。已雾化的原料液滴，在下降过程中与冷气流接触，逐渐固化成为固相蜡粒。固相蜡粒下降落入喷雾塔的锥形底部，与溶剂一起进入抽提塔，即塔-1 中部。

当蜡粒与溶剂一起流入抽提塔的膨胀段后，因蜡粒密度大于溶剂，蜡粒继续下降。与塔下部进入的抽提溶剂进行逆流液固抽提。在抽提塔的上中下缩口处分别形成蜡粒层，以增加蜡粒在溶剂中的抽提时间，提高蜡脱油效果。蜡粒经过沉降分离，从抽提塔底用泵抽出，送入蜡回收系统。

从抽提塔底抽出的脱油蜡，含有一定量溶剂丁烷，必须脱除。脱油蜡经换热和蒸气加热到 130℃ 左右进入蜡溶剂蒸发塔 2，蒸出大部分溶剂，然后再经过蜡汽提塔 3，进行汽提，脱除全部溶剂后，即得产品脱油蜡。

喷雾-抽提塔 1 内抽提后的含油溶剂，在膨胀段与上部下来的喷淋溶剂会合，一起从膨胀段上部抽出，进入双效蒸发的溶剂回收系统。含油溶剂经换热达到 40℃ 左右进入低压蒸发塔 6，蒸出部分溶剂后，再用水蒸气加热到 130℃ 左右后进入高压蒸发塔 5，蒸出大部分溶剂。残余溶剂由汽提塔 7 汽提除去，得到蜡下油。

塔 5 溶剂蒸气先加热塔 6 进料，而后用水冷凝后进入溶剂罐；塔 2 塔 6 的溶剂蒸气经换热水冷后先进脱水罐脱水，然后进入溶剂罐。塔 3、塔 7 溶剂蒸气及汽提水蒸气一起进入水洗塔

4，水蒸气冷凝后被除去，与塔1的溶剂蒸气会合进入脱水罐脱水然后用气体压缩机加压到0.4～0.6MPa，并冷凝、脱水后循环使用。

（三）无溶剂制蜡工艺

无溶剂制蜡工艺即压榨脱蜡-发汗脱油工艺，在我国燃料型炼油厂还保留使用，目前主要用常压三线和减压二线含蜡馏分油生产商品石蜡和皂用蜡，同时得到较低凝点的柴油。

压榨脱蜡是将原料油置于套管结晶器中用液氨冷却、使蜡结晶析出，然后用板框压滤机过滤，使油和蜡分离，得到蜡饼。

所得蜡饼中含油，必须脱油才能满足商品石蜡对熔点和含油量的要求，通常采用发汗工艺进行蜡脱油。蜡料在加热发汗时，因温度升高，使一些熔点较低的蜡熔化成液体，蜡中油的粘度也随温度升高而降低，两者慢慢地从蜡结晶所形成的毛细管中流出。因流出速度很慢，此过程类似出汗，所以称为发汗工艺。

影响发汗过程的关键因素是蜡结晶中毛细管的大小和蜡中油的粘度，因此蜡结晶的形态十分重要，所以结晶是发汗的关键。为防止因原料变重使油粘度增大和蜡结晶变小，影响发汗，发汗原料以95%馏程不大于470℃为宜。

根据发汗时所用设备不同，发汗装置分为立式罐发汗和翅片皿式发汗两种，以立式罐发汗为主。其流程见图2-104。

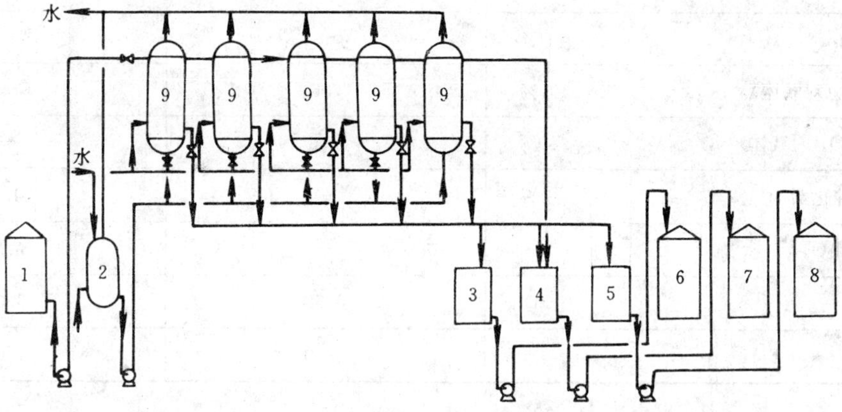

图2-104 立式罐发汗蜡脱油流程示意图

1—原料储罐；2—温水罐；3—一蜡罐；4—二蜡罐；5—精蜡罐；
6—一蜡储罐；7—二蜡储罐；8—精蜡储罐；9—立式发汗罐

根据含油蜡质量和发汗时温度的高低，可以得到不同熔点的蜡。发汗操作分为冷却、升温和化蜡几个步骤，因此通常一套发汗装置中有十几台发汗罐，以便轮换操作。

翅片皿式发汗主要设备是一个长方形发汗盘，其操作与立式罐发汗相似，因其钢材耗量大，新建装置已不再采用。

二、石油蜡的精制

商品蜡为白色或微黄色结晶。如果润滑油料在脱蜡前未经精制或精制深度不够，蜡中就会因含有硫、氮、氧化物及胶质、沥青质等物质而颜色发黄，甚至发黑。因此生产商品蜡时，必须进行脱色精制，才能得到颜色稳定的商品蜡。

石油蜡的精制通常采用活性白土吸附精制和加氢精制两种方法。

白土精制方法是将活性白土与熔化的蜡混合均匀，反应一段时间后，原料蜡中带色的、有异味的及易变质的各种杂质即被白土吸附，经过滤除去废白土，即可得到精制蜡产品。石蜡的白土精制工艺流程与润滑油白土补充精制流程类似。

石油蜡（石蜡、微晶蜡、石油脂）的加氢精制是在临氢条件和催化剂作用下进行加氢脱硫、脱氮、脱氧和烯烃、芳香烃饱和的过程。现正逐步取代白土吸附精制工艺。

石蜡加氢需要一种反应条件较温和而又能达到深度精制目的的高活性催化剂；微晶蜡则因原料馏分重，组分复杂，硫、氮、氧含量高，加氢精制条件要求较苛刻，所用催化剂有所不同。我国已发展了蜡系产品加氢精制专用催化剂，可以满足不同蜡的加氢精制要求。

石蜡加氢专用催化剂的特点是活性金属含量较高、微酸性载体、适当的粒度和较大的孔容，较大的孔径使蜡的大分子能自由到达催化剂内表面。微晶蜡加氢催化剂以 αAl_2O_3 为载体、钨、钼、镍为金属活性组分。它们的主要物化性质列于表 2-71 中。

表 2-71　石蜡和微晶蜡加氢催化剂的物化性质

项　目		物　化　性　质	
		石蜡加氢催化剂	微晶蜡加氢催化剂
组分　MoO_3	%	18.54	9.3
NiO	%	4.85	5.9
P	%	1.82	—
WO_3	%	—	23.3
SiO_2（对载体）	%	7.5	—
Al_2O_3（对载体）	%	余量	—
助催化剂	%	—	4.9
α-Al_2O_3	—	—	余量
孔容积	ml/g	0.58	0.35
堆积密度	g/ml	0.70	1.04

三、石蜡成型

商品石蜡一般制成固定的板状，每块重约 5kg。我国炼油厂的石蜡成型方法基本上已由旧的板框式成型改为自动链盘式连续成型。

链盘式石蜡成型装置主要由链盘式成型机、冷冻系统、冷室、扩散器和输送带等组成。

根据不同蜡的熔点，将加热到高于蜡熔点 8～10℃ 的石蜡送到定量给料器中，链条输送带上的不锈钢蜡盘在装蜡之前先通过电加热段，由定量给料器向每个蜡盘中注入 5kg 石蜡，然后由链条输送带送入 0℃ 左右的恒温冷却室，层层平行向上移动进行冷却。

冷却室温度由经过氨冷却器冷却的空气作为冷却剂进行控制。一般控制冷风温度为 0～5℃，并相应调节输送带的运动速度，蜡块冷却到 25～28℃ 时成型结束，蜡盘在冷却室内停留时间约 2h。蜡盘在冷却室出口处翻转，蜡块在 30～35℃ 下从盘中脱落，由蜡板皮带输送机送到包装机进行包装。

第二节 沥青的生产

石油沥青是一种重要的石油产品，广泛用于道路建设、建筑、水利工程、电气绝缘和防腐等方面。我国已能生产道路沥青、建筑沥青、专用沥青和乳化沥青等系列产品，基本满足国民经济发展的需要。

根据我国石蜡基和含蜡中间基原油多的特点，我国已开发了一条溶剂抽提-氧化-调合从高蜡原油生产沥青的工艺路线；同时利用近年来开采较多的环烷基和中间基富含胶质和沥青质的粘稠原油，采用常规的蒸馏方法，生产各种优质沥青产品。

一、沥青的组成和性质

石油沥青是由烃类和非烃化合物构成的复杂混合物。其碳元素含量高，氢含量相对较低，此外还含有高度缩合的含氧、含硫、含氮、多环类化合物；石油中的微量元素如铁、镍、钒、铜、锑等，也大都集中在沥青质和胶质中。

石油沥青的化学组成十分复杂，且随原油性质和加工条件而异。采用液相色谱和溶剂分离方法可将沥青分为饱和烃、芳香烃、胶质和沥青质四类，称为四组分组成。一般认为石油沥青都是由这四种组分以不同比例组成的稳定的胶体体系。以沥青质为中心，周围吸附了胶质形成胶束，胶束作为分散相分散在由饱和烃和芳香烃组成的分散介质中。四组分的组合比例、胶束在分散介质中的分散度均极大地影响沥青的性质。

沥青的主要使用性质是针入度、软化点、延度，也是生产中主要控制质量的指标。

二、石油沥青生产工艺

石油沥青生产方法有多种，如蒸馏法、氧化法、溶剂法、调合法、乳化沥青和改性沥青等。现简介如下：

（一）蒸馏法

选择环烷基原油或其它合适原油，用蒸馏方法直接生产石油沥青是最简便、最经济的方法。但因方法限制只能生产软化点低的道路沥青。

生产沥青的蒸馏过程与一般原油的常减压蒸馏无原则差别。其减压侧线产品一般只作裂化原料油和燃料油，分馏要求不高。为提高沥青软化点，需提高减压塔拔出率，采用三级抽真空器及干式减压塔以降低闪蒸段的压力。

（二）氧化法

氧化法是将软化点低、针入度及温度敏感性大的减压渣油或溶剂脱油沥青或它们的调合物，在一定温度条件下通入空气氧化，改变其组成，使软化点升高、针入度和温度敏感性减小，以达到沥青的质量要求。

通过改变原料组成和氧化条件，可以生产道路沥青、建筑沥青及其它专用沥青。

目前除生产一些特殊沥青使用釜式氧化方法外，均采用塔式氧化工艺，典型的塔式氧化沥青装置流程见图 2-105。

原料油经尾气焚烧加热炉 1 进行预热后进入氧化塔 2 中部，与从塔下部吹入的压缩空气逆流接触氧化。氧化产生的气体和水蒸气从塔顶升气管进入冷却塔 4，经水冷、气水分离后，尾气引入焚烧加热炉 1 燃烧，污油和污水去污油系统。塔底沥青用泵抽出去沥青成型机。此流程的特点是灵活性大，既可单塔连续氧化，又可多塔串联氧化，必要时，还可以单塔间歇氧化，生产批量小的特殊产品。

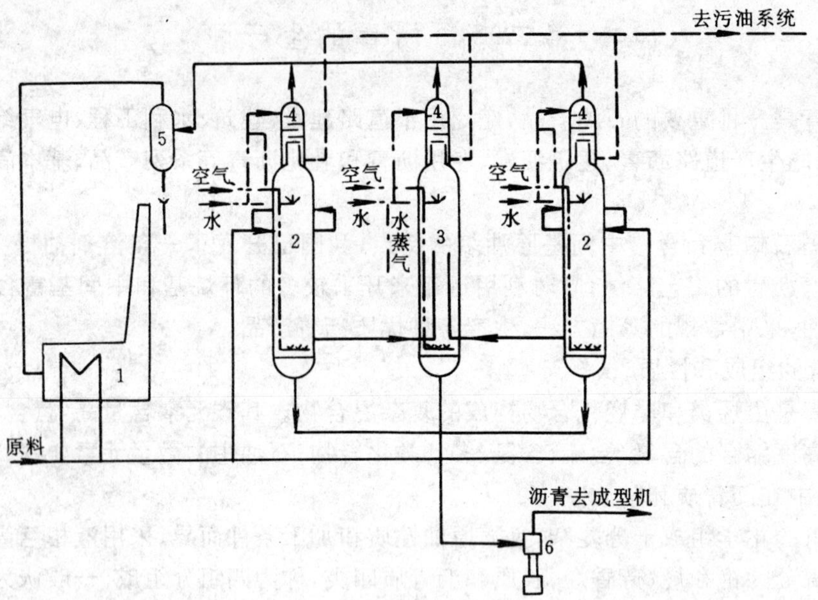

图 2-105　双塔式氧化沥青原理流程图

1—尾气焚烧加热炉；2—氧化塔；3—降温塔；4—冷却塔；5—尾气分水罐；6—沥青泵

塔式氧化沥青装置生产沥青具有效率高、生产连续、自动化程度高、压缩空气量省、燃料消耗低、环境污染小等优点，得到广泛应用。

(三) 溶剂法

实践证明，仅用蒸馏法和氧化法不可能从石蜡基原油中生产出各种合格的沥青产品。石蜡基原油的减压渣油中含有大量石蜡烃，作为沥青产品，其稠度、软化点和延度都不符合道路沥青的质量要求。即使用这种减压渣油进行氧化制取建筑沥青，由于其中的饱和烃基本上不被氧化，而芳烃和胶质大量氧化成沥青质和炭青质，从而使所得到的建筑沥青胶体性质不好而易龟裂。

溶剂法是利用溶剂对渣油中不同组分溶解能力的差别，从渣油中分离出富含饱和烃和芳香烃的脱沥青油，同时得到以胶质和沥青质为主的浓缩物。脱沥青油的残炭低，重金属含量少，是催化裂化和残渣润滑油生产的良好原料；胶质和沥青质浓缩物可以直接或通过调合或氧化等方法，生产出各种规格的道路沥青和建筑沥青。

目前溶剂法已成为我国从石蜡基原油生产道路沥青和建筑沥青的主要方法。

溶剂抽提脱沥青原理和工艺流程等在本篇第九章第一节已讨论，本处不再复述。

(四) 调合法

调合法生产沥青是根据不同沥青质量要求，调整构成沥青各组分间比例，得到合乎质量要求的沥青产品。此方法扩大了原料来源，增大了生产灵活性，更有利于提高沥青质量。

优质沥青的组成大致为：饱和烃 13%～31%(m)、芳香烃 32%～60%(m)、胶质 19%～39%(m)、沥青质 6%～15%(m)、含蜡量小于 3%(m)。

常用的调合法生产沥青是先生产出软、硬两种沥青组分，然后根据用户需要，用罐式调合或在线调合方式，调合出符合需要的沥青。

(五) 乳化沥青

沥青与水、乳化剂及其它化学品，通过机械搅拌、混合，剪切，促沥青以 2～10μm 直径的颗粒，均匀、稳定地分散到连续的水相中，形成稳定的乳状液，称为乳化沥青。

乳化沥青可以在常温下储存、运输和施工。因此能有效的简化施工过程、节省燃料和沥青，减轻对环境的污染，广泛用于筑路、防水、防渗等多种场合。

乳化沥青的生产是将乳化剂和其它化学药物溶于水中。经加热到一定温度后由泵送出与已加热的沥青一起，按一定比例同时进入静态混合器，在 0.5～1s 的时间内通过混合器，器内的混合元件使流体多次破碎、混合，完成乳化过程。从混合器出来的乳化沥青经中间罐送至成品罐。

（六）改性沥青

为使沥青具有更好性能，特别是具有更好的低温柔性和高温稳定性，可向沥青中加入某些物质使其改性，得到改性沥青。我国常用的沥青改性材料有氯丁橡胶、丁苯橡胶、聚乙烯等。不同类型和数量的高分子材料，对沥青性能有不同程度的改善。例如用丁苯橡胶改性的道路沥青，具有较好的高、低温性能，可用于剪切力大和载荷重的路面，如机场跑道、坡道、桥面、寒区和热带的干线公路等。

改性沥青国内主要采用干胶-溶剂法和胶乳法生产。干胶-溶剂法是以芳香烃为溶剂，预先溶解橡胶制成橡胶溶液，将沥青与橡胶溶液混合均匀，然后再回收溶剂，此方法的投资和操作费用均较高。胶乳法工艺过程比较简单，只需要控制好沥青调合罐的温度和胶乳的加入量，混合均匀后就可以得到改性沥青。

第十一章 润滑脂的生产

润滑脂是液体润滑剂和稠化剂构成的一种胶体分散体系。稠化剂胶团均匀地分散在液体润滑剂介质中，当胶团分散微粒的大小为1～100μm时，即可形成稳定的胶体分散体系。

第一节 润滑脂的组分

润滑脂由液体润滑剂、稠化剂和添加剂等构成，其中75～95%为液体润滑剂，又称为基础油。基础油可以是润滑油或合成润滑油(如双酯、硅油等)。润滑脂的润滑性能主要决定于基础油的特性。稠化剂的作用是稠化基础油，它形成网状或其它形式结构，把基础油包在结构中，使整体成为油膏状物质，稠化剂本身也有一定润滑和抗压作用。为改善润滑脂某些使用性能，须加入各种添加剂，如抗氧剂、防锈剂、极压抗磨剂、增粘剂等，一般对润滑油使用有效的添加剂，都可用于润滑脂。为使基础油和稠化剂结合稳定，还需加入稳定剂，稳定剂又称胶溶剂，常用的有水、甘油和低分子有机酸盐等。

润滑脂中的稠化剂分为皂基和非皂基两大类。皂基稠化剂主要为碱金属或碱土金属的脂肪酸皂或复合皂，如钙皂、钠皂、钙-钠皂、锂皂、铝皂、铅皂、复合钙皂、复合锂皂和复合铝皂等。非皂基稠化剂又可分为有机、无机和烃类稠化剂三种。有机稠化剂有对苯二酸酰胺盐类、聚脲、阴丹士林和酞菁铜聚合物、聚四氟乙烯等；无机稠化剂有活化膨润土、改质硅胶、二硫化钼、炭黑等；烃类稠化剂主要是地蜡和石蜡。

不同稠化剂制成的润滑脂，分别以稠化剂来分类，即分为皂基脂(如钙基脂、钠基脂……)、有机脂、无机脂和烃基脂等。

第二节 润滑脂的生产

润滑脂的生产方式，分为间歇式和连续式两大类。因为润滑脂品种繁多，批量不大，间歇法有利于品种的变更，所以目前世界上绝大部分润滑脂是用间歇法生产的，我国的润滑脂生产也大都采用间歇法。

润滑脂的种类不同，制备方法各异。虽然影响润滑脂的生产因素很多，但基本的制脂方法是一个分散、均化过程，即把固态的稠化剂均匀分散在基础油中，使其成为稳定的均一分散体系。不同的稠化剂其形状不同，有的呈短细状纤维(钙皂)、有的呈不规则片状(铅皂、活化膨润土)等，在制备润滑脂时，其分散方法应不同，分散条件也有所差别。以生产皂基润滑脂为例，制脂需经历如下工序：

(1) 皂化工序　在制脂釜中将脂肪原料置于部分基础油中与碱反应生成皂基稠化剂；

(2) 分散工序　采用适当方法使稠化剂与基础油形成均一分散体系；

(3) 后处理工序　包括均化、脱气等工序，以改善最终产品的外貌和使用性能。

制造无机脂可省去皂化工序，简化了制皂工序。

分散工序是润滑脂制备的关键工序，分散方法应视稠化剂和基础油的特性来选择，常用的分散方法有三种：

一、凝聚法

凝聚法是使稠化剂先在较高温下溶于分散介质（基础油）中，形成真溶液或溶胶，然后在冷却过程中凝聚成皂晶纤维，形成合适的纤维结构，把分散介质固定住。绝大多数润滑脂都是用这种方法制造的。

凝聚法是皂的再结晶过程。高温时，皂以个别分子或少数分子的聚集体形式分散在基础油中；当温度降低时，皂分子的热运动幅度减小，皂分子相互吸引形成由很多分子构成的皂晶纤维，这些皂晶纤维形成结构骨架。

制造皂基脂常从制皂开始，即用脂肪酸或脂肪与相应的碱反应生成皂。为加速皂化反应，常采用较大浓度的碱液和较高的温度；为便于皂在基础油中分散，在皂化时加入一部分基础油，加入量一般稍多于脂肪的重量。基础油如加得过少，不利于皂在后加的基础油中分散；但加得过多，会影响皂化速度。

皂化完成后，用升温的方法除去多余的水，然后加入剩余的基础油。在加入基础油时，必须保持规定的温度，加油速度应保证皂和油随时都处于均匀状态。

基础油-皂体系的冷却，这个冷却过程直接影响生成皂晶纤维的形状和大小，对于脂的制造是非常重要的。

冷却后的成品加入添加剂后，再经后处理工序，如滤去机械杂质、经剪切器剪切、使油皂均化、真空下脱去脂中空气等。

以锂基脂生产工艺为例，说明其生产工艺流程，该流程包括：脂肪酸、氢氧化锂和部分基础油进行皂化──→熔化──→用部分基础油急冷──→用基础油和添加剂调合──→均化──→过滤──→脱气──→成品等步骤。

由于皂化和调合设备的类型很多，因此有多种生产锂基润滑脂的方法，如常压釜法、接触器法、管式炉法和循环法等，其中使用较多的是常压釜法和循环法。图 2-106 给出循环法制脂的流程。

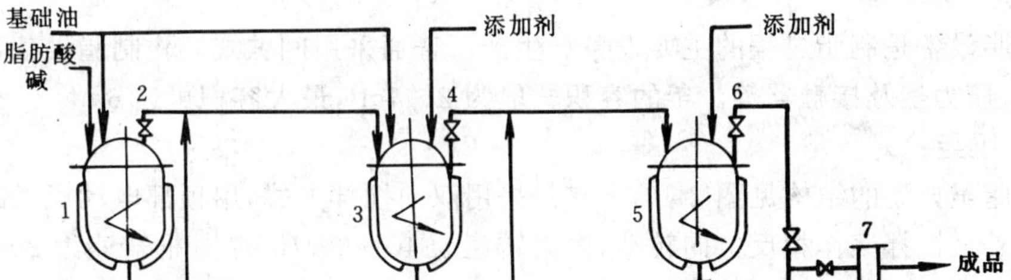

图 2-106　循环法制脂流程示意图

1—皂化反应器；2，4、6—剪切器；3—冷却釜；5—调合脱气釜；7—过滤器

循环法是根据"喷雾闪蒸"、"快速分散"、"膨胀脱气"等原理，在润滑脂制造工艺中，全过程实行循环操作。包括循环剪切皂化、喷雾脱水、循环剪切均化、循环脱气等。生产锂基脂时的循环法工序为：

1. 皂化　将羟基脂肪酸和占总量 1/3 的基础油加入皂化的反应器，升温、搅拌，在 85～90 ℃时加入氢氧化锂溶液，用泵循环剪切。

2. 脱水　皂化完成后，温度升到98～105℃，使物料进行喷雾闪蒸脱水，温度达到150～160℃时，加入部分基础油，继续升温到210～220℃，使锂皂全部熔化。

3. 冷却、剪切、均化　将物料转移到冷却釜冷却，加添加剂；在130～135℃时，物料循环剪切均化。

4. 脱气　物料用泵送到调合脱气釜，加添加剂，调整稠度，物料经剪切器继续循环均化，同时在80～81.3kPa真空度下，循环脱气30min，即可得成品。

此工艺中影响质量的主要因素为冷却速度、剪切温度、剪切时间及脱气工艺条件。

循环法制脂具有适用性广、操作灵活性好，便于操作等特点，获得较广泛的应用。

二、分散法

分散法是把已具有胶体粒子大小的稠化剂，借助化学力和机械力分散到基础油介质中去，形成结构，使整体形成稳定的分散体系。

分散法通常采用胶体磨来进行，很多固体和矿物油一起通过胶体磨进行研磨，都可以得到高度分散的体系。但如果固体物质的粒子表面无亲油性，则形成的体系稳定性差，很易分为固、液两相。分散法可以制得分散很好的皂基脂，但皂在油中的分散，很少用此方法。分散法主要用于制备膨润土、炭黑、硅胶、云母、石棉等为稠化剂的无机脂。

三、气凝胶法

气凝胶法主要用于皂基合成油润滑脂的制造，实质上它是凝聚法和分散法两种方法的结合。

先用凝聚法使皂在选定的烃基矿物油中形成皂晶纤维，然后在压力下用丙烷洗掉矿物油，继而在减压下蒸掉丙烷，留下皂的纤维骨架(即称为气凝胶)。将气凝胶与合成润滑油一起经过胶体磨研磨，便可以得到合成润滑脂。

第三节　润滑脂生产的主要设备

生产润滑脂的工艺中所使用的特殊设备有皂化制脂设备和研磨均化设备。

一、皂化制脂设备

皂化制脂设备是制脂过程的主要设备。生产厂普通采用间歇式皂化制脂设备，有常压釜、三重搅拌釜、压力釜及接触器等。釜的容积一般为2～4m^3，最大容积可达6m^3。

(一) 常压釜

常压制脂釜典型的结构见图2-107。它是采用双向搅拌方式，用顶部电动机经减速机带动内搅拌桨与外框搅拌桨作相反方向转动，内桨转速为40～60r/min，外框转速为20～40r/min。制皂釜用优质碳钢制造，外壳有夹套，可供加热或冷却时通入液相介质之用。一台容积为4m^3的釜，其直径为1.6m，传热面积为10m^2，每批可生产2～2.5t润滑脂。

(二) 三重搅拌釜

三重搅拌釜是改进双向搅拌制脂釜后发展起来的一种结构先进、效率高的设备。用刮边器组合件、双向桨臂和高速叶轮搅拌器组成搅拌系统，用顶部和底部三台电动机驱动。工作时，三组搅拌器使物料上、下、左、右循环对流。加上釜底是半球形结构，从而使物料在釜内获得充分接触和混合，其传热效率是单向或双向搅拌常压釜的4倍，可节省操作时间30～50%。

(三) 压力釜

加压制脂釜又称压力釜，结构与常压釜基本相同，釜体耐0.5～0.8MPa压力。压力下皂化，可缩短皂化时间，提高生产效率。

（四）接触器

接触器是带夹套的压力容器。器内装有一个双层壁的导流筒，底部装有一个高速推进叶轮。物料沿导流筒流向底部的推进叶轮，叶轮转动迫使物料向上流动，经容器内壁与导流筒间的窄缝，再从导流筒内壁流向推进器叶轮，进行循环。由于叶轮的剪切作用、物料高速循环及比常用制脂釜更大的传热面积，使物料充分接触、混合均匀，大大缩短了皂化加热时间。实践表明，与常压釜相比，一台 $2m^3$ 接触器，每批制备 1～1.2t 皂基，完成皂化、脱水、升温过程的时间由 5～5.5h 缩短到 1.5～2h。

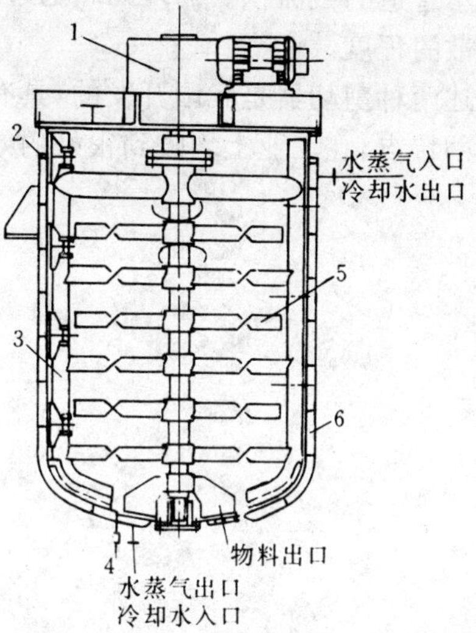

图 2-107　双向搅拌常压皂化制脂釜结构图

1—减速机；2—刮边器；3—外搅拌器；4—温度计插座；5—内搅拌浆；6—夹套

二、研磨均化设备

研磨均化设备主要有胶体磨、均化器、循环剪切器和孔板剪切器等。

（一）胶体磨

高速胶体磨是由一对作相对高速转动的磨盘构成，两磨盘间的间隙可以调节。当物料通过两个磨盘间的间隙时，因受到高速强力的剪切作用而均匀分散。

胶体磨有立式和卧式两种，磨盘为锥面状，用合金或金刚砂制造。JIM180 型立式胶体磨，其转齿最大直径为 180mm、转速为 3000r/min，由一台 3kW 电动机驱动，最大处理能力为 3.6t/h。

（二）均化器

均化器广泛用于制造各种皂基脂和膨润土润滑脂。

均化器是通过高压泵将物料压送通过均化阀中一个可调节的缝隙，高速冲击到一硬质合金环上，释放压力，由于强烈的冲击、挤压与喷射作用使物料得到均匀化。

均化过程会使脂温升高，在 13～34MPa 压力范围内均化时，温升为 5.5～27.7℃。因此用均化器加工皂基脂时，为保证产品结构不被破坏，必须控制润滑脂入口温度和均化引起的温升值之和低于所生产皂的熔点。

国内使用的均化器的最高压力为 18～34MPa，处理量为 0.82～6.0m^3/h。

（三）变速调压式循环剪切器

变速调压式循环剪切器兼有胶体磨旋转研磨分散和均化器缝隙喷射分散的优点。在使用中可任意调压和变速，既可静态使用，也可动态使用，比一般的阀式剪切、孔板剪切分散效果更好。

它由研磨器、调压装置和变速机构三部分组成。研磨器类似胶体磨，有一对作相对运动的转盘，其转速和研磨器转盘间的间隙分别通过变速装置和调压装置进行调节。物料通过剪切器时，因受压力、旋转、挤压与喷射作用而得到有效的分散。

（四）孔板剪切器

在直径为 80～125mm、厚度为 2～7mm 的金属板上，按一定次序排列若干个直径为 0.5mm、0.8mm 等不同孔径的小孔。将此孔板安装在循环管道的扩径部分，孔板的孔面积之和应不小于管道的截面积。循环物料通过孔板时得到均化,通过更换不同孔径的孔板,可以改变剪力分散的程度。

上述两种剪切器是我国开发的,具有结构较简单、操作方便、分散效果好、可以直接安装在管道上的特点,在工业上均收到很好的效果。

第十二章　炼油厂的节能

在石油加工的整个过程中要消耗大量的能量，所消耗的各种形式的能量主要来自于燃料和电力。1988 年我国炼油工业每加工 1 吨原油平均能耗是 2900MJ，折合成原油占原油总加工量的 6.94%，可见能耗是很大的。因此炼油厂的节能，可以直接增产石油产品、降低加工成本，关系到石油资源的合理利用和企业的经济效益。

炼油生产是连续的多工序加工过程，各个生产过程和设备在能量的转换、传递、利用和回收等过程中都是相互联系或相互制约的，因此节能技术必须贯穿在生产的全过程中。节能工作必然涉及生产各部门和各个环节，不仅包含在各项技术措施之内，还体现在所有生产操作和技术管理之中。

对整个炼油过程的用能状况进行科学的分析评价是节能工作的基础。采用建立在热力学第一定律基础上的能量平衡分析和建立在热力学第二定律基础上的　平衡分析两种方法，分析能量利用的合理程度，找出节能潜力和节能改造的方向。在能源管理中，运用生产统计数据计算综合能耗，采用一定的能耗指标来确定生产装置的节能目标。

在炼油工业的能耗中，生产装置所消耗的能量约占 75%，因此，常减压蒸馏装置、催化裂化装置及催化重整、延迟焦化和酮苯脱蜡等生产装置是节能改造的重点。从 1978 年到 1988 年年的 10 年中，上述五个装置曾多次进行节能改造，使我国炼油厂主要装置的总能耗有了大幅度的下降，它们的能耗平均总降低率依次达到 53.3%、31.6%、22.6%、51.0%和 41.2%。

我国炼油厂的主要节能措施有全面综合优化、改进工艺过程、改善操作条件、提高设备效率、合理利用水蒸气、加强能量回收、回收利用低温热量、减少能耗损失和计算机监控管理等九类。

一、全面综合优化

全面综合优化技术是很重要的技术概念，它是应用系统工程的方法处理节能工作中的局部与全局关系，研究和改进全厂综合用能合理化的技术，其关键是着眼全局、统筹安排。它主要包括两方面内容：

（一）各种用能过程和设备进行广泛的联合。这种联合可以是工艺装置内部的各单元过程之间、设备之间，也可以是装置之间，甚至是工厂之间、企业与社会之间。各种联合均会增加流程、设备、操作控制系统及运行管理的复杂性，因此必须统筹考虑以下各点：(1) 能量匹配适当；(2) 保证稳定操作、生产安全；(3) 经济效益好；(4) 运行管理的灵活性。总之，以取得最好技术经济效益为目标进行优化选择。

（二）提高能源利用的总体效率。进行能量平衡和㶲平衡的综合分析，找出全面节能的最佳技术方案。如热电联产技术、全厂蒸气动力平衡及优化技术、低温热利用技术原则及能量排入环境的温度指标等，从而建立能源利用的总体优化体系。

二、改进工艺过程

改进工艺过程是炼油生产装置节能的重要手段，包括改进工艺流程、采用节能新工艺、新技术及采用新型催化剂、溶剂、助剂等。其作用是减少工艺过程对能量的总需要量。

我国采用的主要改进工艺流程措施很多，例如：采用联合装置进行交叉换热、取消中间冷却；常压蒸馏采用初馏塔流程，当初馏塔拔出6～8%(v)时，常压炉热负荷可降低5～10%；优化回流取热方案，增加高温位取热比例，提高热回收率；重整中利用预加氢生成油、二甲苯塔顶油气混合物的热量等等，这些均取得了明显的节能效果。

三、改善操作条件

改善操作条件是不需要大量投资而又便于推广和易见成效的节能措施，其前提是必须保证产品质量。因此必须加强管理，配置先进适用的监测调控手段，具体有：

（一）控制和调整过气化度。实践证明，常压塔的过气化度提高1%，使常压炉负荷增加2%。因此，常压塔的过气化度不能过高，一般应控制在2%～3%，此时可降低常压炉出口温度。

（二）通过优选方法控制调整蒸馏塔的回流比为最佳值。如催化重整装置的预分馏塔，在保证质量的前提下，回流比由4.7降到1.2，使该塔节能达74.4%。

（三）氢油比的控制调节。催化重整、加氢精制等装置进行优化选择氢油比，可以节约用电。如某催化重整装置的氢油比降低13%，可使装置能耗降低3%。

（四）蒸馏塔、反应器等温度、压力的优化，可以降低电力和燃料消耗。

四、提高设备效率

结合工艺过程改进，应一并考虑提高设备效率，这是一项重要的节能措施。例如：

（一）加热炉　加热炉进行转换和消耗的能量约占炼油厂综合能耗的1/3，因此加热炉是炼油厂节能的重点。采用了诸如强化燃烧、改善传热、减少散热损失、加强烟气热量回收、减少排烟热损失和采用高效监测仪表、实行微机控制管理等各项技术措施后，使我国炼油厂中热负荷大于40000×10^6kJ/h的加热炉的热效率一般均大于85%，部分已达到90%。

（二）分馏塔　开发应用高效塔板和填料，在塔板数不变的情况下，可降低回流比，从而减少进塔总热量。

（三）换热器　采用新型高效换热设备，提高总传热系数，可减少传热面积，减少热损失。

（四）空冷器　采用自动调角引风式空冷器、增湿空冷器和蒸发式空冷器，可提高冷却效率和降低电力消耗。

（五）机、泵设备　应用各种调速技术和设备，根据全厂气-电平衡调整拖动设备（如蒸气透平或电动机）的负荷等以改善操作控制，提高机、泵的实际使用效率。

五、合理利用水蒸气

炼油厂使用大量水蒸气。对水蒸气的生产、输送、使用和回收利用等过程采用有效的节能技术是炼油厂节能的重点之一。主要措施有提高转换效率，降低供气能耗；充分利用水蒸气能级，实行分级供气；改善用气状况，减少水蒸气消耗；合理使用伴热水蒸气或热水，加强冷凝水的回收等。

六、加强能量加收

加强炼油厂中各种能量的回收，可使节能取得明显的效果。如：催化裂化再生过程中能量的回收，其中包括再生器内或外取热、烟气轮机回收再生烟气压力能、利用CO锅炉或余热锅炉回收烟气热能等多种组合形式。各种组合形式的节能效果不同，当完全再生时，余热锅炉可回收热量7.5MJ/kg焦，降低能耗360MJ/t；烟气轮机回收的功率可能达到主风机消耗功率的0.7～1.3倍。又如从各工艺过程中回收不同温位的热量和压力能，均能取得良好的节能效果。

七、回收利用低温位热量

生产过程中使用的能量，除小部分由产品带出外，绝大部分由高温位能量变为低温位能量，以各种形式排放到环境中而损失掉。如150～200℃油品的热量经空冷或水冷排入大气；压力<0.3MPa的乏汽和凝结水直接排入环境；<400℃的烟道气排入大气以及设备、管线的散热等等。除散热可通过改善保温使其减少外，其它能量均可设法回收。

回收方法有：用于预热原油和各种工业用水；采暖、生活供热；预热加热炉用空气；工艺和仪表管线伴热；发生低压蒸气；作轻烃装置再沸器热源；原油和其它重油罐的保温加热等。还可以通过热泵、吸收制冷及发电等措施将低温位热源升级利用，已取得很大的节能效果。

八、减少能量损失

设备和管线的散热损失是炼油生产中能量损失的主要形式。近年来，保温技术得到很快发展，在正确选择保温和外护材料、确定经济的保温厚度和合理的保温结构等方面，取得很大进展，并注意提高保温工程的施工质量和经常的检修维护，使原来占炼油厂总能耗15%的散热损失下降到近年的7～8%左右。

此外，炼油厂的低压燃料气经火炬放空造成的能量损失也很大。为减少此损失，可采取以下措施：提高装置稳定操作水平、搞好燃料气管网的平衡和管理、增设低压气体回收系统、用作锅炉和加热炉燃料和采用新型火炬等。

九、计算机监控和管理

采用计算机实现监控、调节、优化操作参数，保证生产过程在优化状态下运行。计算机监控已成功地用于加热炉的支路平衡控制和燃烧约束控制、炼油生产过程的节能控制等方面。某厂在采用计算机控制管理系统后，使常减压装置的加热炉效率提高了3%，过气化度由8%下降到3%，炉出口温度降低了7℃。可见节能效果是十分明显的。

目前，我国炼油工业已建立了节能管理体系、责任体系、考核体系和计量管理体系，以加强宏观控制，实现节能计划目标管理。开发了用于全国炼油厂的能源消耗的计算机管理系统软件，使用结果表明，可以提高效率和精度，通过宏观分析指导和微观实践检验相结合，促进了节能工作深入发展。

参　考　文　献

1　侯祥麟主编. 中国炼油技术，北京：中国石化出版社，1992.

2　北京石油设计院编．石油化工工艺计算图表，北京：烃加工出版社，1985.

3　石油化工科学研究院编. 石油及石油化工标准汇编，北京：中国标准出版社，1988.

4　中国石化总公司发展部产品标准处和石油化工科学研究院标准化管理室编，石油及石油化工产品标准汇编续编，北京：中国标准出版社，1993.

5　林世雄主编. 石油炼制工程(上册和下册)，第二版. 北京：石油工业出版社，1988.

6　孙晓风主编. 中国炼油工业，北京：石油工业出版社，1989.

7　李淑培主编．石油加工工艺学(中册)，北京：中国石化出版社，1991.

8　程之光主编．重油加工技术，北京：中国石化出版社，1994. 421～426.

9　寿德清编．储运油料学，山东：石油大学出版社，1988.

10　欧风编．石油产品应用技术，北京：石油工业出版社，1983.

11　张建芳、山红红编. 炼油工艺基础知识，北京：中国石化出版社，1994.

12　刘治中编. 油料应用学，北京：金盾出版社，1984.

13　石油产品标准化技术归口单位编. 石油和石油产品试验方法行业标准(上册和下册)，北京:中国标准出版社,1993.
14 寿德清、王从岗等.我国石油馏分十种物性的预测方法,炼油设计.1993.23(3).
15 寿德清等.国产石油物性研究的进展,石油大学学报(自然科学版)17(增刊).1993.
16 Edmister W·C.,et al., Applied Hydrocarbon Thermodynamics. 2nd ed. Houston, Texas: Gulf Publishing Company,1984. ISBN 0-87201-855-5
17 Reid R·C.,et al., The Properties of Gases and Liquieds. 4th ed. New York: McGraw-Hill Book Company,1987. ISBN 0-07-051799-1
18 American Petroleum Institute. Technical Data Book-Petroleum Refining. Refining Department. Fifth Edition API,1992.